电子电气工程师技术丛书

CMOS及其他先导技术

特大规模集成电路设计

CMOS AND BEYOND

Logic Switches for
Terascale Integrated Circuits

［美］ 刘金（Tsu-Jae King Liu） 科林·库恩（Kelin Kuhn） 等著　雷鑑铭 等译
加州大学伯克利分校　　Intel 公司

U0213749

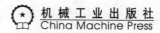

机械工业出版社
China Machine Press

图书在版编目（CIP）数据

CMOS 及其他先导技术：特大规模集成电路设计 /（美）刘金（Tsu-Jae King Liu）等著；雷鑑铭等译 . —北京：机械工业出版社，2018.3
（电子电气工程师技术丛书）
书名原文：CMOS and Beyond: Logic Switches for Terascale Integrated Circuits

ISBN 978-7-111-59391-1

I. C… II. ①刘… ②雷… III. CMOS 电路 – 电路设计 IV. TN432.02

中国版本图书馆 CIP 数据核字（2018）第 048850 号

本书版权登记号：图字 01-2016-7268

本书概述了现代 CMOS 晶体管的技术发展，并提出了新的设计方法来改善晶体管性能的局限性。本书共四部分。第一部分回顾了芯片设计的注意事项并且基准化了许多替代性的开关器件，重点论述了具有更大亚阈值摆幅的器件。第二部分涵盖了利用量子力学隧道效应作为开关原理来实现更陡峭亚阈值摆幅的各种器件设计。第三部分涵盖了利用替代方法实现更高效开关性能的器件。第四部分涵盖了利用磁效应或电子自旋携带信息的器件。本书适合作为电子信息类专业与工程类专业的教材，也可作为相关专业人士的参考书。

CMOS 及其他先导技术
特大规模集成电路设计

出版发行：机械工业出版社（北京市西城区百万庄大街 22 号　邮政编码：100037）
责任编辑：谢晓芳　　　　　　　　　　　　　责任校对：李秋荣
印　　刷：北京市荣盛彩色印刷有限公司　　版　　次：2018 年 4 月第 1 版第 1 次印刷
开　　本：186mm×240mm　1/16　　　　　　印　　张：21.25
书　　号：ISBN 978-7-111-59391-1　　　　　定　　价：99.00 元

凡购本书，如有缺页、倒页、脱页，由本社发行部调换
客服热线：（010）88379426　88361066　　　投稿热线：（010）88379604
购书热线：（010）68326294　88379649　68995259　　读者信箱：hzit@hzbook.com

版权所有·侵权必究
封底无防伪标均为盗版
本书法律顾问：北京大成律师事务所　韩光 / 邹晓东

The Translator's Words 译者序

近半个世纪以来，作为数字集成电路中电子开关的主要器件，CMOS（互补金属氧化物半导体）晶体管持续小型化使电子器件的性价比不断提高。"超越摩尔定律"时代将继续推动集成电路行业的创新和发展。因利用光刻技术缩小半导体尺寸的成本日益高昂且难以实施，业界将目光转向于 CMOS 及其他先导技术。本书针对应用于特大规模集成电路的逻辑开关，重点关注替代CMOS 器件的新材料、新器件、新工艺等。为了推动其他先导技术及其新材料、新器件、新工艺、新电路等的研究与发展，以及促使国内更多的研究开发人员与高等院校学生了解超越 CMOS 的先导技术，受机械工业出版社华章公司的委托，由华中科技大学在微电子集成电路领域长期从事一线科研及教学研究的教师组织并完成了本书翻译工作，将一本关于 CMOS 和其他先导技术的参考书奉献给读者。

本书采用系统的方法来讲解如何运用新型器件概念，以及用已有深入的、可使用的方法，来克服存在的设计挑战。本书借鉴了工业界和学术界中主要研究人员的专业知识，包括许多开发者的贡献，从一系列不同的观点引入和探讨新的概念，是一本极具前沿性且自成体系的、理论性及实践性较强的著作。本书涵盖了克服晶体管性能已有的局限性且有潜力的前沿技术，如隧道场效应晶体管（TFET）、替代性电荷电子器件、自旋电子器件以及更多先导技术与独特方法，适合微电子科学与工程、集成电路设计与集成系统、电子科学与技术及光电信息科学与工程等领域的学术研究人员和专业工程技术人员阅读，也可作为高等院校相关专业的教师、研究生及高年级本科生的教材和专业参考书。

本书由华中科技大学光学与电子信息学院及武汉国际微电子学院副院长雷鑑铭博士负责组织并完成全书翻译工作，参与本书翻译工作的还有赵于汐及高煜程等。本书在翻译过程中得到了华中科技大学光学与电子信息学院及武汉国际微电子学院邹雪城教授、邹志革副教授和余国义高级工程师的帮助及支持，在此表示感谢。特别感谢文华学院外国语学院英语系肖艳梅老师的审校。

CMOS 及其他先导技术涉及的专业面广，鉴于译者水平有限，书中难免有不足及疏漏之处，敬请广大读者批评指正和谅解，在此表示衷心的感谢。

雷鑑铭

前言 Preface

过去四十年以来，作为数字芯片中电子开关的主要类型，CMOS（互补金属氧化物半导体）晶体管持续小型化使电子器件的性价比不断提高。器件的微型化已经造就了信息技术的无所不在，并且对于现代社会生活的方方面面产生了巨大的影响。

CMOS 技术已经趋于成熟，所以持续的晶体管尺寸等比例缩小在未来将不会像过去那样简单可行。这一点从某些方面发展速度的放慢（比如，芯片电源电压等比例减小，晶体管开态漏电流的等比例减小等）就可以看出。很明显，开关设计需要改进，以此来维持下一个十年之后电子行业的发展。很多种类的替代开关设计正在被研究人员讨论，其中许多开关设计用到了与传统 CMOS 晶体管完全不同的工作原理。但是，在这飞速发展的领域中研究人员发表的文章很少具有指导性。因此，很多重要的新信息不能被主流电子领域研究人员所理解。

为了解决以上问题，我们与该研究领域一些公认的专家共同创作了本书，包括：与性能与功耗的折中（激励陡峭的亚阈值摆幅器件）相关的背景信息、隧道效应器件、替代性场效应器件，以及电子自旋（磁性）器件。本书结尾部分论述了这些新型开关设计之间互连存在的挑战。

第一部分回顾了芯片设计的注意事项，并且基准化了许多替代性的开关器件，重点论述了具有更陡峭亚阈值摆幅的器件。第 1 章介绍了过去晶体管尺寸等比例缩小中的基本概念，并且分析了密度、功耗和性能这些推动现代 CMOS 设计要素之间的关键折中。在持续的晶体管尺寸等比例缩放限制的背景下，本书也回顾了诸如电源门控和并行设计等电路设计技术。同时结合具有更陡峭亚阈值摆幅的新型 CMOS 器件的潜在优势，论述了由 60mV/10 倍频程亚阈值摆幅限制造成的 CMOS 技术中的能量效率限制。第 2 章和第 3 章介绍并基准化了相关研究领域中很多正在探索的替代性器件。这些章节主要关注电子器件（相对于磁性器件），它们包含了可以提高开关性能的新原理和新材料。第 2 章介绍了这些器件的历史和工作原理。第 3 章主要从驱动电流、能量效率、制造成本、复杂程度和存储单元面积等方面来评价这些器件。第 4 章探讨了在 CMOS 晶体管栅叠层中引入铁电层来克服 60mV/10 倍频程亚阈值摆幅限制的方法。其中展示了理论和近期的实验，用于支持通过小信号负电容来实现 CMOS 晶体管的可能性。

第二部分涵盖了利用量子力学隧道效应作为开关原理来实现更陡峭亚阈值摆幅的各种器件设计。根据同时实现陡峭亚阈值摆幅、大开关电流比和高开态电导的要求，第 5 章评估了隧道场效应晶体管（TFET）的前景。其中研究了 pn 结维度的影响，论述了各种设计的折中，以及侧面、垂直及双层实现的优点。根据各种设计要求，对近期的实验数据进行了评价。第 6 章继续对 TFET 进行论述，重点关注了 Ⅲ～Ⅳ 族半导体材料。该章论述了设计同质结相对异质结 Ⅲ-Ⅴ 族半导体材料的折中，如何通过 p 沟道 TEFT 来实现高性能，以及与 Ⅲ～Ⅴ 族半导体材料特别相关的非理想性（比如陷阱、表面粗糙度和混合无序）。第 7 章通过评估用石墨烯和二维半导体材料制作的 TEFT 前景进一步探讨了 TEFT。该章介绍了面内隧道效应器件和层间隧道效应器件，并结合理论上的理解对近期的实验结果进行论述。第 8 章介绍了一种新型隧道效应器件，即双层伪自旋场效应晶体管（BiSFET）。BiSFET 依赖于实现室温下两个电介质分离的石墨烯层中激子（电子-空穴）超流体凝结的可能性。室温下凝结的形成是 BiSFET 工作原理的关键所在。该章论述了创造这样一个凝结现象的关键物理条件和挑战。BiSFET 的精简模型和电路设计也将论述，同时体现其相对于 CMOS 的性能优势。

第三部分涵盖了利用替代方法实现更高效开关性能的器件。第 9 章讨论了使用相关电子材料制作器件的可能性，这种器件可以在绝缘体相和金属相之间转换。其中论述了这种金属-绝缘体转换的物理机制，并着重论述了二氧化钒（VO₂）系统。该章同时论述了 Mott FET 器件、固态 VO₂ FET 器件和液态栅极 VO₂ FET 器件，以及使用这些器件的电路结构。第 10 章介绍了压电晶体管（PET）器件。PET 实质上是一个固态继电器，其中压电单元提供了机械力，压阻元件将机械力转化为电子开关。该章同时论述了压电和压阻材料的基本物理原理，以及工艺集成的挑战，也探讨了 PET 动力学、精简模型和电路设计，以及它们相对于 CMOS 的性能优势。第 11 章论述了作为逻辑开关的纳米级机电继电器。继电器用机械运动从物理上缩短或断开两个接触物之间的联系，它有零开态漏电流的理想特征、极大的亚阈值摆幅和低的栅漏。该章还介绍了纳米级继电器特殊的材料要求和工艺集成的挑战，描述了一系列用于更精简的复杂逻辑电路实现的继电器，并且论述了尺寸等比例缩小的方法。

第四部分涵盖了利用磁效应或电子自旋携带信息的器件。这些器件能用于实现纳米磁逻辑（其中小磁体用于构建电路）、电子自旋转矩逻辑和电子自旋波逻辑（其中电子自旋用于表征信息）。第 12 章论述了利用微小单域磁体制造电路的可能性。该章同时介绍了单域纳米磁体的开关特性和多种同步方案。该章提出了一个与 CMOS 不同的全加器结构，并回顾了纳米磁逻辑设计中的问题。第 13 章介绍了利用电子自旋转矩效应来制造大多数逻辑门电路的可能性。这些器件中，结合多种输入的自旋转矩作用将传输充足的转矩用于转换输出的磁化。该章同时回顾了面内和垂直自旋转矩转换的详细仿真。讨论了一全加器电路，并给出了相对于 CMOS 技术的基准测试结果。第 14 章分析了用电子自旋波实现逻辑功能的可能性。自旋波是在磁化方向的自旋点阵中自旋振动的集合。该章同时介绍了自旋波器件的物理机制，并讨论相关实验结果。也回顾了各种与 CMOS 不同的自旋波电路和体系结构，并给出了相对于 CMOS 技术的基准测试结果。

在讲述 CMOS 其他先导器件的时候，关键却又常常被忽略的问题是互连结构。如果不能与其他有源器件和无源器件互连起来，仅仅构建一个极好的新型开关就没有什么价值。这对于磁性和基于自旋的器件尤其重要，因为它们通常都不能与传统的电子器件直接相连。因此在全书的末尾，第 15 章深入讨论更高级逻辑器件互连的注意事项。其中包括新兴的电荷器件技术互连和自旋技术互连。

相比于主流半导体器件，我们希望这些章节有助于缩小特大规模（万亿级晶体管规模）集成电路中新兴器件研究与实际主流半导体领域研究之间的差距。

Contents 目　录

CMOS 电路和工艺限制

CMOS 数字电路的能效限制

Elad Alon

1.1 概述

在过去的数十年中，CMOS（互补金属氧化物半导体）尺寸的等比例缩小已经与功能、性能和能效的大幅提高联系在一起。特别是，尽管实际的历史趋势并非严格遵循一种器件类型的尺寸缩小比例，但是"登纳德（Dennard）缩放定律"[1]相对很长一段时间都成立，期间尽管开关频率呈线性增长，晶体管密度的二次方（缩放因子）不断增长，同时单位逻辑门功率的二次方不断减小。所有这些都是靠晶体管光刻尺寸来线性地缩放工作电压而实现的。理论上，这会导致芯片单位面积上持续的能量消耗，从而使芯片设计和制造者相对更容易在固定的芯片面积上增加晶体管密度（也就增加了功率），这样就能在单个芯片上实现更多功能。

但是，就像登纳德预测的那样，因为一些与晶体管相关的本征参数，特别是热电压 kT/q，不会随着光刻尺寸等比例缩放，这种类型的尺寸缩放在 21 世纪初就终止了。在那时，因为漏电流（和漏能量）本质上是可忽略不计的，因此晶体管的阈值电压已经被当作一个即使减小也没有显著影响的尺寸缩放参数。然而，因为漏电流随着阈值电压呈指数变化，这种类型的尺寸缩放最终必然会停止。

1.2 节会详细讨论，对于当今的设计（大约自从 90nm 工艺技术节点以来），必须根据给定的性能需求选择阈值电压和电源电压，从而平衡泄漏能量和动态能量。这其中的含义就是简单的尺寸缩放在三方面（密度、功耗、性能）都不能带来明显的好处。相反，即便是给出了一个在光刻方面更先进的工艺技术，在能耗和性能之间也必须做出直接的折中。1.2 节将会强调的是，为了实现最优的能量效率，在器件级，晶体管必须实现 $10^4 \sim 10^6$ 级别的开关电流比。1.3 节挑选了一些技术进行讲解，特别是电源门控和并行设计的技术。电路设计和制造者利用这些技术来实现尺寸缩放下 CMOS 技术的能效潜力。最后，1.4 节着重讲述了 CMOS 晶体管有精确定义的最小的每次运行能耗，因此最终并行设计无法成为限制芯片功率的有效方法。

1.2　数字电路中的能量-性能折中

为了解释为什么必须平衡电源电压和阈值电压来实现高能效比的数字电路，必须先简要讨论典型数字芯片的构成。如图 1.1 所示，处理器（完整的数字芯片设计的典型代表）最大的功耗往往产生的控制/数据通路上。事实上，芯片整体的性能和功耗也取决于这些控制/数据通路。图 1.1 也说明，时钟频率（性能）取决于同步寄存器之间组合逻辑的延时。

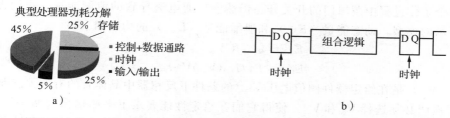

图 1.1　a）一个典型嵌入式处理器的功耗分解；b）同步数字电路的概念模型

虽然一个数字芯片中组合逻辑的实际构成明显有极多的种类，但是所有这种逻辑的表现（在功耗和性能方面）都与其级联反相器的表现十分接近。为了分析潜在的折中，可以用如图 1.2 所示的简化模型作为一般数字电路能量和性能的代表。如图 1.2 所示，紧密相关的电路级参数包括：活动因子 α（定义为在任意给定时钟周期下电路转换（也就是改变其状态）中给定节点的平均概率），容性扇出$^{\ominus}$ f，每个反相器（门）的电容 C 和逻辑深度 L_d（触发器之间组合逻辑的级数）。

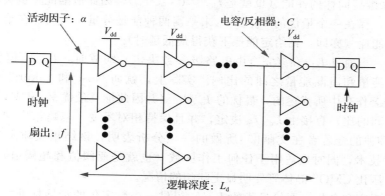

图 1.2　基于反相器的组合逻辑的能量-性能模型

有了这个模型，就很容易理解电路的延时 t_{delay} 由下式确定：

$\ominus$　模型中扇出逻辑上出现在每一个反相器驱动 f 个相同反相器的情况下，但对于一般的数字电路而言，扇出应当视为容性。如一个给定的门的输入电容与链路中链接的门的输入电容的比。

$$t_{\text{delay}} = \frac{1}{2} \frac{L_{\text{d}} f C V_{\text{dd}}}{I_{\text{on}}(V_{\text{dd}} - V_{\text{th}})} \tag{1.1}$$

式中：V_{dd} 是电路的电源电压；$I_{\text{on}}(V_{\text{dd}} - V_{\text{th}})$ 是处于开态的反相器中晶体管的有效⊖漏电流，由给定的电源电压 V_{dd} 和给定的阈值电压 V_{th} 驱动。可以用各种不同的模型来展开 I_{on}、V_{dd} 和 V_{th} 之间的函数关系式（例如 α 功率定律[2]、速度饱和效应[3]等）。但是我们很快就会发现为了理解这些关键折中的潜在原因没有必要这样做。必须简单地意识到，导通电流会随着（$V_{\text{dd}} - V_{\text{th}}$）的增加而增加。

接下来考虑一下单次工作完成期间反相器链所消耗的能量。对于一个设计优秀的数字电路，能量消耗本质上只包括两方面：由电路中的寄生电容充电/放电产生的动态能量，以及在整个工作过程中逻辑门的开关开态仍然会导通电流导致的泄漏能量。我们再次回到图 1.2 所示的模型，动态能量（E_{dyn}）和泄漏能量（E_{leak}）的构成如下：

$$E_{\text{dyn}} = \alpha L_{\text{d}} f C V_{\text{dd}}^2 \tag{1.2a}$$

$$E_{\text{leak}} = L_{\text{d}} f I_{\text{off}}(V_{\text{th}}) V_{\text{dd}} t_{\text{delay}} \tag{1.2b}$$

式中：$I_{\text{off}}(V_{\text{th}})$ 是在给定器件阈值电压 V_{th}⊖ 的条件下反相器中晶体管的有效关态泄漏。

为了强调必须选择 V_{dd} 和 V_{th}，使得它们在给定性能要求下平衡输出这两个能耗分量，有必要将式（1.1）和式（1.2）相加，得到一个表示每次工作过程的总能量消耗的表达式：

$$\begin{aligned} E_{\text{total}} &= \alpha L_{\text{d}} f C V_{\text{dd}}^2 + L_{\text{d}} f I_{\text{off}}(V_{\text{th}}) V_{\text{dd}} \cdot \frac{1}{2} \frac{L_{\text{d}} f C V_{\text{dd}}}{I_{\text{on}}(V_{\text{dd}} - V_{\text{th}})} \\ &= \alpha L_{\text{d}} f C V_{\text{dd}}^2 \cdot \left[1 + \frac{L_{\text{d}} f}{2\alpha} \cdot \frac{I_{\text{off}}(V_{\text{th}})}{I_{\text{on}}(V_{\text{dd}} - V_{\text{th}})} \right] \end{aligned} \tag{1.3}$$

式（1.3）中最重要的一点是，虽然我们想用更低的 V_{dd} 来降低能耗，但是我们不得不同时降低 V_{th} 来维持同样的性能（也就是 $t_{\text{delay}} \propto C V_{\text{dd}} / I_{\text{on}}$），因此泄漏能量也会增加。这当中的重要含义是，存在一个最优的 V_{dd} 和 V_{th} 来平衡两种能量分量，从而能在给定的延时目标下达到最低总能耗（亦即：在给定能耗下获得最低延时）。

也要注意，当通过 $L_{\text{d}} f / \alpha$（完全由电路级参数决定）缩放时，$I_{\text{on}}/I_{\text{off}}$ 值就能直接表示整个电路动态能量和泄漏能量之间的比例。实际上，就如 Nose 和 Sakurai 在关于超阈值 CMOS 电路的著作[4]中所描述的，最优的 $I_{\text{on}}/I_{\text{off}}$（并因此推及最优 V_{dd} 和 V_{th} 以及动态能量和泄漏能量之间的比）直接由 $L_{\text{d}} f / \alpha$ 决定，并且保持相对不变，忽略给定的延时目标。此外，由 Kam 和他的合著者在文献[5]所做的一项分析表明，该结果实质上适用于任何类 CMOS 的器件技术，同时也适用于任何工作区域（也就是亚阈值和超阈值），甚至是那些漏电流和栅电压比 CMOS 晶体管要明显更陡峭的情况。

基于以上观察和分析，要给最优的 $I_{\text{on}}/I_{\text{off}}$ 提供一个数字化的指导标准，就有必要讨论电路级参数 L_{d}、f 和 α 代表性的值，同时给出选择这些值的理由。从逻辑深度 L_{d} 开始，这个量通常大约设定为 15～40。很像最优的 V_{dd} 和 V_{th} 折中，随着由冗余的时序元件（也就是

⊖　在输出变换过程中，器件漏电流实际上不是恒定的，但在大多数情况下，可以很好地近似于一个值。

⊖　电源电压 V_{dd} 也影响漏电流 I_{off}，但就本次讨论的目的而言，这种效果不会改变潜在的权衡/结论。

触发器/寄存器）带来的更大开销，通过用更深入的流水设计（也就是减小 L_{d}）改善时间裕度，来实现平衡[6]。类似地，扇出 f 通常设定成大于 2，从而减小与每个门相关的延时开销。扇出 f 约上调到 8 是为了保证稳定地工作（具有更大扇出的逻辑门对于噪声和串扰有更强的抗干扰能力）。最后，大部分实际设计中总体上的活动因子 α 是从约 10% 下降到 0.1%；这些相对低的百分比基于如下事实：在大部分复杂逻辑链（在更多存储结构）中，大部分逻辑门的状态在任意时钟周期下都不会改变。

　　综合考虑并且采用合适的比例系数，广泛适用于各种设计的最优 $I_{\mathrm{on}}/I_{\mathrm{off}}$ 范围是 $10^4 \sim 10^6$。因为对于合理的性能级别，CMOS 晶体管实现一 100MV/10 倍频程的有效反转斜率（也就是 $V_{\mathrm{dd}}/\mathrm{lg}(I_{\mathrm{on}}/I_{\mathrm{off}})$，如文献 [5] 所定义），实现这种开关电流比例所需的电源电压通常是 $500 \sim 600\mathrm{mV}$。必须注意，对电路工作高性能要求越深入，有效总体斜率就越小，因此很多设计工作在 1V 左右的电压，从而实现想要的（峰值）性能。

　　在进入下一节之前，有必要基于历史和未来 CMOS 尺寸确认一下上述分析的含义。在传统的（登纳德）尺寸范围，同时降低 V_{dd} 和 V_{th} 会导致从上一代制造工艺到下一代的 $I_{\mathrm{on}}/I_{\mathrm{off}}$ 比显著减小。然而，结果表明，用这种方式减小 $I_{\mathrm{on}}/I_{\mathrm{off}}$ 比确实非常令人满意，因为在那个节点阈值已经设定得太高，以至于泄漏能量已经可以忽略。因此减小电源电压并节约动态能量是十分有益的。换句话说，尺寸等比例缩放能够通过这种方式向前发展的原因是，在那个时刻，典型的设计实际上并非工作在能量与延时折中空间的最优点。

　　为了使这个观点更清晰，图 1.3 用标记来说明给定制造工艺并且工作在标称电源电压和阈值电压下的设计会在哪里与最优能耗与延时曲线相关。如图 1.3a 所示，典型的设计大体上工作在最优曲线的右上方，但是随着 V_{dd} 和 V_{th} 的减小，尺寸等比例缩放使这些设计更加接近实际的最优曲线。换句话说，尺寸缩放的能效优势中有相当一部分实际上并不是由于尺寸缩放本身造成的，而是减小次优化的程度带来的结果。

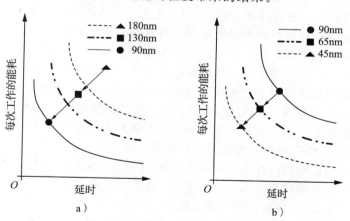

图 1.3　每次工作的能耗与使用标准电源电压和阈值电压的延时空间的设计缩放
　　　　a）传统（登纳德）缩放；b）现代（约低于 90nm）缩放

　　这当然不是说尺寸缩放对于能耗和延时完全没有益处。简单地说，一旦电路设计基本上工作在曲线的最优部分，如图 1.3b 所示，单纯的尺寸缩放（保持 V_{dd} 和 V_{th} 固定）所带来的最好也不过是工作能耗和延时的线性减小，这二者都是由于减小的电容/逻辑门[7]而引起的。事实上，互连寄生的较弱尺寸缩放和变化的问题将使得电容/逻辑门尺寸缩放相对较差（也就是每逻辑门的最小总电容从一次工作过程到下一次工作过程不会显著减小）。

　　然而，即便是最好的情况下，简单的尺寸缩放未能提供足够的优势去使得缩放的设计在限定功耗下达到提高性能和功能的目的。尤其是如果电源电压和阈值电压固定，每逻辑门的功率（与 E_{total}/t_{delay} 成比例）也就固定了。不过，如果真的能够利用更高的密度在每一次工艺生产过程中集成两倍的逻辑门，芯片的功耗也会翻倍。在绝大部分的应用中，芯片功耗从上一代工艺到下一代工艺必须保持不变（因为热或者电池寿命的限制），所以设计者被迫利用其他方法将尺寸缩放转向可用的先进技术。这些方法中最重要的——也就是并行设计——将会在下一节进一步论述。

1.3　能效设计技术

　　既然前一节讨论的关于功耗和性能之间的折中都归因于 CMOS 晶体管在应该关闭时会发生泄漏的事实，就自然想到能否用一个电路或系统级的技术来消除或者至少减少这种泄漏。最合适的备选方法是"功耗门控"或者"休眠晶体管"[8]。图 1.4 描述了把这个概念应用于一个反相器链，其中，核心思路是在已知模块没有工作时将整个模块与电源分离。功率开关本身当然必须由某些种类的晶体管（通常，各种工艺中无论什么开关均可）来实现，但是如果开关是用具有更高的 I_{on}/I_{off} 的器件（也就是一个器件具有更高的 V_{th} 或者更大的栅极电压摆幅）来实现的，闭合这个开关就能真正减少在闭合状态时整体电路与原始电路的泄漏。

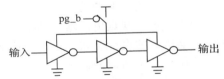

图 1.4　应用于反相器链的功率门控

　　顺着原始的思路往下走，我们可能会想能否更进一步利用功耗门控这个思想，使每个逻辑门完成有用的工作后立即断开，从而打破或者至少改善之前描述的折中。特别如果逻辑门只在它的输出需要转换时才"唤醒"，活动因子 α 会远大于之前引用的值。然而，这个想法的问题在于，何时断开或者闭合功耗门控开关。在每个独立逻辑门的功耗门控限制下，我们必须复制整个门的功能以计算这个功率门控信号。但是这个复制的逻辑门会遭遇与先前描述几乎完全相同的能耗-性能折中问题。

　　很明显，试图通过功率门控每个单独的逻辑门不能带来任何益处。然而，即使是用更适中的方法（也就是功率门控独立的子模块），也需要始终记住的关键问题是，不仅仅是功率门控本身会带来能耗-性能开销（由于功率门控器件活跃时的电压降，也由于驱动功率门控器件的寄生电容所消耗的能量），用于计算功率门控是否应该活跃的电路本身也会带来静态的和动态的能耗。因此，功率门控通常只应用于相对较粗粒度的情况，这里非常容易理解（或者由操作系统给出）是否潜在模块正在有效工作。

　　尽管功率门控不能改善先前描述的基本能耗-性能开销，但对于处理大部分应用中要求的计算具有间断性的情形很有效。比如，当一部手机处于待机模式时，应用程序处理器通常处于闲置状态或者以固定间隔激活来执行一些维护任务。只有当手机打开或者频繁使用，应用程序处理器才需要完成大量的计算任务。

　　继续讨论上述例子，假设应用程序处理器激活工作状态只占全部时间的 10%。如果没有功率门控，并与处理器持续工作的情况对比，活动因子 α 现在实际上降低 1/10，导致 I_{on}/I_{off} 几乎增加 10 倍。在 CMOS 晶体管和 80mV/10 倍频程的亚阈值斜率条件下，这就迫使我们将阈值电压增加大约 80mV，因此电源电压也要增加相似的比例（为了维持相同的性能）。如图 1.5 所示，这种突发式处理器可实现的能耗/工作相对于处理器持续工作的情况会降低一些。如果有理想（零导通电阻、零寄生电容、零泄漏）功率门控器件和用于表征处理器是否活跃工作的"自由的"系统级指标，我们就可以让处理器回归到持续使用的能耗-延时折中曲线。换句话说，功率门控的主要优点是减少了因工作模式的系统级可变性而造成的损耗。

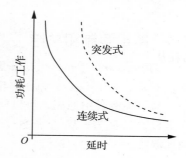

图 1.5　电路在连续和突发工作两种情况下的能耗与延时之间的关系

　　尽管已经明确了消除或者减小逻辑门本身的泄漏存在的困难，但是我们仍需面对的事实是，设计者想要利用晶体管尺寸缩放来同时改善能耗、性能和功能。但是采用常规方式简单进行尺寸缩放（同时保持芯片尺寸固定）会导致功耗显著增加。幸运的是，设计者能够应用并行设计[9]开发附加晶体管可用性以改善能效。

　　并行设计背后的基本思想非常简单明了，如图 1.6 所示。实质上，如果在应用层面我们已经有能并行操作的多种数据，复制许多同样的数字硬件单元并分别给它们独立的数据输入，就能够在同一时间段内成比例地完成更多操作。既然目标是改善能效，而不是简单地用这种方式增加数据通量（却成比例地产生更多功耗），反而应该让每个单元运作得更慢，因此每次工作消耗的能量也更低。如图 1.6 所示，相比于那种我们试图通过以更高频率运行一个独立单元来实现相同性能（也就是更低延时）的设计，因为每个功能单元都能工作在曲线上能耗更低的点，所以并行设计会明显提高能效。

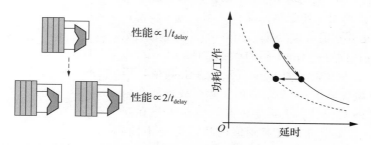

图 1.6　图解并行设计以及其能耗改善与性能折中，其中采用了两个功能单元对比一个功能单元的示例

　　实际上，并行设计工作并不像图 1.6 描述的那样理想。从各种单元收集数据或者向各种单元分配数据的过程经常会包含一些开销，并且不是所有的应用程序（甚至一个给定应

用程序中的部分代码）都提供并行性。这些开销能够很幸运地降到相对最小，所以对于大约过去的十年，并行设计确实已经成为半导体行业的主要推动力，它可以将尺寸等比例缩放工艺技术中附加晶体管的可行性转化为高性能，同时不超出功耗限制。事实上，现在很难买到一台没有四核集成的中央处理器的笔记本电脑，甚至在智能手机中大部分的应用处理器都至少用到两核。然而，如接下来要描述的，甚至并行设计都将会很快不再是（或者可能已经不是）提高能效的有效途径。

1.4　能量限制和总结

　　Calhoun 和 Chandrakasan 最先在著作[10]中描述过，一旦 CMOS 电路工作在亚阈值状态，本质上对于 L_d、f 和 α 的任意结合，都有一个明确定义的电路耗散的最小化能量/工作。为了理解其中原因，可以简单地再看一遍 1.2 节中的式（1.3），并且回忆在亚阈值工作区域，I_{off} 随着 $-V_{\text{th}}$ 呈指数变化，I_{on} 随（$V_{\text{dd}}-V_{\text{th}}$）呈指数变化。这里，$I_{\text{on}}/I_{\text{off}}$ 比仅仅明确地取决于 $V_{\text{dd}}-V_{\text{th}}$：

$$
\begin{aligned}
E_{\text{total}} &= \alpha L_d f C V_{\text{dd}}^2 \cdot \left[1 + \frac{L_d f}{2\alpha} \cdot \frac{e^{\left(\frac{-V_{\text{th}}}{nkT/q}\right)}}{e^{\left(\frac{V_{\text{dd}}-V_{\text{th}}}{nkT/q}\right)}} \right] \\
&= \alpha L_d f C V_{\text{dd}}^2 \cdot \left[1 + \frac{L_d f}{2\alpha} \cdot e^{\left(\frac{-V_{\text{dd}}}{nkT/q}\right)} \right]
\end{aligned} \tag{1.4}
$$

　　通过观察式（1.4），很容易发现存在一个确定的 V_{dd} 值能够实现泄漏能量和动态能量之间的最佳平衡。在这个值以下，V_{dd} 减小任何一点都会增加总能量，因为电路延时的指数增长会导致泄漏能量的增加（虽然降低了电源电压）。阈值电压对于总能量没有影响，原因是即便阈值的指数增长能减小泄漏电流，它也会同时使延时呈指数增长。所以，简单地增大 V_{th} 能使电路工作更慢，却不能降低能耗。

　　并行设计必须依靠一个原理，就是更慢的运行电路能够实现更低的能耗/工作。如图 1.7 所示，以及文献[10]所述，如果每个子单元工作于最低能耗状态，进一步使每个子单元变慢，这并不能改善能耗/工作——每个单元的电源电压 V_{dd} 应该保持固定，无论并行的程度如何。

　　虽然大部分商业化芯片都还没有工作在亚阈值，但是在这些条件下确保功能/良率带来的实际挑战可能会阻碍接近这种规模的实用性。更重要的是，真正工作在亚阈值下（与略高于却十分接近亚阈值的状态完全不同）

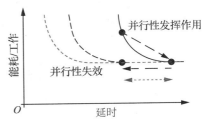

图 1.7　由最小能耗/工作带来的并行设计限制

所带来的性能损失非常大（也就是当接近最小能耗时，能耗/工作曲线变得很平坦）。所以出于成本考虑，利用如此多的硅片面积去获取能耗方面如此小的改善是没有意义的。

　　很明显随着并行设计的终结，芯片设计和制造者现在又再一次面临危机，就是如何从并行设计中获取更多好处，像以往习惯地从尺寸缩放中获得好处那样。随着改善能效的设计技巧（特别是特定功能单元的集成）持续地开发出来，越来越难寻找和应用那些能以通用的方式应用于整个行业的技巧。对比之下，毫无疑问的是，如果能以更大的有效亚阈值斜率来实际地集成一个新器件技术——从而在比 CMOS 要求的 $500\sim600\mathrm{mV}$ 明显低很多的电压下，开关能实现要求的 $10^4\sim10^6$ 开关比例，以及相似的开态电导——这将为能量效率带来迅速和广泛的提高。这种新开关技术的开发者将面临巨大的挑战——比如，为了完成 14nm CMOS，我们需要将超过百亿这样的开关集成到一个约 $14\mathrm{mm}\times14\mathrm{mm}$ 的芯片上，同时保证高良率和低可变性——但是其潜在利益之大，以至于工业界和学术界的研究者已经并将继续投入巨大的努力把 CMOS 之外的新型先导工艺技术变成现实。

参考文献

[1] R. H. Dennard, F. H. Gaensslen, V.L. Rideout, E. Bassous, and A. R. LeBlanc, "Design of ion-implanted MOSFET's with very small physical dimensions." *IEEE Journal of Solid-State Circuits*, **9**(5), 256–268 (1974).

[2] T. Sakurai and A. R. Newton, "Alpha-power law MOSFET model and its applications to CMOS inverter delay and other formulas." *IEEE Journal of Solid-State Circuits*, **25**(2), 584–594 (1990).

[3] K.-Y. Toh, P.-K. Ko, and R. Meyer, "An engineering model for short channel MOS devices." *IEEE Journal of Solid-State Circuits*, **23**(4), 950–958 (1988).

[4] K. Nose and T. Sakurai, "Optimization of V_{dd} and V_{th} for low-power and high-speed applications." In *Asia South Pacific Design Automation Conference, Proceedings of*, pp. 469–474 (2000).

[5] H. Kam, T.-J. King Liu, and E. Alon, "Design requirements for steeply switching logic devices." *IEEE Transactions on Electron Devices*, **59**(2), 326–334 (2012).

[6] V. Zyuban *et al.*, "Integrated analysis of power and performance for pipelined microprocessors." *IEEE Transactions on Computers*, **53**(8), 1004–1016 (2004).

[7] M. Horowitz, E. Alon, D. Patil, S. Naffziger, R. Kumar, and K. Bernstein, "Scaling, power, and the future of CMOS." In *IEEE International Electron Devices Meeting, Technical Digest*, pp. 7–15 (2005).

[8] J. W. Tschanz, S. G. Narendra, Y. Ye, B. A. Bloechel, S. Borkar, and V. De, "Dynamic sleep transistor and body bias for active leakage power control of microprocessors." *IEEE Journal of Solid-State Circuits*, **38**(110), 1838–1845 (2003).

[9] A. P. Chandrakasan, S. Sheng, and R. W. Brodersen, "Low-power CMOS digital design." *IEEE Journal of Solid-State Circuits*, **27**(4), 473–484 (1992).

[10] B. H. Calhoun and A. Chandrakasan, "Characterizing and modeling minimum energy operation for subthreshold circuits." In *Low-Power Electronics and Design, IEEE International Symposium on, Proceedings of*, pp. 90–95 (2004).

先导工艺晶体管等比例缩放：特大规模领域可替代器件结构

Zachery A. Jacobson 与 Kelin J. Kuhn

2.1 引言

四十多年以来，集成电路的器件密度呈指数增长（即摩尔定律的现象[1]）。随着传统 CMOS 晶体管尺寸缩放即将达到极限，有很多技术正被考虑用来代替或集成 CMOS，从而将尺寸缩放推向兆数量级规模（10^{12} 个器件/平方厘米）。本章将介绍这些未来器件技术。

本章的范围仅限于可以直接替换（或补充）现有的 CMOS 晶体管的或者目前还不成熟也不适合批量制造的器件（例如，高电子迁移率晶体管和 GaN，但不是全耗尽绝缘体上的硅材料，或者 FinFET 器件）。在传统的晶体管结构中使用其他材料仅限于那些基本工作原理与基于硅的标准 MOS 晶体管原理完全不同的器件（包括 GaN 沟道器件，但不是 Ⅲ～Ⅴ族沟道 MOS 或锗沟道 MOS 器件）。此外，范围仅限于电荷传输器件。虽然自旋传输器件引起研究者越来越大的兴趣，它们要求从现有的用于 CMOS 技术的电路结构中做出根本性的改变。

另外，因为一些广为人知的限制，很多器件并没有被包括进来，如没有包括结型场效应晶体管（JFET），因为该极致追求器件尺寸缩放。类似地，虽然有机半导体器件具有很低的每单位面积尺寸缩放成本，它的微型化和高性能工作潜力却很差。基于碳的纳米电子结构，比如纳米管器件和石墨烯-纳米带器件，也没有被包括进来，主要是考虑到在兆数量级集成规模制造时的电流。

2.2 可替代器件结构

2.2.1 HEMT

高电子迁移率器件，或称 HEMT（见图 2.1），通过从电离的掺杂原子中分离移动电荷载流子来实现超高的载流子迁移率，因此它减少了电离杂质散射。这是通过把载流子限制在未掺杂的量子阱中来实现的。

2.2.1.1　历史

HEMT 的早期工作是 1979 年 Fujitsu 在 Takashi Mimura 博士的指导下进行的[2,3]。在研究创造 GaAs n-MOSFET 时，Mimura 博士意识到由于存在一个高浓度的表面态栅极介电界面，电子反型或积累很困难。同时，贝尔（Bell）实验室已经研制了一种调制掺杂异质结超晶格，其中未掺杂 GaAs 阱可捕获来自 AlGaAs 层中施主电子[4]。由于缺乏电离杂质散射，这些电子在未掺杂 GaAs 阱中以高迁移率运动。结合这两个概念，Mimura 博士意识到如果有包含肖特基（Schottky）金属栅极的堆叠层、掺杂的 n-AlGaAs 区域、未掺杂的薄 AlGaAs 区域以及 GaAs，一个类似于 MOS 逻辑门的结构

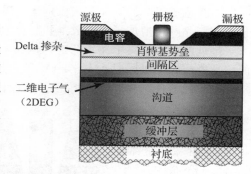

图 2.1　典型高电子迁移率晶体管（HEMT）的横截面图，说明高载流子迁移率的二维电子气是如何在未掺杂沟道区域形成

就形成了，并且能够形成一个有较弱散射和较高迁移率的器件。此外，通过改变掺杂 AlGaAs 层的厚度，耗尽模式的器件就形成了（较厚的 AlGaAs 层会在介电界面产生电子积累层）。

与 Mimura 研究工作几乎同一时间，在 Thomson-CSF 的 Delagebeaudeuf 和 Linh 论证了金属半导体场效应晶体管（MESFET）中的二维电子气效应，类似于 HEMT[5,6]。该器件首次被"转化"为 HEMT，其中肖特基栅极被放置在生长有掺杂 AlGaAs 层的未掺杂 GaAs 沟道层上。

进一步的研究工作会带来新的设计，比如 AlGaAs/InGaAs 赝晶 HEMT（p-HEMT，不要与 p 型 HEMT 混淆）。传统的 HEMT 局限于使用匹配晶格常数的材料。p-HEMT 使用了具有失配晶格常数的材料薄层，改善了性能。

大多数 HEMT 的初始用途只是用于军事和航空航天应用上，但在 20 世纪 90 年代，当直播卫星电视接收机开始利用 HEMT 放大器时，HEMT 的需求就增加了。HEMT 最新的应用包括雷达系统、无线电天文学和手机通信。

2.2.1.2　器件原理

HEMT 利用异质结的特性来形成导电沟道，比传统的 MOSFET 具有更高的迁移率。在 HEMT 中，如图 2.1 所示，在一个窄带隙半导体上构造一个宽带隙半导体的异质结，比如 AlGaAs/GaAs[7]。来自 n 型掺杂宽带隙区域的电子（本例中的 AlGaAs）注入具有比 AlGaAs 更低导带边缘能量的 GaAs。GaAs 未掺杂，所以载流子经过更少的散射，因此具有更高的迁移率。这个载流子层称作二维电子气，或 2DEG。因为在这些材料上形成栅极介质有困难，HEMT 选择在宽带隙半导体上使用栅极接触。肖特基接触会导致在 HEMT 中栅极泄漏电流比传统 MOSFET 的更高。

2.2.1.3　近期工作

HEMT 存在诸多挑战。首先，虽然驱动电流高，大多数 HEMT 器件工作电压比传统

CMOS 的高很多，这就给低功耗运行带来了问题。栅极漏电流是一个关键问题，肖特基栅极由于缺乏电介质阻挡（势垒）具有很高的栅极漏电流。由窄带隙造成的带-带隧穿是一个问题，会造成很高的源极和漏极寄生电阻[8]。同时还有集成 p 型器件的问题。最后，使用 III～V 族晶圆还增加了制造成本和制造的复杂性。

最近的工作都集中在较低工作电压下 HEMT 的使用上。Dewey 等人展示了一种器件的驱动电流，能够同时在 $V_{dd}=1V$ 和 0.5V 时匹配 40nm MOSFET[9]。图 2.2 展示了文献 [9] 推荐的器件结构，以及相比于应变硅器件的相关特性。

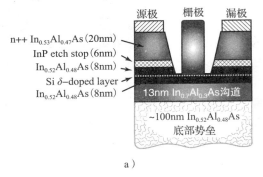

	V_{DS}	L_G	C_{GI} @ $V_{DS}=0.05V$	PEAK G_M
	V	nm	μF/cm²	μS/μm
InGaAs QWFET	0.5	80	1.02	2 013
应变硅	0.5	40	2.45	1 859
InGaAs QWFET	1	80	1.04	2 082
应变硅	1	40	2.45	2 007

a)　　　　　　　　　　　　　　　　b)

图 2.2　a) InGaAs/InAlAs 量子阱结构横截面图；b) 在 $V_{DS}=0.5V$ 和 $V_{DS}=1V$ 条件下的器件特征说明相对于硅 *CMOS* 具有更低的电容和更出色的跨导

栅极泄漏可以通过新型介电材料来改善。Radosavljevic 等人的工作已经展示了通过使用 $TaSiO_x$ 而不是肖特基栅极所带来的栅极泄漏的改善[10]。Kim 等人说明，通过使用一个远离栅极 delta 掺杂剖面，以及在刻蚀过程中移除它的一部分，就能在仅略微减小驱动电流的同时大大降低栅极泄漏[11]。

为了减少带-带隧穿，沟道材料的带隙应该能调整。Kim 和 Del Alamo 表明使用夹在两个 InGaAs 层之间的 InAs 子沟道能够减少带-带隧穿，因为 InAs 中的能量级量子化会形成一个更大的有效带隙[12]。此外，他们还发现，良好的漏致势垒降低（DIBL）和亚阈值摆幅（S）能改善源极电阻。较高的源极和漏极电阻也可以通过热退火和扩散工艺来实现[8]。

为了在同一晶圆上形成 p 型器件，晶圆键合已经被 Chung 等人用来将 GaN 贴合到硅（Si）晶圆上，这种晶片上的 p 型硅器件可以使用[13]。因为对齐问题对于大功率器件并不是很重要，这种策略对于高器件密度非常关键的逻辑应用就不实用了。

2.2.1.4　小结

HEMT 相比于硅 MOSFET 的主要优势是更高的电子浓度允许更高的驱动电流。然而，要与 CMOS 技术竞争，某些重大的挑战需要解决，例如栅泄漏、器件间距和等效 p 型器件的缺乏。将 L_G 尺寸缩小到 30nm 已经取得了进展，但应变硅技术将继续为 MOSFET 提供性能持续改进，有可能超过 HEMT 技术的发展速度。III～V 族 MOSFET 结合了 III～V 族材料的高电子速率和栅泄漏，也将是一个有竞争力的选择[14]。尺寸缩放的成本也将是一个因素，因为衬底和特殊工艺，如金属有机化学气相沉积（MOCVD），可能会增加一个显著的附加制造成本。HEMT 有望主导某些专业应用场合，这些应用中速度和频率比能耗和制造成本更为重要，如通信、军事和航天领域。

2.2.2　氮化镓

氮化镓（GaN）是一种具有许多特殊性质的 Ⅲ～Ⅴ 族材料，因此它作为沟道材料很有吸引力。它具有高击穿电压、高电子迁移率和高饱和速率。更重要的是，二维电子气（2DEG）通过在 AlGaN/GaN 界面的极化被诱导产生（同时产生了 HEMT，见图 2.3），不像 AlGaAs/GaAs HEMT 要求特意掺杂来形成电荷。

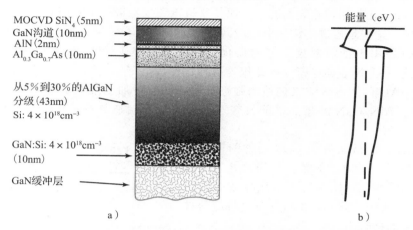

图 2.3　a）GaN 器件层截面图。GaN 沟道中画出的圆点线代表 AlGaN/GaN 界面的极化导致的高迁移率沟道。b）栅极下方 GaN 能带图说明为什么沟道会在 GaN 表面形成[22]

2.2.2.1　历史

GaN 晶体是 W. D. Johnson 1932 年在加热的镓上放置氨来合成的[15]。然而，GaN 大晶体直到 1969 年才被合成出来，当时 Maruska 和 Tietjen 利用氢化物气相外延在蓝宝石上生长出 GaN[16]。

利用 GaN 的特性可以构建很多种类器件。一个早期使用 GaN 制造的开关器件就是 1993 年由 Khan 在 APA 光学创造的 MESFET[17]。很快在这之后，Khan 论证了一种基于 GaN/AlGaN 的 HEMT[18]。GaN 纳米管（类似于碳纳米管）也已经形成了，同时包括一些更早的 Goldberger 2003 年在 UC Berkeley[19] 和 Hu 在 NIMS[20] 等实例。

2.2.2.2　器件原理

GaN 器件可视为自发形成的 HEMT 器件。GaN 和 AlGaN 都由于镓（Ga）和氮（N）之间的较大尺寸差异而被视作极化材料。当在 GaN 上沉积 AlGaN 时，AlGaN 在 GaN 中诱导的拉应力会造成压电极化。这种极化导致电子和空穴的产生，它们之间的电荷通常相互抵消。然而，因为如图 2.3 所示的表面的异质结，AlGaN/GaN 界面收集电子作为电子气，这些电子气能用作导电沟道，非常类似于传统 HEMT[21,22]。

2.2.2.3　近期工作

GaN 器件所面临的挑战与 HEMT 的类似。包括在低驱动电压下产生高驱动电流、减少栅泄漏、集成 p 型器件。额外的挑战包括寻找最佳方式构建增强型器件和可靠性。

为了解决 GaN HEMT 器件的挑战，大量的研究工作已经完成。

使用 GaN 的 N 面表面而不是 Ga 面让 Nidhi 等人能够展示在 $V_{DS}=1V$ 时耗尽型 GaN 器件产生大约 $1mA/\mu m$ 的电流[22]。Xin 和 Chang 已经说明例如原子层沉积（ALD）HfO_2 或 Al_2O_3 的高介电常数电介质能够减少栅泄漏[23,24]。Chung 等人展示了一个用于将 p 型 Si MOSFET 与 n 型 GaN 集成的双层传输过程。

为了创建增强型器件，研究人员已经使用了几种方法改变阈值电压。Cai 等人通过 CF_4 蚀刻使用氟（F）化作用钝化表面态，从而使阈值电压大约改变 5V，以及允许增强和耗尽型器件的产生，这些是通过创建环形振荡器而论证的[25]。Ota 等人通过压电中和（在栅极下方插入的一层用于抵消栅极下方的极化电荷）来调整 V_T[26]。Derluyn 等人用氮化硅（SiN）来钝化 AlGaN 表面电荷，以此作为另外一种调整 V_T 的方法[27]。Kanamura 等人在 nGaN 上利用 iAlN 的压电效应来创造增强型器件，同时增加二维电子气的密度[28]。最后，Im 等人证明，AlN/GaN 的超晶格能改变双向应力从而制造具有更好开态电阻的增强型器件[29]。

Joh 和 del Alamo 研究了 GaN 器件的可靠性问题，并且 $V_{DS}=5V$ 时，热载流子导致开态电流的减小和 V_T 的变化，同时更大电压导致更快的衰减（见图 2.4）[29]。此外，来自逆压电效应的过度压力会产生晶格缺陷。

2.2.2.4   小结

GaN HEMT 器件的主要优点是高电子迁移率（虽然没有 GaAs 那么高），高临界击穿电压，比 GaAs 更高的热导率[30]。GaN 器件被建议用于射频（RF）或者高电压应用场合。一些研究组也认为这些器件可以代替传统的 MOSFET。

要取代传统的 MOSFET，有几个挑战需要克服。首先，GaN 器件通常是耗尽型而非增强型的。其次，为了避免 HEMT 的栅极漏电流，需要开发出与 GaN 兼容的栅极电介质。注意，GaN 相对于 n 型器件只有一个优点，所以诸如硅和锗的 p 型器件需要制造在同一个晶圆上。此外，热载流子带来的可靠性问题还需要进一步研究。尺寸缩放也需要进一步的研究，因为器件大多已经是长沟道达到了这个点。无法创造 GaN 晶锭作为成本效益好的衬底（或加上了 GaN 沉积的 SiC 晶锭），就意味着需要开发复杂的（潜在费用高的）技术才能将 GaN 集成在更多的传统衬底上。

GaN 器件似乎作为功率或射频应用方案中表现最佳，这些应用场合中电压对于逻辑应用太高。因此，GaN 似乎最适合电信和雷达应用。对于像 WiMaX 基站和功率电子的系统方案，GaN 也非常有用。然而，GaN 的局限性包含了集成的挑战（特别是用于生长无缺陷 GaN 的非常厚的缓冲层），GaN 对于未来逻辑的发展并不是很有吸引力。

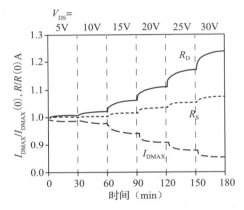

图 2.4   GaN 器件特性，比如 I_{DMAX}，R_D，和 R_S 随时间变化，在较高的漏极偏压下有更大变化[30]

2.2.3　铁电-介质栅极堆叠

铁电栅极堆叠（见图 2.5）使用一个与传统的栅极氧化物电介质相连的铁电体，以实现负的小信号栅极电容 C_{gate} 的工作区域，并使得亚阈值摆幅低于 60mV/10 倍频程。

2.2.3.1　历史

2008 年，Sayeef Salahuddin 在普渡大学建立理论认为，使用与正常电容器相连的铁电电容器应该稳固铁电材料，以实现负的小信号栅电容[31]。他预测，有了栅极堆叠，就有可能克服那些通常因为室温下低于 60mV/10 倍频程的亚阈值摆幅而防止正常工作的限制[31,32]。

Rusu 在瑞士洛桑联邦理工学院做了一种实验演示的报告，在具有金属-铁电-金属-氧化物栅极堆叠的 FET 中依靠内部电压放大来产生室温下小于 60mV/10 倍频程的亚阈值摆幅[33]。2013 年，将这个概念拓展之后，Lee 论证了一种使用内部电压放大的铁电负电容异质隧道效应 FET。

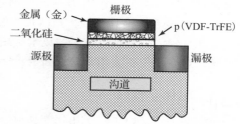

图 2.5　采用放置在传统氧化物和栅极电极之间铁电材料而设计的铁电栅极堆叠[33]。这种材料在栅极电压扫描的一部分区间产生负的小信号电容，从而改善亚阈值摆幅

2.2.3.2　器件原理

对于一个标准的电介质电容器，能量与电荷曲线关系是 $Q^2/(2C)$。对于一个铁电电容器，能量与电荷曲线有两个极小值，在最小值之间产生一个负电容区域。通过叠加一个铁电电容器与一个电介质电容器，能量与电荷曲线在这个区域中变平坦，也就是激发了更大电荷变化的能量（因此也有电压）。

亚阈值摆幅由如下公式给出：

$$S = \ln(10) \times \frac{kT}{q}\left(1 + \frac{C_{dep}}{C_{gate}}\right) \tag{2.1}$$

式中：C_{dep} 是沟道耗尽电容（小信号）。通过使 C_{gate} 为负，Salahuddin 预测，有了栅极堆叠，就有可能克服那些通常因为室温下低于 60mV/10 倍频程的亚阈值摆幅而阻碍正常工作的限制[31,32]。通过把铁电层放置在传统电介质和栅极电极之间来制造该器件，如图 2.5 所示。

2.2.3.3　近期工作

铁电介质器件是近期的研究，现在仅仅是在观察负电容效应和实现低于 60mV 等方面就存在很大的挑战。仅仅挑选的少数课题组（主要是文献［33，34］）已经实现低于 60mV/10 倍频程的亚阈值摆幅。然而，Tanakamaru 等人以铁电材料作为静态随机存储（SRAM），并不能实现低于 60mV/10 倍频程的效果[35]。Khan 等人给出了一个概念器件的证明，同样未能达到低于 60mV/10 倍频程的效果，但是聚焦于展示负电容效应的清晰证明[36]。在复杂的研究背景下，不可能直接测量负电容——仅仅是总电容的增加[37,38]。举个例子，Krowne 等人错误地将可测量负电容的缺失解释成铁电体的缺陷，就是它不能形成负电容，反而会在一系列电容器堆叠时导致较高的非线性偏置[37]。

2.2.3.4 小结

低于 60mV/10 倍频程工作的潜力，如果扩展到超过数十倍的电流，将会是铁电介质栅堆叠器件的一大优势。然而，如何基本理解制作和设计这些器件仍然需要进一步的研究。迟滞也是一个问题，因为一个大的迟滞将妨碍电压缩放，这就进一步否定了追求亚 60mV/10 倍频程的潜在价值。虽然尺寸缩放的研究已经表明工艺缩放很差，仍需要更多的研究，并且加入一个铁电体层的成本是相对最小的。即便存在栅极长度的限制，如果能减小迟滞，这些器件就能用于较大栅极长度和超低功率的应用场合。

2.2.4 电化学器件

电化学器件（ECD）采用化学反应（见图 2.6）来控制流过器件的电流。

2.2.4.1 历史

单分子器件早在 1974 年就有理论证实了[39]。现代的 ECD 是 1999 年由 Collier 在化学合成电子纳米计算机（CAEN）的概念基础上实验论证的[40]。采用了 Ag_2S 作为纤维材料，Terebe 能够实现各种各样的逻辑功能，包括"与""或""非"[41]。

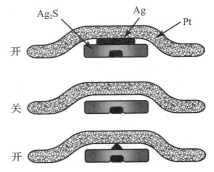

图 2.6　Ag_2S 线上放置 Pt 丝的电化学器件（ECD）工作示意图。这些器件能够缩放到分子尺度[41]

2.2.4.2 器件原理

电化学器件和所有开关器件一样，都能控制流过器件的电流。然而，它们采用的是化学机制（例如，加电压时 Cu 离子从 Cu_2S 中沉淀出来的化学反应能产生电桥）。有些是二端器件，其他的是三端器件。它们经常被用作能写入一次（不可逆转的）或者写入多次的存储器件。

2.2.4.3 近期工作

很多种类的电路概念都已经被研究探索。分子 FET，使用诸如轮烷的分子，十多年来已经被证明能实现基础的逻辑功能，如"与"和"或"，但是是在很小的电流（低于 1nA）条件下[40,41]实现的。使用了 $CuSO_4$，就可以创建基础的查找表来模仿现场可编程逻辑门阵列（FPGA）技术[42-45]（不幸的是，FPGA 的持续周期仍很低，大约 100 个周期，需要提高保留和切换时间）。有了多孔氧化铝膜中的纳米线，Liang 等人就能够连接几个并联的纳米线来构建类似于 FPGA 的器件[46]。同时也探讨了一个在通孔和金属连线之间后端固态电解质，但在逻辑上主要是作为一个非易失性存储器[47]。器件耐受力需要再次被提高到 100 周期以上。

2.2.4.4 小结

ECD 在尺寸上有优势，这与单个原子相似。然而，如果没有取得重大突破，这些器件作为 CMOS 的替代器件来说仍然处于早期的发展阶段。不幸的是，电化学器件目前表现出低电流、低耐力周期或较差的开关速度，并在某些情况下三种不利因素同时出现[48]。在尺寸缩放方面目前只有有限的研究，成本可能会很高或者不会，这取决于制造所需的材料和工艺技术。电化学器件可能更适合作为非易失性存储器件使用。

2.2.5 碰撞电离器件

碰撞电离晶体管（见图 2.7）是依靠雪崩击穿在沟道中产生载流子的门控 pn 结二极管。这种机制产生正反馈，能实现低于 60mV/10 倍频程的亚阈值摆幅。

2.2.5.1 历史

碰撞电离场效应晶体管（FET）器件，也称作 IMOS，是 2002 年在斯坦福大学模拟并制造的[49]。Kailash Gopalakrishnan 在 James Plummer 教授的指导下寻找一个有足够内部栅极控制的器件增益机制。Gopalakrishnan 仿真呈现亚阈值摆幅低至 5mV/10 倍频程的器件，并制造了具有大约 10mV/10 倍频程摆幅的器件。

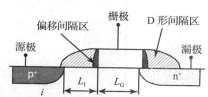

图 2.7 碰撞电离器件示意图[50]。沟道中有一大部分非门控区域，这里碰撞电离发生在逻辑门将沟道的门控部分反型之后。碰撞电离允许出现低于 60mV/10 倍频程的亚阈值摆幅

2.2.5.2 器件原理

碰撞电离晶体管利用在反向偏置二极管中的雪崩击穿机制实现载流子的输运。它们也是门控的 PIN 二极管，但它们有一个更大的区域不是门控的固有区域，如图 2.7 所示。该器件的工作原理是通过栅极电压调节内部沟道长度。在高的栅电压下，逻辑门形成部分沟道，从而减小固有区域的长度并增强这一区域的电场。雪崩的发生是由于碰撞电离，造成电流突然增加而引起的。

2.2.5.3 近期工作

IMOS 器件要面对的挑战包括较高的漏极电压的要求、可靠性和电路的问题[50-54]。为了引起雪崩击穿，需要较高的 V_{DS}，这不仅增加了功耗也降低了 IMOS 器件作为"下拉"或"上拉"开关实现互补逻辑的功效。Nematian 等人发现，如果使用具有带隙减小的其他材料（如 SiGe），可以减小该漏极电压[51]。

可靠性和可变性也是一个问题。Abelein 等人发现，具有这样高能量水平的载流子会导致 V_T 在数个周期之后发生巨大变化。IMOS 也有高米勒（Miller）电容导致 C_{GD} 增加的问题（漏极耦合到整个器件的固有区域），如 Tura 和 Woo 在其文献[5-3]所述。同时，输出电流在高漏极电压下不会完全饱和。

2.2.5.4 小结

相比于其他低于 60mV/10 倍频程的器件（如 TFET），碰撞电离 FET 的优点是在相对较高电流下具有较低亚阈值摆幅。然而也存在许多的挑战，如可靠性、雪崩触发延时、需要较高的漏极电压。尺寸可缩放性也是一个重要的问题，虽然成本类似于传统 MOSFET 的。这些器件可以用于非常特殊的电路应用，这些应用中 V_T 可以变化，比如低功耗的单次写入存储器单元。

2.2.6 隧道场效应晶体管

隧道场效应晶体管（见图 2.8）利用电子从源极到沟道量子力学隧穿作为主要的载流子输运机制，允许低于 60mV/10 倍频程的亚阈值摆幅。

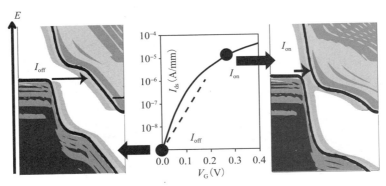

图 2.8   普通 n 沟道 TFET 的工作示意图。当器件处于开态时电子从源极的价带隧穿到沟道的导带[59]

2.2.6.1   历史

三端隧道效应器件起源于沟槽晶体管单元（TTC）中的带-带隧穿器件[55]。利用这种效应的三端隧道器件是由 Sanjay Banerjee 于 1987 年在德州仪器公司（TI）提出的[56]。这个器件要求源-栅重叠，后来被称为线性隧穿。后来在 1992 年，Toshio Baba 在 NEC 公司提出了一种表面隧道晶体管，利用点隧穿的 GaAs 和 AlGaAs 制成[57]。1995 年，William Reddick 在剑桥大学提出了一种利用点隧穿的硅器件[58]。所有这些器件展现出低电流和不低于 60mV/10 倍频程的亚阈值摆幅。2004 年，Jorge Appenzeller 在 IBM 公司基于碳纳米管的器件展示了低于 60mV/10 倍频程的实验特征。

2.2.6.2   器件原理

隧道场效应晶体管（TFET）利用电子隧穿作为器件工作的载流子输运机制。它们经常被设计成门控的 pin 二极管，这里栅极用来调节有效隧道效应势垒高度[61]。理论上，这种器件将会有很低的关态电流（与反偏二极管的泄漏成比例），很低的亚阈值摆幅以及可接受的开态电流。

TFET 一般可归类为点隧穿器件或线隧穿器件[62]。在点隧穿器件中，源极没有明显耗尽，但栅极使沟道区域反型，从而形成从源极到沟道的隧穿。在线隧穿器件中，源极反型（一般通过设计一个具有优化源掺杂剖面的重叠栅极），造成隧道效应进入反型层，类似于栅极感应漏极泄漏（GIDL）。

2.2.6.3   近期工作

TFET 的主要挑战是实现比 60mV/10 倍频程更好的亚阈值摆幅，并提供能与 MOS-FET 器件相比的驱动电流。因 TFET 的 pn 结二极管特性类似于 IMOS，米勒电容也是一个挑战。双极工作原理（栅极反偏时在漏极发生隧道效应）和电路设计的挑战（由于非对称器件运行）也需要进一步的理解。

很少有器件能实现低于 60mV/10 倍频程的亚阈值摆幅的。Appenzeller 等人在 2004 年展示了碳纳米管[60]。Lu 等人也用碳纳米管功能化论证了该效应[63]。Choi 等人在 2007 年用纯硅器件论证了该效应[64]。紧接着，2008 年，Mayer 等人实现了低于 60mV/10 倍频程的器件[65]。2010 年，Jeon 等人用硅化的源极实现低于 60mV/10 倍频程的开关[66]。Leonelli 等人也用

FinFET器件达到了低于 60mV/10 倍频程的性能[67]。Kim 在 2009 年用锗源极实现了低于 60mV/10 倍频程的工作性能[68]。2011 年，Dewey 等人使用薄栅氧化层，异质结工程设计和高源掺杂实现了低于 60mV/10 倍频程的工作性能[69]。

即使是最好的实验装置（如 Kim 等人的设备[68]）也只能在 $\mu A/\mu m$ 范围内呈现 I_{on}，不符合未来 CMOS 器件的 $mA/\mu m$ 要求。一些策略，如 Kim 等人提出的[68]使用一个隐藏式的锗源有增加驱动电流的潜力。另一种方法，来自 Mookerjea 等人，是用一种具有较低带隙的材料（创建一个同质而非异质结），允许更高的隧穿率，因此，能有更高的隧穿电流[70]。一种可能通过异质结结构来改进的例子如图 2.9 所示。

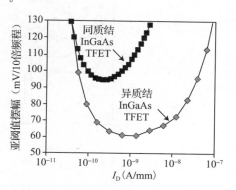

图 2.9　同质结和异质结器件的亚阈值摆幅对比，说明异质结结构能显著改善亚阈值摆幅

此外，漏电容可能会由于增强的米勒电容而增加。由于整个沟道只被电耦合到漏极（而不是源极和漏极，像典型 MOSFET 的那样），漏极会有 C_{GD} 的增加，源极会有 C_{GS} 的减小[72,73]。采用这些器件，电压过冲（overshoot）增加也是有可能的。

同质结 TEFT（具有单个源极、沟道和漏极材料）具有双极型特征（也就是在逐渐变正或逐渐变负的栅源电压下提高电流传导）。为了降低双极效应，源极和漏极必须是对称的，这可以通过使用一个异质结或偏漏来实现[74,75]。

作为一个非对称的器件，TFET 只能向一个方向传导隧穿电流，这使电路设计更加困难。研究团队已经确定了新的 SRAM 和逻辑布局，并发现需要附加的晶体管（例如，一个7T SRAM 单元）来实现工作时足够的噪声容限[76]。

2.2.6.4　小结

TFET 实验结果表明：在非常低的电流下显示非常低的亚阈值摆幅，与仿真得到的结果形成了鲜明的对比，仿真结果表明，较低的亚阈值摆幅需要开态电流在 $0.1\sim1mV/\mu m$ 范围内。不幸的是，在实际情况下，器件还不能同时具有低于 60mV/10 倍频程的亚阈值摆幅和高的开态电流。能实现合理的较高开态电流的器件却不能呈现低于 60mV/10 倍频程的亚阈值摆幅，这使得关态电流非常高，也就没有了相对于常规 MOSFET 的优势。需要注意的是，TFET 并不是对称的，所以额外的具有挑战性的光刻步骤是必要的，这就使制造变得复杂了。尺寸缩放似乎对 TFET 很可靠，相比传统 MOSFET，只有少量成本增加。然而，除非 TFET 被改善从而更好地匹配其仿真结果，它们对逻辑器件仅有有限的应用。

2.2.7　金属源/漏器件

金属源/漏器件技术（见图 2.10）利用肖特基势垒来减小寄生电阻，而不是掺杂的源极和漏极。

2.2.7.1　历史

源极和漏极肖特基接触的采用是由 M. P. Lepselter 和 S. M. Sze 于 1968 年在贝尔实验室提出并论证的[78]。他们用铂硅化物源极和漏极，以及 n 型体区域展示了第一个基于肖特基的 S/D 器件。

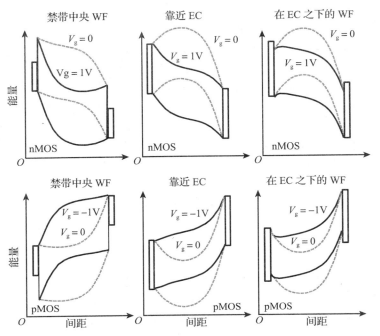

图 2.10   nMOS 和 pMOS 金属源/漏（MSD）器件的能带图，揭示带
结构对金属有效功函数的敏感性[77]

2.2.7.2   器件原理

MSD 器件，也称为肖特基势垒场效应晶体管（SB-FET），传统上，使用肖特基势垒而不是二极管连接作为源极和漏极。使用金属而非掺杂半导体会降低寄生电阻，但是需要带边金属功函数能够匹配传统 MOSFET 的开态电流[79]。

2.2.7.3   近期工作

MSD 器件在源结和漏结具有肖特基势垒。为了实现与标准 MOSFET 相当的驱动电流，肖特基势垒高度（SBH）必须减小（MSD 的费米（Fermi）能级必须接近硅带边缘，并且根据驱动电流的要求相应减小）。降低势垒高度的方法包括器件结构优化、费米能级钉扎、注入和掺杂分离。

Connelly 等人证明小于 0.1eV 的 SBH 需要与传统 MOSFET 的竞争[80]。负重叠（Underlap）（有效沟道长度比物理栅极长度更长）更适用于这些器件，而不是传统的源漏重叠。首先是因为寄生电容，其次也因为金属半导体结的陡峭剖面（abrupt profile）允许在保持栅极控制的前提下出现负重叠。

采用双栅极结构的 MSD 器件能够满足要求比单栅极结构更大 SBH 的 ITRS（国际半导体技术发展路线图）标准，如图 2.11 所示，这也暗示着环绕栅极（GAA）结构对于 MSD 器件更有吸引力（忽略 GAA 相关的体积效率问题）[81]。

Chen 等人创建了硅化物生长在源极和漏极上的平面结构，以及一小型的指状硅化物结构向栅极扩散用来改善源漏扩展电阻。这种方法也能承受嵌入式 SiGe 结构产生的应力[82]。

费米能级钉扎能够减小肖特基势垒高度。Connelly 等人用一个氮化物薄层来钉扎费米能级并将 SBH 减小到 0.2eV，但这是以增加电阻为代价[83,84]。Tao 等人的另外一种方法是用单层硒来将 SBH 减小到 0.08eV 以下[85]。

Vega 和 Liu 展示了氟注入能够将 SBH 减小到 0eV，但是在 FET 中，氟注入会导致更高的电阻，最终导致更低的驱动电流。

掺杂隔离肖特基（DSS）MOSFET 在金属半导体界面利用掺杂降低 SBH。实验上，这是由 Kinoshita 在 2004 年证明的。Qiu 等人也用离子注入或者穿过硅化物注入实现了该工艺[88,89]。Qiu 等人对不同退火条件下能达到的不同 SBH 值作了很好的总结[89]。Kaneko 和 Chin 等人也论证 DSS Fin-FET 和纳米线[90,91]。

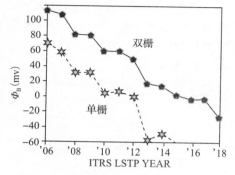

图 2.11　实现 ITRS LSTP 各种规格要求的最大肖特基势垒[81]。双栅极器件扩大了金属源/漏器件（MSD）能够满足性能规格的范围，但是尺寸缩放仍然有限制

2.2.7.4　小结

如果 SBH 可以减小到 0.1eV 以下，MSD 器件表现出一定的优势。然而，基于仿真的高性能器件研究表明，传统的 RSD 结构比 DSS 结构具有更好的性能（即使没有考虑金属源/漏区应变效应的潜在损失）。虽然一些研究表明 MSD 器件的性能可以超越传统 MOS-FET 的性能（特别是如果 SBH 是零或负[80]），应力缺失和寄生电容的增加效应可能导致较低的整体性能。在非常小的栅极长度下，同时常规性提升的源/漏双栅极器件具有更好尺寸缩放特性，制造成本可能会使金属源/漏成为更具选择吸引力。

2.2.8　继电器

机械继电器（见图 2.12）利用从关断位置到开通位置的物理运动来调节电流。

2.2.8.1　历史

虽然机械继电器比固态器件提早出现数十年，在尺寸缩放上能与 CMOS 竞争的微机电系统（MEMS）技术直到 1978 年才由 Kurt E. Petersen 首次论证[92]。Petersen 展示了三种器件：一种光学显示，一种四端微机械开关和一种杨氏模量的测量方法。

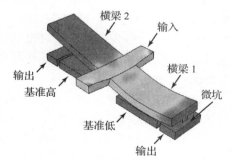

图 2.12　一种采用跷跷板结构的四端纳米继电反相器

2.2.8.2　器件原理

继电器利用机械运动从物理上缩短或打开两个触点之间的电连接。继电器可以放置在传统的 CMOS 工艺的前端或后端[93]。理想的微机电继电器呈现出零截止电流，陡峭的亚阈值摆幅和较低的栅泄漏。低开态电阻在这些器件中比在 CMOS 中更加无关紧要，因为相对缓慢的机械臂运动延时才是限制因素，而不是更短的 RC 延时时间常数。

继电器具有一吸合电压（V_{PI}），由克服弹簧恢复力的驱动力（通常是静电）所决定；以及一拉拔电压（V_{PO}），其由克服粘合力的机械力所决定。驱动继电器可以使用几种不同的机制，包括热、磁、压电和静电[94-98]。虽然 MEMS 器件可以设计为 $V_{PI}=V_{PO}$，实际应用中经常显示电压滞后（如 $V_{PI}>V_{PO}$）。

2.2.8.3 近期工作

继电器的优势是陡峭的亚阈值摆幅和微不足道的 I_{off}（见图 2.13）。此外，四端继电器允许传输门逻辑，这可能降低了每个功能所需的器件数量[99]。然而，继电器工作电压高，需要降低其工作电压以实现低有效功率的优点。此外，继电器目前尺寸非常大（例如，$7.5\mu m \times 7.5\mu m$[100]），需要减少到能与 MOSFET 相比的尺寸。改进的可靠性需要被证明能在高活动因子数字逻辑应用中使用。切换电压带来的可变性和滞后也需要减少到能与 MOS-FET 相比。

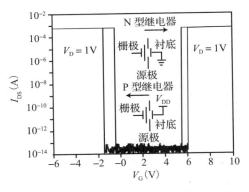

图 2.13   四端继电器 I_D-V_G 特性[99]。亚阈值摆幅极低，导致从关态到开态的转变陡峭

2010 年，Kam 等人表明继电器有潜力实现 10 倍于 CMOS 的能量效率（尽管是在更低的时钟频率下）[101]。继电器电路是由 Spencer 等人论证的，包括由单一机械延迟的 12 个继电器组成的一个全加法器[102]。

Fariborzi 等人设计了一个 16 位继电器乘法器，希望能实现比 CMOS 更低的单次工作能耗，他们同时实验证明了一个由 98 个继电器组成的 7：3 压缩器[103]。

高吸合电压仍然是继电器的一个问题。Lee 等人用绝缘液体（例如油）减小 V_{PI}，因为液体的介电常数较高，但继电器可靠性仍然不及原子层沉积工艺实现的器件[96]。碳纳米管也可以用来降低电压，但很难制造，就如 Dadgour 等人论述[104,105]。Abele 等人制作的浮栅 MOS 晶体管包含一个机械的栅电极，它用来增强开关陡峭度。但是这种器件的驱动电流低，机械延时和 RC 延时都是这种器件的问题[106]。

2.2.8.4 小结

继电器提供了极高的 I_{on}/I_{off} 和优良的亚阈值摆幅。然而，在这些器件可以采用之前，可扩展性和可靠性必须被验证。制造成本可能会改善，因为许多工艺步骤（如离子注入和外延）将是不必要的，当然，释放蚀刻工艺可能会增加成本和复杂性。有了最先进的继电器技术，这些器件仍然可以用于非易失性存储器或 FPGA。

2.3   总结

现在有很多替代性的逻辑开关设计，每一种都有它的折中。许多仍然在研究阶段，如果可以找到克服它们缺点的解决方案，仍然很值得期待。进一步的基础和工程研究（主要是先进材料）必须继续，从而使开关器件密度的不断增加。

参考文献

[1] G. E. Moore, "Cramming more components onto integrated circuits." *Electronics*, 114–117 (1965).

[2] T. Mimura, "The early history of the high electron mobility transistor (HEMT)." *IEEE Transactions on Microwave Theory and Techniques*, **50**, 780–782 (2002).

[3] "History of HEMTs." Available online at: www.iue.tuwien.ac.at/phd/vitanov/node11.html.

[4] R. Dingle, H. L. Störmer, A. C. Gossard, & W. Wiegmann, "Electron mobilities in modulation-doped semiconductor heterojunction superlattices." *Applied Physics Letters*, **33**, 665–667 (1978). http://link.aip.org/link/?APL/33/665/1.

[5] D. Delagebeaudeuf, P. Delescluse, P. Etienne, M. Laviron, J. Chaplart, & N. T. Linh, "Two-dimensional electron gas M.E.S.F.E.T. structure." *Electronics Letters*, **16**, 667–668 (1980).

[6] D. Delagebeaudeuf & N. T. Linh, "Charge control of the heterojunction two-dimensional electron gas for MESFET application." *IEEE Transactions on Electron Devices*, **28**, 790–795 (1981).

[7] "High electron mobility transistors (HEMTs)." Available online: www.mwe.ee.ethz.ch/en/about-mwe-group/research/vision-and-aim/high-electron-mobility-transistors-hemt.html.

[8] I. Ok, D. Veksler, P. Y. Hung *et al.*, "Reducing Rext in laser annealed enhancement-mode $In_{0.53}Ga_{0.47}As$ surface channel n-MOSFET." In *VLSI Technology Systems and Applications (VLSI-TSA), 2010 International Symposium on*, pp. 38–39 (2010).

[9] G. Dewey, R. Kotlyar, R. Pillarisetty *et al.*, "Logic performance evaluation and transport physics of Schottky-gate III-V compound semiconductor quantum well field effect transistors for power supply voltages (VCC) ranging from 0.5v to 1.0v." In *Electron Devices Meeting (IEDM), 2009 IEEE International*, pp. 1–4 (2009).

[10] M. Radosavljevic, B. Chu-Kung, S. Corcoran *et al.*, "Advanced high-K gate dielectric for high-performance short-channel $In_{0.7}Ga_{0.3}As$ quantum well field effect transistors on silicon substrate for low power logic applications." In *Electron Devices Meeting (IEDM), 2009 IEEE International*, pp. 1–4 (2009).

[11] T.-W. Kim, D.-H. Kim, & J. A. del Alamo, "30 nm $In_{0.7}Ga_{0.3}As$ inverted-type HEMTs with reduced gate leakage current for logic applications." In *Electron Devices Meeting (IEDM), 2009 IEEE International*, pp. 1–4 (2009).

[12] D.-H. Kim & J. A. del Alamo, "Scalability of sub-100 nm InAs HEMTs on InP substrate for future logic applications." *IEEE Transactions on Electron Devices*, **57**, 1504–1511 (2010).

[13] J. W. Chung, J.-K. Lee, E. L. Piner, & T. Palacios, "Seamless on-wafer integration of Si (100) MOSFETs and GaN HEMTs." *IEEE Electron Device Letters*, **30**, 1015–1017 (2009).

[14] J. A. del Alamo, "Nanometre-scale electronics with III-V compound semiconductors." *Nature*, **479**, 317–323 (2011).

[15] M. S. Shur, "GaN-based devices." In *Electron Devices, 2005 Spanish Conference on*, 15–18 (2005).

[16] H. P. Maruska & J. J. Tietjen, "The preparation and properties of vapor-deposited single crystalline GaN." *Applied Physics Letters*, **15**, 327–329 (1969).

[17] M. Asif Khan, J. N. Kuznia, A. R. Bhattarai, & D. T. Olson, "Metal semiconductor field effect transistor based on single crystal GaN." *Applied Physics Letters*, **62**, 1786–1787 (1993).

[18] M. Asif Khan, A. Bhattarai, J. N. Kuznia, & D. T. Olson, "High electron mobility transistor based on a GaN /$Al_xGa_{1-x}N$ heterojunction." *Applied Physics Letters*, **63**, 1214–1215 (1993).

[19] J. Goldberger, R. He, Y. Zhang, S. Lee, H. Yan, H.-J. Choi, & P. Yang, "Single-crystal gallium nitride nanotubes." *Nature*, **422**, 599–602 (2003).

[20] J. Hu, Y. Bando, D. Golberg, & Q. Liu, "Gallium nitride nanotubes by the conversion of gallium oxide nanotubes." *Angewandte Chemie International Edition*, **42**, 3493–3497 (2003).

[21] L. F. Eastman & U. K. Mishra, "The toughest transistor yet [GaN transistors]." *Spectrum, IEEE*, **39**, 28–33 (2002).

[22] L. Nidhi, S. Dasgupta, D. F. Brown, S. Keller, J. S. Speck, & U. K. Mishra, "N-polar GaN-based highly scaled self-aligned MIS-HEMTs with state-of-the-art fT.LG product of 16.8 GHz-μm." In *Electron Devices Meeting (IEDM), 2009 IEEE International*, pp. 1–3 (2009).

[23] X. Xin, J. Shi, L. Liu *et al.*, "Demonstration of low-leakage-current low-on-resistance 600-V 5.5-A GaN/AlGaN HEMT." *IEEE Electron Device Letters*, **30**, 1027–1029 (2009).

[24] Y. C. Chang, W. H. Chang, H. C. Chiu *et al.*, "Inversion-channel GaN MOSFET using atomic-layer-deposited Al_2O_3 as gate dielectric." In *VLSI Technology, Systems, and Applications, 2009. VLSI-TSA '09. International Symposium on*, pp. 131–132 (2009).

[25] Y. Cai, Z. Cheng, W. C. W. Tang, K. J. Chen, & K. M. Lau, "Monolithic integration of enhancement-and depletion-mode AlGaN/GaN HEMTs for GaN digital integrated circuits." In *Electron Devices Meeting, 2005. IEDM Technical Digest. IEEE International*, vol. **4**, p. 774 (2005).

[26] K. Ota, K. Endo, Y. Okamoto, Y. Ando, H. Miyamoto, & H. Shimawaki, "A normally-off GaN FET with high threshold voltage uniformity using a novel piezo neutralization technique." In *Electron Devices Meeting (IEDM), 2009 IEEE International*, pp. 1–4 (2009).

[27] J. Derluyn, M. Van Hove, D. Visalli *et al.*, "Low leakage high breakdown e-mode GaN DHFET on Si by selective removal of in-situ grown Si_3N_4." In *Electron Devices Meeting (IEDM), 2009 IEEE International*, pp. 1–4 (2009).

[28] M. Kanamura, T. Ohki, T. Kikkawa *et al.*, "Enhancement-mode GaN MIS-HEMTs with n-GaN/i-AlN/n-GaN triple cap layer and high-gate dielectrics." *IEEE Electron Device Letters*, **31**, 189–191 (2010).

[29] K.-S. Im, J.-B. Ha, K.-W. Kim *et al.*, "Normally off GaN MOSFET based on AlGaN/GaN heterostructure with extremely high 2DEG density grown on silicon substrate." *IEEE Electron Device Letters*, **31**, 192–194 (2010).

[30] J. Joh & J. A. del Alamo, "Mechanisms for electrical degradation of GaN high-electron mobility transistors." In *Electron Devices Meeting, 2006. IEDM '06. International*, pp. 1–4 (2006).

[31] S. Salahuddin & S. Datta, "Use of negative capacitance to provide voltage amplification for low power nanoscale devices." *Nano Letters*, **8**, 405–410 (2008).

[32] S. Salahuddin & Datta, S. "Can the subthreshold swing in a classical FET be lowered below 60 mV/decade?" In *Electron Devices Meeting, 2008. IEDM 2008. IEEE International*, pp. 1–4 (2008).

[33] A. Rusu, G. A. Salvatore, D. Jimenez, & A. M. Ionescu, "Metal-ferroelectric-metal-oxide-semiconductor field effect transistor with sub-60mV/decade subthreshold swing and internal voltage amplification." In *Electron Devices Meeting (IEDM), 2010 IEEE International*, pp. 16.3.1–16.3.4 (2010).

[34] M. H. Lee, J.-C. Lin, Y.-T. Wei, C.-W. Chen, H.-K. Zhuang, & M. Tang, "Ferroelectric negative capacitance hetero-tunnel field-effect-transistors with internal voltage amplification." In *Electron Devices Meeting, 2013, IEEE International*, pp. 104–107 (2013).

[35] S. Tanakamaru, T. Hatanaka, R. Yajima, M. Takahashi, S. Sakai, & K. Takeuchi, "A 0.5V operation, 32% lower active power, 42% lower leakage current, ferroelectric 6T-SRAM with VTH self-adjusting function for 60% larger static noise margin." In *Electron Devices Meeting (IEDM), 2009 IEEE International*, pp. 1–4 (2009).

[36] A. I. Khan, D. Bhowmik, P. Yu *et al.*, "Experimental evidence of ferroelectric negative capacitance in nanoscale heterostructures." *Applied Physics Letters*, **99**, 113501 (2011).

[37] C. M. Krowne, S. W. Kirchoefer, W. Chang, J. M. Pond, & L. M. B. Alldredge, "Examination of the possibility of negative capacitance using ferroelectric materials in solid state electronic devices." *Nano Letters*, **11**, 988–992 (2011).

[38] R. Jin, Y. Song, M. Ji *et al.*, "Characteristics of sub-100nm ferroelectric field effect transistor with high-k buffer layer." In *Solid-State and Integrated-Circuit Technology, 2008. ICSICT 2008. 9th International Conference on*, pp. 888–891 (2008).

[39] A. Aviram & M. A. Ratner, "Molecular rectifiers." *Chemical Physics Letters*, **29**, 277–283 (1974).

[40] C. P. Collier, E. W. Wong, M. Belohradský *et al.*, "Electronically configurable molecular-based logic gates." *Science*, **285**, 391–394 (1999).

[41] K. Terabe, T. Hasegawa, T. Nakayama, & M. Aono, "Quantized conductance atomic switch." *Nature*, **433**, 47–50 (2005).

[42] A. F. Thomson, D. O. S. Melville, & R. J. Blaikie, "Nanometre-scale electrochemical switches fabricated using a plasma-based sulphidation technique." In *Nanoscience and Nanotechnology, 2006. ICONN '06. International Conference on*, (2006).

[43] T. Sakamoto, N. Banno, N. Iguchi *et al.*, "A Ta_2O_5 solid-electrolyte switch with improved reliability." In *VLSI Technology, 2007 IEEE Symposium on*, pp. 38–39 (2007).

[44] T. Sakamoto, N. Banno, N. Iguchi *et al.*, "Three terminal solid-electrolyte nanometer switch." In *Electron Devices Meeting, 2005. IEDM Technical Digest. IEEE International*, pp. 475–478 (2005).

[45] S. Kaeriyama, T. Sakamoto, H. Sunamura, *et al.*, "A nonvolatile programmable solid electrolyte nanometer switch." *IEEE Journal of Solid-State Circuits*, **40**(1), 168–176 (2005).

[46] C. Liang, K. Terabe, T. Hasegawa, R. Negishi, T. Tamura, & M. Aono, "Ionic–electronic conductor nanostructures: template-confined growth and nonlinear electrical transport." *Small*, **1**, 971–975 (2005).

[47] M. N. Kozicki, C. Gopalan, M. Balakrishnan, & M. Mitkova, "A low-power nonvolatile switching element based on copper-tungsten oxide solid electrolyte." *IEEE Transactions on Nanotechnology*, **5**, 535–544 (2006).

[48] T. Hasegawa, K. Terabe, T. Sakamoto, & M. Aono, "Nanoionics switching devices: atomic switches." *MRS Bulletin*, **34**, 929–934 (2009).

[49] K. Gopalakrishnan, P. B. Griffin, & J. D. Plummer, "I-MOS: a novel semiconductor device with a subthreshold slope lower than kT/q." In *Electron Devices Meeting, 2002. IEDM '02. Digest. IEEE International*, pp. 289–292 (2002).

[50] A. Savio, S. Monfray, C. Charbuillet, & T. Skotnicki, "On the limitations of silicon for I-MOS integration." *IEEE Transactions on Electron Devices*, **56**, 1110–1117 (2009).

[51] H. Nematian, M. Fathipour, & M. Nayeri, "A novel impact ionization MOS (I-MOS) structure using a silicon-germanium/silicon heterostructure channel." In *Microelectronics, 2008. ICM 2008. International Conference on*, pp. 228–231 (2008).

[52] U. Abelein, M. Born, K. K. Bhuwalka *et al.*, "Improved reliability by reduction of hot-electron damage in the vertical impact-ionization MOSFET (I-MOS)." *IEEE Electron Device Letters*, **28**, 65–67 (2007).

[53] A. Tura & J. Woo, "Performance comparison of silicon steep subthreshold FETs." *IEEE Transactions on Electron Devices*, **57**, 1362–1368 (2010).

[54] C. Shen, J.-Q. Lin, E.-H. Toh, *et al.* "On the performance limit of impact-ionization transistors." In *Electron Devices Meeting, 2007. IEDM 2007. IEEE International*, pp. 117–120 (2007).

[55] S. Banerjee, J. Coleman, B. Richardson, & A. Shah, "A band-to-band tunneling effect in the trench transistor cell." In *VLSI Technology, 1987. Digest of Technical Papers. Symposium on*, pp. 97–98 (1987).

[56] S. Banerjee, W. Richardson, J. Coleman, & A. Chatterjee, "A new three-terminal tunnel device." *IEEE Electron Device Letters*, **8**, 347–349 (1987).

[57] T. Baba, "Proposal for surface tunnel transistors." *Japanese Journal of Applied Physics*, **31** (1992).

[58] W. M. Reddick & G. A. J. Amaratunga, "Silicon surface tunnel transistor." *Applied Physics Letters*, **67**, 494–496 (1995).

[59] U. E. Avci, R. Rios, K. Kuhn, & I. A. Young, "Comparison of performance, switching energy and process variations for the TFET and MOSFET in logic." In *VLSI Technology (VLSIT), 2011 Symposium on*, pp. 124–125 (2012).

[60] J. Appenzeller, Y.-M. Lin, J. Knoch, & P. Avouris, "Band-to-band tunneling in carbon nanotube field-effect transistors." *Physics Review Letters*, **93**, 196805 (2004).

[61] O. M. Nayfeh, C. N. Chleirigh, J. Hennessy, L. Gomez, J. L. Hoyt, & D. A. Antoniadis, "Design of tunneling field-effect transistors using strained-silicon/strained-germanium type-II staggered heterojunctions." *IEEE Electron Device Letters*, **29**, 1074–1077 (2008).

[62] W. Vandenberghe, A. S. Verhulst, G. Groeseneken, B. Soree, & W. Magnus, "Analytical model for point and line tunneling in a tunnel field-effect transistor." In *Simulation of Semiconductor Processes and Devices, 2008. SISPAD 2008. International Conference on*, pp. 137–140 (2008).

[63] Y. Lu, S. Bangsaruntip, X. Wang, L. Zhang, Y. Nishi, & H. Dai, "DNA functionalization of carbon nanotubes for ultrathin atomic layer deposition of high κ dielectrics for nanotube transistors with 60 mV/decade switching." *Journal of the American Chemical Society*, **128**, 3518–3519 (2006).

[64] W. Y. Choi, B.-G. Park, J. D. Lee, & T.-J. K. Liu, "Tunneling field-effect transistors (TFETs) with subthreshold swing (SS) less than 60 mV/dec." *IEEE Electron Device Letters*, **28**, 743–745 (2007).

[65] F. Mayer, C. Le Royer, J.-F. Damlencourt *et al.*, "Impact of SOI, Si1-xGexOI and GeOI substrates on CMOS compatible tunnel FET performance." In *Electron Devices Meeting, 2008. IEDM 2008. IEEE International*, pp. 1–5 (2008).

[66] K. Jeon, W.-Y. Loh, P. Patel *et al.*, "Si tunnel transistors with a novel silicided source and 46mV/dec swing." In *VLSI Technology (VLSIT), 2010 Symposium on*, pp. 121–122 (2010).

[67] D. Leonelli, A. Vandooren, Rooyackers, R. *et al.*, "Performance enhancement in multi gate tunneling field effect transistors by scaling the fin-width." *Japanese Journal of Applied Physics*, **49** (2010).

[68] S. H. Kim, H. Kam, C. Hu, & T.-J. K. Liu, "Germanium-source tunnel field effect transistors with record high I_{ON}/I_{OFF}." In *VLSI Technology, 2009 Symposium on*, pp. 178–179 (2009).

[69] G. Dewey, B. Chu-Kung, J. Boardman *et al.*, "Fabrication, characterization, and physics of III-V heterojunction tunneling field effect transistors (H-TFET) for steep sub-threshold swing." In *Electron Devices Meeting (IEDM), 2011 IEEE International*, pp. 785–788 (2011).

[70] S. Mookerjea, D. Mohata, T. Mayer, V. Narayanan, & S. Datta, "Temperature-dependent I-V characteristics of a vertical In$_{0.53}$Ga$_{0.47}$As tunnel FET." *IEEE Electron Device Letters*, **31**, 564–566 (2010).

[71] U. E. Avci, S. Hasan, D. E. Nikonov, R. Rios, K. Kuhn, & I. A. Young, "Understanding the feasibility of scaled III-V TFET for logic by bridging atomistic simulations and experimental results." In *VLSI Technology (VLSIT), 2012 Symposium on*, pp. 183–184 (2012).

[72] S. Mookerjea, R. Krishnan, S. Datta, & V. Narayanan, "On enhanced Miller capacitance effect in interband tunnel transistors." *IEEE Electron Device Letters*, **30**, 1102–1104 (2009).

[73] S. Mookerjea, R. Krishnan, S. Datta, & V. Narayanan, "Effective capacitance and drive current for tunnel FET (TFET) CV/I estimation." *IEEE Transactions on Electron Devices*, **56**, 2092–2098 (2009).

[74] J. Wan, C. Le Royer, A. Zaslavsky, & S. Cristoloveanu, "SOI TFETs: suppression of ambipolar leakage and low-frequency noise behavior." In *Proceedings of the 2010 European Solid-State Device Research Conference (ESSDERC)*, pp. 341–344 (2010).

[75] T. Krishnamohan, D. Kim, S. Raghunathan, & K. Saraswat, "Double-gate strained-Ge heterostructure tunneling FET (TFET) with record high drive currents and <60 mV/dec subthreshold slope." In *Electron Devices Meeting, 2008. IEDM 2008. IEEE International*, pp. 1–3 (2008).

[76] D. Kim, Y. Lee, J. Cai *et al.*, "Low power circuit design based on heterojunction tunneling transistors (HETTs)." In *Proceedings of the 14th ACM/IEEE International Symposium on Low Power Electronics and Design*, pp. 219–224 (2009).

[77] K. J. Kuhn, U. Avci, A. Cappellani *et al.*, "The ultimate CMOS device and beyond." In *Electron Devices Meeting (IEDM), 2012 IEEE International* pp. 171–174, (2012).

[78] M. P. Lepselter & S. M. Sze, "SB-IGFET: an insulated-gate field-effect transistor using Schottky barrier contacts for source and drain." *Proceedings of the IEEE*, **56**, 1400–1402 (1968).

[79] J. M. Larson & J. P. Snyder, "Overview and status of metal S/D Schottky-barrier MOSFET technology." *IEEE Transactions on Electron Devices*, **53**, 1048–1058 (2006).

[80] D. Connelly, C. Faulkner, & D. E. Grupp, "Optimizing Schottky S/D offset for 25-nm dual-gate CMOS performance." *IEEE Electron Device Letters*, **24**, 411–413 (2003).

[81] D. Connelly, P. Clifton, C. Faulkner, & D. E. Grupp, "Ultra-thin-body fully depleted SOI metal source/drain n-MOSFETs and ITRS low-standby-power targets through 2018." In *Electron Devices Meeting, 2005. IEDM Technical Digest. IEEE International*, pp. 972–975 (2005).

[82] H.-W. Chen, C.-H. Ko, T.-J. Wang, C.-H. Ge, K. Wu, & W.-C. Lee, "Enhanced performance of strained CMOSFETs using metallized source/drain extension (M-SDE)." In *VLSI Technology, 2007 IEEE Symposium on*, pp. 118–119 (2007).

[83] D. Connelly, C. Faulkner, P. A. Clifton, & D. E. Grupp, "Fermi-level depinning for low-barrier Schottky source/drain transistors." *Applied Physics Letters*, **88**, 012105–012105-3 (2006).

[84] D. Connelly, P. Clifton, C. Faulkner, J. Owens, & J. Wetzel, "Self-aligned low-Schottky barrier deposited metal S/D MOSFETs with Si$_3$N$_4$ M/Si passivation." *Device Research Conference*, pp. 83–84 (2008).

[85] M. Tao, S. Agarwal, D. Udeshi, N. Basit, E. Maldonado, & W. P. Kirk, "Low Schottky barriers on n-type silicon (001)." *Applied Physics Letters*, **83**, 2593–2595 (2003).

[86] R. A. Vega & T.-J. K. Liu, "DSS MOSFET with tunable SDE regions by fluorine pre-silicidation ion implant." *IEEE Electron Device Letters*, **31**, 785–787 (2010).

[87] R. A. Vega & T.-J. K. Liu, "Dopant-segregated Schottky junction tuning with fluorine pre-silicidation ion implant." *IEEE Transactions on Electron Devices*, **57**, 1084–1092 (2010).

[88] A. Kinoshita, Y. Tsuchiya, A. Yagishita, K. Uchida, & J. Koga, "Solution for high-performance Schottky-source/drain MOSFETs: Schottky barrier height engineering with dopant segregation technique." In *VLSI Technology, 2004. Digest of Technical Papers. 2004 Symposium on*, pp. 168–169 (2004).

[89] Z. Qiu, Z. Zhang, M. Ostling, & S.-L. Zhang, "A comparative study of two different schemes to dopant segregation at NiSi/Si and PtSi/Si interfaces for Schottky barrier height lowering." *IEEE Transactions on Electron Devices*, **55**, 396–403 (2008).

[90] A. Kaneko, A. Yagishita, K. Yahashi *et al.*, "High-performance FinFET with dopant-segregated Schottky source/drain." In *Electron Devices Meeting, 2006. IEDM '06. IEEE International*, pp. 1–4 (2006).

[91] Y. K. Chin, K.-L. Pey, N. Singh *et al.*, "Dopant-segregated Schottky silicon-nanowire MOSFETs with gate-all-around channels." *IEEE Electron Device Letters*, **30**, 843–845 (2009).

[92] K. E. Petersen, "Dynamic micromechanics on silicon: techniques and devices." *IEEE Transactions on Electron Devices*, **25**, 1241–1250 (1978).

[93] V. Joshi, C. Khieu, C. G. Smith *et al.*, "A CMOS compatible back end MEMS switch for logic functions." In *Interconnect Technology Conference (IITC), 2010 International*, pp. 1–3 (2010).

[94] V. Pott, H. Kam, R. Nathanael, J. Jeon, E. Alon, & T.-J. K. Liu, "Mechanical computing redux: relays for integrated circuit applications." *Proceedings of the IEEE*, **98**, 2076–2094 (2010).

[95] H. Kam, D. T. Lee, R. T. Howe, & T.-J. King, "A new nano-electro-mechanical field effect transistor (NEMFET) design for low-power electronics." In *Electron Devices Meeting, 2005. IEDM Technical Digest. IEEE International*, pp. 463–466 (2005).

[96] J.-O. Lee, M.-W. Kim, S.-D. Ko *et al.*, "3-terminal nanoelectromechanical switching device in insulating liquid media for low voltage operation and reliability improvement." In *Electron Devices Meeting (IEDM), 2009 IEEE International*, pp. 1–4 (2009).

[97] H. Kam, V. Pott, R. Nathanael, J. Jeon, E. Alon, & T.-J. K. Liu, "Design and reliability of a micro-relay technology for zero-standby-power digital logic applications." In *Electron Devices Meeting (IEDM), 2009 IEEE International*, pp. 1–4 (2009).

[98] F. Chen, M. Spencer, R. Nathanael *et al.*, "Demonstration of integrated micro-electro-mechanical switch circuits for VLSI applications." In *Solid-State Circuits Conference Digest of Technical Papers (ISSCC), 2010 IEEE International*, pp. 150–151 (2010).

[99] R. Nathanael, V. Pott, H. Kam, J. Jeon, & T.-J. K. Liu, "4-terminal relay technology for complementary logic." In *Electron Devices Meeting (IEDM), 2009 IEEE International*, pp. 1–4 (2009).

[100] I.-R. Chen, L. Hutin, C. Park *et al.*, "Scaled micro-relay structure with low strain gradient for reduced operating voltage." In *Electrochemical Society (ECS) Meeting, 221st*, p. 867 (2012).

[101] H. Kam, T.-J. K. Liu, V. Stojanović, & D. Marković, "Design, optimization, and scaling of MEM relays for ultra-low-power digital logic." *IEEE Transactions on Electron Devices*, **58**, 236–250 (2011).

[102] M. Spencer, F. Chen, C. C. Wang *et al.*, "Demonstration of integrated micro-electro-mechanical relay circuits for VLSI applications." *IEEE Journal of Solid-State Circuits*, **46**, 308–320 (2011).

[103] H. Fariborzi, F. Chen, V. Stojanovic,, R. Nathanael, J. Jeon, & T.-J. K. Liu, "Design and demonstration of micro-electro-mechanical relay multipliers." *In Solid State Circuits Conference (A-SSCC), 2011 IEEE Asian*, pp. 117–120 (2011).

[104] H. Dadgour, A. M. Cassell, & K. Banerjee, "Scaling and variability analysis of CNT-based NEMS devices and circuits with implications for process design." In *Electron Devices Meeting, 2008. IEDM 2008. IEEE International*, pp. 1–4 (2008).

[105] H. F. Dadgour & K. Banerjee, "Hybrid NEMS-CMOS integrated circuits: a novel strategy for energy-efficient designs." *Computers & Digital Techniques, IET*, **3**, 593–608 (2009).

[106] N. Abele, R. Fritschi, K. Boucart, F. Casset, P. Ancey, & A. M. Ionescu, "Suspended-gate MOSFET: bringing new MEMS functionality into solid-state MOS transistor." In *Electron Devices Meeting, 2005. IEDM Technical Digest. IEEE International*, pp. 479–481 (2005).

第 3 章 ｜ Chapter 3

基准化特大规模领域可替代器件结构

Zachery A. Jacobson 与 Kelin J. Kuhn

3.1 引言

这一章中，用国际半导体技术发展路线图（ITRS）设定的目标对第 2 章中讨论过的器件进行标准化，同时也针对更传统的超薄体（UTB）、环栅（GAA）、无结积累模式（JAM）器件和薄膜晶体管。

本章一开始对各种标准化的讨论过的器件的尺寸缩放潜力进行简短介绍。然后介绍标准化的基准，紧接着是标准化的结果、讨论和结论。

3.2 可替代器件等比例缩放潜力

3.2.1 高电子迁移率晶体管

高电子迁移率晶体管，或称 HEMT，通过将电荷载流子从电离掺杂原子中分离来提高器件的迁移率，从而降低电离杂质散射。这是通过将载流子限制在未掺杂的量子阱中来实现的。

多个研究组已经处理了 HEMT 的尺寸缩放[1-4]。利用电子束光刻和多种蚀刻步骤，Waldron 等人表明可以将 HEMT 器件栅极-接触孔间距降低到 30nm，但如果不改进刻蚀工艺就很难使栅极长度变小[1]。Kharche 等人发现 InAs（砷化铟）预计能够很好地实现尺寸缩放，因为量子阱宽度缩放会由于更低的 I_{off} 带来 I_{on}/I_{off} 的提高[2]。减小的阱宽度带来更接近栅极的电子峰，允许更好的栅极控制。Oh 和 Wong 表明如果在小的栅极长度下栅极泄漏和工艺集成的问题可以解决（同时寻找一个对称 p 型器件），HEMT 器件可以有更低的延时或更低的能量延时积（EDP）[3]。然而，包括 Skotnicki 和 Boeuf 在内的其他人表明，当漏致势垒降低（DIBL）和亚阈值摆幅（S）都包含在一个有效的电流基准中时，应变硅的性能优于Ⅲ～Ⅴ族 HEMT 的性能[4]。

3.2.2　氮化镓晶体管

氮化镓（GaN）是一种具有高击穿电压、高电子迁移率、高饱和速度的Ⅲ～Ⅴ族材料。也许更重要的是，AlGaN/GaN 界面的极化能够诱导产生二维电子气（自发构建一个 HEMT），不像 AlGaAs/GaAs HEMT 需要故意掺杂形成电荷。

栅极长度降低到 20nm（随着 40nm 源极/漏极偏置）的短沟道器件已由 Shinohara 等人开发，创纪录地达到 2.7mA/μm 的高电流[5]。增强和耗尽型器件制备都具有较高的均匀性。然而，实现这些结果的电压仍然很高（3～5V）。

Uren 等人发现隧穿效应发生在具有 0.17μm 栅极长度的器件中，因为 GaN 缓冲层间的泄漏。Uren 提出，缓冲层应绝缘，以防止泄露发生并控制潜在的沟道[6]。Park 和 Rajan 发现，N 极性 GaN HEMT 器件抑制 DIBL（漏致势垒降低）优于 Ga 极性 HEMT 器件，因为 N 极性器件反型结构带来更佳的静电特性[7]。

3.2.3　负电容效应晶体管

铁电栅极堆叠使用一个铁电电容器与传统电介质电容器相连来实现一个负栅极电容工作区，并使得亚阈值摆幅低于 60mV/10 倍频程。

Jin 等人仿真了这些器件的尺寸缩放潜力，并且发现亚阈值摆幅会随着栅极长度尺寸降低而增大，在 50nm 以下的较大增幅会反转它们的主要优势（见图 3.1）[8]。随着产生和操作负电容的机制被进一步理解，更多这些器件的基础性限制将被发现。

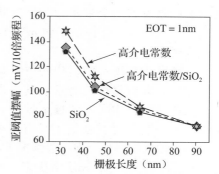

图 3.1　负电容 FET 的亚阈值摆幅与栅极长度关系表明尺寸缩放器件可能无法实现低于 60mV/10 倍频程的亚阈值摆幅，否定了它们的主要优势[8]

3.2.4　电化学晶体管

电化学器件（ECD）利用化学反应来控制流过件的电流。

ECD 的尺寸缩放挑战都集中在开关速度、可靠性（表示为使用周期数，通常称为耐受度）和电路的工艺制造问题。Terabe 等人在 2005 年用硫化银达到了 1MHz 的工作速度，该速度与尺寸缩放 CMOS 逻辑的速度数量级具有可比性[9]。Thomson 等人在 2006 年展示了快到 0.1μs 的开关速度[10]。2007 年，Sakamoto 等人转换到 Ta_2O_5 并能够在保持开关时间在 10^{-5}s 到 10^{-4}s 范围的同时将 $V_{program}$ 增加到超过 1V[11]。

可靠性的改进，表示为故障之前的平均周期数，仍然是困难的。对于三端器件，Sakamoto 等人表明，从灯丝分离的栅极可以用来控制灯丝的导电性，虽然最初的耐用度低至 50 个周期[12]。Kaeriyama 等人的进一步工作[13]说明使用 Cu_2S 电解质能带来显著的可靠性改进，如图 3.2 所示。2007 年，Sakamoto 等人使用 Cu_2S 电解质能够将耐受度增加至 10000 次[11]。

3.2.5 碰撞电离金属氧化物半导体晶体管

碰撞电离金属氧化物半导体（IMOS）晶体管是一种依靠雪崩击穿产生沟道载流子的门控 pn 二极管。这种机制产生正反馈，允许 60mV/10 倍频程的亚阈值摆幅。

IMOS 尺寸缩放的问题集中在一个非门控本征区域的需求。举个例子，Savio 等人表明在 50nm 以下，硅 IMOS 不能很好地实现尺寸缩放，因为没有区域让器件呈现晶体管的特性（见图 3.3）[14]。此外，如 Shen 等人所示，为了发生载流子倍增，载流子积聚足够的能量所需要的时间和空间限制了这些器件的基本缩放长度以及开关速度[15]。

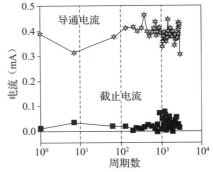

图 3.2   ECD 的周期性能表现出其持续周期数可达数千次，之后器件将不可用[12]

3.2.6 隧道场效应晶体管

隧道场效应晶体管（TFET，见图 2.8）利用电子从源极到沟道量子力学隧穿作为主要的载流子输运机制，允许低于 60mV/10 倍频程的亚阈值摆幅。

虽然尺寸缩放器件结构的仿真显示开态电流增加，许多仿真情况要求极其突变的结或至今还没在 TFET 中实现的掺杂量[17]。这些器件结构中的一些需要在栅极下具有多个结，这将减小未来的可缩放性。在一般情况下，隧道电流与势垒高度（由带隙/异质结决定）和隧道宽度（取决于静电和掺杂浓度/梯度）成正比。栅极堆叠的 TFET 具有改善的隧穿区域（以及隧道区域的电场），但同时减少了可缩放性。一种解决方案是通过使用隧道效应完全被包含在源极的凸起的源极，将重叠区域从栅极长度分离[17]。

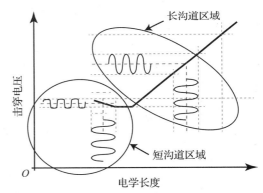

图 3.3   碰撞电离器件图解，展示如何在（左边）长 L_G 下有一个区域器件能够进入或者离开击穿状态。对于（右边）短栅极长度，没有区域使器件能够表现晶体管特性

3.2.7 金属源/漏晶体管

金属源/漏（MSD）技术利用金属替代源极和漏极区域中的掺杂半导体来减小寄生电阻。

Vega 和 Liu 考察了用于双栅结构的掺杂分离肖特基结（DSS）器件的尺寸缩放潜力。对于高性能的应用，在 10nm 栅极长度下，传统的双栅凸起的源/漏（RSD）结构将实现比 DSS 结构更高的性能，除非外延层的掺杂低于 10^{20} cm^{-3}[18]。对于低功率工作，Vega 等人展示了双高 K/低 K 间隔技术对于 DSS 结构的优点。这种技术允许边缘场增强从而使得源极和漏极可以负重叠，减少寄生电容并增加有效栅极长度[19]。

3.2.8　继电器

机械继电器利用从关到开位置上的物理运动来调节电流。Spencer 等人为 90nm 技术的节点继电器创造了一个理论上的布局[20]。在 90nm 的节点上，相对于传统 CMOS Sklansky 加法器的 $2000\mu m^2$ 面积，一个 32 位的加法器计划面积为 $7000\mu m^2$。然而，对于同等的继电器，强调其并行性，这将使面积的损失放大几乎 100 倍。Spencer 注意到一个更优化的器件布局能减少这种损失。

Chen 等人采用悬臂继电器实现类似的模拟计算量，并且只有 6～25 倍的面积开销[21]。Lee 等人计算这些悬臂梁的缩放限制，发现多晶硅将难以缩小到低于 80nm 的悬臂梁长度[22]。

锡（Sn）更具有弹性并悬臂梁长度能缩小到 30nm。Lee 指出，垂直结构可能有利于面积效率。

Shen 等人使用模拟工具表明，具有低至 10nm 的特征尺寸的比例缩放继电器将具有小于 0.25V 的临界电压[23]。Pott 等人说明继电器最终会被接触微观粗糙度限制（表面粗糙度），但缩放到 65nm 节点会导致驱动面积相对可比的 MOSFET 的面积增大 67%[24]。

通过适当的接触，可靠性高达 650 亿个周期已被论证（如图 3.4 所示的 10^9）。Joshi 等人论证了后道工艺兼容的继电器能达到 10^{11} 个周期（作为比较，对于一个工作在 100MHz 且活动因子为 1% 的器件，10^{15} 个周期需要工作 10 年）[25]。

即使是对比最好和最差级别的接触材料[21]，接触电阻的变化已被证明对能耗-性能影响不大。Dadgour 等人表明 10% 的悬臂梁长度和宽度的变化（对于碳纳米管）对临界电压分布有显著影响[27]。

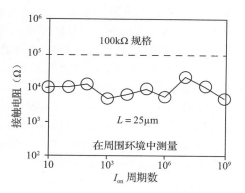

图 3.4　继电器的开态电阻随着开关切换周期数的变化[26]。该器件被测试 10^9 个周期。一个工作在 100MHz 且活动因子为 1% 的器件工作 10 年需要 10^{15} 个周期

3.3　可比器件的缩放潜力

3.3.1　超薄体晶体管

超薄体（UTB）器件由一个置于下层的氧化层形成。其体区域非常薄，栅极控制被增强，从而在关闭状态时体完全耗尽移动电荷载流子。

尺度缩放尤其是体的厚度，是 UTB 器件关注的重点。随着沟道长度缩放，体厚度必须减小。严重的迁移率降低将会在低于 3.5nm 厚度时出现[28]。此外，量子效应导致阈值电压的增加，从而减小开态电流。仅仅是一单个无意的杂质原子的影响就能降低驱动电流并增加阈值电压，如图 Vasileska 和 Ahmed 展示的那样[29]。自加热是一个额外的关注点。1989 年，McDaid 等人表明在 SOI MOSFET 的输出特性中的负微分电阻是由于减少的埋层氧化物热传导所致[30]。最近，Fiegna 等人表明，热电阻随着栅极长度和体厚度的缩放而增

加[31]。减小埋层氧化物厚度可以降低热电阻，可能提供一些改善空间。阈值电压的控制也是 UTB 器件的关注点。Ren 等人论证了，栅极长度下降到 30nm 时有突出的可变性和失配控制[32]。Liu 等人和 Andrieu 等人论证了一个具有薄埋层氧化物（BOX）层的 UTB(UT-BB)，它允许反向偏置来调整阈值电压具有较低的可变性[33,34]。

3.3.2　环形栅晶体管

环形栅（GAA）（或者纳米线）器件通过将栅极环绕在沟道周围来改善静电完整性（见图 3.5）。这提高了短沟道控制，减少泄漏并提高可缩放性。

Bangsaruntip 等人证明[35]传统的 GAA 器件对于 p 沟道表现出与部分耗尽 SOI 器件相当的性能，但对于 n 沟道仍滞后于驱动电流。Yeo 等人和 Fang 等人证明，孪晶纳米线场效应晶体管（TSNWFET）展现出优异的亚阈值摆幅和漏致势垒降低（DIBL），因为其具有高品质的栅氧化层和优良的栅极控制[36,37]。Dupre 等人的三维堆叠纳米线显示良好的缩放可能性，尽管多层的独立栅极控制是不可能的[38]。

Singh 等人表明，对于 p 型纳米线，〈010〉晶向要优于〈110〉晶向，它能产生 1.84 倍的平均 I_{on}[39]。由于纳米线变得更薄带来的声子散射，特别是低于 6nm 时[40]，硅纳米线中迁移率降低。已经表明在 7～18nm 范围，迁移率随着 InAs 纳米线的线半径增加而线性减小[41]。

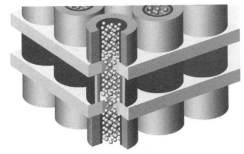

图 3.5　环形栅（GAA）（或者纳米线）器件通过将栅极环绕在沟道周围来改善静电完整性。这提高了短沟道控制、减小泄漏和提高可缩放性[42]

3.3.3　无结积累型晶体管

无结积累型（JAM）晶体管是一种源漏区域与沟道区域掺杂类型相同的全耗尽器件（见图 3.6）。该器件具有高掺杂（在 10^{19} cm^{-3} 范围），理想上是在整个沟道，源和漏极区域均匀掺杂[43]。一般地，器件需要非常小的横截面（近似于 5nm×5nm）以达到所需的阈值电压。除了相对容易制造，这些器件还具有比传统反型 MOSFET 更低的电场[44]。传统的自顶向下和自底向上制造的纳米线器件已经研究，因为其具有制造复杂度的优势[45,46]。

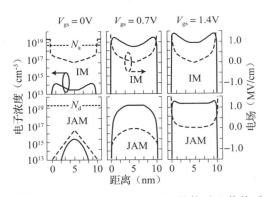

图 3.6　无结积累型（JAM）器件对比传统反型器件（IM）[47]。实线代表模拟的电子浓度，虚线代表 IM（顶部）和 JAM（底部）之间的电场轮廓差别。注意在 JAM 器件中电场更低并且载流子浓度在器件中更高。栅极功能是为相同的关态泄漏电流设定的

这些器件中的关键折中是在减小电场导致的流动增益和增加掺杂导致的迁移率损失之间。Rios 等人实验表明，在低掺杂的情况下，低场效应占主导并且迁移率是提高 30%[47]。

然而，在高掺杂的情况下，迁移率由于杂质散射而降低。Rios 还指出，这些器件有一个混合阈值性能，也就是较低的值控制亚阈值导通和较高的值决定积累区域的外推阈值[47]。此外，测量温度依赖性的时候，dV_T/dT 相比传统反型器件很差，这将减小电压缩放，在未来的器件中这是一个关键标准[48]。几何尺寸变化也会有问题，比如随着宽度缩放，无结纳米线已被证明比同等尺寸的反型器件有显著较高的阈值电压的变化[49]。

3.3.4　薄膜晶体管

为提高晶体管密度，器件的小型化还有其他方法。例如，为了在传统 MOSFET 基础上构建的器件，重结晶技术可用于形成晶体或多晶体半导体材料。这样的薄膜晶体管（TFT）的价值不仅是提高器件的密度，还能降低互连寄生电阻和电容，从而提高能量效率和性能。

Varadarajan 等人使用金属诱导结晶，以形成嵌入后道工艺中的铝（Al）线内的结晶半导体区域[50]。不幸的是，铝（Al）重掺杂硅（Si），会导致一个负阈值电压，使该器件不能适时地关闭。其他材料或结构可以使这种技术更具竞争力。然而，需要注意确保活性区域薄到足以完全耗尽，同时接触是足够宽，以防止寄生电阻问题，类似于 JAM 器件的挑战。

另一种诱导结晶的方法是使用多晶锗晶种。Subramanian 和 Saraswat 用这种方法在 1997 年创建横向结晶 TFT[51]。1999 年，Subramanian 等人把 TFT 缩小到 100nm，这是单颗粒并表现出非常低的泄漏（低于 $1pA/\mu m$）[52]。这些器件的迁移率和开态电流目前仍低于传统 MOSFET 的，但易于制造的特点可以容易得到廉价的附加器件层。

通过电容层的金属诱导结晶（MICC）是另一种形成多晶硅的方法。Oh 等人采用镍（Ni）介导的结晶证明了这种技术，尽管在高电压下电流低于 $100\mu A/\mu m$[53]。

由于缩放存储的挑战，为了高密度存储，研究了再结晶技术。作为一个例子，Jung 等人表明激光诱导外延可用于形成高密度的三维（3D）晶体硅 SRAM 单元[54]。用于新型 SRAM 和其他存储器件技术的进一步评估，可能证明它们有助于逻辑应用。

3.4　评价指标

标准化替代逻辑器件是相当复杂的。首先，为工作在不同的原理和显著不同的电压下的器件选择一个共同的标准是很困难的。此外，替代器件处于它们发展的早期阶段，随着模型被提炼和新的物理效应被发现，这些器件表现出其仿真结果与早期的实验结果之间有着差异显著差异。此外，寄生效应可能知之甚少，难以准确地包括进来。最后，采用标准的 CMOS 电路的电路级性能指标可能无法完全体现那些启用替代器件的新型电路架构的独特优点（或缺点）[55-60]。

为了标准化这些亿万级规模的器件，设定一组的六个指标，用于全面标准化其潜在的好处。它们是 I_{on}、I_{off}、开关能量、制造复杂度、制造成本和面积尺寸缩放。其中四个指标是器件级的，其余两个是电路级的。对于仿真和实验结果之间有着显著差异的器件类型，这两套结果有时被同时采用。由于同类中最好的性能可能随时间变化而改变，已发表的具有最好的当前器件总体性的著作才会被采用。在某些情况下，最终结果是由工业界和学术专家指导修改的，所以，除 I_{on} 和 I_{off} 之外的所有数字有部分定性特征。

I_{on} 和 I_{off} 用于评价的初始标准。这些值很容易利用公布的数据来找到，并形成一个其他指标的坚实基础。注意到，一些著作采用不同的方式规范化电流，特别是对于非平面器件。表 3.1 所示的所有 I_{on} 和 I_{off} 已使用栅周长归一化重新计算。对于如纳米线这样的堆叠器件，一个单一的栅极周长被用来作为这些器件有益的划定间距。为了确定开态电流的值，I_{DAST} 被使用。电源电压取决于已发表著作的典型电压或用于该类器件的典型电压值。如果可能的话，截止电流值是由器件的最小引用 I_{off} 决定的。

表 3.1 各类器件的规一化 I_{on} 和 I_{off}

	极化	I_{off} [nA/μm]	I_{on} [mA/μm]	V_{GS}/V_{DS} [V]	Ref
ITRS 2018 HP	N/P	100	1.805	0.73	[55]
ITRS 2018 LOP	N/P	5	0.794	0.57	[55]
ITRS 2018 LSTP	N/P	0.01	0.643	0.72	[55]
HEMT	N/Ge-P[①]	100	0.5	0.5	[62]
GaN	N/Ge-P[①]	100	0.25	0.6/5	[5]
Fe-gate	N/P	0.001	0.002	2/0.2	[63]
ECD	N/P	0.4	0.01	0.15/0.001	[64]
IMOS	N/P	100	1	1/5.3	[14]
TFET simulation	N/P[②]	0.001	0.2	0.5	[17]
TFET experiment	N/P[②]	0.1	0.005	0.5/0.3	[65]
UTB	N/P	100	1	1	[66]
Tri-gate	N/P	100	1.2	1	[67]
Stacked NW	N/P	0.42	2.546	1.2	[37]
Metal S/D (DSS)	N/P	100	1.2	1	[18]
JAM	N/P	0.0002	0.02	1	[68]
Thin film	N/P	0.01	0.055	2	[52]

①一个 p 型锗 FET 被用于能量仿真。
②p 型 TFET 已经被制造，但是要求一个与 n 型 TFET 不同的结构。

每个开关事件的焦耳能量用来作为评价的下一个标准。这是通过把每个器件的电流特性输入 Verilog-A 查找表来确定，然后进行一系列的 SPICE 仿真而得到的。对于电容，可能的话采用实验数据，不可能的话就采用计算。某些器件类型仅为 n 型。在这些情况下，就使用一个标准的 p 型锗管。耗散的能量被测量和计算平均值，用于由高到低的开关事件和由低到高的开关事件。固有延时不作为评价标准，因为 CV/I 并不适合某些器件；例如，继电器延时是由机械延时决定的，铁电晶体管的延时是由极化确定的（设计者将需要为这些器件开发最佳的电路拓扑结构）。

制造复杂度是下一个标准，因为可制造性也是未来器件的一个顾虑。一个对于各器件的主要工艺步骤的详细比较已经被完成。没有包括那些所有器件都需要的步骤，比如隔离。

制造成本是一个相关的标准。摩尔定律也可以认为是一个经济动机，因为器件不仅在更小的尺寸增加了性能，但也降低每个器件制造的成本。评估每个制造步骤，并分配一个值，取决于预计的制造成本。这些值被相加求和，并作为每个晶圆的归一化制造成本。对于为了 p 型工作而要求 p 型锗 MOSFET 的器件，这些成本也包括在内。

最后一个标准是面积尺寸缩放。为了确定面积尺寸缩放，假设了一种达到 2018 年国际半导体技术蓝图预测的设计规则（设计规则来自文献［61］）。这些设计规则后来被用于为各器件确定标准六端 SRAM 单元的尺寸。这些面积被相加来形成面积标准，因为存储和逻辑单元在电路设计中都是必需的。

3.5　基准测试结果

　　基准的图片和表格（见图 3.7～图 3.9，表 3.1）阐释了各种各样的折中，这些与利用了 3.4 节中所定义标准的各项技术密切相关。

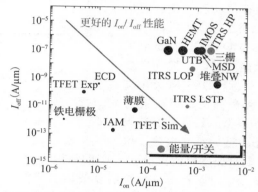

图 3.7　基准归一化的电流和能量。右下方的器件具有优秀的 I_{on}/I_{off} 比例。图中具有更小圆点的器件具有越小的每次开关事件能量。标注了 ITRS 的灰色点代表 ITRS 目标

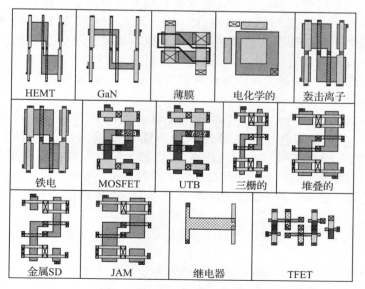

图 3.8　14 种标准化的不同器件技术的 SRAM 单元版图。尺寸上个单元的版图不具有可比性（也就是说，单个器件的宽度与长度比是准确的，但是每个器件图都为了放入相同的空间进行了不同比例的缩放）

先看看图 3.7 所示的 I_{on}/I_{off} 电流比，高 I_{on} 不仅对本征延时是必要的，而且可以驱动集成电路的金属线。较低 I_{off} 和较大 I_{on}/I_{off} 比是低功耗运行所需要的。HEMT 和 GaN 器件在低电压下匹配现代硅驱动电流都有一些困难。铁电栅极器件具有低电流工作特性，虽然它们具有很低的 I_{off}。具有最高的 I_{on}/I_{off} 的 ECD 通常有显著较低的驱动电流。IMOS 可制造并具有较高的驱动电流，接近现代的器件。模拟TFET 已接近 ITRS 的低待机功耗规范，但仍需要更大的驱动电流。大部分 UTB 器件具有相对接近 ITRS 对于平面 MOSFET 的要求的 I_{on}。相比于 ITRS 的高性能规格，三栅和堆叠纳米线接近符合 I_{on}/I_{off} 目标。DSS MOSFET也接近于看好的肖特基势垒高度。到目前为止，已证明 JAM（无结积累型）器件具有有限的驱动电流。继电器有非常低的截止电流，但

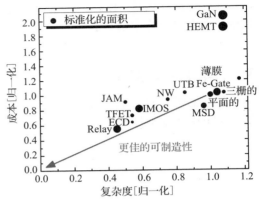

图 3.9　标准归一化制造成本、复杂度和单元面积。要求较低制造复杂度和成本的器件位于图中底部左侧，气泡的尺寸代表标准化的面积

目前在每微米尺寸下具有较低驱动电流。最后，薄膜器件也有较差驱动电流。

考虑图 3.9 所示的复杂性度量标准，理想的复杂性和器件成本将相当于或低于目前的平面 MOSFET 技术的。如图 3.9 所示的很多技术是次优化的器件，如 IMOS，ECD 和JAM 技术，显示出相对于平面 MOSFET 降低的复杂性和成本，很大程度上是因为它们不把技术改进（例如应变）包括进来。继电器和纳米线可能会更便宜，因为它们可能不需要昂贵的衬底。标准平面 MOSFET 技术的修正，如 MSD、铁栅极和薄膜，带来与平面器件相似的成本和复杂性。三栅极和超薄体的成本略高于平面工艺的。在三栅极中由于非平面工艺更复杂的制造过程，在超薄体中是因为对 FDSOI 晶圆有更小的复杂度和更高的成本。HEMT 和 GaN 器件，因为使用昂贵的 Ⅲ～Ⅴ 族晶片或 Ⅲ～Ⅴ 族外延的品种，比平面器件昂贵得多。

单元面积也如图 3.9 所示。有些器件由于较大的间隔而预计其尺寸缩放更差，如IMOS，HEMT 和 GaN 器件。一些器件预计不能够继续缩放，如 IMOS，铁电栅极，UTB，平面 CMOS。继电器表现出可观的高到 65 纳米节点缩放，但器件之间的接触间距可能仍然较大，因为最小的特征尺寸和材料性能限制制造出小的蛇形弹簧或悬臂梁。使用多个门的器件，如三栅极的器件，在设计单元布局时必须考虑 FIN（鳍）间距。

3.6　总结

替代器件结构是相对于 ITRS 要求的性能指标进行标准化的，同时也是针对更传统的UTB，GAA，JAM 器件和薄膜晶体管。在 I_{on}/I_{off} 比的评价中，模拟 TFET 最接近 ITRS的低待机功耗规范，而三栅堆叠纳米线最接近高性能规范。在制造成本、复杂度和单元面积的评价中，诸如 IMOS，TFET，ECD 和 JAM 技术展示出比平面 MOSFET 更低复杂性

和成本，但这主要是因为没有包括改进技术（例如应变）。标准的技术改进，如 MSD，铁栅和薄膜，导致相比平面 MOSFET 增加了成本，但这些成本都比较小。HEMT 和 GaN 器件，使用昂贵的Ⅲ～Ⅴ族晶片或Ⅲ～Ⅴ族外延的晶体，预计要比 Si 基器件明显更昂贵。

参考文献

[1] N. Waldron, D.-H. Kim, & J. A. del Alamo, "A self-aligned InGaAs HEMT architecture for logic applications." *IEEE Transactions on Electron Devices*, **57**, 297–304 (2010).

[2] N. Kharche, G. Klimeck, D.-H. Kim, J. A. del Alamo, & M. Luisier, "Performance analysis of ultra-scaled InAs HEMTs." In *Electron Devices Meeting (IEDM), 2009 IEEE International*, pp. 1–4 (2009).

[3] S. Oh & H.-S. P. Wong, "Effect of parasitic resistance and capacitance on performance of InGaAs HEMT digital logic circuits." *IEEE Transactions on Electron Devices*, **56**, 1161–1164 (2009).

[4] T. Skotnicki & F. Boeuf, "How can high mobility channel materials boost or degrade performance in advanced CMOS." In *VLSI Technology (VLSIT), 2010 Symposium on*, pp. 153–154 (2010).

[5] K. Shinohara, D. Regan, A. Corrion *et al.* "Deeply-scaled self-aligned-gate GaN DH-HEMTs with ultrahigh cutoff frequency." In *Electron Devices Meeting (IEDM), 2011 IEEE International*, pp. 19.1.1–19.1.4 (2011).

[6] M. J. Uren, K. J Nash, R. S. Balmer *et al.* "Punch-through in short-channel AlGaN/GaN HFETs." *IEEE Transactions on Electron Devices*, **53**, 395–398 (2006).

[7] P. S. Park & S. Rajan, "Simulation of short-channel effects in N- and Ga-polar AlGaN/GaN HEMTs." *IEEE Transactions on Electron Devices*, **58**, 704–708 (2011).

[8] R. Jin, Y. Song, M. Ji, H. Xu, J. Kang, R. Han, & X. Liu, "Characteristics of sub-100nm ferroelectric field effect transistor with high-k buffer layer." In *Solid-State and Integrated-Circuit Technology, 2008. ICSICT 2008. 9th International Conference on*, pp. 888–891 (2008).

[9] K. Terabe, T. Hasegawa, T. Nakayama, & M. Aono, "Quantized conductance atomic switch." *Nature*, **433**, 47–50 (2005).

[10] A. F. Thomson, D. O. S. Melville, & R. J. Blaikie, "Nanometre-scale electrochemical switches fabricated using a plasma-based sulphidation technique." In *Nanoscience and Nanotechnology, 2006. ICONN '06. International Conference on* (2006).

[11] T. Sakamoto, N. Banno, N. Iguchi *et al.* "A Ta_2O_5 solid-electrolyte switch with improved reliability." In *VLSI Technology, 2007 IEEE Symposium on*, pp. 38–39 (2007).

[12] T. Sakamoto, N. Banno, N. Iguchi *et al.* "Three terminal solid-electrolyte nanometer switch." In *Electron Devices Meeting, 2005. IEDM Technical Digest. IEEE International*, pp. 475–478 (2005).

[13] S. Kaeriyama, T. Sakamoto, H. Sunamura *et al.* "A nonvolatile programmable solid electrolyte nanometer switch." *IEEE Journal of Solid-State Circuits*, **40**(1), 168–176 (2005).

[14] A. Savio, S. Monfray, C. Charbuillet, & T. Skotnicki, "On the limitations of silicon for I-MOS integration." *IEEE Transactions on Electron Devices*, **56**, 1110–1117 (2009).

[15] C. Shen, J.-Q. Lin, E.-H. Toh *et al.* "On the performance limit of impact-ionization transistors." In *Electron Devices Meeting, 2007. IEDM 2007. IEEE International*, pp. 117–120 (2007).

[16] V. Nagavarapu, R. Jhaveri, & J. C. S. Woo, "The tunnel source (PNPN) n-MOSFET: a novel high performance transistor." *IEEE Transactions on Electron Devices*, **55**, 1013–1019 (2008).

[17] S. H. Kim, S. Agarwal, Z. A. Jacobson, P. Matheu, C. Hu, & T.-J. K. Liu, "Tunnel field effect transistor with raised germanium source." *IEEE Electron Device Letters*, **31**, 1107–1109 (2010).

[18] R. A. Vega & T.-J. K. Liu, "A comparative study of dopant-segregated Schottky and raised source/drain double-gate MOSFETs." *IEEE Transactions on Electron Devices*, **55**, 2665–2677 (2008).

[19] R. A. Vega, K. Liu, & T.-J. K. Liu, "Dopant-segregated Schottky source/drain double-gate MOSFET design in the direct source-to-drain tunneling regime." *IEEE Transactions on Electron Devices*, **56**, 2016–2026 (2009).

[20] M. Spencer, F. Chen, C. C. Wang *et al.* "Demonstration of integrated micro-electromechanical relay circuits for VLSI applications." *IEEE Journal of Solid-State Circuits* **46**, 308–320 (2011).

[21] F. Chen, H. Kam, D. Markovic, T.-J. K. Liu, V. Stojanovic, & E. Alon, "Integrated circuit design with NEM relays." In *Computer-Aided Design, 2008. ICCAD 2008. IEEE/ACM International Conference on*, pp. 750–757 (2008).

[22] D. Lee, T. Osabe, & T.-J. K. Liu, "Scaling limitations for flexural beams used in electromechanical devices." *IEEE Transactions on Electron Devices*, **56**, 688–691 (2009).

[23] X. Shen, S. Chong, D. Lee, R. Parsa, R. T. Howe, & H.-S. P. Wong, "2D analytical model for the study of NEM relay device scaling." In *Simulation of Semiconductor Processes and Devices (SISPAD), 2011 International Conference on*, pp. 243–246 (2011).

[24] V. Pott, H. Kam, R. Nathanael, J. Jeon, E. Alon, & T.-J. K. Liu, "Mechanical computing redux: relays for integrated circuit applications." *Proceedings of the IEEE*, **98**, 2076–2094 (2010).

[25] V. Joshi, C. Khieu, C. G. Smith *et al.* "A CMOS compatible back end MEMS switch for logic functions." In *Interconnect Technology Conference (IITC), 2010 International*, pp. 1–3 (2010).

[26] H. Kam, V. Pott,, R. Nathanael, J. Jeon, E. Alon, & T.-J. K. Liu, "Design and reliability of a micro-relay technology for zero-standby-power digital logic applications." In *Electron Devices Meeting (IEDM), 2009 IEEE International*, pp. 1–4 (2009).

[27] H. Dadgour, A. M. Cassell, & K. Banerjee, "Scaling and variability analysis of CNT-based NEMS devices and circuits with implications for process design." In *Electron Devices Meeting, 2008. IEDM 2008. IEEE International*, pp. 1–4 (2008).

[28] L. Gomez, I. Aberg, & J. L. Hoyt, "Electron transport in strained-silicon directly on insulator ultrathin-body n-MOSFETs with body thickness ranging from 2 to 25 nm." *IEEE Electron Device Letters*, **28**, 285–287 (2007).

[29] D. Vasileska & S. S. Ahmed, "Narrow-width SOI devices: the role of quantum-mechanical size quantization effect and unintentional doping on the device operation." *IEEE Transactions on Electron Devices*, **52**, 227–236 (2005).

[30] L. J. McDaid, S. Hall, P. H. Mellor, W. Eccleston, & J. C. Alderman, "Physical origin of negative differential resistance in SOI transistors." *Electronics Letters*, **25**, 827–828 (1989).

[31] C. Fiegna, Y. Yang, E. Sangiorgi, & A. G. O'Neill, "Analysis of self-heating effects in ultrathin-body SOI MOSFETs by device simulation." *IEEE Transactions on Electron Devices*, **55**, 233–244 (2008).

[32] Z. Ren, S. Mehta, J. Cai *et al.* "Assessment of fully-depleted planar CMOS for low power complex circuit operation." In *Electron Devices Meeting (IEDM), 2011 IEEE International*, pp. 15.5.1–15.5.4 (2011).

[33] Q. Liu, A. Yagishita, N. Loubet *et al.* "Ultra-thin-body and BOX (UTBB) fully depleted (FD) device integration for 22nm node and beyond." In *VLSI Technology (VLSIT), 2010 Symposium on*, pp. 61–62 (2010).

[34] F. Andrieu, O. Weber, J. Mazurier *et al.* "Low leakage and low variability ultra-thin body and buried oxide (UT2B) SOI technology for 20nm low power CMOS and beyond." In *VLSI Technology (VLSIT), 2010 Symposium on*, pp. 57–58 (2010).

[35] S. Bangsaruntip, G. M. Cohen, A. Majumdar *et al.* "High performance and highly uniform gate-all-around silicon nanowire MOSFETs with wire size dependent scaling." In *Electron Devices Meeting (IEDM), 2009 IEEE International*, pp. 1–4 (2009).

[36] K. H. Yeo, S. D. Suk, M. Li *et al.* "Gate-all-around (GAA) twin silicon nanowire MOSFET (TSNWFET) with 15 nm length gate and 4 nm radius nanowires." In *Election Devices Meeting, 2006. IEDM 2006. IEEE International*, pp. 1–4 (2006).

[37] W. W. Fang, N. Singh, L. K. Bera *et al.* "Vertically stacked SiGe nanowire array channel CMOS transistors." *IEEE Electron Device Letters*, **28** 211–213 (2007).

[38] C. Dupre, A. Hubert, S. Becu *et al.* "15nm-diameter 3D stacked nanowires with independent gates operation: ΦFET." In *Electron Devices Meeting, 2008. IEDM 2008. IEEE International*, pp. 1–4 (2008).

[39] N. Singh, F. Y. Lim, W. W Fang *et al.* "Ultra-narrow silicon nanowire gate-all-around CMOS devices: impact of diameter, channel-orientation and low temperature on device performance." In *Electron Devices Meeting, 2006. IEDM '06. International*, pp. 1–4 (2006).

[40] R. Kotlyar, B. Obradovic, P. Matagne, M. Stettler, & M. D. Giles, "Assessment of room-temperature phonon-limited mobility in gated silicon nanowires." *Applied Physics Letters*, **84**, 5270–5272 (2004).

[41] A. C. Ford, J. C. Ho, Y.-L. Chueh *et al.* "Diameter-dependent electron mobility of InAs nanowires." *Nano Letters*, **9**, 360–365 (2009).

[42] K. J. Kuhn,, U. Avci,, A. Cappellani *et al.* "The ultimate CMOS device and beyond." In *Electron Devices Meeting (IEDM), 2012 IEEE International*, pp. 171–174 (2012).

[43] J. P. Colinge,, C. W. Lee, A. Afzalian *et al.* "SOI gated resistor: CMOS without junctions." In *SOI Conference, 2009 IEEE International*, pp. 1–2 (2009).

[44] J.-P. Colinge, C.-W. Lee, I. Ferain *et al.* "Reduced electric field in junctionless transistors." *Applied Physics Letters*, **96** (2010), doi.org/10.1063/1.3299014.

[45] C.-W. Lee, A. Afzalian, N. D. Akhavan, R. Yan, I. Ferain, & J.-P. Colinge, "Junctionless multigate field-effect transistor." *Applied Physics Letters*, **94** (2009), doi.org/10.1063/1.3079411.

[46] Y. Cui, Z. Zhong, D. Wang, W. U. Wang, & C. M. Lieber, "High Performance silicon nanowire field effect transistors." *Nano Letters*, **3**, 149–152 (2003).

[47] R. Rios, A. Cappellani, M. Armstrong *et al.* "Comparison of junctionless and conventional trigate transistors with down to 26 nm." *IEEE Electron Device Letters*, **32**, 1170–1172 (2011).

[48] C.-W. Lee, A. Borne, I. Ferain *et al.* "High-temperature performance of silicon junctionless MOSFETs." *IEEE Transactions on Electron Devices*, **57**, 620–625 (2010).

[49] S.-J. Choi, D.-I. Moon, S. Kim, J. P. Duarte, & Y.-K. Choi, "Sensitivity of threshold voltage to nanowire width variation in junctionless transistors." *IEEE Electron Device Letters*, **32**, 125–127 (2011).

[50] V. Varadarajan, Y. Yasuda, S. Balasubramanian, & T.-J. K. Liu, "WireFET technology for 3-D integrated circuits." In *Electron Devices Meeting, 2006. IEDM '06. International*, pp. 1–4 (2006).

[51] V. Subramanian & K. C. Saraswat, "Laterally crystallized polysilicon TFTs using patterned light absorption masks." In *Device Research Conference Digest, 1997. 5th*, pp. 54–55 (1997).

[52] V. Subramanian, M. Toita, N. R. Ibrahim, S. J. Souri, & K. C. Saraswat, "Low-leakage germanium-seeded laterally-crystallized single-grain 100-nm TFTs for vertical integration applications." *IEEE Electron Device Letters*, **20**, 341–343 (1999).

[53] J. H. Oh, D. H. Kang, M. K. Park, & J. Jang, "Low off-state drain current poly-Si TFT with Ni-mediated crystallization of ultrathin a-Si." *Electrochemical and Solid-State Letters*, **12**, J29–J32 (2009).

[54] S.-M. Jung, J. Jang, W. Cho *et al.* "The revolutionary and truly 3-dimensional 25F2 SRAM technology with the smallest S3 (stacked single-crystal Si) cell, 0.16μm², and SSTFT (atacked single-crystal thin film transistor) for ultra high density SRAM." In *VLSI Technology, 2004. Digest of Technical Papers. 2004 Symposium on*, pp. 228–229 (2004).

[55] International Technology Roadmap for Semiconductors (ITRS) (2011). Available at: http://public.itrs.net/.

[56] V. V. Zhirnov, R. K. Cavin, J. A. Hutchby, & G. I. Bourianoff, "Limits to binary logic switch scaling – a gedanken model." *Proceedings of the IEEE*, **91**(11), 1934–1939 (2003).

[57] K. Bernstein, R. K. Cavin III, W. Porod, A. Seabaugh, & J. Welser, "Device and architecture outlook for beyond-CMOS switches." *Proceedings of the IEEE*, **98**, 2169–2184 (2010).

[58] D. E. Nikonov & I. A. Young, "Overview of beyond-CMOS devices and a uniform methodology for their benchmarking." *Proceedings of the IEEE*, **101**(12), 2498–2533 (2013).

[59] A. C. Seabaugh, & Q. Zhang, "Low-voltage tunnel transistors for beyond CMOS logic." *Proceedings of the IEEE*, **98**, 2095–2110 (2010).

[60] W. G. Vandenberghe, B. Soree, W. Magnus, G. Groeseneken, & M. V. Fischetti, "Impact of field-induced quantum confinement in tunneling field-effect devices." *Applied Physics Letters*, **98** (2011), doi.org/10.1063/1.3573812.

[61] B. S. Haran, A. Kumar, L. Adam *et al.* "22 nm technology compatible fully functional 0.1 μm² 6T-SRAM cell." In *Electron Devices Meeting, 2008. IEDM 2008. IEEE International*, pp. 1–4 (2008).

[62] D.-H. Kim, & J. A. del Alamo, "30 nm E-mode InAs PHEMTs for THz and future logic applications." In *Electron Devices Meeting, 2008. IEDM 2008. IEEE International*, pp. 1–4 (2008).

[63] G. A. Salvatore, D. Bouvet, & A. M. Ionescu, "Demonstration of subthrehold swing smaller than 60 mV/decade in Fe-FET with P(VDF-TrFE)/SiO₂ gate stack." In *Electron Devices Meeting, 2008. IEDM 2008. IEEE International*, pp. 1–4 (2008).

[64] T. Sakamoto, N. Iguchi, & M. Aono, "Nonvolatile triode switch using electrochemical reaction in copper sulfide." *Applied Physics Letters*, **96**, (2010), doi.org/10.1063/1.3457861.

[65] G. Dewey, B. Chu-Kung, J. Boardman *et al.* "Fabrication, characterization, and physics of III-V heterojunction tunneling field effect transistors (H-TFET) for steep sub-threshold swing." In *Electron Devices Meeting (IEDM), 2011 IEEE International*, pp. 33.6.1–33.6.4 (2011).

[66] A. Majumdar, Z. Ren, S. J. Koester, & W. Haensch, "Undoped-body extremely thin SOI MOSFETs with back gates." *IEEE Transactions on Electron Devices*, **56**, 2270–2276 (2009).

[67] C. Auth, C. Allen, A. Blattner *et al.*, "A 22nm high performance and low-power CMOS technology featuring fully-depleted tri-gate transistors, self-aligned contacts and high density MIM capacitors." In *VLSI Technology (VLSIT), 2012 Symposium on*, pp. 131–132 (2012).

[68] J.-P. Colinge, C.-W. Lee, A. Afzalian *et al.* "Nanowire transistors without junctions." *Nature Nanotechnology*, **5**(15), 225–229 (2010).

第 4 章 Chapter 4

带负电容的扩展 CMOS

Asif Islam Khan，Sayeef Salahuddin

4.1 引言

现在已经得到广泛认同的是微芯片能耗可能最终限制器件缩放——缩小的物理尺寸促成了迄今为止微芯片行业神奇的增长[1-6]。但是，作为几乎所有电子器件的核心，晶体管目前能实现的功耗是有基本的限制的。传统晶体管被热激活。构建势垒用来阻挡电流，然后势垒高度被调制以控制电流。这种势垒的调制是按玻耳兹曼（Boltzmann）因子指数，exp ($qV/(kT)$) 来改变电子数。反过来意味着至少需要 $2.3kT/q$ 电压（相当于 $60mV$ 在室温下）将电流改变一个数量级。在实践中，必须应用一个数倍于 $60mV$ 的限制电压，以获得良好的导通和关断电流比。因此，不可能在减小常规晶体管的电源电压到低于一定的值，同时仍然保持稳定运行所需的良好的开/关态电流比。另一方面，不断地缩小尺寸是把更多的器件放在同一区域，从而增加超出可控的和可持续的限制的能耗密度。这种情况通常称为玻耳兹曼困境（Boltzmann's Tyranny）[2]，并且已预测的是除非可以找到基于新的物理基础和新的原则，否则晶体管将走向热死亡[4]。

为了克服传统晶体管中的这个问题，一些替代的方法目前正在调研中。示例包括带-带隧穿场效应晶体管（TFET）[7,8]，碰撞电离金属氧化物半导体（IMOS）晶体管[9]，微机电开关（NEM）[10,11]。在这些方法中，输运机制即晶体管中的电子流动的方式被改变，从而可以避免 $2.3kT/q$ 的最低限度。相比之下，Salahuddin 和 Datta 表明，在理论上可能保持输运机制的完整，但以这样一种方式改变静电门控，它增加了晶体管的表面电位，超出常规的可能[12,13]。这种"主动"门控的基本原理依赖于将铁电材料从其局部能量最小转变为非平衡状态，这种状态下的电容（dQ/dV）是负的，通过增加一个串联电容将它稳定在那个值。在下面的章节中，我们将详细讨论该机制。

4.2 直观展示

4.2.1 为什么用负电容

为了理解负电容有助于降低电源电压，因此降低在传统的晶体管中的能耗，让我们想象一个两电容器的串联网络：一普通正电容，C_S，和另一个负电容，C_{IN}，如图 4.1a 所示。只需使用一个电容分压公式，就会发现串联网络总电容将大于 C_S，也就是 $|C_{ins}| > |C_S|$。这是令人惊讶的考虑，在一个双普通电容器的串联网络中总电容必须小于任一构成电容。

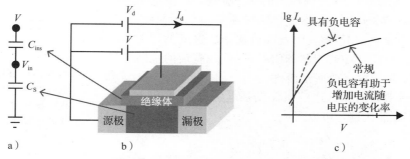

图 4.1 a) 两个电容器的串联网络。已进行的研究主要集中在使得 $C_{ins} < 0$ 从而 $V_{in} > V$。b) 图 4.1a 所示网络的晶体管示意图。c) 表明负电容如何减小所需的电源电压，从而减少耗散的曲线图

图 4.1b 展示了一个晶体管的示意图，其中绝缘层电容（C_{ins}）和半导体电容（C_S）构成类似的串联网络，如图 4.1a 所示。为此电源电压的减小可以用以下方式理解：由于总电容是通过具有负电容来增强的，在电容器 C_S 和 C_{ins} 中产生等量的电荷 Q 就需要一个更低的电压，在串联网络中二者有相同的 Q。沟道中的电流与 C_S 的电荷成正比。这意味着，同样的电流量，现在可以用更小的电压产生。也许图 4.1a 所示的网络更有趣的方面是由于一负 C_{ins} 的出现，事实上的内部节点电压 V_{in}，大于电源电压 V。这使得沟道"看到"比实际提供更大的电压。认识到玻耳兹曼因子是由 $\exp(qV_{in}/(kT))$ 给出的，将电流增加一个数量级所需的最小电压是 $2.3kT/(rq)$。通常，$r = V_{in}/V < 1$；但在这种情况下，$r > 1$，因为 $C_{ins} < 0$。结果，在室温下的最低电压（将电流增加一个数量级）降低到低于 60mV。

4.2.2 亚阈值摆幅的降低

数学上，晶体管中电流的变化率作为电压的函数通常由术语"亚阈值摆幅"（S）来进行量化，它定义为：

$$S = \frac{\partial V}{\partial \lg(I_D)} = \left(\frac{\partial V}{\partial V_{in}}\right)\left(\frac{V_{in}}{\partial \lg(I_D)}\right) \tag{4.1}$$

式中：V 是栅极电压；I_D 是从源到漏电流。在图 4.1c 所示关系曲线中，电流饱和之下的区域称为亚阈值区。S 为电流随电压增加的陡峭程度提供了一个估计。S 值越低，曲线越陡，反之亦然。回到式（4.1），就会发现表达式可以写为两项的乘积。要理解这两项，请看

图 4.2所示曲线，它显示了纳米晶体管中电势分布的简化视图。图 4.1a 所示的电容网络重绘至图 4.2 中以显示它与电位分布的关系。请注意，在这里，我们还没有明确绘制沟道/漏极或沟道/源极耦合电容。而这些电容被集中到半导体电容本身（这些处理不能改变我们在这里解释的物理设想）。内部节点电压 V_{in}，也叫表面电位，控制流过势垒的电流。第二项确定电流能多大程度反转，该电流是 V_{in} 的函数。该项是由玻耳兹曼因子 $\exp(q\,V_{in}/(kT))$ 决定，在室温下只能给一个 $2.3kT/q(=60\mathrm{mV}/10$ 倍频程）的 S。显然，只要电子输运机制维持势垒调制输运不变，第二项是一个基本项，并提供只有 60mV/10 倍频程的亚阈值摆动。这就是如上所述的 TFET[7,8]，IMOS[9] 和 NEMFET[10,11] 背后的推动力，其中，只输运方式改变了而已。

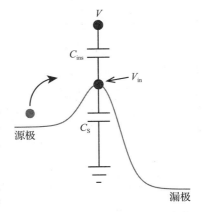

图 4.2　纳米晶体管中电势分布。电容网络显示了加载的栅极电压如何在氧化物绝缘体和半导体之间划分

但是第一项如何呢？这一项仅仅是电源电压 V 和内部节点电压 V_{in} 的比例，可以写成：

$$m = \frac{\partial V_{gate}}{\partial \psi_S} = 1 + \frac{C_S}{C_{ins}} \qquad (4.2)$$

这个比例，在 MOSFET 的术语中通常称为"体因子"，由于传统的电容器的分压作用，其值永远大于 1。因此，一般 S 不能小于 60mV/10 倍频程。然而，如果可以同时满足 $C_{ins}<0$ 和 $|C_{ins}|>|C_S|$ 条件，m 可以小于 1，导致整体的 S 小于 60mV/10 倍频程。获取有效的负 C_{ins} 是本研究的主要目标。

4.2.3　铁电材料如何产生负电容

现在我们已经解释了负电容如何导致 $S<60\mathrm{mV}/10$ 倍频程，让我们看看负电容如何用铁电材料实现。铁电材料的能量变化情况如图 4.3a 所示。它有两个简并能量极小值。这意味着，即使没有外加电场，铁电材料也可以提供非零极化。总的来说，一给定材料的总电荷密度可以写为

$$Q_A = \varepsilon E + P$$

式中：ε 是铁电体的线性介电常数；E 是外部电场；P 是极化。在典型的铁电材料中，$P \gg \varepsilon E$ 导致 $Q_A \approx P$。为此我们将 P 和 Q_A 互换使用。由于电荷密度是我们感兴趣的，我们也可以去掉下标"A"，并简单地使用 Q 作为电荷密度。

图 4.3a 所示曲线表明，Q 是 E 的偶数多项式函数，这是铁电材料的特性。如果我们将具有这一特点的能量变化情况与普通电容器进行比较，如图 4.3b 所示，我们可以看到，在 $Q=0$ 附近铁电体的曲率与普通的电容的相反。

记住，一个普通的电容器的能量由 $(Q^2/(2C))$ 给出，这个相反的曲率已经暗示在 $Q=0$ 时铁电材料的负电容。在数学上，电容定义为能量 U 相对于 Q 的求导斜率的倒数，即

$$C = \left[\frac{\mathrm{d}^2 U}{\mathrm{d}Q^2}\right]^{-1} \qquad (4.3)$$

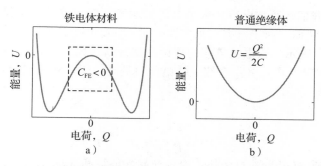

图 4.3 a）铁电体的能量变化情况；b）普通绝缘体铁电体中 $Q=0$ 处
的负曲率引起了那个电荷范围的负电容

我们看到，普通电容器的斜率始终是正的，而对于铁电电容器斜率在 $Q=0$ 附近是负的。因此，这一点附近铁电材料可以提供一个负电容。然而，这种负电容发生在远离局部平衡态（最小能量的状态）的事实也意味着，铁电材料在这种状态下是不稳定的。即使它可以被驱动成负电容，它会很快回到电容是正的平衡点。那么下一个问题是：我们怎么才能稳定铁电体的电容为负？

4.2.4 如何才能稳定负电容状态中的铁电材料

直观地说，如果我们将一铁电材料和一普通的电容器的能量相加，使得 $Q=0$ 成为总系统的最低能量，铁电体将在 $Q=0$ 处设定其电容是负值，如图 4.4 所示。在实践中，这可以通过增加一个有铁电绝缘体的串联电容器来实现，如图 4.1a 所示。这意味着，如果我们可以把铁电和介电双分子层整合在 MOSFET 表面作为栅极，介电和半导体电容 C_S 就可以用来把铁电材料稳定在负电容状态。由此产生的"升压"的表面电位 V_{in} 则会将亚阈值摆幅减小到低于 60mV/10 倍频程。

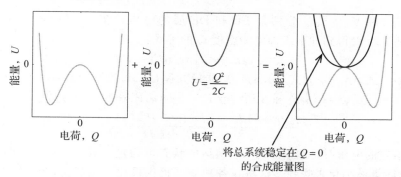

将总系统稳定在 $Q=0$
的合成能量图

图 4.4 一个具有正确的正电容量的普通电容器可以将铁电材料稳定在电容是负的状态

4.3 理论体系

开始本节之前，请注意，在讨论过程中，每当我们写"电容"，意思是 dQ/dV，而从

来不是 Q/V。因此我们计算的电容一般是电压的函数。对一些读者来说，可能更熟悉的描述是"差分电容"。然而，由于电容根据定义是通过 dQ/dV 定义的一个微分概念，我们喜欢用简单的"电容"表示。铁电负电容的理论模型是基于朗道-哈拉尼科夫（Landan-Khalatnikor）（L-K）方程[14,15]，其中介绍了铁电材料的动力学，该方程为：

$$\rho \frac{d\boldsymbol{P}}{dt} + \nabla_{\mathrm{P}}U = 0 \qquad (4.4)$$

式中：

$$U = \alpha P^2 + \beta P^4 + \gamma P^4 - \boldsymbol{P} \cdot \boldsymbol{E} \qquad (4.5)$$

是单位体积的吉布斯（Gibbs）自由能，由各向异性能量和外场产生的能量总和来给出；α、β 和 γ 是材料相关的各向异性常数。在给定的晶格温度 T 下，参数 $\alpha = \alpha_0(T - T_C)$，它与居里（Curie）温度 T_C、α_0 这些正的材料相关常数相关。对于在温度 T 时为铁电体的材料，α 为负的。β 是负的或正的，这取决于所考虑的材料是否分别在居里温度经过一阶或二阶相变。γ 是负的。很明显，当外部电场（E）为零，方程式（4.5）给出的能量图将类似于图 4.3a 所示的那样。

接下来，让我们考虑一系列的铁电体（FE）和电介质（DE）电容器的组合。在这个例子中，我们将考虑 PZT（锆钛酸铅：$PbZr_{0.2}Ti_{0.8}O_3$）作为铁电层和 STO（钛酸锶：$SrTiO_3$）作为电介质层。l_f 和 l_d 分别作为 FE 和 DE 层的厚度，该组合每单位表面积的总能量可以写成：

$$U_{f+d} = l_f(\alpha_f P_f^2 + \beta_f P_f^4 + \gamma_f P_f^6 - E_f P_f) + l_d(\alpha_d P_d^2 + \beta_d P_d^4 + \gamma_d P_d^4 - E_d P_d) \qquad (4.6)$$

式中：角标 f 和 d 分别指 FE 和 DE。将 DE 的能量函数写成类似于 FE 的函数，像式（4.6）那样，其优点是，该等式可以同时适用于介电性的或者顺电性的材料。由于 STO 实际上是顺电性的，式（4.6）就特别适用。

如果 FE/DE 串联电容网络的总电压是 V，那么由基尔霍夫（Kirchhoff）定律可得：

$$V = V_f + V_d = E_f l_f + E_d l_d \qquad (4.7)$$

式中：$V_f = E_f l_f$ 和 $V_d = E_d l_d$ 分别是 FE 和 DE 层的电压。在 FE 和 DE 交界处应用高斯（Gauss）定律，可以得到如下表面电荷密度 Q 的等式：

$$Q = \varepsilon_d E_d + P_d = \varepsilon_f E_f + P_f \qquad (4.8)$$

结合式（4.6），式（4.7）和式（4.8），总能量方程 U_{f+d} 可以写成：

$$U_{f+d} = l_f(\alpha_f P_f^2 + \beta_f P_f^4 + \gamma_f P_f^6) + l_d(\alpha_d P_d^2 + \beta_d P_d^4 + \gamma_d P_d^6)$$
$$- V\frac{P_f l_f + P_d l_d}{l_f + l_d} + \frac{l_f l_d (P_f - P_d)^2}{\varepsilon_f l_f + \varepsilon_d l_d} \qquad (4.9)$$

对于一给定的电压 V，组合 FE/DE 网络的状态可通过将式（4.9）给出的关于 FE 和 DE 极化的总能量最小化来找到。这将在各独立层提供极化与电场。FE/DE 串联网络总电容可以从 $C = dQ/dV$ 计算出来。在一个给定的电压 V 下也可以使用 $C_i = dQ/dV_i$（$i \equiv f$，d）计算 FE 和 DE 的有效电容。

对于这种特殊情况下的 PZT/STO 异质结构，系数（α，β，γ）的值是从文献 [16] 中得到的。图 4.5b 显示了 PZT/STO 异质结的模拟电容是温度的函数，并与 STO 电容作比较。同时在图 4.5b 所示是异质结构的 FE 电容以及在 FE/DE 交界处的电压放大系数（r），

$(1+C_d/C_f)^{-1}$。注意，确实观察到了电容的增强，虽然它只发生在一定的温度范围内（-200℃到-430℃之间）。在下一节中，我们将更详细地研究这种温度相关性。

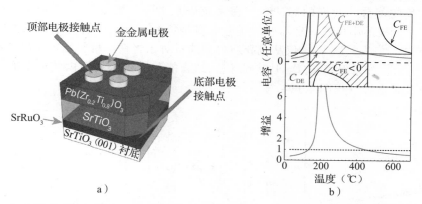

图 4.5 a）实验堆叠示意图。$SrTiO_3$（STO）和 $Pb(Zr_{0.2}Ti_{0.8})O_3$（PZT）形成双层。Au 和 $SrRuO_3$（SRO）分别作为顶部和底部的接触点。b）FE(PZT)/DEε_r＝200）双层电容器（厚度比 4：1）的电容为温度的函数。图中所示还有构成异质结构的 DE 和 FE 电容以及在 FE/DE 接口处的电压放大系数（资料来源：文献 [17]）

温度相关性

由于系数 α 与 T 成正比，则铁电材料对温度敏感（见上面的讨论）。这是如图 4.5b 所示的负电容与温度相关性的主要原因。对于所有的实际用途，在一个 FE/DE 双层，该系统将在所有的层采用几乎均匀的极化，导致 $Q \approx P_f \approx P_d$。这是由于这样一个事实，式（4.9）的最后一项代表在界面上的极化失配导致的静电能量，是非常消耗能量的。式（4.9）可以简化为：

$$U_{f+d} = l_f(\alpha_f Q^2 + \beta_f Q^4 + \gamma_f Q^6) + l_d(\alpha_d Q^2 + \beta_d Q^4 + \gamma_d Q^6) - VQ \qquad (4.10)$$

从式（4.10），可以很容易地看到，当加入 DE 并与 FE 串联时，一个正的量（$\alpha_d l_d/l_f > 0$）被添加到铁电体的 α 系数中。理解该增加的正能量带来的影响的一种方法就是，认识到它通过降低组合系统的总体负能量而降低了铁电材料的"有效"居里温度。事实上，对于孤立的 FE 与 FE/DE 异质结构作对比，模拟电容与温度的关系显示向有效居里温度左边转变（见图 4.6a）。

为了解释更详细的温度相关性，将借助于能量图，如图 4.6b 和 c 所示的两个不同的温度，T_A 和 T_B。对于铁电材料，随着温度的升高，能量图的双井变得更紧密，变得更浅和更平，使铁电电容增大。在居里温度下，双井演变成为一个单一的最低点，电容达到峰值，发生 FE 到 DE 相变。居里温度之外，DE 相的能量图中单一极小值周围再次变得陡峭，使电容随温度降低。有趣的是，当串联一电介质，而不是改变温度时，发生了完全相同的情况。如果温度升高，铁电材料的 α 系数增加 $\alpha_0 T$。另一方面，如果增加一介电材料，同样的系数增加了 $\alpha_d L_d/L_f$（见式（4.9））。对于常规的介电 $\alpha_d = 1/2\varepsilon$，$\beta_d = \gamma_d = 0$。由于这种双重性，FE/DE 层的负电容效应与温度的相关性如图 4.6a 所示。另一方面，也意味着温度可以作为一个有效的表征和探测负电容调制参数。

注意能量图谱中铁电材料电容并不是每个地方都是负的。图 4.6b 和 c 所示的虚线框是电容确实为负的部分。我们的想法是，在系统中从 DE 添加足够的正能量，使总能量在 $(U，Q)$ 的坐标被最小化，该坐标处的铁电电容是负的。有三个与负电容相关的独特的操作区域。首先，在 $T=T_A$ 处，仅从电介质得到能量对于将铁电材料稳定在负电容区还不够大（见图 4.6b）。如果温度从 T_A 上升到 T_B，结合能移动到虚线框内的最小能量点，这样就可以预见其负电容（见图 4.6c）。

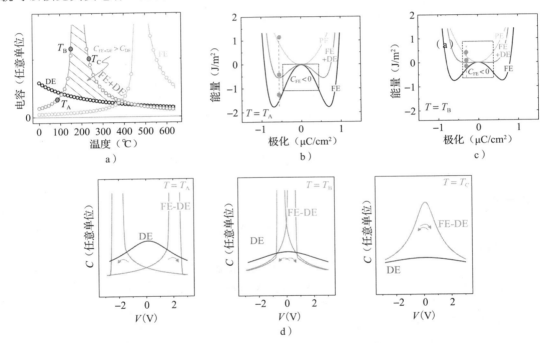

图 4.6　a）厚度分别是 t_{PZT} 和 t_{STO} 的 PZT 和 STO 的 PZT/STO 双层电容器的电容仿真，厚度为 t_{STO} 的孤立的 STO 的温度函数和厚度为 t_{PZT} 的孤立的 PZT 温度函数。$t_{PZT}：t_{STO}=4：1$。对应 PZT 电容的奇点的温度将与其居里温度相对应。注意，PZT/STO 双层电容器的电容-温度特性的形状类似于一个较低的居里温度下 PZT 电容器。b）和 c）是两个不同温度 T_Ab）和 T_Bc）下串联组合的能量图。d）计算得到的 STO 电容器 C-V 特性和在 $T=T_A$，T_B，T_C 时的 PZT/STO 双层电容（厚度比 4：1）

但是请注意总的能量将呈现小的双井形状。这意味着，尽管负电容工作和电容增强，仍然能观察到迟滞。这是第二个工作模式。如果温度进一步升高到 T_C，正能量将大到足以完全消除双井并使组合的能量看起来像顺电或介质（如图 4.6b 和 c 所示的标签 "PE"）。正是在这第三个区域的运行，发现一增强电容并且工作也将无迟滞。如上所述，PZT/STO 异质结构在 T_A、T_B、T_C 的电容-电压仿真如图 4.6d 所示。对应于 T_A，PZT/STO 显示 C-V 特性的迟滞，并且组合 PZT/STO 电容小于 0V 左右的 STO 电容。PZT/STO 的 C-V 特性的峰值对应于极化转换，与负电容效应没有联系。对应于 T_B，PZT/STO 迟滞已经下降并且等效电容大于零偏置条件下 STO 电容。因此，现在可以观察到负电容工作情形，但它也伴随有迟滞。最后，在进一步升高温度 T_c 下，PZT/STO 电容变得远大于 PZT 电容，并且迟滞完全消失。这是最理想的工作模式。

4.4　实验工作

为了测试如上所述的模型预测，我们制作的 FE/DE 双层电容器，利用具有 20/80 的 Zr/Ti 比（$PbZr_{0.2}Ti_{0.8}O_3$）的 PZT 作为铁电材料，STO 作为介电材料[17]。PZT 是一种剩余极化为 $80\mu C/cm^2$ 的稳定的室温铁电材料[16,18]。PZT 具有四方晶体结构，0.413nm 和 0.393nm 的非应变 c 轴和 a 轴晶格参数，以及 $c/a \approx 1.05$[19]。非应变 STO 为立方晶体结构，$c=a=0.3905$nm[20]，且一直下降到 0K 都保持顺电性。这些层生长在金属 $SrRuO_3$（SRO）上，它具有准立方晶体结构，晶格常数为 0.393nm。这些材料良好匹配的晶格结构允许在 STO（001）衬底上外延生长原子级光滑的相干和 PZT/STO/SRO 异质结构。

三种不同类型的异质结构采用脉冲激光沉积技术生长：STO/SRO，PZT/SRO 和 PZT/STO/SRO。化学计量的 PZT、STO 和 SRO 目标物在 $-1Jcm^{-2}$ 的激光通量下烧蚀，PZT，STO 和 SRO 的重复频率分别用 15、5、15Hz。在生长过程中，SRO 和 STO 的衬底在 720℃ 下进行，PZT 则在 630℃ 下进行。PZT 较低的生长温度是为了防止挥发性铅的蒸发。PZT 和 SRO 生长在 100mTorr（1 Torr＝133.3224Pa）的氧气环境下，STO 则是 250mTorr。生长后，异质结构以 $-5℃$ 每分钟的速度在 1atm（1 atm＝101 325Pa）的氧气下缓慢冷却至室温。所有样品的 SRO 厚度约为 30nm。表面形貌、X 射线衍射谱和代表性的 PZT/STO 样品的 TEM 截面图如图 4.7 所示。

首先重点研究 28nm 的 PZT/48nm STO 双层电容器的电容。图 4.8a 显示 100kHz 时 PZT（28nm）/STO（48nm）双层电容器在 30，300，400，500℃ 下的 $C\text{-}V$ 特性，并将它与 48nm STO 电容相比较。很显然，PZT/STO 样品的电容在升高的温度下比 STO 电容大。PZT/STO 和 STO 电容器的 $C\text{-}V$ 曲线随着温度变化的演化与通过模拟得到的结果非常相似，如图 4.6d 所示。图 4.8b 显示 PZT/STO 双层和介电 STO 的电容作为温度的函数。在 $-225℃$ 时，双层电容超过 STO 电容。这意味着，超过这个温度，76nm 厚的双层电容（STO：48nm＋PZT：28nm）将变得大于 48nm STO 本身的电容。从测量的总电容减去 STO 电容来提取的一种 PZT 有效电容如图 4.8c 所示。还说明了相应的电压放大系数。图 4.8 也展示了 300℃ 时电容为频率的函数。我们看到，即便是在 1MHz 条件下，电容的增加也会保持，这表明缺陷介导工艺的贡献是最小的，如果有的话，因此增强的电容不能归因于该效应（见下文）。

图 4.9 显示了不同厚度 STO/PZT 双层的三个不同样品（样品号 2～4）的电容，介电常数和阻抗角，与孤立的 STO（样品 1）和一个孤立的 PZT 样品（样品 5）作对比。

可以看出随着温度的增加，所有的双层样品的整体介电常数都会增强。

有一点需要考虑的是，STO 的介电常数与厚度的相关性。由于 STO 击穿电场比 PZT 的小，它在相同的电压范围，当双层电容与一个孤立的 STO 层相比时产生了一个问题。为了克服这个问题，我们使用了 97nm 的 STO 作为控制样本。孤立的 STO 的介电常数是从该样品测量而得的。因此采用 97nm 样品测量介电常数来计算 48nm STO 的电容。众所周知，STO 的介电常数随厚度的减小而下降。因此，我们高估了孤立的 STO 层电容并且低估了我们在图 4.8a 和 b 中所示的电容增强。如果我们直接使用从 48nm 厚的 STO 样品测量的电容值，在室温下就可以发现电容增强。如图 4.10 所示，就是我们所说的"下限"。

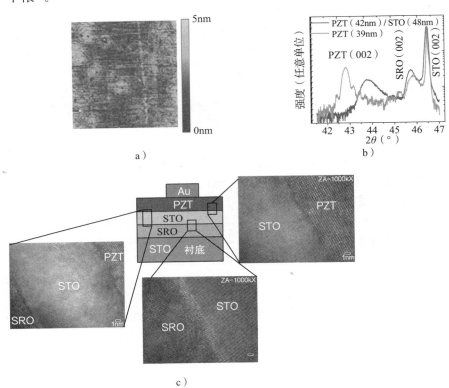

a)

b)

c)

图 4.7　异质结构特征。a) 典型的 PZT/STO 样品表面原子力显微镜形貌图呈现 RMS 粗糙度小于 0.5nm。b) PZT(42nm)/STO(28nm)/SRO(30nm) 和 PZT(39nm)/SRO(30nm) 样品在 (002) 反射附近的 X 射线衍射 $\theta-2\theta$ 扫描。来自 STO 薄膜的 (002) 反射是埋在 STO (002) 衬底峰值里面。c) 有代表性的 PZT/STO 样品不同接口断面结构的高分辨率透射电子显微镜图像。SRO 缓冲 STO 上的 PZT/STO 薄膜具有原子级陡峭界面的面内外延到衬底。结构特征证实了 PZT 薄膜的 c 轴取向没有任何来自 a 轴取向的域和杂质相的贡献（资料来源：文献 [17] 中的补充信息）

同时注意，简单的相对介电常数 ε_r 的增强是不足以提供一个电容增强的。因为，由于双层结构，异质结构的总厚度在增加，ε_r 的增加需要抵消厚度的增加。注意 $C_{PZT-STO}=\varepsilon_{PZT-STO}/(d_{PZT}+d_{STO})$ 以及 $C_{STO}=\varepsilon_{STO}/d_{STO}$，可知 $C_{PZT-STO}>C_{STO}$ 要求 $\varepsilon_{PZT-STO}>\varepsilon_{STO}(1+d_{PZT}/d_{STO})$。图 4.10b 中，$\varepsilon_{STO}(1+d_{PZT}/d_{STO})$ 曲线也被描绘并标明"规定的 ε"。

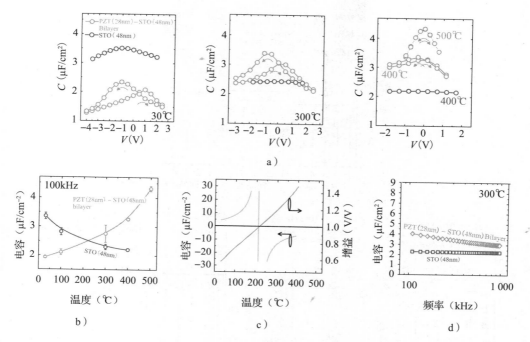

图 4.8 a) 对 PZT(28nm)/STO(48nm) 和 STO (48nm) 的样品在不同温度下的 C-V 特性比较。b) 在 100kHz 下测量对称点的样品电容为温度的函数。对称点是指向上和向下电压扫描期间获得的 C-V 曲线的交叉点。c) 双层中提取的 PZT 电容和计算得出的在 FE/DE 界面的放大系数。d) 300℃ 时样品的电容为频率的函数（资料来源：文献 [17]）

为了进一步检验增强的稳健性，我们模拟了 STO 的介电常数，它是温度的函数。这是必要的，因为目前还没有 STO 达到 300℃ 的相对介电常数的独立实验数据。模拟的介电常数在温度可提供的范围内匹配良好[21]（见图 4.10a）。在图 4.10b 及 c 中，由"STD 模拟"标记的痕迹表明由图 4.10 中模拟获得的 STO 的介电常数和电容 a。之所以称这个极限为"上限"，是因为模拟的介电常数对应于在这些温度下的 STO 的最高预期介电常数。例如，上限图示了一个室温下 $\varepsilon_r = 300$，这是 STO 在这个温度曾报道的最高值。我们再次强调，在大多数的薄膜实验中，包括我们的实验中，测得的介电常数远低于此值。

最后，图 4.10d 表明，频率高达 1MHz 时电容的增强会被保持。这是重要的，因为缺陷在确定结构的总电容可能发挥作用。然而，总缺陷动力学在超过 10kHz 通常会消失。因此，即使在 1MHz 的增强被保持的事实表明，在这些双层电容中观察到的负电容效应是来自材料的本征属性。在参考文献[17]的附录章节，我们提出了麦克斯韦-瓦格纳（Maxwell-Wagner）（MW）机制的详细讨论，该机制主要负责复杂的氧化物系统中的氧化物动力学。这一讨论表明，MW 效应对于我们的样本是可以忽略的。

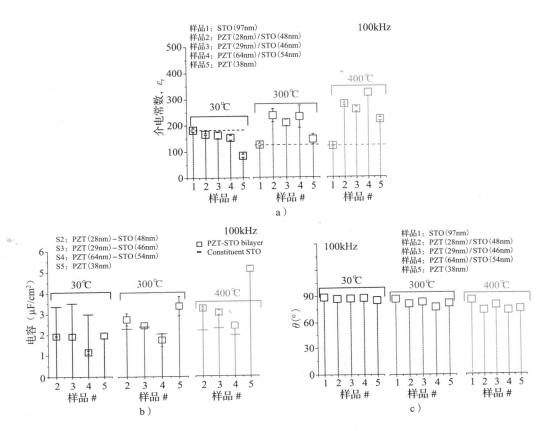

图 4.9   100kHz 下几种 PZT/STO 样品与 STO 和 PZT 在不同温度下的介电常数 a)、电容 b) 和导纳角 θ_c) 的比较。在 b) 中，每一个双层电容的组成 STO 的电容都用小横线来标明（资料来源：文献 [17]）

4.5   负电容晶体管

场效应晶体管利用负电容效应的挑战可以从式（4.2）中认识到。我们的目标是双重的：(i) 使 m 尽可能接近 0 (ii) 确保 m 不是负的。C_S/C_{ins} 越接近 1，m 越接近 0，S 就越陡。但如果 $C_S/C_{ins}<1$，m 本身将成为负。这将导致迟滞，是我们不想看到的。对于常规场效应晶体管，在一个大的电压范围内同时满足上述两个条件是非常困难的。这是由于 FET 电容（C_S）是非线性的并且是电压的强相关函数。从耗尽到反型，FET 电容可以明显改变。例如，如果 C_{ins} 被设计成在耗尽时匹配 C_S，当接近阈值 $|C_{ins}| \ll C_S$。因此，$C_S/C_{ins} \ll -1$，导致较大的迟滞。如果 C_{ins} 是匹配的阈值开始阶段，在亚阈值区的摆动激烈程度将不增加。对于这些问题的详细讨论参见[22,23]和其中的引用文献。对于一个传统的晶体管，阈值的开始阶段似乎是匹配 $|C_{ins}|$ 与 C_S 的最适宜区域[22]。

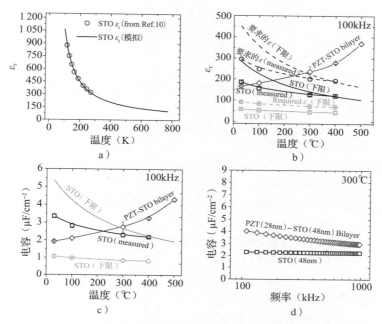

图 4.10　a）：比较朗道（Landau）模型模拟的 STO 介电常数与在[21]报道的 50nm STO 测量出的介电常数。b）和 c）：介电常数 b）和 STO 样品在 100kHz 作为温度的函数的 PZT（28nm）/STO（48nm）电容 c）的比较。在 b）中，曲线标记"规定的 ε"指的是所需的在一定温度下达到 $C_{PTZ-STO}=C_{STO}$ 的双层介电常数。STO 介电常数的下限和对应于从 48nm STO 样品中测量出的电容。d）PZT/STO 介质电容的频散和在 300℃ 下的 STO 分立样品（资料来源：文献［17］中的补充信息）

另一方面，也有可能场效应管的设计电容是电压的弱函数。如果这确实是可能的，那么在较大的电压范围内匹配场效应管电容和铁电负电容就容易多了。这种设计最近已被提出[24]。这项工作表明，通过在超薄未损坏沟道下放置一高掺杂体，电容对电压的依赖性可以充分削弱，在较大电压范围内与负电容极好的匹配是完全可能的。TCAD 模拟表明，对于一个位于 p^+ 掺杂体上的本征硅沟道，一个小于 30mV/10 倍频程的亚阈值摆幅可以在超过五个数量级的电流调制范围内实现。二维材料如过渡金属-硫-硫属化合物[25,26]可以在这方面被应用。

负电容晶体管的实验工作首先由 Adrian Ionescu 团队在 2008 年报告[27]。这篇论文报告了利用一种采用聚合物铁电材料（PVDF）作为栅极的硅晶体管，其测量亚阈值摆幅小于 60mV/10 倍频程。然而，亚阈值摆幅的减小只在非常低的电流下被观察到，噪声占主导地位。为了改善该工作，同一课题组次年报告了另一种晶体管[28]，其中采用诸如形成阱的隔离技术以减少噪声。测量 I_d-V_g 在高达 10nA 电流幅值的多个数量级显示小于 60mV/10 倍频程，同时噪底为 10pA。这项测量第一次证明了晶体管中的负电容效应，表明使用这种机制是确实有可能将电压减小到低于 $2.3kT/q$。然而，聚合物铁电体在速度方面受到严格限制（典型开关速度至多为几千赫兹）。因此，有必要用诸如 PZT 晶体铁电材料制造晶体管，这些材料的开关速度可以在数十个皮秒内[29]。

4.6   总结

负电容现在已在电容堆叠和场效应管中被证明。然而，在物理机制方面还有许多方面有待解释。基于我们自己在单晶氧化物异质结的实验工作，可以提出一个问题，就是为什么 STO/PZT 双层的负电容效应只有在温度超过 200℃ 才能观察到？本文提出的一维 L-K 模型中，如果使用 PZT 的体居里温度（－430℃），就可以期望在室温下出现负电容效应。可能有一些问题"集聚"将温度增加到高于室温。在这里，将提到两个我们认为是最主流的方面。首先，实验性结构真的不是一维问题。二维效应，如磁畴成核和传播将显著改变本章中提出的简单能量图谱。这些二维的影响需要精确地建模，从而量化负电容效应将出现的温度范围。

我们需要一个完整的三维模型来适当地模型化这种效应[30,32]。另一个，显著影响其性能的重要方面是衬底应变。图 4.11 显示的是在 STO 衬底上生长的 PZT 的 c/a 比值 X 射线衍射测量结果。随着温度的升高，四方 PZT 变得更加立方。其结果是 c/a 值降低。在某些特定的温度下，晶格的热膨胀变得更占优势，所以 c/a 比值开始增加。拐点提供了一个过渡温度的估计[33,36]。注意，对于 STO 衬底上生长的 PZT，我们甚至在 600℃ 都不能发现这个拐点。如果意识到 STO 对 PZT 施加了压缩的应力，使得它比整体更加四方，从而在整体温度以上提高了其居里温度，这些就可以理解了。由于有效居里温度在显

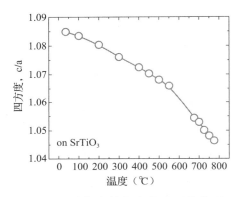

图 4.11   晶格常数作为温度函数的 X 射线衍射测量结果

著增加，负电容可以出现的温度也增加，超出使用体居里温度的模型所预测的范围。因此在为栅极堆叠选择合适的材料系统时，应力效应显得尤为重要。可能值得去看看类似于 $Ba_xSr_{1-x}TiO_3$ 的铁电材料，其中，通过调整 Ba 和 Sr 的化学计量比，就能在一个很宽范围来改变居里温度。这种化学计量控制可以用来抵消应变的影响。另一个关于 STO/PZT 双层的常见问题是介电 STO 层的厚度。一维模型表明，具有任意居里温度的任何材料仍然可以简单地通过调整介电层厚度，在室温下出现负电容。居里温度越大，介电层厚度越大。然而，实验中，我们发现却不是这样。事实上，将厚度增加到超出某一点似乎不会影响叠层的整体性能。我们推测，这是由于 STO 的自由电荷引起的铁电极化所诱导的电场的屏蔽。如果这是真的，用夹在薄介电层之间的铁电材料来制造超晶格可能为室温负电容效应提供了一个途径。然而，这需要进行更多的研究，以便能正确理解底层物理机制。

重要的是要认识到，所有铁电材料也是有压电性的。调节铁电材料极化的同时，也在调节压电特性。是否可能用压电来帮助负电容效应？这种可能性只是刚开始被调研[37]。事实上，最近的实验示范表明，负电容效应可以在传统的氮化物基压电材料中得到，从而产生 40mV/10 倍频程的亚阈值摆幅[38]。压电效应可以提供一个额外的负电容控制机制，并

积极影响其对场效应管的适用性。

可以想象许多其他物理系统，它们的能量分布具有负项，可以表现为负电容。一个例子是，两个紧密排列的二维电子气体（2DEG）的交换关联。实验中，低温下调制掺杂 GaAs/AlGaAs 异质结构中，可以测量到两个紧密排列的二维电子气之间的负压缩率。同样在低温下 LAO/STO 外延异质结构中，最近被测量到增强电容，同时也依据类似的交换关联导致的负电容[39,40]来解释。以铁电材料为基础的系统优点来源于一事实，即在室温下的负能量项是相当大的，从而消除了低温工作的需要。

总之，负电容效应是克服传统晶体管的 60mV/10 倍频程的亚阈值摆幅的限制一种潜在的方法，而不需要改变传统的电子输运机制。之于电容器和晶体管结构，近年来实验工作已经解释了原始概念的证据。然而，关于这种效果还有很多需要了解，特别是实际的材料问题会如何影响整体性能表现。对于晶体管，半导体集成是一个重大的挑战。分子束外延生长的结晶氧化物半导体如 Si 上的 STO[41,42]，GaAs 上的钛酸钡[43] 和 Si 上的钛酸钡[44] 可以用作制造的起始基地。此外，最近研究表明，通过 ALD 沉积的 HfO_2（原子层沉积）和掺杂不同元素如硅（Si）、钇（Y）、铝（Al）等的 HfO_2 能表现出强劲的铁电性[45,46]。这种材料系统可能被证明是硅晶体管集成最合适的候选者。

致谢

这些工作部分得到了海军研究办公室（ONR）、FCRP 材料中心、结构和器件（MSD）、STARNET LEAST 中心和节能电子科学中心 EEESC（NSF 授予 0939514）的支持。

参考文献

[1] B. Nordman, "What the real world tells us about saving energy in electronics." In *Proceedings of 1st Berkeley Symposium on Energy Efficient Electronic Systems (E3S)* (2009).

[2] V. V. Zhirnov & R. K. Cavin, "Nanoelectronics: negative capacitance to the rescue?" *Nature Nanotechnology*, **3**(2), 77–78 (2008).

[3] S. Borkar, "Design challenges of technology scaling." *Micro, IEEE*, **19**(4), 23–29 (1999).

[4] L. B. Kish, "End of Moore's law: thermal (noise) death of integration in micro and nano electronics." *Physics Letters A*, **305**(3), 144–149 (2002).

[5] R. K. Cavin, V. V. Zhirnov, J. A. Hutchby, & G. I. Bourianoff, "Energy barriers, demons, and minimum energy operation of electronic devices." *Fluctuation and Noise Letters*, **5**(04), C29–C38 (2005).

[6] V. V. Zhirnov, R. K. Cavin III, J. A. Hutchby, & G. I. Bourianoff, "Limits to binary logic switch scaling-a gedanken model." *Proceedings of the IEEE*, **91**(11), 1934–1939 (2003).

[7] S. Banerjee, W. Richardson, J. Coleman, & A. Chatterjee, "A new three-terminal tunnel device." *IEEE Electron Device Letters*, **8**(8), 347–349 (1987).

[8] C. Hu, D. Chou, P. Patel, & A. Bowonder, "Green transistor – a VDD scaling path for future low power ICs." In *International Symposium on VLSI Technology, Systems and Applications, 2008. VLSI-TSA 2008*, pp. 14–15 (2008).

[9] K. Gopalakrishnan, P. B. Griffin, & J. D. Plummer, "Impact ionization MOS (i-MOS)-part I: device and circuit simulations." *IEEE Transactions on Electron Devices*, **52**(1), 69–76 (2005).

[10] H. Kam & T.-J. K. Liu, "Pull-in and release voltage design for nanoelectromechanical field-effect transistors." *IEEE Transactions on Electron Devices*, **56**(12), 3072–3082 (2009).

[11] M. Enachescu, M. Lefter, A. Bazigos, A. Ionescu, & S. Cotofana, "Ultra low power NEMFET based logic." In *Circuits and Systems (ISCAS), 2013 IEEE International Symposium on*, pp. 566–569 (2013).

[12] S. Salahuddin & S. Datta, "Use of negative capacitance to provide voltage amplification for low power nanoscale devices." *Nano Letters*, **8**(2), 405–410 (2008).

[13] S. Salahuddin & S. Datta, "Can the subthreshold swing in a classical fet be lowered below 60 mv/decade?" In *Electron Devices Meeting, 2008. IEDM 2008. IEEE International*, pp. 1–4 (2008).

[14] L. D. Landau & I. M. Khalatnikov, "On the anomalous absorption of sound near a second order phase transition point." *Doklady Akademii Nauk*, **96**), 469–472 (1954).

[15] V. C. Lo, "Simulation of thickness effect in thin ferroelectric films using Landau–Khalatnikov theory." *Journal of Applied Physics*, **94**(5), 3353–3359 (2003).

[16] K. M. Rabe, C. H. Ahn, & J.-M. Triscone, *Physics of Ferroelectrics: A Modern Perspective* (New York: Springer, 2007).

[17] A. Khan, D. Bhowmik, P. Yu, S. Joo Kim, X. Pan, R. Ramesh, & S. Salahuddin, "Experimental evidence of ferroelectric negative capacitance in nanoscale heterostructures." *Applied Physics Letters*, **99**(11), 113501–113503 (2011).

[18] H. N. Lee, S. M. Nakhmanson, M. F. Chisholm, H. M. Christen, K. M. Rabe, & D. Vanderbilt, "Suppressed dependence of polarization on epitaxial strain in highly polar ferroelectrics." *Physical Review Letters*, **98**(21), 217602 (2007).

[19] K. Hellwege & A. M. Hellwege, *Numerical Data and Functional Relationships in Science and Technology New Series*, vol. **3** (Berlin: Springer, 1969).

[20] K. Hellwege & A. M. Hellwege, *Numerical Data and Functional Relationships in Science and Technology New Series*, vol. **16a** (Berlin: Springer, 1981).

[21] H. W. Jang, A. Kumar, S. Denev et al., "Ferroelectricity in strain-free SrTiO$_3$ thin films." *Physics Review Letters*, **104**, 197601 (2010).

[22] A. I. Khan, C. W. Yeung, C. Hu, & S. Salahuddin, "Ferroelectric negative capacitance MOSFET: capacitance tuning & antiferroelectric operation." In *Electron Devices Meeting (IEDM), 2011 IEEE International*, pp. 11–13 (2011).

[23] G. A. Salvatore, A. Rusu, & A. M. Ionescu, "Experimental confirmation of temperature dependent negative capacitance in ferroelectric field effect transistor." *Applied Physics Letters*, **100**(16), 163504 (2012).

[24] C. W. Yeung, A. I. Khan, A. Sarker, S. Salahuddin, & C. Hu, "Low power negative capacitance FETs for future quantum-well body technology." In *VLSI Technology, Systems, and Applications (VLSI-TSA), 2013 International Symposium on*, pp. 1–2 (2013).

[25] B. Radisavljevic, A. Radenovic, J. Brivio, V. Giacometti, & A. Kis, "Single-layer MOS2 transistors." *Nature Nanotechnology*, **6**(3), 147–150 (2011).

[26] Y. Yoon, K. Ganapathi, & S. Salahuddin, "How good can monolayer MOS2 transistors be?" *Nano Letters*, **11**(9), 3768–3773 (2011).

[27] G. A. Salvatore, D. Bouvet, & A. M. Ionescu, "Demonstration of subthreshold swing smaller than 60mv/decade in Fe-FET with P(VDF-FrFE)/SiO$_2$ gate stack." In *Electron Devices Meeting, 2008. IEDM 2008. IEEE International*, pp. 1–4 (2008).

[28] A. Rusu, G. Salvatore, D. Jimenez, & A.-M. Ionescu, "Metal-ferroelectric-metal-oxide-semiconductor field effect transistor with sub-60mv/decade subthreshold swing and internal voltage amplification." In *Electron Devices Meeting (IEDM), 2010 IEEE International*, pp. 16.3.1–16.3.4, (2010).

[29] J. Li, B. Nagaraj, H. Liang, W. Cao, C. Lee, R. Ramesh *et al.*, "Ultrafast polarization switching in thin-film ferroelectrics." *Applied Physics Letters*, **84**(7), 1174–1176 (2004).

[30] L.-Q. Chen, "Phase-field method of phase transitions/domain structures in ferroelectric thin films: a review." *Journal of the American Ceramic Society*, **91**(6), 1835–1844 (2008).

[31] Y. Li, L. Cross, & L. Chen, "A phenomenological thermodynamic potential for $BaTiO_3$ single crystals." *Journal of Applied Physics*, **98**(6), 064101–064101 (2005).

[32] K. Ashraf & S. Salahuddin, "Phase field model of domain dynamics in micron scale, ultrathin ferroelectric films: application for multiferroic bismuth ferrite." *Journal of Applied Physics*, **112**(7), 074102 (2012).

[33] D. D. Fong, G. B. Stephenson, S. K. Streiffer *et al.*, "Ferroelectricity in ultrathin perovskite films." *Science*, **304**(5677), 1650–1653 (2004).

[34] M. Dawber, C. Lichtensteiger, M. Cantoni *et al.*, "Unusual behavior of the ferroelectric polarization in $PbTiO_3/SrTiO_3$ superlattices." *Physical Review Letters*, **95**(17), 177601 (2005).

[35] D. Tenne, A. Bruchhausen, N. Lanzillotti-Kimura *et al.*, "Probing nanoscale ferroelectricity by ultraviolet Raman spectroscopy." *Science*, **313**(5793), 1614–1616 (2006).

[36] K. Ishikawa, K. Yoshikawa, & N. Okada, "Size effect on the ferroelectric phase transition in $PbTiO_3$ ultrafine particles." *Physical Review B*, **37**(10), 5852 (1988).

[37] R. K. Jana, G. L. Snider, & D. Jena, "On the possibility of sub 60 mv/decade subthreshold switching in piezoelectric gate barrier transistors." *Physica Status Solidi (C)* (2013).

[38] H. Then, S. Dasgupta, H. Radosavljevic *et al.*, "Experimental observation and physics of "negative" capacitance and steeper than 40mv/decade subthreshold swing in $Al_{0.83}In_{0.17}N$/AlN/GaN MOS-HEMT on SiC substrate." In *Electron Devices Meeting (IEDM), 2013 IEEE International*, p. 4.5 (2013).

[39] L. Li, C. Richter, S. Paetel, T. Kopp, J. Mannhart, & R. Ashoori, "Very large capacitance enhancement in a two-dimensional electron system." *Science*, **332**(6031), 825–828 (2011).

[40] T. Kopp & J. Mannhart, "Calculation of the capacitances of conductors: Perspectives for the optimization of electronic devices." *Journal of Applied Physics*, **106**(6), 064504 (2009).

[41] R. McKee, F. Walker, & M. Chisholm, "Crystalline oxides on silicon: the first five monolayers." *Physical Review Letters*, **81**(14), 3014 (1998).

[42] J. Haeni, P. Irvin, W. Chang, R. Uecker, P. Reiche, Y. Li, S. Choudhury, W. Tian, M. Hawley, B. Craigo *et al.*, "Room-temperature ferroelectricity in strained $SrTiO_3$." *Nature*, **430**(7001), 758–761 (2004).

[43] R. Contreras-Guerrero, J. Veazey, J. Levy, & R. Droopad, "Properties of epitaxial $BaTiO_3$ deposited on GaAs." *Applied Physics Letters*, **102**(1), 012907 (2013).

[44] C. Dubourdieu, J. Bruley, T. M. Arruda *et al.*, "Switching of ferroelectric polarization in epitaxial $BaTiO_3$ films on silicon without a conducting bottom electrode." *Nature Nanotechnology*, **8**(10), 748–754 (2013).

[45] S. Mueller, J. Mueller, A. Singh, S. Riedel, J. Sundqvist, U. Schroeder, & T. Mikolajick, "Incipient ferroelectricity in Al-doped HfO_2 thin films." *Advanced Functional Materials*, **22**(11), 2412–2417 (2012).

[46] T. Boscke, J. Muller, D. Brauhaus, U. Schroder, & U. Bottger, "Ferroelectricity in hafnium oxide thin films." *Applied Physics Letters*, **99**(10), 102903 (2011).

隧道器件

设计低压高电流隧穿晶体管

Sapan Agarwal 与 Eli Yablonovitch

5.1 引言

隧道场效应晶体管（TFET）具有通过克服 60mV/10 倍频程的热限制亚阈值电压摆幅以实现低电压工作的潜力[1]，但迄今为止其结果都无法令人满意。低压工作可以参数化，由给定工作电压下获得输出电流 10 倍变化（称为阈值摆幅电压 S）来实现。目前报道的最好的亚阈值电压摆幅一直在约 1nA/μm 的低电流密度下测量，但不幸的是它会随着电流增大而显著增大。当试图设计一个新的低压开关来取代晶体管时，要满足三个主要的要求：

- 亚阈值电压摆幅远大于 60mV/10 倍频程，并且理想地每 10 倍工作电压减小几毫伏。
- 需要大约 $10^6/1$ 的大开关比来减小工作电压。
- 需要大约 1mS/μm（或者在 1V 电压下的 1mA/μm）的高电导密度，以便在保持高速时开关显著小于它驱动的导线。

虽然已经构建一些满足三个要求中的一项或两项的器件，目前为止还没有逻辑器件能够同时满足三项要求[1,2]。没有人能在一个高电导下实现陡峭的亚阈值电压摆幅。

要理解这一点，我们首先在 5.2 节～5.6 节考虑一个简单的隧道二极管，了解隧道的基本物理机制，然后在 5.7 节～5.9 节，我们将考虑建立一个完整晶体管的额外复杂性。在 TFET 中，挑战由于两种开关机制的存在而变得复杂。栅极电压可用于调制隧穿势垒厚度，从而调制隧穿概率[3-6]，如图 5.1a 和 b 所示。改变隧穿结中的电场可以控制隧穿势垒的厚度。或者，也可以使用能量滤波切换或态密度切换，如图 5.1c 和 d 中所示。如果导带和价带不重叠，就没有电流流动。一旦它们重叠，电流就可流过。

在 5.2 节中，我们将描述隧穿势垒厚度调制机制。在 5.3 节我们来看能量滤波切换或态密度切换。在介绍两种开关机制之后，我们在 5.4 节分析现有器件的数据，表明实验性能仍比玻耳兹曼限制 60mV/10 倍频程相差甚远，都不能接近实现在当前感兴趣的电流密度下陡峭的亚阈值电压摆幅。在 5.5 节提出了一些解决方案，以达到更好陡峭度。为了满足所有三个开关的要求，我们在 5.6 节介绍量子约束或维度的好处。在本章中直到这一点，开关已经就其两端性能进行了分析。在 5.7 节中，我们考虑电压、亚阈值摆幅和完整 TFET 电导。在 5.8 节中我们分析导致额外的非理想折中的相对较差栅极效率，并在 5.9 节会考虑一些限制 TFET 性能的额外效应。

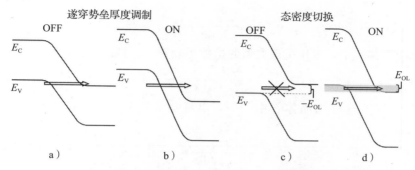

图 5.1 两种不同的实现陡峭隧穿转变的方法示意图。第一种（a，b），通过改变栅极电压，可以改变隧穿势垒的厚度，从而改变隧穿结上的电场。第二种（c，d），导带和价带的对齐可以用来切断电流流入的状态

5.2 隧穿势垒厚度调制陡峭度

首先考虑隧穿势垒厚度调制机制。在隧道结施加电压偏置可以调制隧穿势垒的厚度，从而调制隧穿概率[3-6]，如图 5.1a 和 b 所示。改变隧穿结中的电场可以控制隧穿势垒的厚度。使用这种方法的难点是，在高电导率下已经有一个大的电场施加于隧道结，所以电压偏置不能有效地控制势垒宽度。这导致在高电导率下较差的亚阈值电压摆幅。因此，我们现在将展示隧道势垒厚度调制机制在所需的高电流密度下不能达到陡峭的亚阈值电压摆幅（S）。

为了估计给出的开启有多么陡峭，我们需要确定以 10 倍速率改变隧穿概率T，在势垒 φ 中有多少毫伏变化。因此，我们定义

$$\frac{1}{S_{\text{tunnel}}} = \frac{\mathrm{d}\lg(\mathsf{T})}{\mathrm{d}\varphi} \tag{5.1}$$

式中：S_{tunnel} 是以 mV/10 倍频程为单位的隧道摆幅电压，它是由隧穿势垒厚度调制机制产生的。隧穿概率T是[1]：

$$\mathsf{T}(\boldsymbol{F}) = \exp\left(\frac{-\pi(m_{\text{tunnel}}^*)^{1/2}E_G^{3/2}}{2\sqrt{2}\hbar qF}\right) \equiv \exp\left(\frac{-\alpha}{F}\right) \tag{5.2}$$

为了简单起见，假设穿过隧道结的电场 F 是恒定的且等于峰值电场。隧道[1,8,9]的

有效质量是 m_{tunnel}^* [⊖]，E_G 是带隙。所有的参数都可以被集中于一个常数 α 上。不考虑其势垒的确切形状，将会有一个恒定的 α，$\mathsf{T}=\exp(-\alpha/F)$。结合式（5.1）及式（5.2）给出：

$$\frac{1}{S_{tunnel}} = \left(\lg(e) \times \alpha \times \frac{1}{|\boldsymbol{F}|^2} \times \frac{dF(\varphi)}{d\varphi} \right) = \left| \lg(\mathsf{T}) \times \frac{dF(\varphi)/d\varphi}{F} \right| \tag{5.3}$$

为了简化，我们依据 $\lg(\mathsf{T})$ 求解式（5.2）得到 F。

接下来我们需要求 $F/(dF(\varphi)/d\varphi)=\varphi$ 的值，对于掺杂的 pn 结，电势曲线是抛物线形的，所以：

$$\frac{F}{dF(\varphi)/d\varphi} = 2\varphi \tag{5.4}$$

在 MOSFET 沟道中，电压呈现典型的指数化衰减，并且由屏蔽长度来设定。这导致

$$\frac{F}{dF(\varphi)/d\varphi} = \varphi \tag{5.5}$$

在像双层 TFET 这样的晶体管中[10,11]，电场是恒定的并且由接入栅极的偏置决定，因此，

$$\frac{F}{dF(\varphi)/d\varphi} = \varphi \tag{5.6}$$

最佳情况下，$F/(dF(\varphi)/d\varphi)=\varphi$，则

$$S_{tunnel} \approx \left| \frac{\varphi}{\lg(\mathsf{T})} \right| \tag{5.7}$$

从式（5.7）可以看到，隧穿概率越低，亚阈值电压摆幅越陡峭。这个简单的方程很可能成为所有迄今为止已被测量的在极低电流密度下的实验性陡峭亚阈值电压摆幅的解释[3,5,12]！由于在高隧穿概率或更高的电流下陡度变差，低电流下的陡峭亚阈值摆幅电压不足以用来制作实际的逻辑开关。对于一个合理的开态电导，隧穿概率通常应大于 1%。

为了对齐导带和价带，开态的 φ 必须至少等于半导体的带隙。因此，隧道电压摆幅 S_{tunnel} 对于不同的半导体来说太大了。在硅中 $\mathsf{T}=1\%$，开态 $S_{tunnel}=560mV/10$ 倍频程。在 InAs 中，$S_{tunnel}=177mV/10$ 倍频程。这些比玻耳兹曼的更差。显然，控制同质结的势垒厚度并不能在高电流密度下给出大于 60mV/10 倍频程的亚阈值电压摆幅。

为了在保持高开态电流的同时得到大于 60mV/10 倍频程的亚阈值电压摆幅，我们需要将 φ_s 减小到小于 120mV。这意味着，我们需要一个小于 120meV 的有效隧穿势垒高度。这可以用一个 II 型异质结构来实现。但是，一个小的有效带隙需要一个陡峭的带边缘态密度，否则

⊖　隧道质量可以从如下式子计算出来[8]：

$$m_{tunnel}^* = 2 \left(\frac{1}{m_{e,z}^*} + \frac{1}{m_{h,z}^*} \right)^{-1}$$

WKB 模型和简化质量在 InAs 半导体中工作得非常好，这其中有载流子从导带隧穿到单一的价带。然而，在硅和锗的带隙是间接的，有许多相互作用的能带，所以 WKB 模型就无效了[9]。因此，我们使用来自[1]的实验拟合隧道有效质量。相对于[1]中的单能带隧道模型，我们使用了双能带隧道模型，因此，我们需要调整相应的质量：

$$m_{2\text{-band}}^* = \left(\frac{2\sqrt{2}}{\pi} \times \frac{4\sqrt{2}}{3} \right)^2 m_{1\text{-band}}^*$$

这给出了 InAs 半导体中 $m_{tunnel}^*=0.043$，在 Si 半导体中则是 0.46。

电流将通过带尾状态，并且看不到势垒。正如我们将在下一节中看到的，这里有带边缘以下的状态，它们能够防止隧道结完全关闭。在这一点上，开关变成由能量滤波机制来控制。因此，在高电流密度下，调制隧穿势垒的厚度将不能给出陡峭的亚阈值电压摆幅。

5.3 能量滤波切换机制

可以使用能量滤波作为切换机制。这也称为态密度切换。能量滤波切换如图 5.1c 和 d 所示。如果导带和价带不重叠，就没有电流可以流动。一旦它们重叠，电流就可以流动。理想的态密度切换就是当导带和价带重叠时，突然从零电导切换到所需的开态电导，从而显示零亚阈值电压摆幅[13]。不幸的是，带边缘不是完美的陡峭，所以有一个延伸到带隙的有限的态密度。

为了确定能量滤波切换机制有多陡峭，我们需要确定电子带边缘有多陡峭。虽然科学上已经在半导体带隙大小方面有了良好的知识储备，却没有关于能带边缘锐度的许多信息。虽然没有良好的方法用于直接测量带边缘态密度，但是我们可以从光学[14]和电子测量[15]中进行推断。

通常情况下，带边缘态密度呈指数下降且低于带边缘。我们可以用 S_{DOS} 参数来表示这种下降，它代表了你需要往带边缘下降多少毫伏才能将态密度减少 9/10。带隙以下，光吸收系数也呈指数下降，称为 Urbach 带尾[14]。本征 GaAs 半导体中，吸收下降到 17meV/10 倍频程[16]。本征 Si 半导体中，吸收下降到 23mV/10 倍频程[17]。对于电子而言，我们希望在带边缘陡峭度 S_{DOS} 看到类似的限制。这似乎是有前途的，但这样一个陡峭的结果并未被电子输运测量证明是正确的。

电子测量的联合态密度显示陡度大于 90mV/10 倍频程，而不像本征光学 Urbach 测量在良好的半导体中都小于 60mV/10 倍频程。我们将这种扩大归因于空间的不均匀性以及出现在实际器件中的重掺杂。实际上，在宏观器件中有许多独特的沟道阈值，导致阈值扩大。幸运的是，这可以改善。从掺杂 GaAs 的光吸收可以看出这一点。当 GaAs 被掺入 $2 \times 10^{18}/cm^3$ 的 Si 时，吸收下降到 30meV/10 倍频程的速率[16]。如果掺杂进一步提高到 $10^{20}/cm^3$，吸收下降到比 60meV/10 倍频程更差的速率[18]。这意味着，如果一个隧道开关被重掺杂，它将无法采用态密度的能量滤波机制以实现一个小于 60mV/10 倍频程的亚阈值电压摆幅！此外，在掺杂的光吸收测量中，带边缘态密度被由自由载流子屏蔽电位波动而有所减小[19,20]。不幸的是，在一个 TFET 耗尽区，没有自由载流子来屏蔽电位变化，因此电子器件的带尾将更糟糕。

最小有效带隙

除了限制亚阈值电压摆幅外，如果有效的带隙（隧穿势垒高度）太小，带边缘态密度可以限制开/关比。如果我们想要一个特别的开/关比，在关闭状态的势垒高度 $E_{g,eff}$ 必须大到足以抑制带边缘态密度 S_{DOS}，通过那个开/关比。因此，我们得到以下限制：

$$E_{g,eff} \geqslant S_{DOS} \times \lg(I_{on}/I_{off}) \tag{5.8}$$

例如，如果我们要使用隧道势垒宽度调制，势垒高度需要小于 120mV。若开/关比为 6 个 10 倍，S_{DOS} 必须比 120/6＝20mV/10 倍频程更陡，这尚未被实现。此外，如果我们有 $S_{DOS}＝20mV/10$ 倍频程，最陡峭的开启（turn-on）来自带边缘而不是隧穿势垒厚度调制。因此，在高电流密度下调制隧穿势垒厚度将不会得到一个陡峭的亚阈值摆幅。

5.4 测量电子输运带边陡度

要解释电子输运测量，我们需要看看绝对电导 I/V，与隧道二极管中偏置电压 V。

绝对电导正比于隧穿联合态密度，详细讨论如文献 [15]。研究双端 pn 结电子陡度的测量时，允许能带对齐被直接控制，而不关注栅效率。势垒厚度调制和态密度切换都会改变隧道结电阻。因此，我们需要测量电阻或电导随着偏置变化的变化，而不是电流随着偏置变化的变化。这可以从下面的隧穿电流模型看出：

$$I \propto \int (f_C - f_V) \top D_J(E) \mathrm{d}E \tag{5.9}$$

式中：$f_C - f_V$ 是 p 和 n 侧的费米（Fermi）占据概率之间的差；$\top$ 是越过结的隧穿概率；$D_J(E)$ 是 p 侧的价带和 n 侧的导带之间的联合态密度。我们感兴趣的是测量隧穿联合态密度的电压依赖性，$\top \times D_J(E)$，在式（5.9）的被积函数中。因为 $\int (f_C - f_V) \times \mathrm{d}E = qV$，通过电压微分电流近似消除了费米能级的影响[15]。在一个三端晶体管的测量中，源漏偏置控制费米能级而栅极偏置控制 $\top \times D_J(E)$。这允许我们使用双端电流电压的测量来确定一个隧道结的联合态密度。因此，二极管的双端测量可以用来解释隧道联合态密度的陡度，并且不被 TFET 的栅极效率限制。现在，我们将通过绘制 I/V 相对于 V 的曲线来解释一些来自实验文献的具体情况。

首先我们考虑一个 InAs/AlSb/Al$_{0.12}$Ga$_{0.88}$As 异质结反向二极管的双端电流电压特性[21]。该二极管的隧穿势垒厚度由 AlSb 厚度固定，隧穿完全是由于态密度重叠所致。I-V 曲线如图 5.2a 所示，绝对电导如图 5.2b 所示。如图 5.2a 所示，电流在半对数图上 $V=0$ 处偏离，以免直接解释。同样，微分电导在半对数图的 Esaki 的峰偏离。因此，电流或微分电导图不能给出我们想要的信息。相比之下，如图 5.2b 所示，绝对电导，I/V，平滑地从反向偏置，通过原点再变化到正向偏置。

电导与隧穿联合态密度成正比，并可以通过电导的半对数斜率的倒数（称为半对数电导摆动电压）来参数化。这相当于以 mV/10 倍频程表示的隧穿联合态密度陡度，用图 5.2b 所示斜切线的斜率倒数来表示。在图中，绝对电导的半对数电压摆幅为 98mV/10 倍频程，并且可用来测量隧穿联合态密度。这是有一个最陡的实验测得的隧穿联合态密度。这可能是由于 III 型能带对齐允许结区域附近约 1.4×10^{17} / cm^3 的低掺杂浓度。

在图 5.2c 所示曲线中，我们考虑一个锗反向二极管[22]。图中有我们可以在文献中找到的最陡的 92mV/10 倍频程的半对数电导电压摆动。接下来，图 5.2d 所示曲线展示在两个不同的掺杂水平（$N_A = 1.8 \times 10^{19}$；$N_D = 3 \times 10^{18}$ 和 1×10^{19}）下 InAs 同质结二极管的电流和电导[23]。

当 n 侧掺杂从 1×10^{19} 减小到 3×10^{18}，绝对电导 I/V 摆动只从 570mV/10 倍频程改善到 180mV/10 倍频程，但仍然远远低于我们的目标。这清楚地表明，通过掺杂模糊带边缘是非常糟糕的，但即使更低掺杂的样品也表现不佳。

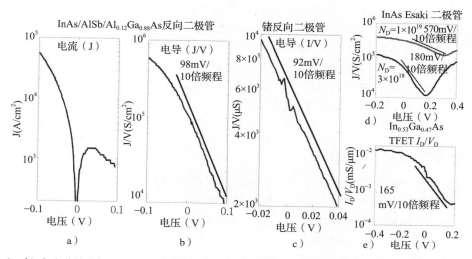

图 5.2　a)、b) InAs/AlSb/Al$_{0.12}$Ga$_{0.88}$As 异质结二极管[21]，c) 锗二极管[22]，d) InAs 二极管[23] 的电流和电导图。在 $V=0$，电流在对数图上偏离，所以切线斜率是毫无意义的。幸运的是，电导与隧穿态密度成正比。e) In$_{53}$Ga$_{0.47}$As TFET 的 $G=I_D/V_D$ 与 V_D 图[24]。测得的亚阈值电压摆幅为 216mV/10 倍频程而半对数电导摆动电压为 165mV/10 倍频程。因为 I_D-V_D 的特点是不受栅氧化层的限制，它反映了结的更陡峭的本征隧穿特性

我们可以将同样的双端分析应用到三端 TFET。在 TFET 中我们可以做双端源/漏测量或者三端 I_D-V_G 测量。在三端测量中，亚阈值电压摆幅将不会给出隧穿联合态密度，因为横跨栅极氧化物会有一些电压损失。

我们通过做双端测量减弱栅极问题。如果关键隧道结在源/沟道结，我们需要固定 $V_{gate}-V_{drain}$ 电压，同时测量源/漏电流相对于源/漏电压（I_D-V_S）比。因为我们想测量带边缘的机制但不被栅极调制机制混淆，固定 $V_{gate}-V_{drain}$ 电压。由于栅极电位对沟道电位有很强的影响，漏极将无法有效控制源/沟道结，所以最好是改变 V_{GS}。另一方面，如果关键隧穿是在沟道/漏结，需要固定 $V_{gate}-V_{soruce}$ 电压，并测量相对于源/漏电压的源/漏电流（I_D-V_D）。

在图 5.2e 所示曲线中，固定 $V_{gate}-V_{soruce}$ 电压并同时测量一个具有较差栅极氧化物的 In$_{0.53}$Ga$_{0.47}$As TFET的相对于源/漏电压的源/漏电流（I_D-V_D）[24]。实际上，这是在三端器件上的双端测量。

半对数电导电压摆幅是 165mV/10 倍频程。对应的三端测量显示出约 216mV/10 倍频程的更差的亚阈值电压摆幅。这展示了当栅极氧化物质量较差时，可用一个合适的双端测量值来分析 TFET 的电位性能。

在 TFET 中，小于 60mV/10 倍频程的亚阈值摆幅电压已经进行了测量，但只是在约 1nA/μm 的极低电流密度下。反向二极管和 Esaki 二极管的低电流密度被陷阱辅助隧穿和正向泄漏电流所掩盖。此外，对于隧道二极管测量的电流密度，隧穿势垒宽度调制是较弱的，并且 I/V 与 V 反映了带边缘态密度。

测量隧道二极管的以 mV/10 倍频程表示的电导陡度，I/V，或者是 TFET 源/漏 $I-V$，会给出隧穿联合态密度。这告诉我们潜在的亚阈值电压摆幅，我们期望从一个在合理电流密度下基于那个隧道结的 TFET 中得到它。看看迄今为止最好的隧道二极管，我们发现它们都有一个比 60mV/10 倍频程更差的半对数电导电压摆幅。这是因为它们都是宏观器件，具有相当的阈值不均匀性导致多沟道，每一个沟道都有不同的阈值，使亚阈值电压摆幅混乱。在下一节中我们提出一些补救措施。

5.5 空间非均匀性校正

到目前为止，在高电流密度下设计陡峭的隧道结的前景似乎相当黯淡。调制隧穿势垒厚度将不起作用，并没有在电子输运中测量到比 60mV/10 倍频程更陡峭的带边缘态密度。为了获得更好的性能，需要提供空间均匀、消除掺杂，并促进原子完善的新的几何形状。将掺杂物移出隧道结的调制掺杂可能有帮助，但理想几何结构会使用通过栅极的静电掺杂。可以通过图 5.3a 所示的双层[10,11]结构实现，或者可以尝试用如图 5.3b 所示的横向双栅结构。将掺杂移出隧道结的附加结构和保持材料的质量是必要的。

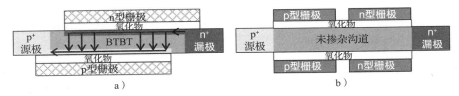

图 5.3   a) 双层 TFET。通过对 n 栅极和 p 栅极施加相反的偏置，一个电子和未掺杂的通道在沟道中形成，从而允许如图所示的带-带隧穿。b) 同时具有 n 栅极和 p 栅极的横向 TFET。在沟道中心的隧道结是不掺杂而静电形成的。通过消除两种结构的掺杂，可以实现陡峭的态密度

除了消除掺杂，我们需要消除任何其他空间不均匀性的来源。其来源包括来自粗糙的异质结、原子厚度的波动或任何其他非理想情况。包括单个量子波函数的小器件仍然在器件之间具有不均匀性，但是单一的器件更容易展示出尚未通过电子输运测量的本征能量锐度。

另外，电子输运测量可以在低温下进行，从而锐化单个的能量，并提供一个机会来衡量非均匀分布的离散水平。这样的低温器件实际上并不适合作为一个开关来使用，但会提供关于不均匀性的科学信息。

不均匀性一部分来自于传统的量子阱的厚度波动。现在出现了例如二硫化钼的单层半导体，它可以精确定义层的厚度，就有希望消除空间均匀性问题。

5.6 pn 结维度

为了进一步提高隧道结的性能，我们需要让开态电导最大化，并且过载电压最小化（过载电压是超越亚阈值区域获得想要的电导所需的额外电压）。这强烈依赖于隧道结的实

际几何形状。幸运的是，限制载流子于隧穿方向为性能改善提供了四个优点[25]：

（1）载流子速率增加并且由约束能量所设定。

（2）较高的电子能量能够增加隧穿概率。

（3）压缩电子被允许的区域将导致在势垒中电子密度更大的百分比，因此隧穿波函数重叠将增加。

（4）减小维度导致更强烈的态密度，从而减小获得完全电导所需的过载电压。

任何时候指定一个 pn 结，还必须指定相应的 p 区域和 n 区域各自的维度。在图 5.4 所示结构中，我们显示了九个不同的 pn 结维度组合。在下面的章节中将分析这些器件中的每一个并且调研哪一个最有希望适用于 TFET。

5.6.1　1D-1D$_{end}$ 结

1D-1D$_{end}$ 结在纳米线[26]或者碳纳米管[27]结内描述隧穿效应，如图 5.4a 所示。隧穿发生在 p 侧的价带到 n 侧的导带。对于一个晶体管，栅极没有在图中表示出来因为有很多可能的栅极几何形状。穿越该结的能带图如图 5.5a 所示。

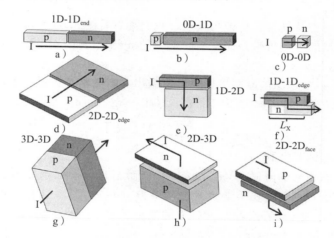

图 5.4　我们标明九种在 pn 结中存在的不同维度可能性。如图所示的任何一种 pn 结维度都在特性方面有着不同的影响

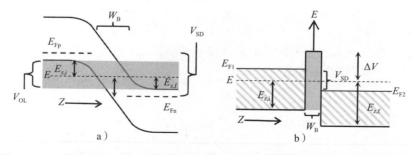

图 5.5　a）隧道 pn 结的能带图表明相关电压是重叠电压，并不是源/漏电压；
　　　　b）典型的一维量子电导能带图表明相关电压是源/漏电压

　　在分析所有的器件时，我们考虑一个具有较小栅极偏置直接带隙半导体。特别是我们考虑靠近带重叠开启的情形中，较小的电压变化（$k_B T/q$ 或更少）将导致态密度较大的变化，但隧穿势垒厚度变化不大。因此，我们假设隧穿的概率大致是一个常数 T，并不会因为控制电压的较小变化而产生变化。最初，我们也假设隧穿的概率是不依赖于能量的，可以由能量平均隧穿概率来给定。我们将在下一节讨论能量相关性 $T(E)$。隧穿概率 T 是在给定模式中的电子穿过势垒而在另一端结束的概率。它通常是由 WKB 近似给出：$T = \exp\left(\int k \, dx\right)$。

　　我们还定义了 $V_{OL} = qE_{OL}$ 为导带和价带之间的交叠电压，如图 5.5a 所示。为了使分析尽可能简单和通用，一般在所有的分析中采用带交叠电压 V_{OL}，而不是 V_G 或 V_{SD}。这些近似使我们能够专注于改变维度带来的影响，并在减少的维度系统中发现一些新的见解。

　　1D-1D$_{end}$ 电流可以看作源自常规量子电导（$2q^2/h$）的适配。图 5.5b 所示的为典型量子电导的能带图。电流的流动是由费米能级差 V_{SD} 控制的，如图所示。电流是由电荷×速率×一维态密度所给出。由于速率和一维态密度的能量相关性已完全取消，我们得到量子电导：$I = (2q^2/h)V_{SD}T$。

　　现在要适当地考虑从导带到价带的跃迁，我们来看看图 5.5a 所示的能带图。最初，我们考虑的情况是，结的 p 侧价带是完全满的，结的 n 侧的导带完全是空的。这将与非简并掺杂对应，$V_{SD} > k_B T/q$ 和 $V_{SD} > V_{OL}$。

　　如图 5.5a 所示，带边缘削减了可以对电流做出贡献的状态数量。不同于单能带一维导体，交叠电压 V_{OL} 决定了可以流动的电流量。因此，是 V_{OL} 而不是 V_{SD} 在控制电流：

$$I_{1D\text{-}1D} = \frac{2q^2}{h} \times V_{OL} \times T \tag{5.10}$$

5.6.1.1　小的源/漏偏置限制

　　我们也可以考虑相反的限制，$V_{SD} < 4k_B T/q$，而不是假设穿越隧道结有一个较大的偏置。为了考虑小电压，我们需要乘上费米占领率差（$f_C - f_v$）。这种小偏置情形下，所有感兴趣的事都发生在一个 $k_B T$ 或者两个 $k_B T$ 的能量之内。因此，我们可以选择泰勒（Taylor）展开 $f_C - f_v$：

$$f_{C,v} = \frac{1}{e^{(E - E_{f_{C,v}})/(k_B T)} + 1} \tag{5.11}$$

$$f_C - f_v \approx \frac{(E_{fC} - E_{fV})}{4k_B T} \approx \frac{qV_{SD}}{4k_B T} \tag{5.12}$$

　　因此较小的差分费米占领率因子的最终影响是低温电流乘上了因子 $qV_{SD}/(4k_B T)$。我们因此可以写出小源/漏偏置的电导：

$$G_{1D\text{-}1D} = I_{1D\text{-}1D} \frac{q}{4k_B T} \tag{5.13a}$$

$$G_{1D\text{-}1D} = \frac{2q^2}{h} T \frac{qV_{OL}}{4k_B T} \tag{5.13b}$$

　　对于以下几节中将被考虑的器件也是正确的。因此，当计算电势电流时，我们将继续使用价带满且导带空的这种近似。费米函数的精确积分将在 6 章中针对 1D-1D$_{end}$ 的实例讨论。

式（5.13b）说明了开关电压和开关电导之间的一个基本折中。即使隧穿概率为 1，电导率将由 $qV_{OL}/(4k_BT)$ 限制。对于小于 $4k_BT$ 的偏置，电导将由于热载流子的分布而减小。我们可以将这个表示成限制到电压-电阻乘积 $> 2hk_BT/q^3$。电压-电阻乘积说明低压开关本质上具有高电阻，而高电导率开关也需要高电压。

5.6.1.2　费米黄金规则推导

电流可以利用转移哈密顿（Hamilton）方法以不同的方式推导出[25,28-31]。我们这样做，可以作为采用更现代化的沟道电导方法的一种替代。奥本海默（Oppenheimer）首次用转移哈密顿方法研究了氢的场致发射[31]。它随后被巴丁（Bardeen）[28]扩展到用于超导体隧穿，后来哈里森（Harrison）又考虑了独立电子的情况[30]。转移哈密顿方法只是一种具有更智能的状态选择和微扰哈密顿的费米黄金规则的应用。电流密度是由费米黄金规则给出的，即

$$J = 2q\frac{2\pi}{\hbar}\sum_{k_i,k_f}|M_{fi}|^2\delta(E_i - E_f)(f_C - f_V) \tag{5.14}$$

矩阵单元 M_{fi} 的计算是在文献［25］和文献［30］中完成的，并且由下面的式子给出：

$$M_{fi} = \frac{\hbar^2}{2m}\sqrt{\frac{k_{z,f}k_{z,i}}{L_{z,f}L_{z,i}}} \cdot \sqrt{\top} \cdot \delta_{k_{x,i},k_{x,f}}\delta_{k_{y,i},k_{y,f}} \tag{5.15}$$

式中：$k_{\alpha,i}$ 和 $k_{\alpha,f}$ 分别是初始和最后状态中波矢量的 α 分量；$L_{z,i}$ 和 $L_{z,f}$ 是初始和最终的结两侧隧穿方向的长度。使用这种方法，我们可以简单地通过总量更少的状态就将转移哈密顿方法延伸到棘手的降低维度的情况。当量子约束用于隧穿方向时，两个效应会导致一个较大的矩阵单元，从而导致更高的电导。首先，k_z 将被设置为较大的值，对应于因为约束而增大的速率。第二，L_z 也将减小。通过缩小电子允许的区域，势垒中将有占更大百分比的电子密度，因此隧穿波函数重叠增加。

5.6.2　能量相关的隧穿概率

在 WKB 近似失效的较低能量下，出现了显著的能量相关性。随着能量接近零，隧穿概率也接近 0。在相对于势垒高度较小的能量下，波函数开始接近无限势垒边界条件。这个条件下，波函数势垒几乎是零振幅。因此，隧穿的概率在低能量下必须接近零。

穿过矩形势垒的一维（1D）带隧穿概率，如图 5.5b 所示，可以通过利用传播矩阵匹配边界条件来发现[32]，并且由下面的式子给出：

$$\top = \cfrac{1}{\cfrac{(\sqrt{E_{z,i}} + \sqrt{E_{z,f}})^2}{4\sqrt{E_{z,i}E_{z,f}}} + \cfrac{(E_{z,i} + \Delta V)(E_{z,f} + \Delta V)}{4\Delta V\sqrt{E_{z,i}E_{z,f}}}\sinh^2(\kappa W_B)} \tag{5.16}$$

我们考虑一种情况，初始能量 $E_{z,i}$ 和最终能量 $E_{z,f}$ 是不同的，如图 5.5b 所示。相对于隧道的能量 E 的势垒高度是由 ΔV 给出的。势垒宽度是 W_B。隧穿势垒的波矢量是由 $\kappa = \sqrt{2m\Delta V}/\hbar$ 给出的。对于典型的势垒，$\sinh(\cdot)$ 项将会很大，所以我们得到：

$$\top \approx \frac{16\Delta V\sqrt{E_{z,i}E_{z,f}}}{(E_{z,i} + \Delta V)(E_{z,f} + \Delta V)}\exp(-2\kappa W_B) \tag{5.17}$$

在较小能量下，$E \ll \Delta V$，所以得到：

$$\mathsf{T} \approx \frac{16 \sqrt{E_{z,i} E_{z,f}}}{\Delta V} \exp(-2\kappa W_B) \tag{5.18}$$

这里有一个能量相关的 WKB 指数的前因子。当能量趋于零时，隧穿概率也趋于零。

由于隧穿概率的精确形式将取决于势垒的形状，在下面的章节中我们将继续假设一个平均的隧穿概率 $\langle \mathsf{T}(E) \rangle$，可以用于计算电流。这仍然会捕获关键电压相关性。要记住的主要结果是，在较小重叠电压下，初始开启（turn-on）将被隧穿开启限制。

在带-带隧穿概率的情况下，如果我们假设一个矩形势垒，则概率仍将由式（5.17）给出。唯一的变化是，$E_{z,i}$ 是空穴的能量，而 $E_{z,f}$ 是电子的能量，如图 5.5a 所示。这可以通过计算式（5.14）中使用的隧穿矩阵单元来发现。V_{OL} 是可用的动能。当隧穿方向没有限制时，例如 1D-1D$_{end}$ 的情况，隧穿概率式（5.18）将会在 $E_{z,i} = E_{z,f} = qV_{OL}/2$ 时被最大化：

$$\mathsf{T}_{max} \approx \frac{8 V_{OL}}{\Delta V} \exp(-2\kappa W_B) \tag{5.19}$$

这意味着，隧穿概率将线性正比于开启时的 V_{OL}，V_{OL} 除以 $\Delta V/8$ 为有限是前因子达到 1 所需要的。一旦前因子是 1，我们就假设 WKB 近似有效。

同时也存在一个次要能量相关性会影响隧穿概率。在三维 WKB 近似中，一个较大的横向能量将减小隧穿概率。由于横向能量被可用的交叠电压所限制，在阈值点隧穿问题更加一维化，横向的能量可以忽略不计。横向能量对 1D-1D$_{end}$，2D-2D$_{edge}$ 和 3D-3D 情况的影响将在第 7 章中讨论。

5.6.3   3D-3D 体结

3D-3D 体结简单地说就是样品两边都有一个体半导体的 pn 结或异质结。图 5.4g 展示了隧道结的广义原理图。

三维体电流可以来自几个简单的考虑。结是一个较大的二维表面，可以认为是一个一维沟道的二维排列。二维排列是由能够隧穿的横向 k 状态（k-states）来定义的。每个一维沟道相当于在前一节中描述的 1D-1D 的实例，由电导量乘以隧穿概率来推导。因此，微分电流密度可以写成：

$$\partial I = N_{\perp states} \frac{2q}{h} \langle \mathsf{T} \rangle \partial E \tag{5.20}$$

横向状态的数量是在给定能量下最大横向能量内部的 k 状态（k-states）数量，并且由二维状态的数量给出：$N_\perp = (AmE)/(2\pi\hbar^2)$，这里 A 是隧道结的面积。横向能量被最靠近的带边缘和重叠中间的顶点所限制。整合式（5.20）给出：

$$I_{3D\text{-}3D} = \frac{1}{2} \left(\frac{Am^*}{2\pi\hbar^2} \cdot \frac{qV_{OL}}{2} \right) \frac{2q^2}{h} V_{OL} \langle \mathsf{T} \rangle \tag{5.21}$$

$$= 2D \text{ 通道} \times 1D \text{ 电导的数量}$$

这个在采用凯恩（Kane）隧穿理论的合理限制时也是相同的（除了因子 $\pi^2/9$）[7]。

5.6.4 2D-2D$_{edge}$ 结

2D-2D$_{edge}$结如图 5.4d 所示。除了我们现在用一维沟道的一维排列，而不是二维排列之外，电流的推导与 3D-3D 的情况几乎是相同的。因此电流由下面式子给出：

$$I_{2\mathrm{D-2D,edge}} = \frac{2}{3}\left(\frac{L_x\sqrt{m^*}}{\pi\hbar} \cdot \sqrt{qV_{\mathrm{OL}}}\right) \cdot \left(\frac{2q^2}{h}V_{\mathrm{OL}}\langle\top\rangle\right) \tag{5.22}$$
$$= \text{一维沟道} \times \text{一维电导的数量}$$

式中：L_x 是结的长度。

5.6.5 0D-1D 结

0D-1D 结代表隧道从一个量子点到纳米线的隧穿，如图 5.4b 所示。我们考虑两种不同的 0D-1D 系统。首先我们假设量子点中存在一个电子，并求出它逸出到一维线末端的速率。我们把这个结当作构建 2D-2D 和 1D-2D 结的模块（block）来分析。为了建立一个真正的 0D-1D 器件，我们还需要电接触量子点。因此，我们考虑一个包含它的更真实的情况。这就变成了一个单电子晶体管（SET），如图 5.6 所示。

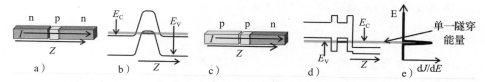

图 5.6 a）0D-1D 结转换为一个更现实的一维单电子晶体管（SET）结构；b）对应于 SET 的能带图；c）具有 p 型接触的替代 SET 结构；d）对应于替代 SET 的能带图；e）所有电流集中于一单一能量处，这样就允许一个较小的交叠电压 V_{OL}，从而有较小的过载电压 V_{OV}

电子从量子点逸出到纳米线的速率是通过诸如单个原子的单一状态的场致电离来给出的。在 α 粒子衰变的伽莫夫（Gamow）模型中[33]，粒子在阱中来回振荡并试图在每个完整的振荡中隧穿。如果量子点沿隧穿方向的长度为 L_z，电子将在尝试遂穿期间走过 $2L_z$ 的距离。它的动量是由 $p_z = mv_z = \hbar k_z$ 给出的，式中基态 $k_z = \pi/L_z$。使用 $E_z = \hbar^2 k_z^2/(2m)$，隧穿尝试之间的时间是 $\tau = 2L_z/v_z = h/(2E_z)$。每秒的隧穿速率为 $R = (1/\tau) \cdot \langle\top\rangle$。通过乘以电子电荷和一个自旋因子 2，这就可以转换成电流，如：

$$I = \frac{4q}{h}E_z \cdot \langle\top\rangle \tag{5.23}$$

这与利用转移哈密顿方法获得的结果相同。

为了将耦合包含到量子点中，我们加入了第二纳米线来提供电流，如图 5.6 所示，并形成一个"单电子晶体管"[34]。我们假设，第二纳米线与原始的纳米线具有相同的对于量子点的隧穿概率/耦合强度。不像传统的 SET，我们希望电流足够高，这样就不会出现任何库仑（Coulomb）阻塞效应。隧穿出量子点的事件依次发生在隧穿进入之后。因此，电流减小了一半，如下：

$$I_{\text{0D-1D}} = \frac{2q}{h} \cdot E_z \langle \top \rangle \tag{5.24}$$

如图 5.6e 所示，隧穿发生在单一能量处，且一旦能带重叠就会导致急剧的开启。这是量子约束的一个关键优势。

电流密度集中在一个狭窄的仅允许较小 V_{OL} 的能量范围内。这可以与 1D-1D$_{\text{end}}$ 的情况作对比，该情况对应式（5.10），这里电流对应于 qV_{OL} 的整个能量范围。0D-1D 能量范围的宽度将由量子点的能级拓展给出。导致这些拓展的外在原因可能是晶格中任何的不均匀性，例如缺陷、掺杂或声子。即使没有这些影响，简单地将量子点耦合到纳米线也会导致显著的拓展。每次接触将能级扩大 γ_0 倍，总共扩大 $2\gamma_0$ 倍[35]：

$$\gamma_0 = \frac{\hbar}{\tau} = \frac{1}{\pi} E_z \cdot \langle \top \rangle \tag{5.25}$$

在 $\top \to 1$ 的限制中，0D-1D 的情况将变成具有完美量子电导的 1D-1D$_{\text{end}}$ 的情况：$I = (2q^2/h)V_{\text{OL}}$。然而，在实际的情况中 $\top \ll 1$，所以我们可以用量子约束将电流集中在单一能量并显著减小 V_{OL}。

量子约束也有一个额外的优势，就是增加隧穿概率本身。这可以从式（5.18）中看出。在 1D-1D$_{\text{end}}$ 的情况中，$E_{z,i}$ 和 $E_{z,f}$ 都被 V_{OL} 限制。在 0D-1D 的情况中，只有 $E_{z,f}$ 被 V_{OL} 限制。$E_{z,i}$ 能够通过量子约束设定为一个较大的值。

5.6.6　2D-3D 结

2D-3D 隧道结是典型的纵向隧道结，这里发生的隧穿从体到薄约束层[3]。薄层可以是薄的反型层或物理分离的材料[3,36,37]。图 5.4h 展示了该隧道结的通用原理图。

这种情况的推导非常类似于 3D-3D 的情况。在那个章节中，结是一个大的二维表面，可以认为是一个一维隧穿问题的二维排列。然而，这种情况不能代表典型的一维量子电导。如图 5.4b 所示，从量子点到纳米线的隧穿可以更好地描述一维问题。

为了找到 2D-3D 电流，我们简单地把 0D-1D 的结果式（5.23）乘上二维沟道的数量，得到如下电流：

$$I_{\text{2D-3D}} = \text{二维沟道数量} \times \text{一维场致电离}$$

$$I_{\text{2D-3D}} = \left(\frac{Am}{2\pi\hbar^2} \cdot \frac{\sqrt{qV_{\text{OL}}}}{2} \right) \cdot \left(\frac{4q}{h} E_z \langle \top \rangle \right) \tag{5.26}$$

式中：E_z 是二维层的约束能量。为了达到 $qV_{\text{OL}}/2$ 的横向能量，这里只包括横向状态。对于比它更大的横向能量，没有状态会存在于具有相同总能量的结两侧。这与来自转移哈密顿方法的结果相同。相比于体 3D-3D 情况，约束结的一侧结果用 $4E_z$ 代替 qV_{OL}。量子约束也可以通过固定量子阱中的电子能量，也就是式（5.18）中的 $E_{z,i}$，来提高隧穿概率。

电流沿横向方向流动，如图 5.4h 所示。也可以考虑其他方法如隧穿到量子阱，用于制造电接触。

5.6.7　1D-2D 结

1D-2D 结描述纳米线和二维方块边缘之间的隧穿，如图 5.4e 所示。这种情况的推导与

2D-3D 的情况几乎相同。唯一的区别是一维隧穿的一维阵列，而不是一维隧穿的二维排列。因此，电流是由下式给出：

$$I_{\text{1D-2D}} = \text{一维沟道数量} \times \text{一维隧道电离}$$

$$I_{\text{1D-2D}} = \left(\frac{L_x}{\pi\hbar} \cdot \sqrt{qm^*V_{\text{OL}}}\right) \cdot \left(\frac{4q}{h}E_z\langle\mathsf{T}\rangle\right) \tag{5.27}$$

相比于 2D-2D 边缘重叠公式，限制结的一边结果用 $3E_z$ 代替 qV_{OL}，以及通过固定式（5.18）中的 $E_{z,i}$ 来增加 $\langle\mathsf{T}\rangle$。

5.6.8　0D-0D 结

这种情况代表从一个充满的价带量子点到一个空的导带量子点的隧穿，如图 5.4c 所示。为了创建一个有意义的器件，量子点需要耦合到接触点，从而将电流传入和传出器件。因此，我们考虑图 5.7 所示的结构。

从图 5.7d 可以看出，只有在每一个点的约束能量级别对齐时，电流才会流动。只有当两个点的态密度重叠，这两个点才会耦合。形成了一个类似于 δ 函数的 I-V 曲线，如图 5.7e 所示。我们可以通过考虑每个点之间的耦合强度和它的接触，以及点之间的耦合来估计峰值电流。

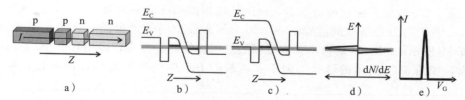

图 5.7　耦合到纳米线接触的 0D-0D 结特性示意图。a) 结的示意图。b) 结的带状图。当两个约束能级重叠时，隧穿只发生在一个固定的能量处，固定的隧穿能量导致较高的隧穿概率。亚阈值摆动电压将取决于能级的锐度。c) 替代能带图显示纳米线的边缘与约束能级对齐。在这种情况下，亚阈值的摆动电压将取决于能级的锐度或纳米线的边缘。相反，隧穿的概率则较低，因为纳米线中的能量较低。d) 隧穿只发生在每个点的态密度对齐时。e) 当能级对齐时，I-V 曲线类似于 δ 函数

为了简单起见，我们将假设点和接触是对称的，每次接触导致的耦合强度或者拓展由下式给出：

$$\gamma_0\frac{\hbar}{\tau} = \frac{1}{\pi}E_z\langle\mathsf{T}_{\text{contact}}\rangle \tag{5.28}$$

式中：$\mathsf{T}_{\text{contact}}$ 为接触孔和量子点之间的隧穿概率。

各点之间的耦合强度是各点之间的矩阵元，并且由式（5.15）给出。因为每个点都有单一的能级，我们可以用 $k_z = \pi/L_z$ 和 $E_z = \hbar^2k_z^2/(2m^*)$ 来简化矩阵元：

$$|M_{\text{fi,0D-0D}}| = \frac{1}{\pi}\sqrt{E_{z,i}E_{z,f}\langle\mathsf{T}\rangle} \tag{5.29}$$

式中：T 是两个点之间的单势垒隧穿概率。为了使电流最大化，我们希望所有的耦合强度是相等的，即 $|M_{\text{fi}}| = \gamma_0$。因为当 $|M_{\text{fi}}| \propto \sqrt{\langle\mathsf{T}\rangle}$ 时，可以通过设计中央势垒使得 $|M_{\text{fi}}| >$

γ_0。不幸的是，这样做会导致量子点的强烈耦合，并会导致能级分裂，从而减小电流。因此，我们要设计较大的 γ_0，然后设计 $|M_{fi}| = \gamma_0$。这意味着通过每个势垒的隧穿速率将是相同的，并由 $\gamma_0/\hbar$ 给出。因为这里有三步隧道过程，峰值电流将由下式给出：

$$I_{peak} \leqslant \frac{2q}{3\tau} = \frac{2\gamma_0}{3\hbar} = \frac{2}{3} \times \frac{2q}{h} E_z \langle \mathsf{T}_{contact} \rangle \tag{5.30}$$

隧穿峰值宽度是由约束能级的拓展 $2\gamma_0$ 给出的。额外的拓展机制，如电子–声子相互作用，可以通过模糊化能级并减小点之间的耦合强度进一步拓展导通（broaden the turn-on）和降低峰值电流。正如 0D-1D 的情况，在 $\mathsf{T} \to 1$ 的限制下，0D-0D 情况将变成具有完美量子电导的 1D-1D$_{end}$ 情况，即 $I = (2q^2/h) V_{OL}$。然而，在现实的情况下，$\mathsf{T} \ll 1$，所以我们可以用量子约束将电流集中在单一的能量上，并显著减小 V_{OL}。

当式（5.24）乘以系数 2/3 时，0D-0D 峰值电流与 0D-1D 的情况几乎是相同的，因为现在这是一个三步隧穿过程，不再是一个两步的过程。关键区别在于计算 $T_{contact}$ 的值。如果我们设计如图 5.7b 所示的 0D-0D 系统，起始和最终的隧穿能量是非零的，并且由量子约束效应来设定。这意味着，式（5.18）中的隧穿概率前因子可以接近 1，所以增加隧穿概率不需要额外的交叠电压。然而，这也意味着，亚阈值电压摆幅将仅取决于约束能量级别的锐度，而不是能带边缘。或者，我们可以设计 0D-0D 系统使纳米线带边缘与约束能级对齐，如图 5.7c 所示。在这种情况下，亚阈值电压摆幅将取决于带边缘的锐度或受限的能级。然而，我们将失去增加的隧穿概率，因为纳米线中的能量很低。总的来说我们看到，使用图 5.7b 所示的 0D-0D 结构，我们可以通过增加的隧穿概率获得相对于 0D-1D 的优势。另一方面，如图 5.7e 所示的形状类似于 δ 函数的 I-V 曲线可能使设计传统逻辑电路变得很难。

5.6.9   2D-2D$_{face}$ 结

2D-2D$_{face}$ 结描述了通过量子阱的表面从一个量子阱隧穿到另一个量子阱的过程。这个过程可以在谐振带间隧道二极管中看到[38-40]。该结如图 5.4i 所示。这是最有趣的案例之一，因为它最接近阶跃函数激励。

通过考虑横向动量守恒和总能量守恒，可以看到阶跃函数激励，如图 5.8a 所示。下抛物面代表在结的 p 侧 k 空间中的所有可寻状态，上抛物面代表结的 n 侧可寻 k 空间状态。为了使电流流动，初始和最终的能量和波矢 k 必须是相同的，所以抛物面必须重叠。然而，如图 5.8a 的右边部分所示，它们只能在单一能量上重叠。此外，价带和导带间的联合态密度对在能量上是一个常数。因此，那种隧道的状态对数量是一个常数，忽略如图 5.8b 所示的重叠能量。

电流可以使用费米黄金规则计算。由于横向动量守恒，每个初始状态只耦合到一个最终状态。电流可以沿量子阱流，或通过量子阱的面流入每个量子态。我们只需要在所有初始或最后的状态中总结式（5.14）如下：

$$I = 2q \frac{2\pi}{\hbar} \sum_{k_1} |M_{fi}|^2 \delta(E_c - E_v)(f_c - f_v) \tag{5.31}$$

在式（5.29）中插入 0D-0D 矩阵元，将总和转换成积分，并假设一个满价带和空导带，如：

$$I = 2q \frac{Am}{\pi^2 \hbar^3} \int E_{z,i} E_{z,f} \top \delta(E_i - E_f) dE_t \tag{5.32}$$

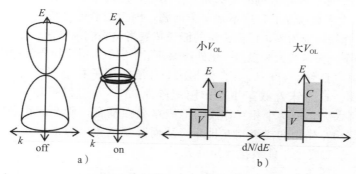

图 5.8　2D-2D$_{\text{face}}$ 结的各种特征。a）由于能量和动量同时守恒，只有一个隧穿能量。结任一侧的能量与波矢抛物面只相交于一个单一的能量。b）虽然态密度的重叠随重叠电压的增加而增加，但只有一个能量，由虚线表示，其中电子发生隧穿

最终求 δ 函数的积分的值给出了一个额外的因子 $1/2$，也就是，$E_i - E_f = 2E_t - qV_{OL}$：

$$I_{\text{2D-2D,face}} = \frac{qmA}{\pi^2 \hbar^3} E_{z,i} E_{z,f} \times \langle \top \rangle \tag{5.33}$$

从 3D-3D 结到 3D-2D 结的主要变化是能量因子 qV_{OL} 变成 E_z。同样，从 3D-2D 结到 2D-2D$_{\text{face}}$ 结，另一个能量因子 qV_{OL} 也变成 E_z。因此，对于每个结的限制侧，相关的能量从重叠能量变化为约束能量。因此，如果 $qV_{OL} = 2\sqrt{2}E_z$，2D-2D$_{\text{face}}$ 结与 3D-3D 结具有相同的电流。实际上，E_z 可以比 qV_{OL} 大得多，只要提供电流明显提高的 2D-2D$_{\text{face}}$ 结。从式 (5.18) 可以看出，量子约束也增加了隧穿概率本身。这个隧穿概率的前因子不再依赖于 V_{OL}，而是通过量子约束设置为一个较大的值。

联合态密度之后，电流采用关于栅极电压的阶跃函数的形式。这是因为所有的隧穿电流集中在单个能量附近。这类似于量子阱光跃迁的阶跃函数。一旦能带重叠，电流立即开启。然而，各种拓展机制将模糊化阶梯状的激励函数，这将在稍后讨论。

5.6.10　1D-1D$_{\text{edge}}$ 结

1D-1D$_{\text{edge}}$ 结表示两根纳米线沿着边缘相互重叠，如图 5.4f 所示。这个结类似于 2D-2D$_{\text{face}}$ 结。通过对式 (5.31) 中的一维横向状态集进行求和，得到电流为：

$$I_{\text{1D-1D,edge}} = 2 \times \frac{qL_x}{\pi^2 \hbar^2} E_{z,i} E_{z,f} \sqrt{\frac{m}{qV_{OL}}} \cdot \langle \top \rangle \tag{5.34}$$

在 2D-2D$_{\text{face}}$ 情况中，由于动量和能量守恒，隧穿只发生在一个单一的能量处。由于我们现在正在处理一维纳米线，横向状态的数量和与 $1/\sqrt{V_{OL}}$ 相关的一维态密度有关。这就预测了一个按倒数平方根减小的阶跃函数激励。这似乎意味着初始电导将是无限的。然而，接触串联电阻将限制电导，并且各种拓展机制将限制峰值电导。

5.6.11   电流、器件尺寸及能级展宽之间的折中

当一个结 p 侧的能级与结 n 侧的能级相互作用时，这两个能级有可能产生强烈相互作用并且相互排斥。在大多数情况下，这不是一个问题，因为当器件变得更大时，任何两个特定的能级之间的相互作用将变为零，任何少量的能级拓展将消除能级排斥。在非常大的接触区域形成隧道结的情况下，波函数大规模归一化处理保证了个别能级排斥矩阵元的情况可以忽略。

相比之下，0D-0D 结，1D-1D$_{edge}$ 结和 2D-2D$_{face}$ 结的例子在沿隧穿方向上的程度有限，制约了归一化处理。这意味着隧穿相互作用矩阵元 $|M_{fi}|$，可以采用一个较大的有限值。如果这种相互作用太大，这两个相互作用的能级将会强耦合，所有的扰动结果在本章将失效。强耦合将导致相互作用的能级相互排斥，从而限制电流。为了防止这一点，消除能级排斥，能级拓展，γ 需要大于能级排斥矩阵元：

$$\gamma > |M_{fi}| = \frac{1}{\pi}\sqrt{E_{z,i}E_{z,f}\langle\top\rangle} \tag{5.35}$$

扩大的 γ 通常是由于耦合到接触或由各种散射机制引起的。不幸的是，这种能级的拓展也将模糊化 1D-1D$_{edge}$ 结和 2D-2D$_{face}$ 结的急剧开启。由于隧穿电流与矩阵元 $|M_{fi}|$ 成比例，能级拓展和隧穿电流之间将有一个基本的折中。开态电流越大，能级越需要拓展，从而让电子逃逸到接触区。1D-1D$_{end}$ 结，2D-2D$_{edge}$ 结和 3D-3D 结可以认为是能级完全扩展成连续能带的极限。在 $\top \rightarrow 1$ 的极限下，我们不可能比来自 1D-1D$_{end}$ 结，2D-2D$_{edge}$ 结和 3D-3D 结案例的完美量子电导做得更好。然而，任何现实的器件都将有 $\top \ll 1$，所以我们可以使用量子约束，以增加矩阵元，并且能级拓展和开启电流之间的折中来获取更急剧的开启。

当横向尺寸减小时，另一个对于 1D-2D 结，2D-3D 结，1D-1D$_{edge}$ 结和 2D-2D$_{face}$ 结案例的主要的拓展约束将会发生。考虑如图 5.4f 所示的 1D-1D$_{edge}$ 结情况。电流沿着扩展的纳米线在 x 方向流动。在较低能量下沿 x 方向的波长会非常长，所以只有波函数的尾部才能拟合两个量子线之间的重叠区域。为了获得良好的横向动量匹配，至少需要半波长拟合于重叠区域。因此，开启将对应于 $\lambda = 2L_x$ 的能量扩大：

$$\gamma \approx \frac{\hbar^2 \pi^2}{2mL_x^2} = E_x \tag{5.36}$$

同样的限制也适用于 1D-2D 结，2D-3D 结和 2D-2D$_{face}$ 结的情况。这意味着如果横向尺寸太小，这些情况将失去它们的急剧开启。对于极小的尺寸，0D-1D 结或 0D-0D 结可能会更好。或者，也可以用隧穿接触，但是将适用由式（5.28）给出的一个不同的展宽极限。

5.6.12   不同维度的对比

现在，我们已经考虑了许多不同隧道结的几何形状，已经在图 5.9 中绘制了不同情况的比较。为了绘制图像，我们使用了 1% 的合理隧穿概率。我们假设约束能量为 130meV，有效质量为 0.1，重叠长度为 20nm。有四种不同的拓展机制将限制初始开启，如图 5.9 中虚线所示。利用上述常数，拓展机制及受到影响的维度总结如下。

- 横向动量匹配：式（5.36）得：
  - 对于 1D-2D 结，2D-3D 结，1D-1D$_{edge}$ 结，2D-2D$_{face}$ 结，$\gamma = 9.4$meV

- 矩阵元展宽：由式（5.35）得：
  - 对于 0D-0D 结，1D-1D$_\text{edge}$ 结和 2D-2D$_\text{face}$ 结，$\gamma = 4.1\text{meV}$
- 接触展宽：由式（5.28）得：
  - 对于 0D-0D 结，0D-1D 结，$\gamma = 0.8\text{meV}$
- 隧穿概率开启：由式（5.18）得
  - 对于 1D-1D$_\text{end}$ 结，2D-2D$_\text{edge}$ 结和 3D-3D 结，$\gamma = 12.5\text{meV}$
  - 对于 0D-1D 结，1D-2D 结和 2D-3D 结，$\gamma = 0.6\text{meV}$

为了估计隧穿概率开启，我们假设一个 $\Delta V = 100\text{meV}$ 的势垒高度，从而保证如 5.3.1 节所讨论的良好的开/关比。1D-1D$_\text{end}$ 结，2D-2D$_\text{edge}$ 结和 3D-3D 结在隧穿方向没有受到约束，所以我们可以把式（5.19）中的前因子设定为等于：$1 : 8V_\text{OL}/\Delta V = 1$。这给出了 $V_\text{OL} = \gamma = 12.5\text{meV}$，对于 0D-1D 结，1D-2D 结和 2D-3D 结的情况，结的一侧被约束，因此我们需要利用式（5.18），$E_\text{z,f} = qV_\text{OL}/2$，并且设定式（5.18）中的前因子等于 $1 : 16\sqrt{E_\text{z,i}qV_\text{OL}/2}/\Delta V = 1$。这给出了 $V_\text{OL} = \gamma = 0.6\text{meV}$。由接触引起的扩展是由式（5.28）给出单一接触引起的扩展的 2 倍。

对于每个维度，最大的拓展形式将会占主导地位。对于 1D-2D 结，2D-3D 结，1D-1D$_\text{edge}$ 结和 2D-2D$_\text{face}$ 结，开启被横向动量匹配所限制。1D-1D$_\text{end}$ 结，2D-2D$_\text{edge}$ 结和 3D-3D 结被隧穿概率开启所限制。0D-1D 结和 0D-0D 结被接触拓展所限制。

所有这些情况的开启电导与重叠控制电压关系如图 5.9 所示。初始展宽的开启用虚线表示。对于 0D-0D 结的情况，整个线的形状都是由于拓展而未知，但是仍然在图中标示了计算得出的宽度和高度。

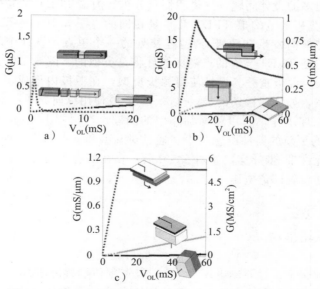

图 5.9　用下列参数来描绘不同维度的电导曲线：$\langle T \rangle = 1\%$，$E_\text{z} = 120\text{meV}$，$L_\text{X} = 20\text{nm}$，$m^* = 0.1m_e$，$\Delta V = 100\text{meV}$。虚线代表初始展宽的激励，这里线的形状不确定。该图展示 a）1D-1D$_\text{end}$ 结，0D-0D 结，0D-0D 结的情况。b）2D-2D$_\text{edge}$ 结，1D-2D 结和 1D-1D$_\text{edge}$ 结的情况。c）3D-3D 结，2D-3D 结和 2D-2D$_\text{face}$ 结的情况

图 5.9a 所示的基于纳米线的器件的电导最低，因为它们只在一个点上隧穿。然而，我们看到，当隧穿概率较低时，引入量子约束仍然可以帮助增加电导。我们也看到，对于参数的选择，0D-1D 结的情况发挥了量子约束的所有约束，而 0D-0D 结情况是一个具有稍低峰值电导的窄脉冲。在某些情况下，当隧穿概率需要较大的电压来开启时，0D-0D 结情况能有更高的初始峰值。

图 5.9b 所示的边缘隧穿器件具有较大的电导，因为它们具有较大的隧穿长度。因此，我们也将电流归一到隧穿长度。在这些情况下，最大限度地提高结两侧量子约束将产生最高电导。图 5.9c 所示的区域隧穿器件同样适用。

总体而言，我们看到，利用隧穿方向的量子约束可以显著增加电导，从而降低隧穿概率低时的过驱动电压。

5.7 建立一个完整的隧穿场效应晶体管

现在，我们已经分析了如何做一个好的隧道结，当我们试图建立一个 TFET 时，我们可以考虑会发生什么。在考虑一个完整的 TFET 器件的性能时，必须考虑亚阈值区域、栅极效率和达到完全开态所需的任何过载电压。当电压响应在大多数的驱动范围呈现指数化时，它总是在开关接近开态时饱和。过驱动电压代表饱和已经达到后实现完全开态所需的额外电压。

通过分析那三个抓住了迄今为止大部分 TFET 背后最基本物理本质的简单 TFET 结构，我们可以了解很多的设计问题。这里我们只分析 n 沟道 TFET（其中栅极可以调制 p-n 结的 n 型侧），因为分析的 p 沟道 TFET 几乎是相同的。图 5.10a 展示了具有相同的栅极的双栅器件，其隧穿横向发生在源极/沟道连接处的一个单点。设计中的关键问题对于其他诸如纳米线甚至单栅 TFET[12,27] 的点隧穿器件将是类似的。图 5.10b 展示了一个纵向的隧道 TFET，其栅极与源极重叠。栅极使得源极反型，在源极内形成了一个隧道结。优化纵向隧穿的各种方案，如创建掺杂的袋区（pocket）或使用纵向异质结，都已进行了测试。但它们都以相似的原理工作，所以将面临相似的问题[3,36,37]。图 5.10c 展示了一个称为电子空穴双层 TFET 的更新的器件概念[10,11]。通过对 n 型和 p 型栅极施加反向偏置，形成电子和空穴的沟道，允许带-带隧穿，如图 5.10f 所示。在所有的设计中，栅极功函数可以通过工程设计来正确地设置阈值电压。

5.7.1 最低电压要求

工作电压由下式给出：

$$V_{DD} = V_{OV} + S \lg(I_{on}/I_{off}) \tag{5.37}$$

这里我们明确地包含了过驱动电压 V_{OV}，以及亚阈值摆幅电压 S，因为 V_{OV} 在高斜率的器件的总电压中占了很大一部分。I_{on}/I_{off} 是导通和截止的电流比。在导带和价带对齐从而获得了想要的开态导电性之后，V_{OV} 是所要求的额外电压，并且由下式给出：

$$V_{OV} = \frac{dV_{gate}}{dE_{OL}} \cdot \frac{1}{q} E_{OV} = \frac{1}{\eta_{gate}} \cdot \frac{1}{q} E_{OV} \tag{5.38}$$

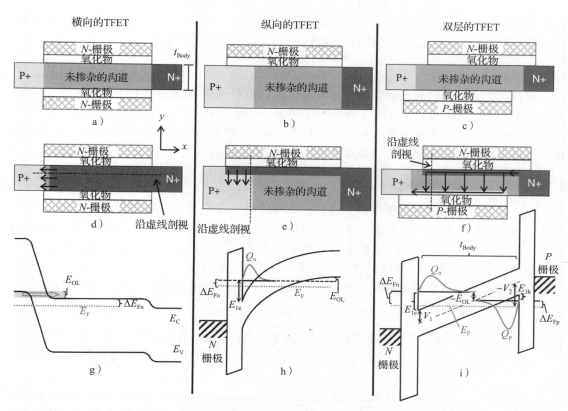

图 5.10　三种有代表性的隧道 FET 设计：a) 横向，b) 纵向，c) 双层 TFET 示意图；横向，纵向和双层 TFET 的隧穿方向分别在 d)，e) 和 f) 中给出。平行于隧穿方向的能带图也分别在 g)，h) 和 i) 中给出

式中：E_{OL} 是导带和价带边缘之间的重叠能量，如图 5.1c 和 d 所示；E_{OV} 是最小重叠能量。E_{OL} 是获得想要的开态导电性所要求的能量。通常情况下，电导随 E_{OL} 增加而增加，因为有更多贡献给隧穿电流的状态，而且能量重叠 E_{OV} 达到最小是必要的。幸运的是，如 5.6 节讨论的那样，可以通过限制隧穿方向的载流子来显著减小 E_{OV}。

计算 V_{OV} 的下一个因子是栅极效率 η_{gate}。用于栅极的电压 V_{gate} 只有一小部分有助于改变 E_{OL}。栅极效率可分为两项：

$$\eta_{gate} = \frac{1}{q}\frac{dE_{OL}}{dV_{gate}} = \frac{1}{q}\frac{d\varphi_s}{dV_{gate}}\frac{dE_{OL}}{d\varphi_s} = \eta_{el}\,\eta_{quant} \qquad (5.39)$$

式中：φ_s 是栅极下面的表面电势。标准静电栅极效率（η_{el}）只是 φ_s 关于栅极偏置（V_{gate}）的变化：

$$\eta_{el} = d\varphi_s / dV_{gate} \qquad (5.40)$$

对于纵向和双层 TFET 还有一个量子约束效率（η_{quant}）。在这些结构中，一个三角形量子阱在栅极下形成，有效的带边缘被提高到如图 5.10h 和图 5.10i 所示的量子水平 E_{1e}。在双层 TFET 中，隧道结的两侧都被约束，如图 5.10i 所示。如果栅极上的偏压增加，三角量子阱变得更窄，能量级 E_{1e} 则会增加。这与栅极偏压背道而驰，减小了约束本征态能量重叠（E_{OL}）的变化。因此，我们需要乘以一个额外的量子约束效率：

$$\eta_{quant} = \left| \frac{1}{q} \frac{dE_{OL}}{d\varphi_s} \right| \tag{5.41}$$

到目前为止，我们假设隧穿过程会限制电流，但有一个附加的要求，沟道应该有足够的电荷来导通电流（也就是 TFET 中的 MOSFET 也需要保持开启），这在短沟道 TFET 通常是正确的。在需要大量电荷的长沟道器件中，标准 MOSFET 静电可以控制过驱动电压，这需要被考虑到。这将导致一个非常低的 η_{el} 和增加的 E_{OV}。

5.7.2 亚阈值电压摆幅

下一步是找到亚阈值电压摆幅。理想的 TFET 将依靠急剧变化的带边缘，当电子和空穴的本征态能量重叠时，会突然从零电导转换到所需的开态电导。不幸的是，带边缘不是完美的陡峭（perfectly sharp），因此有一个延伸到带隙的有限态密度，它会模糊所需的突发响应。传统的 TFET 模型没有解释被模糊的带边缘态密度。

我们考虑如下隧穿电流的简单模型，从而理解对亚阈值电压摆幅（S）的不同贡献项：

$$I \propto \int (f_c - f_v) \, \top \, D_J(E) \, dE \tag{5.42}$$

式中：这里 $f_c - f_v$ 是导带和价带的费米占领概率之差；$\top$ 是隧穿电子的传输概率（transmission probability）；$D_J(E)$ 是联合态密度。带边缘之下，E_c' 导带中的态密度，$D_c(E)$ 由下式给出：

$$D_C(E) = D_{C0} \, e^{-(E_c' - E)/(qV_0)}, \quad E < E_c' \tag{5.43}$$

式中：D_{C0} 是电子态密度的常数前因子；E_c' 是电子本征态能量。我们假设在带边缘之下，态密度随着 V_0 的半对数斜率呈指数衰减，并且有 D_{C0} 的前因子。如在光学吸收项中可以看到的，带边缘的典型现象是指数衰减[18]。在带边缘之上，态密度将会简单地由一维、二维或者三维（取决于器件几何尺寸）态密度给出。类似地，价带边缘之上的价带边缘态密度 E_V' 将由下式给出：

$$D_V(E) = D_{V0} \, e^{-(E - E_v')/(qV_0)}, \quad E > E_v' \tag{5.44}$$

式中：D_{V0} 是空穴态密度的常数前因子；E_v' 是空穴本征态能量。为简单起见，我们让导带和价带边缘的指数斜率 V_0 相同。

现在我们考虑一种情况，电子和空穴的本征态没有对齐，如图 5.1c 所示。理想情况下，没有电流会流动，但由于带尾，会存在一个重叠态密度，如图 5.11 所示。将导带和价带的态密度结合得到一个联合态密度：

$$D_J(E) \propto e^{-|E_{OL}|/(qV_0)} \cdot \begin{cases} e^{-(E-E_c')/(qV_0)}, & E > E_c' \\ 1, & E_c' > E > E_v' \\ e^{-(E_v'-E)/(qV_0)}, & E < E_v' \end{cases} \tag{5.45}$$

式中：E_{OL} 是电子和空穴本征态之间的重叠能量，并且由 $E_v' - E_c'$ 给出，如图 5.1c 所示。因为联合态密度在 E_c' 和 E_v' 之间的带隙区域有一个最大值区间，我们可以将电流积分近似为：

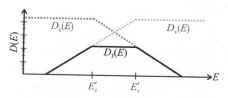

图 5.11　导带和价带态密度 $D_C(E)$ 和 $D_V(E)$ 如图所示。在带边缘之下，态密度呈指数衰减。联合态密度 $D_J(E)$ 也在图中给出

$$I \propto \left(\int_{E_V'}^{E_C'} (f_C - f_V) \top dE \right) e^{-|E_{OL}|/(qV_0)} \tag{5.46a}$$

$$I \propto I_0 e^{-|E_{OL}|/(qV_0)} \tag{5.46b}$$

式中：I_0 是隧穿前因子，

$$I_0 = \int_{E_V'}^{E_C'} (f_C - f_V) \top dE \tag{5.47}$$

因此，在带尾出现时，我们已经形成了一个隧穿电流的简化模型。现在我们可以用如下定义来计算亚阈电压摆幅 (S)：

$$S \equiv dV_{gate}/d\lg(I) \tag{5.48}$$

将式（5.46）代入式（5.48）得到：

$$S = \left(\frac{d\varphi_s}{dV_{gate}} \frac{d\lg(I_0)}{d\varphi_s} + \frac{d\varphi_s}{dV_{gate}} \frac{dE_{OL}}{d\varphi_s} \frac{d\lg(e^{-|E_{OL}|/(qV_0)})}{dE_{OL}} \right)^{-1} \tag{5.49}$$

在第一项，我们采用表面电势 φ_s 的导数，由于隧穿传输概率 $\top$ 敏感依赖于该电势。第二项中我们采用 E_{OL} 的导数，因为带边缘态密度是由能带对齐决定的。最后，式（5.49）中的亚阈值摆幅电压可以用下列形式表示，通过用适当符号来替代每一项，从而突出四个有贡献的因子：

$$S = \left(\eta_{el} \frac{1}{S_{tunnel}} + \eta_{el} \eta_{quant} \frac{1}{S_{DOS}} \right)^{-1} \tag{5.50a}$$

$$S = \frac{1}{\eta_{el}} \left(\frac{1}{S_{tunnel}} + \frac{\eta_{quant}}{S_{DOS}} \right)^{-1} \tag{5.50b}$$

式中：η_{el} 和 η_{quant} 分别是由式（5.40）和式（5.42）给出的静电和量子约束效率；S_{DOS} 是 5.3 节讨论过的联合带边缘态密度的半对数斜率，以 mV/10 倍频程为单位，

$$S_{DOS} = \frac{1}{q} \frac{dE_{OL}}{d\lg(e^{-|E_{OL}|/(qV_0)})} = V_0/\lg(e) \tag{5.51}$$

我们重新定义 S_{tunnel} 作为衡量隧穿电导前因子关于表面电势 φ_s 变化的剧烈程度的半对数斜率：

$$S_{tunnel} = \frac{dV_{body}}{d\lg(I_0)} \tag{5.52}$$

式中：S_{tunnel} 以 mV/10 倍频程为单位；I_0 由式（5.47）给出。S_{tunnel} 是隧穿势垒厚度随偏压变化而变化造成的陡度。我们关心的是 I_{tunnel} 的对数的导数，因此任何与它成正比的值都可以使用。为了更好地近似，我们可以像在 5.2 节中那样只考虑隧穿概率 $\top$，而不考虑 I_{tunnel}。

由较小的 S_{tunnel}，较小的 S_{DOS} 或者良好的栅极效率可以实现较小的亚阈值电压摆幅。

5.7.3   开态电导

现在，我们知道如何最小化电压，这需要将开态电导最大化。这将在两篇评论文章[1,2]和第 6 章一起彻底讨论。通常有两种方法用于增加电导。第一种是利用纵向 TFET 或双层 TFET 增加隧穿区域面积。在这些结构中，隧穿发生在一个较大的重叠区域，而不是仅仅在源极/沟道连接处。第二种方法是最小化隧道势垒。这可以通过减小隧穿势垒高度或隧穿势垒宽度来实现。

通常利用重掺杂来缩小隧穿势垒宽度。我们在 5.3 节看到，这会导致 S_{DOS} 增加并且破坏亚阈值电压摆幅，从而许多具有高导电性的实验结果都有很差的亚阈值电压摆幅。因此，需要诸如双层 TFET 的新方法来控制隧穿势垒宽度。减小隧穿势垒高度也可以通过使用较小的带隙材料，或使用异质结为隧穿创建一个较小的有效带隙。然而，即使是最小有效带隙，也会被带边缘态密度所限制，如式（5.8）所示。如果我们想要一个特别的开/关比，在关闭态的势垒高度 $E_{g,eff}$ 必须大到足以抑制对应那个开/关比的带边缘态密度 S_{DOS}。

5.5 节介绍了一种新的方法来增加电导。当隧穿概率较低时，隧穿方向的量子约束将会增加电导。

5.8   栅极效率最大化

除了较小的 S_{tunnel}，较小的 S_{DOS} 外，我们还需要最大化栅极效率 η_{el} 和 η_{quant}，从而使电压最小化。因为这与器件几何形状非常相关，我们分开考虑三种 TFET 结构——横向、纵向和双层。

5.8.1   横向 TFET 栅极效率

在图 5.12 所示电路中我们展示了横向 TFET 的电路模型。我们假设体足够薄，使得整个沟道都会反型。像 FinFET 或纳米线晶体管那样，这个器件的静电性能很好。如果沟道足够长，栅电容 C_{gate} 将远大于源极电容 C_S 和漏极电容 C_D，因为只有栅极电容和量子电容 $C_{quantum}$ 与长度成比例。这意味着，我们只需要考虑 C_{gate} 和 $C_{quantum}$ 来计算栅极效率。由于有两个栅极，每单位面积的栅极电容由下式给出：

$$C_{gate} = 2\frac{\varepsilon_{ox}}{t_{ox}} \tag{5.53}$$

式中：ε_{ox} 是栅极氧化物的介电常数；t_{ox} 是栅极氧化物的厚度。量子电容由在沟道中加入更多电荷所需的电压来决定。沟道中的电荷 Q_n 由二维量子电荷给出，并取决于费米能级相对于带边的位置。电荷由一个 n 沟道器件的等式给出：

$$Q_n = qN_{C,2D}\ln(1 + e^{\Delta E_{Fn}/(k_B T)}) \tag{5.54}$$

式中：$N_{C,2D} = (m_{e,t}^*/(\pi\hbar^2))/(k_B T)$；$\Delta E_{Fn}$ 由 $E_C - E_F$ 给出；$m_{e,t}^*$ 是横向方向的电子有效质量。在计算量子电容时，我们假设一个较小的源/漏偏置，因此可假设一个单一费米能级。我们对于纵向和双层 TFET 也做同样的假设。量子电容由下式给出：

$$C_{\mathrm{Q}} = \frac{\mathrm{d}Q_{\mathrm{n}}}{\mathrm{d}\varphi_{\mathrm{s}}} = -\frac{\mathrm{d}Q_{\mathrm{n}}}{\mathrm{d}\Delta E_{\mathrm{Fn}}} = q\,\frac{m_{\mathrm{e,t}}^{*}}{\pi\hbar^{2}}\,\frac{1}{1 + \mathrm{e}^{\Delta E_{\mathrm{Fn}}/(k_{\mathrm{B}}T)}} \tag{5.55}$$

总的栅极效率只是 C_{gate} 和 C_{quantum} 的一个分压值，并且由 $\eta_{\mathrm{el}} = C_{\mathrm{gate}}/(C_{\mathrm{quantum}} + C_{\mathrm{gate}})$ 给出。

在亚阈值状态下，$C_{\mathrm{quantum}} \to 0$，并且只要 $C_{\mathrm{gate}} \gg C_{\mathrm{s}}$ 和 C_{D}，栅极效率将接近 1。在过驱动状态下，栅极效率取决于费米能级位置和有效质量。由于沟道需要一些电荷来导通电流，如传统 MOSFET 静电学指出的，开态的费米能级位置应该由所需的最小电荷来设定，以获得一个给定的沟道电导。较低的有效质量也会降低量子电容，从而增加过驱动状态下的栅极效率。

对于横向 TFET，量子约束效率 η_{quant} 是 1。这是因为沟道中的约束能量只是由几何形状决定的，不随偏置变化而变化。

总体而言，我们看到，在亚阈值状态下一个设计良好的横向器件可以有接近 1 的栅极效率，类似于设计良好的 FinFET 和纳米线晶体管。在过驱动状态下，栅极效率由量子电容限制，并可以通过减小有效质量和利用沟道中的所需最小电荷来改善。

5.8.2 纵向 TFET 栅极效率

纵向 TFET 中的关键隧道结由图 5.10h 所示的能带图给出。它可以被建模成一个简单的 MOS 电容器。这样处理，我们忽略了二维静电的细节，并且仅专注于核心的开关动作。这里必须有一些工程设计，从而确保纵向 TFET 表现得像一个一维的 MOS 电容器[41,42]。如果二维静电设计不正确，器件的不同区域可以在不同的偏置下开启，并抹掉亚阈值电压摆幅。然而，在我们达到那个设计阶段之前，我们需要了解纵向架构中固有的折中是什么。因此，我们考虑如图 5.10h 所示的最简单的一维模型。电路模型如图 5.12b 所示。

首先通过求解 $\mathrm{d}E_{\mathrm{OL}}/\mathrm{d}\varphi_{\mathrm{s}}$，找到量子约束效率 η_{quant}。然后选择从体传导的能带边缘来测量电势，从而使总的能带弯曲等于 φ_{s}。重叠能量 E_{OL} 由下式给出：

$$E_{\mathrm{OL}} = \varphi_{\mathrm{s}} - E_{\mathrm{G}} - E_{\mathrm{1e}}(\varphi_{\mathrm{s}}) \tag{5.56}$$

式中：E_{1e} 是三角阱中的约束能量；E_{G} 是带隙。将这些代入 η_{quant} 的定义式 (5.41) 中，得到：

$$\eta_{\mathrm{quant}} = \frac{1}{q}\,\frac{\mathrm{d}E_{\mathrm{OL}}}{\mathrm{d}\varphi_{\mathrm{s}}} = 1 - \frac{1}{q}\,\frac{\mathrm{d}E_{\mathrm{1e}}}{\mathrm{d}\varphi_{\mathrm{s}}} \tag{5.57}$$

因此，我们需要找到 $\mathrm{d}E_{\mathrm{1e}}/\mathrm{d}\varphi_{\mathrm{s}}$。可以把电势阱近似为三角形量子阱，它的斜率

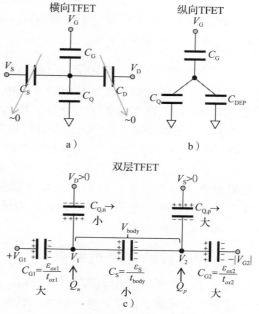

图 5.12 a) 横向；b) 纵向；c) 双层 TFET 的电路模型

是由 MOS 电容的峰值电场来决定的。假设无限三角形阱会导致约束能量的过度估计，但它足够作为一个初步近似。因此，基态能量由下式给出：

$$E_{1e} \approx \left(\frac{9\pi}{8}\right)^{2/3}\left(\frac{F^2\hbar^2 q^2}{2m_{e,z}^*}\right)^{1/3} \tag{5.58}$$

式中：$m_{e,z}^*$ 是隧穿方向的有效电子质量。峰值电场是由能带弯曲的水平 φ_s 和掺杂浓度 N_d 决定的：

$$F = \sqrt{\frac{2qN_d\varphi_s}{\varepsilon_s}} \tag{5.59}$$

式中：ε_s 是半导体的介电常数。将式（5.59）代入式（5.58）并求 $dE_{1e}/d(q\varphi_s)$ 的值得到：

$$\frac{dE_{1e}}{d(q\varphi_s)} = 1 - \eta_{quant} \approx \frac{1}{3}\left(\frac{9\pi}{8}\right)^{2/3} \cdot \left(\frac{N_d\hbar^2}{m_{e,z}^*\varepsilon_s}\right)^{1/3}\varphi_s^{-2/3} \tag{5.60}$$

最后，我们用式（5.57）和式（5.60）来求量子效率的值。为了估计 η_{quant}，考虑硅（$m_{e,z}^*=0.92$）半导体的 $E_{OL}=0$ 且 $N_D=10^{17}$，10^{18}，10^{19}，$10^{20}\,cm^{-3}$。我们分别找到 $\eta_{quant}=0.98$，0.97，0.93 和 0.88。在砷化铟（$m_{e,z}^*=0.023$）半导体中，对于 $N_D=10^{17}$，10^{18}，$10^{19}\,cm^{-3}$，分别有 $\eta_{quant}=0.91$，0.84 和 0.77。我们可以看到，降低掺杂有助于提高量子效率，但是它会导致更长的耗尽宽度，从而导致更厚的隧穿势垒和更低的电流。

现在我们可得到静电栅极效率。横向 TFET 的关键差异是这里有一个与量子电容并联的耗尽电容，如图 5.12b 所示。再一次地，η_{el} 由一个简单的分压值给出：$\eta_{el}=C_{gate}/(C_{quantum}+C_{dep}+C_{gate})$。栅极电压简单地由 $C_{gate}=\varepsilon_{ox}/t_{ox}$ 给出。耗尽电容由下式给出：

$$C_{dep} = \frac{\varepsilon_s}{W_{dep}} = \sqrt{\frac{q\varepsilon_s N_d}{2\varphi_s}} \tag{5.61}$$

式中：W_{dep} 是耗尽区宽度。量子电容由式（5.55）给出，但会因 η_{quant} 而减小，因为约束能量水平随偏置变化而改变：

$$C_{quantum} = \frac{dQ_n}{d\varphi_s} = \frac{-dQ_n}{d\Delta E_{Fn}}\frac{d\Delta E_{Fn}}{dE_{OL}}\frac{dE_{OL}}{d\varphi_s} = q\,\frac{m_{e,t}^*}{\pi\hbar^2}\frac{1}{1+e^{\Delta E_{Fn}/(k_BT)}}\times 1\times\eta_{quant} \tag{5.62}$$

因此，在亚阈值状态下，静电效率受耗尽电容的限制，而在过驱动状态下，量子电容通常会限制效率。除了改善 η_{quant} 之外，掺杂最小化将减小耗尽电容，从而增加 η_{el}。在亚阈值状态下，η_{el} 通常为 $80\%\sim90\%$。与横向 TFET 一样，横向有效质量最小化和沟道电荷最小化将导致较低的量子电容，从而导致更高的过驱动栅极效率。

总之，像传统的平面 MOSFET 一样，由于耗尽电容，纵向 TFET 具有小于 1 的亚阈值栅极效率。由于需要重掺杂以保持薄的隧穿势垒和至少为 E_G 的较大能带弯曲，纵向 TFET 也受到较低的量子效率的影响。相反，纵向 TFET 确实可以实现更大的隧穿面积，从而实现更高的电导率。

5.8.3　双层 TFET 栅极效率

双层 TFET 的能带图如图 5.10i 所示，电路模型如图 5.12c 所示。如图 5.10i 能带图所示，电子和空穴都被量化，这将导致比纵向 TFET 更低的量子栅极效率 η_{quant}。此外，由于栅极的顶部和底部施加了不同的电压，施加的电压将被分压在两个栅极氧化物上，导致较低的静电栅极效率。

然而，双层结构将允许最高的开态电导。此外，如在 5.4 节中讲到的，在隧道结中，没有掺杂将显著地提高亚阈值电压摆幅，并且更应该补偿栅极效率。

为了计算量子和静电栅极效率，我们首先需要重新定义式（5.40）和式（5.41）中的效率，从而指向施加于体的电压 $V_{\rm body}$，而不是表面电势：

$$\eta_{\rm quant} = \frac{1}{q} \frac{{\rm d}E_{\rm OL}}{{\rm d}V_{\rm body}} \tag{5.63}$$

$$\eta_{\rm el} = \frac{{\rm d}V_{\rm body}}{{\rm d}V_{\rm G1}} \tag{5.64}$$

在横向和纵向 TFET 中，结的 p 侧的电势由源极固定，因此我们只需要知道表面电势如何变化。然而，在双层 TFET 中，p 侧的电势 V_2 不是固定的，因此计算相对于 $V_{\rm body}$ 的效率更为方便。我们还考虑了在 p 栅极上的偏置 $V_{\rm G2}$ 保持不变时，n 栅极上的偏置 $V_{\rm G1}$ 发生变化的情况。

我们可以使用 $E_{\rm OL}$ 的定义来找出 $\eta_{\rm quant}$，从而得到重叠能量的导数：

$$E_{\rm OL} = qV_{\rm body} - (E_{\rm G} + E_{1e} + E_{1h}) \tag{5.65}$$

这个定义可以从图 5.10i 看到。三角形阱的约束能量由下式给出：

$$E_{1e} \approx \left(\frac{9\pi}{8}\right)^{2/3} \left(\frac{(qV_{\rm body}/t_{\rm body})^2 \hbar^2}{2m_{e,z}^*}\right)^{1/3}$$

$$\text{and } E_{1h} \approx \left(\frac{9\pi}{8}\right)^{2/3} \left(\frac{(qV_{\rm body}/t_{\rm body})^2 \hbar^2}{2m_{h,z}^*}\right)^{1/3} \tag{5.66}$$

用式（5.65）来计算式（5.63）的值得到：

$$\eta_{\rm quant} = 1 - \frac{2}{3} \times \left(\frac{9\pi}{8}\right)^{2/3} \left(\frac{\hbar^2}{2qt_{\rm body}^2}\right)^{1/3} \left(\frac{1}{(m_{e,z}^*)^{1/3}} + \frac{1}{(m_{h,z}^*)^{1/3}}\right)(V_{\rm body})^{-1/3} \tag{5.67}$$

接下来我们考虑静电效率 $\eta_{\rm el}$。它可以通过设计双层厚度和量子电容来优化。最大化静电效率意味着最大化 ${\rm d}V_{\rm body}/{\rm d}V_{\rm G1}$。因为 $V_{\rm body} = V_1 - V_2$，我们要最大化 ${\rm d}V_1/{\rm d}V_{\rm G1}$，同时最小化 ${\rm d}V_2/{\rm d}V_{\rm G1}$。在图 5.12 所示电路图中标记了电压。$V_1$ 和 V_2 分别是 n 沟道和 p 沟道电位。因此，我们希望体尽可能的厚，以使 V_2 与 $V_{\rm G1}$ 隔离，并最大限度地减小分压器中的体电容 $C_{\rm s}$。另外，我们希望通过最小化电子量子电容 $C_{\rm quantum,n}$ 和电子密度，来最小化漏极电压对 n 沟道的影响。

由于我们想要固定 V_2，因此，我们希望通过最大化孔径量子电容 $C_{\rm quantum,p}$ 来增加源极对 p 沟道的影响，并增加孔密度，直到 p 侧退化。特别是，当使用更厚的栅极氧化物时选择偏置/功函数来控制载流子密度，以使得我们能够提高静电效率。

不幸的是，载流子密度和体厚度受到所需的开态电导的限制。沟道中存在的电子越少，沟道电导越低，体越厚，隧穿概率越低。因此，我们需要优化这些折中，以最大化器件性能。此外，需要数字化地计算静电效率 $\eta_{\rm el}$，因为载流子密度取决于电位 V_1 和 V_2，二者都随着栅极偏置的变化而改变。这在文献［43］中有详细的描述。

在文献［43］中，当双层体厚度已经为合理的开态电流做了优化，Si，Ge 和 InAs 晶体管的总栅极效率为 $40\%\sim50\%$，量子和静电效率都在 $60\%\sim70\%$ 左右。虽然双层 TFET

具有比横向和纵向 TFET 更低的栅极效率，但其具有最高的开态电导，并且具有未掺杂的隧道结，这将导致明显更尖锐的带边缘。

5.9 避免其他的设计问题

在设计 TFET 时，有几个额外的问题可以防止较小的亚阈值电压摆幅。影响许多实验结果的第一个问题是陷阱辅助隧穿。当电子隧穿到带隙中的陷阱，然后从陷阱中被热激发出来时，该过程发生。这可以导致温度相关的亚阈值电压摆幅以及温度相关的阈值偏移[24,44-46]。它还通过防止隧道关闭而增加亚阈值电压摆幅。我们需要高质量的界面和半导体以避免在带隙内产生可导致陷阱辅助隧穿的状态。

需要避免的另一个重要设计问题是分级的结和较差的静电。如果沟道的不同区域以不同的偏差开始隧穿，我们将得到一个具有不同阈值的 I-V 曲线叠加。这意味着整体的亚阈值电压摆幅将被模糊，这将会更糟糕。这可以在各种模拟研究中看到[41,42]。类似地，空间不均匀性可以抹去亚阈值电压摆幅。

最后，短的沟道长度将导致源极到漏极的隧穿或者接触扩大，这将增加亚阈值电压摆幅[47]。为了抑制直接的源极到漏极隧穿，在同一材料系统中，TFET 将需要一个比相应MOSFET 更长的沟道长度。这是因为 TFET 被设计为具有低于 60mV/10 倍频程的亚阈值电压摆幅，并且因此需要对直接的源极到漏极隧穿有更强的抑制。

5.10 总结

在分析有助于 TFET 工作的不同因素后，我们发现需要考虑四个关键设计问题：

（1）调制隧道势垒厚度不起作用。它在高电流密度下不能给出陡峭的亚阈值斜率，除非有更陡峭（steeper）的态密度。

（2）必须消除掺杂，空间不均匀性，保持材料质量以获得陡峭的态密度。

（3）隧穿方向的量子约束增加了隧穿电导，2D-2D 结隧穿（双层型）结构具有最高的电导。

（4）横向隧穿结构往往具有最好的栅极效率，而双层结构具有最差的栅极效率。

虽然很清楚的是，需要一个陡峭的带边缘态密度，但迄今为止，还没有一个陡峭带边缘态密度的电子测量。幸运的是，光学以及可用的电子测量表明，在隧道结中消除掺杂可能使我们能够实现所需的陡峭的态密度。基于双层的结构提供了实现这一目标和高电导的机会，但不幸的是，它们的栅极效率较低。图 5.3 所示的双栅极横向结构是可以消除掺杂并且潜在地具有更高栅极效率的替代方案。不幸的是，这样的结构将具有较低的电导，因为它没有利用量子约束或双层较大的隧穿面积所带来的优势。为了消除其他形式的空间不均匀性，我们可能需要原子级精确半导体，例如单层半导体。

总的来说，还有一些折中需要进行工程设计，但是考虑到上述设计原理，应该可以在高电流密度下制造一个具有陡峭亚阈值电压摆幅的良好的 TFET。

致谢

这些工作得到了能源高效电子科学中心（C3ES）的支持，而该机构也得到了美国国家科学基金的支持（NSF 获奖编号 ECCS-0939514）。

参考文献

[1] A. C. Seabaugh & Q. Zhang, "Low-voltage tunnel transistors for beyond CMOS Logic." *Proceedings of the IEEE*, **98**, 2095–2110 (2010).

[2] A. M. Ionescu & H. Riel, "Tunnel field-effect transistors as energy-efficient electronic switches." *Nature*, **479**, pp. 329–337 (2011).

[3] S. H. Kim, H. Kam, C. Hu, & T.-J. K. Liu, "Germanium-source tunnel field effect transistors with record high I_{on}/I_{off}." In *VLSI Technology, 2009 Symposium on*, pp. 178–179 (2009).

[4] W. Y. Choi, B. G. Park, J. D. Lee, & T. J. K. Liu, "Tunneling field-effect transistors (TFETs) with subthreshold swing (SS) less than 60 mV/dec." *IEEE Electron Device Letters*, **28**, 743–745 (2007).

[5] K. Jeon, W.-Y. Loh, P. Patel *et al.*, "Si tunnel transistors with a novel silicided source and 46 mV/dec swing." In *VLSI Technology, 2010 IEEE Symposium on*, pp. 121–122 (2010).

[6] T. Krishnamohan, K. Donghyun, S. Raghunathan, & K. Saraswat, "Double-gate strained-Ge heterostructure tunneling FET (TFET) with record high drive currents and < 60 mV/dec subthreshold slope." In *IEEE International Electron Devices Meeting, IEDM 2008*, pp. 1–3 (2008).

[7] E. O. Kane, "Theory of tunneling." *Journal of Applied Physics*, **32**, 83–91 (1961).

[8] E. O. Kane, "Zener tunneling in semiconductors." *Journal of Physics and Chemistry of Solids*, **12**, 181–188 (1959).

[9] M. Luisier & G. Klimeck, "Simulation of nanowire tunneling transistors: from the Wentzel–Kramers–Brillouin approximation to full-band phonon-assisted tunneling." *Journal of Applied Physics*, **107**, 084507 (2010).

[10] L. Lattanzio, L. De Michielis, & A. M. Ionescu, "The electron-hole bilayer tunnel FET." *Solid-State Electronics*, **74**, 85–90 (2012).

[11] J. T. Teherani, S. Agarwal, E. Yablonovitch, J. L. Hoyt, & D. A. Antoniadis, "Impact of quantization energy and gate leakage in bilayer tunneling transistors." *IEEE Electron Device Letters*, **34**, 298–300 (2013).

[12] G. Dewey, B. Chu-Kung, J. Boardman *et al.*, "Fabrication, characterization, and physics of III-V heterojunction tunneling field effect transistors (H-TFET) for steep subthreshold swing." In *2011 IEEE International Electron Devices Meeting (IEDM 2011)*, pp. 33.6.1–33.6.4 (2011).

[13] J. Knoch, S. Mantl, & J. Appenzeller, "Impact of the dimensionality on the performance of tunneling FETs: bulk versus one-dimensional devices." *Solid-State Electronics*, **51**, 572–578 (2007).

[14] J. D. Dow & D. Redfield, "Toward a unified theory of Urbach's rule and exponential absorption edges." *Physical Review B*, **5**, 594 (1972).

[15] S. Agarwal & E. Yablonovitch, "Band-edge steepness obtained from Esaki and backward diode current-voltage characteristics." *IEEE Transactions on Electron Devices*, **61**, 1488–1493 (2014).

[16] S. R. Johnson & T. Tiedje, "Temperature dependence of the Urbach edge in GaAs." *Journal of Applied Physics*, **78**, 5609–5613 (1995).

[17] T. Tiedje, E. Yablonovitch, G. D. Cody, & B. G. Brooks, "Limiting efficiency of silicon solar cells." *IEEE Transactions on Electron Devices*, **31**, 711–716 (1984).

[18] J. I. Pankove, "Absorption edge of impure gallium arsenide." *Physical Review*, **140**, A2059–A2065 (1965).

[19] P. Van Mieghem, "Theory of band tails in heavily doped semiconductors." *Reviews of Modern Physics*, **64**, 755–793 (1992).

[20] E. O. Kane, "Band tails in semiconductors." *Solid-State Electronics*, **28**, 3–10 (1985).

[21] Z. Zhang, R. Rajavel, P. Deelman, & P. Fay, "Sub-micron area heterojunction backward diode millimeter-wave detectors with 0.18 pW/Hz 1/2 noise equivalent power." *IEEE Microwave and Wireless Components Letters*, **21**, 267–269 (2011).

[22] J. Karlovsky & A. Marek, "On an Esaki diode having curvature coefficient greater than E/KT." *Czechoslovak Journal of Physics*, **11**, 76–78 (1961).

[23] D. Pawlik, B. Romanczyk, P. Thomas *et al.*, "Benchmarking and improving III-V Esaki diode performance with a record 2.2 MA/cm^2 peak current density to enhance TFET drive current." In *Electron Devices Meeting (IEDM), 2012 IEEE International*, pp. 27.1.1–27.1.3 (2012).

[24] S. Mookerjea, D. Mohata, T. Mayer, V. Narayanan, & S. Datta, "Temperature-dependent I-V characteristics of a vertical In(0.53)Ga(0.47)As tunnel FET." *IEEE Electron Device Letters*, **31**, 564–566 (2010).

[25] S. Agarwal & E. Yablonovitch, "Pronounced effect of pn-junction dimensionality on tunnel switch sharpness." eprint arXiv:1109.0096. (2011). Available online: http://arxiv.org/abs/1109.0096.

[26] K. Tomioka, M. Yoshimura, & T. Fukui, "Steep-slope tunnel field-effect transistors using III-V nanowire/Si heterojunction." In *VLSI Technology, 2012 Symposium on*, pp. 47–48 (2012).

[27] J. Appenzeller, Y. M. Lin, J. Knoch, & P. Avouris, "Band-to-band tunneling in carbon nanotube field-effect transistors." *Physical Review Letters*, **93**, 196805 (2004).

[28] J. Bardeen, "Tunneling from a many particle point of view." *Physical Review Letters*, **6**, 57–59 (1961).

[29] C. B. Duke, *Tunneling in Solids* (New York: Academic Press, Inc, 1969).

[30] W. A. Harrison, "Tunneling from an independent-particle point of view." *Physical Review*, **123**, 85–89 (1961).

[31] J. R. Oppenheimer, "Three notes on the quantum theory of aperiodic effects." *Physical Review*, **31**, 66–81 (1928).

[32] A. F. J. Levi, *Applied Quantum Mechanics* (Cambridge: Cambridge University Press, 2006).

[33] G. Gamow, "Zur Quantentheorie des Atomkernes." *Z. Physik*, **51**, 204, 1928.

[34] M. A. Kastner, "The single-electron transistor." *Reviews of Modern Physics*, **64**, 849 (1992).

[35] S. Datta, *Quantum Transport: Atom to Transistor* (Cambridge: Cambridge University Press, 2005).

[36] P. Patel, "Steep turn on/off "green" tunnel transistors." PhD thesis, Electrical Engineering and Computer Sciences, University of California at Berkeley, Berkeley (2010).

[37] R. Li, Y. Q. Lu, G. L. Zhou *et al.*, "AlGaSb/InAs tunnel field-effect transistor with on-current of 78 uA/um at 0.5 V." *IEEE Electron Device Letters*, **33**, 363–365 (2012).

[38] M. Sweeny & J. M. Xu, "Resonant interband tunnel-diodes." *Applied Physics Letters*, **54**, 546–548 (1989).

[39] S. L. Rommel, T. E. Dillon, M. W. Dashiell *et al.*, "Room temperature operation of epitaxially grown Si/Si$_{0.5}$Ge$_{0.5}$/Si resonant interband tunneling diodes." *Applied Physics Letters*, **73**, 2191–2193 (1998).

[40] S. Krishnamoorthy, P. S. Park, & S. Rajan, "Demonstration of forward inter-band tunneling in GaN by polarization engineering." *Applied Physics Letters*, **99**, 233504–3 (2011).

[41] S. H. Kim, S. Agarwal, Z. A. Jacobson, P. Matheu, H. Chenming, & L. Tsu-Jae King, "Tunnel field effect transistor with raised germanium source." *IEEE Electron Device Letters*, **31**, 1107–1109 (2010).

[42] Y. Lu, G. Zhou, R. Li *et al.*, "Performance of AlGaSb/InAs TFETs with gate electric field and tunneling direction aligned." *IEEE Electron Device Letters*, **33**, 655–657 (2012).

[43] S. Agarwal, J. T. Teherani, J. L. Hoyt, D. A. Antoniadis, & E. Yablonovitch, "Engineering the electron-hole bilayer tunneling field-effect transistor." *IEEE Transactions on Electron Devices*, **61**, 1599–1606 (2014).

[44] G. A. M. Hurkx, D. B. M. Klaassen, & M. P. G. Knuvers, "A new recombination model for device simulation including tunneling." *IEEE Transactions on Electron Devices*, **39**, 331–338 (1992).

[45] G. A. M. Hurkx, D. B. M. Klaassen, M. P. G. Knuvers, & F. G. O'Hara, "A new recombination model describing heavy-doping effects and low-temperature behaviour." In *Electron Devices Meeting, 1989. IEDM '89. Technical Digest, International*, pp. 307–310 (1989).

[46] J. Furlan, "Tunnelling generation-recombination currents in a-Si junctions." *Progress in Quantum Electronics*, **25**, 55–96 (2001).

[47] K. Ganapathi, Y. Yoon, & S. Salahuddin, "Analysis of InAs vertical and lateral band-to-band tunneling transistors: leveraging vertical tunneling for improved performance." *Applied Physics Letters*, **97**, 033504–3 (2010).

隧道晶体管

Alan Seabaugh，Zhengping Jiang，Gerhard Klimeck

6.1 引言

半导体器件的基本特征是电流对施加偏压的指数相关性。1948 年，威廉·肖克莱（William Shockley）首先揭示了 pn 结的这个属性[1]：

$$I = I_0 [\exp(qV/(kT)) - 1] \tag{6.1}$$

式中：I_0 是反向饱和电流；V 是施加的偏置电压；q 是基本电荷；k 是玻耳兹曼常数；T 是温度。肖克莱将因子 kT/q 描述为"半导体电子学中最重要的单个数字"[2]，室温下的值约为 1V 的 2.5%。

电流对施加偏压的指数相关性是势垒降低的直接结果，如图 6.1 所示。根据这个指数关系，在室温下，要在正向偏置方向上改变电流为原来的 10 倍，跨接于结的电压必须增加 $\ln(10)kT/q = 60\mathrm{mV}$，或增加 60mV/10 倍频程的电流。

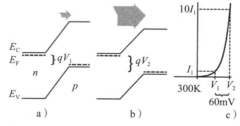

图 6.1　pn 结中通过势垒降低来控制电流：a）正向偏压 V_1；b）$V_2 = V_1 + 60\mathrm{mV}$；c）电流-电压特性。势垒降低的电流控制施加了一个每 10 倍电流变化 60mV 的基本下限

势垒降低是当前应用最广泛的半导体电流控制机制。除了 pn 二极管、肖特基二极管、发光二极管和激光器外，60mV/10 倍频程几乎限制了所有商用半导体器件，包括双极性结型晶体管（BJT），异质结双极晶体管（HBT），结栅场效应晶体管（JFET），金属半导体 FET

（MESFET），金属氧化物半导体 FET（MOSFET）和高电子迁移率晶体管（HEMT）。

6.1.1　低电压和亚阈值摆幅需要

在晶体管（例如 MOSFET）中，表征电流对电压的指数相关性的品质因数称为倒数亚阈值斜率或亚阈值摆幅 S，由下式给出：

$$S = \left(\frac{\mathrm{d} \lg(I_\mathrm{D})}{\mathrm{d} V_\mathrm{GS}} \right) \tag{6.2}$$

式中：I_D 是漏极电流；V_GS 是栅极/源极电压。pn 结二极管中，影响一个数量级的电流的最小电压为 60mV。

值得注意的是，精心设计的 22nm 节点三栅极 MOSFET 已接近理论极限，达到 65mV/10 倍频程的亚阈值摆幅[3]。假设有完美的沟道电位的栅极控制，至少需要 $5 \times 60\mathrm{mV} = 0.3\mathrm{V}$，才能达到 10^5 的开/关电流比。为了确保电路在存在变异性的情况下正常运行，需要留出一些余量，电源电压目前是该下限的 2～3 倍。为了继续降低电源电压，需要一电流控制机制，当在 50 年或更长的时间内计算平均值时，可以实现 60mV/10 倍频程以下。实现这一点之后，就有了超低功耗电路开发的新基础。

在互补 MOS（CMOS）逻辑技术中功耗有静态和动态两部分。当栅极长度降低到约 50nm 以下时，静态和动态分量都是很显著的。静态功耗与关断电流乘以电源电压成正比，动态功耗是时钟频率、节点电容和电源电压平方的乘积。从工艺角度来看，降低电压会直接降低功耗，从而能够提高晶体管的密度。器件级别的功率降低需要新的电流控制机制，不受限于 60mV/10 倍频程。

意识到隧穿电场控制可以用来实现亚阈值摆幅，是过去 10 年来最令人振奋的进展之一[4-6]。不幸的是，Si 半导体并不适合提供实际的隧道电流，因为它是间接带隙半导体。在间接带隙半导体中，隧道过程需要一个声子来完成转换，这显著降低了隧穿概率。具有直接带隙的复合半导体更适合构建低亚阈值摆幅隧道晶体管或隧道 FET（TFET）[7]，如石墨烯和过渡金属二硫化物（TMD）等材料[8]。实现高隧道电流密度和低亚阈值摆幅的可能性一直是Ⅲ～Ⅴ族材料中隧道晶体管不断发展的动力因素。

6.1.2　适用范围

本章回顾了目前对Ⅲ～Ⅴ族 TFET 的物理原理理解和设计的考虑，包括材料选择、栅极布置、掺杂和异质结。之后选择讨论部分实验结果来说明 TFET 主要特征和最先进性。

6.2　隧道晶体管概述

6.2.1　物理原理

图 6.2 展示了 TFET 的基本实现案例。该晶体管看起来很像具有源极（S），漏极（D）和栅极（G）端子的 MOSFET。对于 n 沟道 TFET，源极为 p 型，沟道和漏极为 n 型。p 型源极被简并掺杂，以产生 0.2～0.4V/nm 的较大内部结电场。在图 6.2a 所示结构中，费

米能级近似等于价带最大值。通过正确选择栅极功函数，沟道完全耗尽并且具有零施加栅极偏压，如图 6.2a 所示。在源极中，正的栅极偏压将导带的最小值拉低到价带以下，打开一个隧穿窗口 qV_{TW}，源极的价带中的电子通过它可以隧穿进入沟道中的空状态，如图 6.2b 所示。

6.2.2　Kane-Sze 导通电流

在从价带到导带的隧穿中，电子必须保存能量和横向动量。这种选择规则在图 6.3 所示的直接间隙材料中最容易满足，因为不需要声子进行转换。

Sze 和 Kane[9] 推导出了隧道电流的解析式（单位是 A），如图 6.3 所示。这个等式（参见式 (6.3)）取决于两种材料相关的常数 a 和 b[4]，它们由半导体带隙能量 E_G 和隧穿有效质量控制，即

$$I = aV_{TW}\xi\exp\left(-\frac{b}{\xi}\right)$$
$$a = Aq^3\sqrt{2m_R^*/E_G}/(8\pi^2\hbar^2) \qquad (6.3)$$
$$b = 4\sqrt{2m_R^*}E_G^{3/2}/(3q\hbar)$$

式中：A 是结的横截面积；ξ 是结内的电场；$m_R^* = (1/m_E^* + 1/m_H^*)^{-1}$ 是减小的有效质量，它是电子有效质量 m_E^* 和空穴有效质量 m_H^* 的平均值；$\hbar$ 是精简的普朗克常量。

Wentzel-Kramer-Brillouin（WKB）近似用于获得式 (6.3)，通过量子传输模拟[7]，证明它非常适用于例如 InAs 的直接带隙材料，但是用于 Si 的电流密度会被高估两个数量级，用于 Ge 则会高估一个数量级。在任何材料系统中，带-带隧穿区域中的大电场都会减少用于隧穿的最小工作路径[10]。

图 6.4 所示体材料参数的使用忽略了量化和能带非抛物线性，该预测给出了与实验结果相比非常合理的估计[11]。材料一旦选择好，结点的电场就由掺杂和形成突变结的能力来决定，这反过来又决定了导通电流。稍后讨论的详细数值模拟提供了对电流大小更全面的估计，但是，图 6.4 所示的分析方法已经获得大体趋势，并为设计提供了指导。

用于估计带隙和有效质量的工具可以在 nano-HUB.org 的 "Bandstructure Lab" 上获得[12]。数

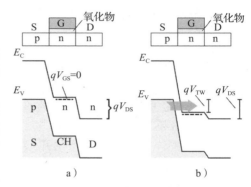

图 6.2　n 沟道器件的隧道场效应晶体管截面图和对应能带图 a) 截止状态；b) 导通状态。在截止状态下，电流被由反向偏置的 pn 结所提供的势垒阻挡。在导通状态下，电子通过由能带重叠给出的能量窗口从源极隧穿到沟道

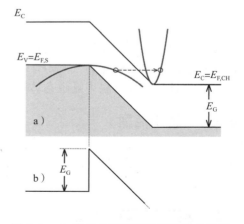

图 6.3　a) 表示从价带到导带隧穿的能带图。抛物线代表 $E\text{-}\hbar k$（能量-动量）关系，并解释重质量价带状态与轻质量导带状态之间的动量守恒过渡。b) 源极中价带电子遇到的三角势垒

值研究比较了用于 InAs、GaAs 和 InGaAs 的超薄体（UTB）TFET，它在这些材料系统中提供了性能折中[13]。

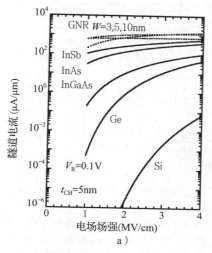

	$E_G(eV)$	m_c^*	m_V^*	m_R^*
GNR 3nm	0.46	–	–	–
GNR 5nm	0.28	–	–	–
GNR 10nm	0.14	–	–	–
InSb	0.17	0.014	0.015	0.007
InAs	0.35	0.023	0.026	0.012
InGaAs	0.74	0.041	0.05	0.02
Ge	0.67	0.22	0.34	0.13
Si	1.11	0.36	0.81	0.25
cf.www.ioffe.rssi.ru				

b）

图 6.4　a）按照 Kane-Sze 关系式（6.3）预测，每单位宽度的齐纳隧道电流与电场强度的关系，使用 b）中的体材料参数，在 Zhang［14］之后。对于 5nm 的沟道厚度（t_{CH}）计算每微米宽度的隧道电流

6.3　材料与掺杂的折中

6.3.1　同质结导通电流与材料

Kane-Sze 表达式如式（6.3），明确表明了隧穿电流与带隙的指数相关性，并引起了关于材料的设计空间的探索，如 Zhang[14] 所讨论的。图 6.4 比较了 5nm 超薄体沟道中的隧道电流是电场的函数。Ⅳ 族和Ⅲ～Ⅴ族半导体中的隧道电流随着电场增加而单调增加；随着半导体的带隙减小，电流也增加。与带隙为 0.14eV、0.28eV、0.46eV 的石墨烯纳米带（GNR）沟道的对比表明，石墨烯可以实现更高的导通电流。

当材料带隙选定时，有效质量也就确定了。一般来说，两个参数不能相互独立地选择。事实上，对于Ⅲ～Ⅴ族材料，从窄带隙 InSb 到宽带隙 GaN，有效质量近似等于材料的带隙除以 20。量子化提高了有效带隙和有效质量，如图 6.5b 所示，来自 Khayer 和 Lake 的数据[15]。使用这些数据，质量等于带隙除以 20 的规则得以维持。

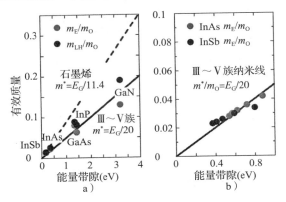

图 6.5 闪锌矿Ⅲ～Ⅴ族半导体的电子有效质量（灰点）和轻空穴有效质量（黑点）与能量带隙关系图。电子有效质量由 m_E 给出，轻空穴有效质量由 m_{LH} 给出。b）电子有效质量与纳米线，InAs（灰点）和 InSb（黑点）的带隙的关系，直径在 4～12nm 范围内[15]。对于Ⅲ～Ⅴ族半导体，有效质量近似等于从 InSb 到 GaN 的带隙除以 20

6.3.2 最佳 TFET 带隙

　　虽然电流随着带隙的减小而增加，但是截止电流也随之增加，并且以更大的指数因子增加。这表明对于给定的导通/截止电流比，TFET 具有最佳的带隙，它在仍然满足截止电流要求的同时提供所需的导通电流。最近已经研究了这种关系[16]，其主要结论是，最佳带隙材料取决于三个值：导通电流、导通/截止电流比和栅极长度。给定这些值，可以选择带隙，从而最小化电源电压和功耗。这些折中已经在基于图 6.6 所示能带图的分析模型中[16]做了概述。在该模型中，导通电流由 Kane-Sze 表达式给出，具有图 6.6a 所示定义的特定能带关系。假设截止电流是由通过矩形势垒的源极到漏极的直接隧穿电流，如图 6.6b 所示。当沟道电位的栅极控制几乎是一对一时，在直接带隙纳米线（NW）和二维沟道 TFET 中，这个简单的模型与更全面的导通和截止电流模拟结果很吻合。

　　为了选择 TFET 的最佳带隙材料，必须首先选择栅极长度，因为这通过直接隧穿决定截止电流。

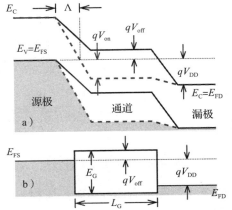

图 6.6 a）用于描述导通及截止状态下定义关键能量项的能带图：给定栅极长度 L_G 的 qV_{dd}，qV_{on} 和 qV_{off}。b）假定截止电流是由于直接隧穿造成的，而该条件下的截止电流由矩形隧道势垒来做近似[16]

第二，导通电流和导通/截止电流比要满足应用要求。例如，对于图6.7所示的2nm纳米线TFET，规定了通过5nA/μm的截止电流和10^5的导通/截止比，则其必须获得500μA/μm的导通电流。随后绘制如图6.6所示能带图所定义的导通和截止电压与带隙的关系图。根据$V_{dd}=V_{on}/0.8+V_{off}$，图6.7a所示两条曲线之间的电压差确定电源电压，其中因子0.8是栅极效率因子。图6.7b绘制了电源电压，并显示存在满足性能规格的最小电源电压和带隙。

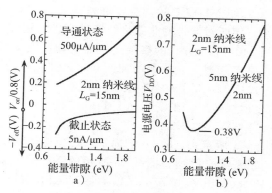

图6.7 实现最小转换能量所需的 a) 截止和导通电流；b) 电源电压与能量带隙的关系

6.3.3 掺杂

对于pn隧道结，需要突变结和重掺杂以使内部电场最大化并减小耗尽宽度。

图6.8描述了在InAs，InSb和GaAs半导体中具有5nm体厚度的三个不同pn结的导通电流的强掺杂相关性。仿真是基于在NEMO5软件中具有自旋轨道耦合的原子sp^3s^*紧密结合模型[17,18]。紧密结合参数从文献[19]获得。假设突变结的n侧掺杂浓度定为$1\times10^{19}\,cm^{-3}$。

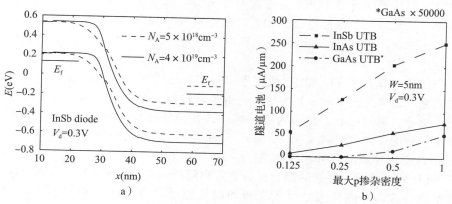

图6.8 a) 具有$1\times10^{19}\,cm^{-3}$的不同受主掺杂密度N_A和施主掺杂密度N_D的两个5nm UTB InSb pn结的能带图。由于量子约束，InSb带隙为0.32eV。b) 基于InAs，InSb和GaAs的0.3V下5nm UTB pn结的计算隧道电流作为p掺杂密度的函数，最大p掺杂为$4\times10^{19}\,cm^{-3}$。InSb提供最大电流为250μA/μm，InAs为77μA/μm，GaAs的电流最小为1nA/μm

图 6.8a 比较了用于两种不同的 p 掺杂密度的 InSb 超薄体（UTB）pn 结中的能带横截面。尺寸量化将 UTB InSb 结的总体带隙从 0.17eV 的体量增加到约 0.32eV。

如果使用 InSb 的电子体有效质量 $m_E = 0.014$，空穴 $m_H = 0.29$，通过简单的有效质量计算来估计量化变化，那么约束能量分别为 1080meV 和 52meV，其中总体带隙约为 1.3eV。这种不切实际的估计表明，使用位于带边缘以上很多 kT 的抛物线能带近似是不精确的。sp^3s^* 紧密结合模型及其参数化[19]适当地捕获了这些直接带隙Ⅲ～Ⅴ族材料的非抛物线性。当需要考虑 X 和 L 能带和应变时，需要更完整的 $sp^3d^5s^*$ 模型[20,21]。由于隧穿电流与隧道带隙呈指数关系，因此对能带的非抛物线性进行正确建模是至关重要的。

p 侧从 $5 \times 10^{18} cm^{-3}$ 到 $40 \times 10^{18} cm^{-3}$ 的掺杂变化显著地改变了如图 6.8a 所示的能带轮廓。如预期那样，耗尽区宽度随着受主掺杂增加而减小，并且带间隧穿距离也减小。因为 p 侧掺杂逐步以减半的方式从 $4 \times 10^{19} cm^{-3}$ 降低到 $5 \times 10^{18} cm^{-3}$，这会导致更高的隧道电流，如图 6.8b 所示。紧密结合模型预测，在该 5nm UTB 结构中的 InSb，InAs 和 GaAs 的量化带隙为 0.32eV、0.5eV、1.5eV。

有趣的是，比较如图 6.4 所示式（6.3）的简单分析模型和图 6.8 所示利用 NEMO5 自旋轨道耦合的原子 sp^3s^* 紧密结合模型。图 6.8a 所示的 NEMO5 能带图，0.3V 的偏压下结的峰值电场强度为 1MV/cm，电流为 77μA/μm。图 6.4 所示的简单的分析模型给出了在 1MV/cm 下偏压为 0.1V 时的 InAs 的电流为 31μA/μm。因为从式（6.3）看到，电流与偏置电压成正比，图 6.4 所示的结果应乘以 3，再与 NEMO5 结果进行比较。因此，使用了体带隙和有效质量的简单 Kane-Sze 表达式（6.3），从用于解释 UTB 能带结构，能带非抛物线性和量化的完全原子模拟中得到 93μA/μm 与 77μA/μm 的结果。

6.3.4 异质结-断带优势

GaSb/InAs 异质结断带对齐，其中 GaSb 价带和 InAs 导带在能量上重叠[22,23]。具有这种断带对齐的异质结对于 TFET 是非常有意义的，因为它们降低了带-带隧穿（BTBT）的隧穿距离，从而增加了隧穿电流。此外，断带对齐意味着可以使用较小的重掺杂密度，这应该会减小掺杂诱导的带尾和缺陷辅助隧穿的影响，这二者都会降低亚阈值摆幅，后面将会再次论述。

在 TFET 中，需要 UTB 和纳米线配置来提供最佳的栅极控制，量子约束是断带设计中的重要因素。通常对于Ⅲ～Ⅴ族半导体，由于较轻的导带质量，导带边缘比价带边缘对于约束更为敏感。通过量化，断带对齐被减小或甚至转换成交错对齐。AlGaSb 的混晶也可用于产生交错能带对齐。图 6.9a～c 展示了 pn 型 GaSb/InAs 断带异质结的平衡能带图，AlGaSb/InAs 交错异质结和 InAs 同质结。

图 6.9d 比较了相应的断裂间隙、交错带隙和同质结 UTB 器件的二极管特性。正偏压对应于齐纳隧穿方向，随后通过引入交错和断裂能带对齐，获得更强的隧道电流。实际上，断带结构在任何偏置方向（445μA/μm，0.3V）下提供最高的电流，在 InAs 二极管同质结中显示出大约 6 倍的电流提升。

对于负偏置极性，观察到 Esaki 的隧穿行为在断带分布中具有最强峰值电流。在负差分电阻（NDR）区域中，电流在小于 5mV/10 倍频程的情况下以超过五个数量级突然断开，表明电流控制远低于由势垒降低引起的热限制。负偏电压增大时，电流再次增加，且 InAs 同质结的斜率为 60mV/10 倍频程，这是由于在电压相关势垒上的热离子发射所致。对 GaSb/InAsTFET 的进一步研究将在文献［24］提供。在纳米线几何形状中，GaSb/InAs TFET 中的隧道电流预计在 0.4V 时达到 $1900\mu A/\mu m$[25]。

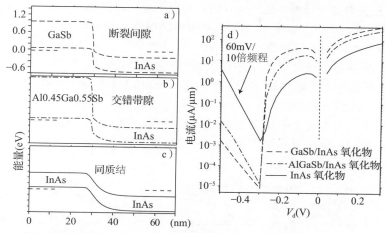

图 6.9 a）～c）三个 5nm UTB pn 结二极管的计算能带分布，其施主掺杂量为 $N_D=1\times10^{19}cm^{-3}$，受主掺杂为 $N_A=4\times10^{19}cm^{-3}$：a）断带 GaSb/InAs；b）交错带隙 AlGaSb/InAs；c）同质结 InAs；d）对具有齐纳（Zener）隧穿方向的正电压的所有三个 UTB 二极管，电流-电压特性的计算绝对值

6.4 几何尺寸因素和栅极静电

像 MOSFET 一样，TFET 可以设计成作为反型模式或积累模式 FET 来工作，或者可以作为具有完全耗尽沟道的增强型 FET 来工作。

这两种类型具有截然不同的垂直电场和掺杂分布。在反型积累类型中，垂直电场在导通状态最高。相反，在增强型模式中，当沟道完全耗尽时，最高垂直电场发生在截止状态。当晶体管处于垂直电场时，其趋向于平坦能带状态。在增强模式结构中，可以期待从沟道到漏极传输的更高的沟道迁移率。

反型积累模式与增强型晶体管类型的掺杂分布不同。反型模式 n 沟道 TFET 使用 pin 源极/沟道/漏极掺杂分布。i 层意味着本征，但实际上，本征设计意味着该区域是未掺杂的，然后取决于衬底杂质类型和密度。增强型 n 沟道 TFET 使用 pnn 掺杂分布，这意味着沟道中的掺杂被特意控制。反型累积模式和增强型晶体管分布都可以被设计成垂直或横向结构，并且每个都可以构成 UTB 片型、翅型、线型的单栅极（SG）、双栅极（DG）、三极管或环栅极（GAA）。载流子输运的基本面不是纵向和横向分布。

在这两种工作方式中，栅极可以放置在相对于隧道结两个正交的位置方向。栅极可以像传统的 n 沟道 MOSFET 那样基本上垂直于隧道结，或者栅极可以排列并使得隧道结和栅极平面平行。在这种情况下，栅极电场基本上与隧道电流方向一致。如果栅极偏置增加了结电场，它也增强了电流，如式（6.3）[4] 所示。

6.4.1　垂直于栅极的隧道结

如图 6.10 所示的 InSb 积累模式 TFET 使用了基于 sp^3s^* 的原子紧密结合算法进行模拟，以显示性能与栅极几何结构：SG、DG 和 GAA。InAs[26] 中已经探讨了类似的几何形状。在 SG 结构中，体积的增加会增加导通电流，但也降低了亚阈值摆幅，如图 6.10d 所示。只有对于 15nm 的栅极长度，小于 2nm 的体厚度，亚阈值摆幅小于 60mV/10 倍频程，并且随着体厚度的增加而增加[26]。具有适当掺杂（$N_D = N_A = 5 \times 10^{19} cm^{-3}$）的 10nm 厚的 InSb 体可以传递超过 $200\mu A/\mu m$ 的导通电流，但是仅在较大栅/源电压下，$V_{DS} = 0.2V$，$V_{GS} = 0.9V$。然而，随着体厚增加，截止电流增加到不切实际的水平。2nm 体厚可实现 60mV/10 倍频程以下的亚阈值摆幅，但在同样的大栅极驱动下，导通电流限制在约 $0.1\mu A/\mu m$。

TFET 性能在很大程度上取决于建立良好的栅极控制，如图 6.10e 所示。随着栅极静电性能的提高，导通电流、截止电流和亚阈值摆幅都得到了显著的改善，采用纳米线 GAA 几何形式获得了最佳性能的栅极控制。

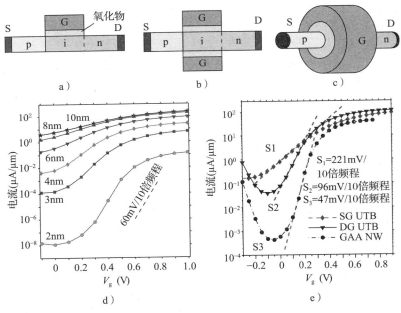

图 6.10　积累模式 InSb pin TFET：a) SG；b) DG 和 c) GAA 配置；d) 对于 SG，UTB TFET，漏-源偏置为 0.2V 下，模拟漏极电流与栅极/源极电压；e) SG、DG 和 GAA 布置中的模拟传输特性与栅极几何形状。UTB 为 6nm，纳米线直径也为 6nm。栅极长度为 15nm，等效氧化物厚度（EOT）为 0.3nm

6.4.2　平行于栅极的隧道结

Hu 等人首先提出了这种几何形状[27]，并称为绿色晶体管。该晶体管概念的起源及其设计的变化如图 6.11 所示[28]。在图 6.11a 所示的增强型 TFET 中，载流子从源极注入栅极/氧化物界面的源极处的沟道。Hu 认为，将载流子从体内注入栅极的源极侧下的掺杂 n

型凹槽中，可以增加隧道的面积，如图 6.11b 所示。n 型凹槽在零栅极偏置下完全耗尽，并以正栅极偏压导通。正向栅极偏压使得连接 n 沟道到漏极的凹槽之间的 n 区域产生积累。在该结构中，隧道电流可以基本上指向栅极。引入薄的重掺杂凹槽和底层 p$^+$ 也增加了源极和漏极之间的漏电流，如图 6.11b 所示。Luisier[29] 提出几何结构终止寄生泄漏，如图 6.11c所示。

图 6.11c 所示栅极长度为 40nm 的量子输运模拟表明，与 pin 几何形状 TFET 相比，增强型 TFET 中的导通电流增加了两个数量级。通过消除寄生泄漏路径，获得了较低截止状态的泄漏。增强型 TFET 相对于积累模式 TFET 的高导通电流由于栅极长度缩放而减小，因为隧穿注入的面积减小，其最终受源/沟道结的传输长度限制。

增强模式 TFET 也可以设想在 SG、DG 和 GAA 几何中，如图 6.12 所示。在 DG 和 GAA 几何形状的源的漏极端都需要阻挡层。这在图 6.12b 中表示为氧化物；图 6.12c 所示 GAA 几何结构中的阻挡层，是不可见的。

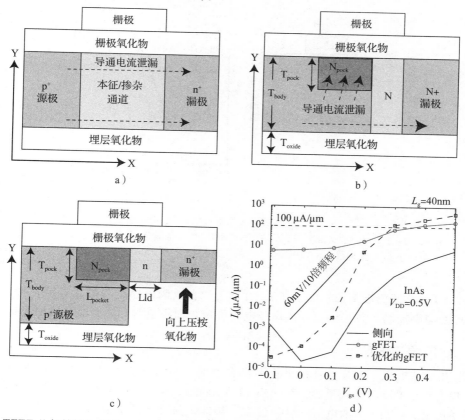

图 6.11　TFET 几何结构的演变：a) 反型模式 pin InAs TFET 和 b) 增强型 pn InAs TFET，所谓的绿色 TFET（gFET）[27]，其中电子基本上向栅极隧穿。加入 n 型凹槽（Npock）和漏极之间的轻掺杂 n 区域以降低截止状态的泄漏。c) 消除寄生截止泄漏路径的增强型 TFET。d) 比较了不同方式下仿真得到的漏极电流与栅极/源极电压[28,29]

在增强型 TFET 中必须指定和控制几个新的几何参数。图 6.12 提供了参数的完整列表。图 6.12d 所示附加参数增加了一个新的可变性源，但也提供了旋钮控制晶体管的行为，特别是截止电流。如图 6.12e 所示的 NEMO5 量子输运仿真说明了其中一些参数的影响。Lu 等人对这些参数进行了更广泛的研究[30]。图 6.12 显示了在 GaSb/InAs TFET 中漏极延伸对截止电流的影响，漏极掺杂浓度为 $5\times10^{17}\,\mathrm{cm^{-3}}$。对于这种掺杂，栅极电压控制漏极延伸中的电位。增加漏极延伸的长度可以减小截止电流。

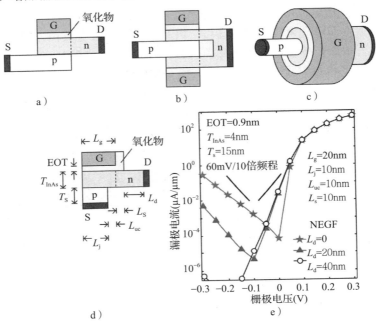

图 6.12   增强型 TFETS a）SG，b）DG 和 c）GAA 几何形状。d）用于仿真的简化几何结构，已标明设计参数。e）用于 p GaSb/n InAs TFET 的 NEMO5 模拟与漏极延伸，对于 $4\times10^{18}\,\mathrm{cm^{-3}}$ 的源掺杂（1nm 厚的 p 型 δ 掺杂层，$6\times10^{19}\,\mathrm{cm^{-3}}$，位于隧道结下方 2nm 处）。沟道和漏极同样被掺杂 $5\times10^{17}\,\mathrm{cm^{-3}}$

图 6.13 显示了栅极下源极的下切 L_{uc} 改善了二者亚阈值摆幅和截止电流。增加下切可改善沟道的静电控制，并提供更好的栅极电场屏蔽，而不会对导通电流造成明显损失。

6.4.3   p 沟道 TFET

p 沟道 TFET 对于实现互补逻辑技术很有帮助。与对 n 沟道 TFET 的所做努力相比，p 沟道 TFET 几乎没有受到重视。Knoch 和 Appenzeller[31] 模拟了 20nm 栅极长度的 DGn-InAs/p AlGaSb p TFET 的电流-电压（I-V）特性，并发现可实现的电流在 $V_{DS}=0.4\mathrm{V}$ 时小于 $1\mu\mathrm{A/\mu m}$。Avci 等人[32] 模拟了 DG InAs p 沟道 TFET 并发现在同质结分布中实现了更低的电流。原因是 n InAs 源极的态密度较低。为了实现低的亚阈值摆幅，源极掺杂需要降低，使得源极中的费米能级接近导带边缘。

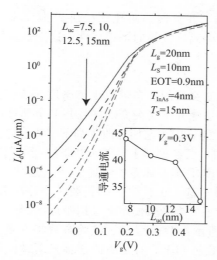

图 6.13 在 GaSb/InAs 断带 TFET 中下切 L_{uc} 的作用（掺杂密度为 $5 \times 10^{17} \, cm^{-3}$ 的 10nm L_d，和 10nm 的重掺杂（$4 \times 10^{18} \, cm^{-3}$）区域，在漏极接触处，以最小化栅极/漏极耦合。其他参数与图 6.12 所示相同）。增加下切则增加了 GaSb/InAs 交界面上的栅极控制，并减少了亚阈值摆幅。右下方的插图显示了下切对电流的影响

这导致了较低的驱动电流，因为结电场较低。如果源掺杂浓度升高，则电流会增加，但是如果费米能级被推进到远超过 $3kT$ 的能带，由于扩展的隧道窗口中的热带尾，亚阈值摆幅会趋向于热电子。

6.5 非理想性

开发逻辑 TFET 的动力因素是其亚热亚阈值摆幅、低截止状态泄漏、低于 0.4V 工作的工作状态及低电压下相对于 MOSFET 的高导通电流和高集成度。丢失这些属性中的任何一个都会阻碍采用 TFET 的计算和逻辑。本节概述了目前对降低 TFET 性能的主要因素的理解，着重于 Ⅲ～Ⅴ族材料。这些是陷阱、带尾、界面粗糙度和混晶无序。与 MOSFET 相比，考虑在可变性方面的可能性是很重要的。为了跟上最新的处理方法，这里的重点放在基本内容上。

6.5.1 陷阱

已经知道陷阱会在带隙中引入离散状态。当能带不重叠时，陷阱辅助隧穿会耦合导带和价带。众所周知，当导通和价带失配时，来自隧道二极管中降低峰谷电流的过度电流[33-36]，穿过缺陷的隧穿路径可能产生泄漏。在 TFET 中，这种泄漏会降低亚阈值摆幅并提高截止电流。

最近已经开始针对光器件[37]和 InAs TFET 进行研发[38,39]，基于非平衡格林（Green）函数（NEGF）的量子输运模型，包括陷阱辅助隧穿在内。这些模型正在澄清隧道过程中陷阱的角色以及陷阱如何降低亚阈值摆幅。Pala 和 Esseni[38]表明，即使是带隙中的单一能

量陷阱也会降低亚阈值摆幅，并且浅陷阱比深陷阱更为重要。陷阱辅助隧穿过程需要声子，并且这导致亚阈值区域中温度依赖的 *I-V* 特性，这不是直接隧穿所期望的。

6.5.2　带尾/声子

通常假设半导体带边缘是突变的，在带隙中态密度是零。然而，由于杂质、掺杂剂和声子而引起的晶格紊乱，带边缘并不是突变的并且其多余部分进入带隙[40]。界面粗糙度和混晶无序也会降低 TFET 性能，因为它们修改了局部带边缘。

应用 NEGF 的经验模型，已经模拟了重掺杂和带隙变窄的影响[41]。服从声子非相干散射的量子输运建模已经在 NEGF 形式体系中论证了[42]。这种方法在一维的多能带模型中计算很繁重[43]，对于三维器件，甚至更繁重[44]。需要一个计算更高效的模型。

Khayer 和 Lake[45] 设计了一个经验模型来模拟带尾的影响，并研究了它们对 TFET 截止状态的影响。如图 6.14 所示经验模型通过经验参数将有限态密度（DOS）引入带隙区域。带尾和 DOS 的增加把相应 TFET 的亚阈值摆幅显著地降低了几个数量级。这项工作表明了带尾在 TFET 截止状态下的关键性，并且需要使用基于物理的模型对这些带尾进行建模。这种模型需要包括在带隙中声子散射引起的虚拟状态，由于重掺杂以及通过空间局部缺陷的隧穿导致的带隙变窄。

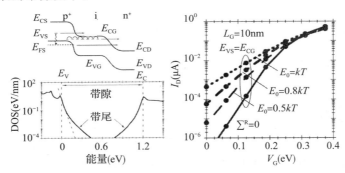

图 6.14　在 Khayer 和 Lake[10] 之后，在 10nm TFET 的截止电流上，带隙中陷阱作用的建模[45]。在带隙中 DOS 的出现使得隧穿能够发生在名义上被禁止的范围内，并且增加了亚阈值摆幅

6.5.3　界面粗糙度

量子输运建模已经表明，线边缘粗糙度在石墨烯纳米带[46] 中是非常重要的，就像共振隧穿二极管中界面粗糙度也很重要[47]。界面粗糙度对于 MOSFET[48,49]、NW[50] 和 NW TFET[51] 的迁移率也至关重要。这里我们分析Ⅲ～Ⅴ族 TFET 中的界面粗糙度。

图 6.15 展示了实验实现的[52]GaSb/InAs 材料系统中 TFET 的数值表示。进行模拟仿真用的 NEMO5 软件[17,18] 可以通过界面的原子表现来明确地模拟界面粗糙度。该模拟假定了重复周期性单元的有限宽度，假定它在横向方向上有无限深的结构。因此，这里建模的界面粗糙度具有一个单元的周期宽度 0.61nm。

NEMO5 模拟显示 GaSb/InAs 界面处的界面粗糙度对亚阈值摆幅没有不利影响。界面粗糙和完美的 TFET 的截止状态几乎相同。导通状态由于界面粗糙度的增加而略微增加。

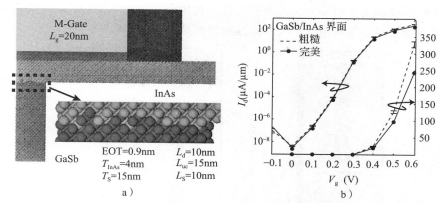

图 6.15 如图 6.12 所示，在漏极处具有 10nm L_d 和 10nm 重掺杂区域的 GaSb/InAs 断带 TFET 中的界面粗糙度建模。a）TFET 截面和界面示意图；b）模拟的传输特性。界面粗糙度不会显著降低亚阈值摆幅，并略微增加导通电流

6.5.4 混晶无序

广泛地认为混晶具有明确的带边缘和有效质量。但严格来说，混晶中没有重复的晶胞能保证带边缘或有效质量。因此，混晶的带边缘和有效质量仅被定义为平均数[53,54]。这引起了一个问题，即在混晶成分的局部顺序对整体器件性能造成显著差异之前，器件将需要小到什么程度[55,56]。我们已经研究了在倾斜的 Si 量子阱周围的 SiGe 缓冲材料中的混晶无序，以了解 Si 量子阱中的电子结构谷分裂[57]。AlGaAs 纳米线中的混晶无序模拟[58]表明，与平滑混晶假设相比，输运显著降低。

混晶无序可以通过具有 0.61nm 晶胞厚度的明确原子表征在 AlGaSb/InAs TFET 中建模，如图 6.16 所示。一个完美的二元 GaSb/InAs TFET 在这里与 AlGaSb/InAs TFET 进行比较。AlGaSb 是以两种截然不同的方式表达的。虚拟晶体近似（VCA）将"Al"和"Ga"的哈密顿元平均化，以创建平滑的材料，这有效地创造了一个称为"AlGa"的新的"原子"。由此得到的哈密顿在空间上均匀平滑。VCA 方法在混晶电子结构和载流子输运模拟中非常普遍[42]。更贴切的表达明确地考虑了不同种类的"Al"和"Ga"原子，并将它们明确地放入随机混晶中[58]。严格地说，需要考虑许多不同的混晶结构以获得平均的器件性能。事实上，为了所呈现的结果，我们做了 20 个不同的模拟来提供平均值。

为了考虑混晶无序的影响，要使用一个基于图 6.12d 所示的增强型 TFET。纯 GaSb p 型部分被替换为 $Al_{0.45}Ga_{0.55}Sb$ 交错带隙器件，其中载流子从纯 GaSb 源极注入，如图 6.16a 所示。将"完美"GaSb 器件与图 6.16a 所示的两种不同混晶模型中计算的 AlGaSb 器件性能进行比较。与以前在纳米线[58]的数值研究相反，UTB TFET 似乎与明显的混晶无序散射具有弱相关性。

以前明确的随机混晶无序研究发现，重要的混晶无序效果集中在纳米线而不是 UTB 结构。这里分析的 UTB 器件主要是用周期方向上的晶胞表示的，从而产生一个沿器件深

度的周期性顺序和沿主要输运方向的原子无序。在这个研究中，对单个晶胞的限制是至关重要的。显著增加的计算负担以扩大单元晶胞深度是必需的。

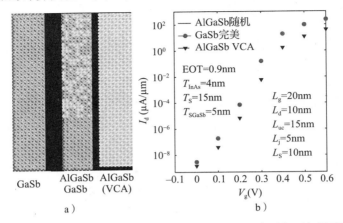

图 6.16   混晶无序散射对 n TFET 性能的影响。a) GaSb，p GaSb/n AlGaSb 原子无序随机混晶沟道源异质结的示意图，以及在 VCA 近似中表示的平滑 AlGaSb 沟道。b) 使用相同的 δ 掺杂层和重漏极掺杂的漏极电流与栅极/源极电压的关系，如图 6.12 所示

6.5.5   可变性

TFET 开发中的一个重要问题是，其可变性是否会大于或小于 MOSFET 的可变性。Esseni 和 Pala[39] 已经探讨了这个问题，他们认为陷阱的位置导致 InAs 纳米线 TFET 比 InAs纳米线 MOSFET 的可变性更大。陷阱在 MOSFET 中的影响可以通过 TFET 中更大的 EOT 缩放来减轻；然而，由于陷阱正在提供新的隧穿路径，它们相对于源极的位置导致了截止电流的变化。陷阱的位置可导致截止电流大约有一个数量级的变化，并且亚阈值摆幅可以增加大约 2 倍。

Avci 等人[59] 利用了 NEMO5 的原子紧密结合算法探索并比较 20nm 栅极长度 InAs TFET 与 MOSFET。使用已知的工艺变化，进行模拟以探索由栅极长度、沟道随机掺杂物波动、氧化物厚度、源随机掺杂物波动、沟道厚度和功函数的变化导致的导通电流和截止电流的变化。该分析表明，TFET 通常对 MOSFET 的变化比较敏感，但差异不是决定性的。这些研究最近已经扩展到具有类似发现的 GaSb/InAs TFET[60]。TFET 的主要变化来源是对栅极金属功函数的依赖。

6.6   实验结果

关于Ⅲ～Ⅴ族 TFET 的实验报告越来越多。Mookerjea 等人报道了Ⅲ～Ⅴ族 TFET 的第一次论证结果[61,62]，他们使用了 pin InGaAs 同质结和侧壁栅极。其次是 Zhao 等人对导通电流和栅极电介质的改进[63,64]，他们也使用了 InGaAs 沟道。Mohata 等引入的异质结[65-68] 使得导通电流稳步改善。

InAs TFET，其栅极电场取向与隧穿方向同轴，由 Ford 等人首次在 Si 衬底上的 InGaAs

中得到证实[69]。具有平行栅极几何结构的异质结 TFET 同时也被 Li 等人在 p AlGaSb/n InAs[70,71] 中和 Zhou 等人在 p InP/n InGaAs[72-74] 中发现，其次是 Zhou 等人在 p AlGaSb/n InAs[75] 中发现。自从第一次报道以来，电流持续上升，参见 Zhou[76]，Dey 等人[77,78] 和 Bijesh 等人[79] 文献。迄今为止最好的结果是 Bijesh 等人的报道[79]，在 $V_{DS} = V_{GS} = 0.5V$ 时为 $240\mu A/\mu m$，但不能期望这些结果站得住脚。已经报道了高达 $740\mu A/\mu m$ 的电流[79]，但是这些和其他报道的高导通电流都是通过栅极/源极电压远大于漏极/源极电压的高栅极过驱动来实现的。

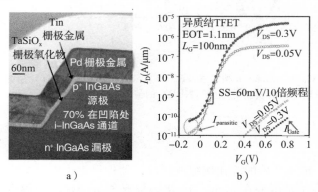

图 6.17　Dewey 等人的 InGaAs TFET 具有较低的亚阈值[80]。a) InGaAs 异质结 TFET 的透射电子显微照片，显示本征层和源极之间的 6nm $In_{0.7}Ga_{0.3}As$ 凹槽。b) 栅极长度为 100nm 漏极电流和栅极泄漏与栅极/源极电压关系，EOT 为 1.1nm

　　在 Ⅲ～Ⅴ 族半导体中，Dewey 等人报道了小于 60mV/10 倍频程的亚阈值摆幅[80,81]，他们使用了具有 pin 沟道掺杂的单栅极几何结构中的 InGaAs。图 6.17 所示的是器件横截面和传输特性。随后的实验结果与原子模拟的比较显示，没有不计其数的参数，并且随着尺寸缩放和静电的改进，TFET 将会是可行的备选低电压器件[82]。

　　另外还有一个较低的亚阈值摆幅的报告。Tomioka 等人[83] 在 p Si/n InAs 纳米线 TFET 中报道了低于 60mV/10 倍频程的亚阈值摆幅。Noguchi 等人[84] 在具有 Zn 扩散源的 InGaAs 沟道中实现了低至 64mV/10 倍频程的亚阈值摆幅，他们使用了具有 1.4nm 的 EOT 的 Ta/Al_2O_3 栅极叠层。

　　TFET 中最好的静电控制应在 GAA 几何结构中获得。因此，纳米线 TFET 非常重要。用于 TFET 的纳米线正在迅速发展：如 Bjorg 等人的 InAs/GaSb[85]，Tomioka 和 Fukui 等人的 Si/InAs[86]，Moselund 等人和 Riel 等人[88] 的 InAs/Si[87]，以及 Borg 等人[89] 和 Dey 等人[77,78] 的 GaSb/InAsSb。来自 Dey 等人的代表性进展如图 6.18 所示[78]。在这个 n 沟道 TFET 中，源是 GaSb，沟道是 InAsSb。展示了正和负漏极偏置的晶体管特性。对于负栅极偏置，沟道/源极结变成正向偏置，并且在该偏置极性中，观察到明显的 Esaki 隧穿。

　　这是在所有 Ⅲ～Ⅴ 族 TFET 中显而易见的典型特征，也是隧穿电流机理的极好证明。

　　在本文撰写时，还只有一个 Ⅲ～Ⅴ 族 p TFET 已被论证，是由 Rajamohanan 等人[90] 使用n $In_{0.7}Ga_{0.3}As/p\ GaAs_{0.35}Sb_{0.65}$ 交错带隙异质结构来论证的。这是一个需要更多研究工作的领域。

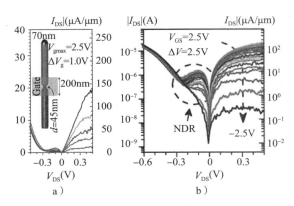

图 6.18   Dey 等人的 p GaSb/n InAsSb 纳米线 TFET[77]。a) 共源极特性；b) 当源极结正向偏置时，同一
　　　　器件的对数图显示具有负差分电阻（NDR）的清晰的 Esaki 隧穿

6.7   总结

　　摩尔（Moore）定律器件的等比例缩放在原子器件尺度上已经接近尾声。MOSFET 的
电源电压降低从根本上被限制在 60mV/10 倍频程亚阈值摆幅上。隧道 FET 提供了可以被
控制在小于 60mV/10 倍频程限制的电流机制，开启了降低系统工作电压的方法。

　　TFET 的材料、掺杂、栅极结构和层级结构为器件设计路线图的终结（end-of-road-
map）提供了机会。TFET 器件优化要求新规则和新的设计方法。本章重点介绍了 TFET
基本的设计选择和器件限制。TFET 领域正在迅速发展[91]。如果 TFET 的工艺和材料挑战
可以被解决，未来的计算机系统将会更加节能。

致谢

　　关于 TFET 的研究主要由半导体开发公司通过中西部纳米电子探索研究所（MIND）
对纳米电子研究计划提供资助。以前未发布的模拟结果由于 NEMO5 的发展成为了可能，
我们感谢 Michael Povolotskyi 教授、Tillmann Kubis 教授、James Fonseca 博士、Bozidar
Novakovic 博士、Hong-Yun Park 博士、Yu He 先生、Daniel Mejia 先生在这方面的帮助
和支持。NEMO5 由 NSF Peta-Apps 资助，OCI-0749140 和 nanoHUB. org 的计算资源是在
由 NSF 资助的计算纳米技术网络中运行的，授权号 EEC-1227110，EEC-0228390，EEC-
0634750，OCI-0438246，OCI-0721680。

参考文献

[1]   W. Shockley, "The theory of *p-n* junctions in semiconductors and *p-n* junction transistors."
Bell Systems Technical Journal, **28**, 439–489 (1949).

[2]   J. R. Haynes & W. Shockley, "Minority carriers in semiconductors." Semiconductor Elec-
tronics Education Committee film, www.youtube.com/watch?v=zYGHt-TLTl4.

[3] C. H. Jan, U. Bhattacharya, R. Brain *et al.*, "A 22nm SoC platform technology featuring 3-D tri-gate and high-k/metal gate, optimized for ultra low power, high performance and high density SoC applications." In *Electron Devices Meeting (IEDM), 2012 IEEE International*, pp. 3.1.1–3.1.4 (2012).

[4] A. C. Seabaugh & Q. Zhang, "Low-voltage tunnel transistors for beyond CMOS logic." *Proceedings of the IEEE*, **98**, 2095–2110 (2010).

[5] A. M. Ionescu & H. Riel, "Tunnel field-effect transistors as energy-efficient electronic switches." *Nature*, **479**, 329–337 (2011).

[6] A. Seabaugh, "The tunneling transistor." *IEEE Spectrum*, **50**, 35–62 (2013).

[7] M. Luisier & G. Klimeck, "Simulation of nanowire tunneling transistors: From the Wentzel-Kramers-Brillouin approximation to full-band phonon-assisted tunneling." *Journal of Applied Physics*, **107**, 084507 (2010).

[8] D. Jena, "Tunneling transistors based on graphene and 2-D crystals." *Proceedings of the IEEE*, **101**, 1585–1602 (2013).

[9] S. M. Sze & K. K. Ng, *Physics of Semiconductor Devices*, 3rd edn. (New York: Wiley-Interscience, 2007), p. 103.

[10] S. E. Laux, "Computation of complex band structures in bulk and confined structures." In *2009 International Workshop on Computational Electronics*, pp. 1–4 (2009).

[11] Q. Zhang, S. Sutar, T. Kosel, & A. Seabaugh, "Fully-depleted Ge interband tunnel transistor: modeling and junction formation." *Solid-State Electronics*, **53**, 30–35 (2009).

[12] S. Mukherjee, A. Paul, N. Neophytou *et al.*, "Band structure lab." (2013). https://nanohub.org/resources/bandstrlab http://dx.doi.org/10.4231D3HD7NS6N.

[13] M. Luisier & G. Klimeck, "Investigation of $In_xGa_{1-x}As$ ultra-thin-body tunneling FETs using a full-band and atomistic approach." In *2009 Simulation of Semiconductor Processes and Devices (SISPAD)*, pp. 1–4 (2009).

[14] Q. Zhang, T. Fang, H. Xing, A. Seabaugh, & D. Jena, "Graphene nanoribbon tunnel transistors." *IEEE Electron Device Letters*, **29**, 1344–1346 (2008).

[15] M. A. Khayer & R. K. Lake, "Performance off *n*-type InSb and InAs nanowire field-effect transistors." *IEEE Transactions on Electron Devices*, **55**, 2939–2945 (2008).

[16] Q. Zhang, Y. Lu, C. Richter, D. Jena, & A. Seabaugh, "Optimum band gap and supply voltage in tunnel FETs." *IEEE Transactions on Electron Devices*, **61**, 2719–2724 (2014).

[17] NEMO5 is available under an academic open source license at: https://nanohub.org/groups/nemo5distribution.

[18] S. Steiger, M. Povolotskyi, H.-H. Park, T. Kubis, & G. Klimeck, "NEMO5: a parallel multiscale nanoelectronics modeling tool." *IEEE Transactions on Nanotechnology*, **10**, 1464 (2011).

[19] G. Klimeck, R. Bowen, T. Boykin, & T. Cwik, "sp3s* tight-binding parameters for transport simulations in compound semiconductors." *Superlattices and Microstructures*, **27**, 519–524 (2000).

[20] T. Boykin, G. Klimeck, R. Bowen, & F. Oyafuso, "Diagonal parameter shifts due to nearest-neighbor displacements in empirical tight-binding theory." *Physics Reviews B*, **66**, 125207 (2002).

[21] G. Klimeck, F. Oyafuso, T. Boykin, R. Bowen, & P. Allmen, "Development of a nanoelectronic 3-D (NEMO 3-D) simulator for multimillion atom simulations and its application to alloyed quantum dots." *Computer Modeling in Engineering and Science (CMES)*, **3**(5), 601–642 (2002).

[22] D. L. Smith & C. Maihiot, "Proposal for strained type II superlattice infrared detectors." *Journal of Applied Physics*, **62**, 2545 (1987).

[23] G. A. Sai-Halasz, R. Tsu, & L. Esaki, "A new semiconductor superlattice." *Applied Physics Letters* **30**, 651 (1977).

[24] M. Luisier & G. Klimeck, "Performance comparisons of tunneling field-effect transistors made of InSb, carbon, and GaSb-InAs broken gap heterostructures." In *Electron Devices Meeting (IEDM), 2009 IEEE International*, pp. 37.6.1–37.6.4 (2009).

[25] S. O. Koswatta, S. J. Koester, & W. Haensch, "On the possibility of obtaining MOSFET-like performance and sub-60-mV/dec swing in 1-D broken-gap tunnel transistors." *IEEE Transactions on Electron Devices*, **57**, 3222–3230 (2010).

[26] M. Luisier & G. Klimeck, "Atomistic, full-band design study of InAs band-to-band tunneling field-effect transistors." *IEEE Electron Device Letters*, **30**, 602–604 (2009).

[27] C. Hu, D. Chou, P. Patel, & A. Bowonder, "Green transistor – a V_{DD} scaling path for future low power ICs." In *VLSI Technology, Systems and Applications, 2008. VLSI-TSA 2008. International Symposium on*, pp. 14–15 (2008).

[28] S. Agarwal, G. Klimeck, & M. Luisier, "Leakage reduction design concepts for low power vertical tunneling field-effect transistors." *IEEE Electronic Device Letters*, **31**, 621–623 (2010).

[29] M. Luisier, S. Agarwal, & G. Klimeck, "Tunneling field-effect transistor with low leakage current." *US Patent No. 8,309,989*, November 13 (2012).

[30] Y. Lu, G. Zhou, R. Li *et al.*, "Performance of AlGaSb/InAs TFETs with gate electric field and tunneling direction aligned." *IEEE Electron Device Letters*, **33**, 655–657 (2012).

[31] J. Knoch & J. Appenzeller, "Modeling of high-performance p-Type III-V heterojunction tunnel FETs." *IEEE Electron Device Letters*, **31**, 305–307, (2010).

[32] U. E. Avci, R. Rios, K. J. Kuhn, & I. A. Young, "Comparison of power and performance for the TFET and MOSFET and considerations for P-TFET." In *Nanotechnology (IEEE-NANO), 2011 IEEE Conference on*, pp. 869–872 (2011).

[33] R. P. Nanavati & C. A. M. De Andrade, "Excess current in gallium arsenide tunnel diodes." *Proceedings of the IEEE*, **52**, 869–870 (1964).

[34] R. P. Nanavati & M. Eisencraft, "On thermal and excess currents in GaSb tunnel diodes." *IEEE Transactions on Electron Devices*, **15**, 796–797 (1968).

[35] A. Seabaugh & R. Lake, "Tunnel diodes." In *Encyclopedia of Applied Physics*, vol. 22 (New York: Wiley, 1998), pp. 335–359.

[36] C. D. Bessire, M. T. Björk, H. Schmid, A. Schenk, K. B. Reuter, & H. Riel, "Trap-assisted tunneling in Si-InAs nanowire heterojunction tunnel diodes." *Nano Letters*, **11**, 4195–4199 (2011).

[37] S. Steiger, R. G. Veprek, & B. Witzigmann, "Electroluminescence from a quantum-well LED using NEGF." In *2009 International Workshop on Computational Electronics, (IWCE)*, pp. 1–4 (2009).

[38] M. G. Pala & D. Esseni, "Interface traps in InAs nanowire tunnel-FETs and MOSFETs – part I: model description and single trap analysis in tunnel-FETs." *IEEE Transactions on Electron Devices*, **60**, 2795–2801 (2013).

[39] D. Esseni & M. G. Pala, "Interface traps in InAs nanowire tunnel FETs and MOSFETs – part II: comparative analysis and trap-induced variability." *IEEE Transactions on Electron Devices*, **60**, 2802–2807 (2013).

[40] M. H. Cohen, M. Y. Chou, E. N. Economou, S. John, & C. M. Soukoulis, "Band tails, path integrals, instantons, polarons, and all that." *IBM Journal of Research and Development*, **32**, 82–92 (1988).

[41] W.-S. Cho, M. Luisier, D. Mohata *et al.*, "Full band modeling of homo-junction InGaAs band-to-band tunneling diodes including band gap narrowing." *Applied Physics Letters*, **100**, 063504 (2012).

[42] R. Lake, G. Klimeck, R. Bowen, & D. Jovanovic, "Single and multiband modeling of quantum electron transport through layered semiconductor devices." *Journal of Applied Physics*, **81**, 7845–7869 (1997).

[43] C. Rivas, R. Lake, G. Klimeck *et al.*, "Full band simulation of indirect phonon-assisted tunneling in a silicon tunnel diode with delta-doped contacts." *Applied Physics Letters*, **78**, 814–816 (2001).

[44] M. Luisier & G. Klimeck, "Atomistic full-band simulations of Si nanowire transistors: effects of electron-phonon scattering." *Physics Reviews B*, **80**, 155430 (2009).

[45] M. A. Khayer and R. K. Lake, "Effects of band-tails on the subthreshold characteristics of nanowire band-to-band tunneling transistors." *Journal of Applied Physics*, **110**, 074508 (2011).

[46] M. Luisier & G. Klimeck, "Performance analysis of statistical samples of graphene nano-ribbon tunneling transistors with line edge roughness." *Applied Physics Letters*, **94**, 223505 (2009).

[47] G. Klimeck, R. Lake, & D. Blanks, "Numerical approximations to the treatment of interface roughness scattering in resonant tunneling diodes." *Semiconductor Science and Technology*, **13**, A165 (1998).

[48] S. Takagi, A. Toriumi, M. Iwase, & H. Tango, "On the universality of inversion layer mobility in Si MOSFET's: Part II – effects of surface orientation." *IEEE Transactions on Electron Devices*, **41**, 2363–2368 (1994).

[49] S. Jin, M. V. Fischetti, & T.-W. Tang, "Modeling of electron mobility in gated silicon nanowires at room temperature: surface roughness scattering, dielectric screening, and band nonparabolicity." *Journal of Applied Physics*, **102**, 083715 (2007).

[50] S. G. Kim, A. Paul, M. Luisier, T. Boykin, & G. Klimeck, "Full three-dimensional quantum transport simulation of atomistic interface roughness in silicon nanowire FETs." *IEEE Transactions on Electron Devices*, **58**, 1371–1380 (2011).

[51] F. Conzatti, M. G. Pala, & D. Esseni, "Surface-roughness-induced variability in nanowire InAs tunnel FETs." *IEEE Electron Device Letters*, **33**, 806–808 (2012).

[52] R. Li, Y. Lu, G. Zhou *et al.*, "AlGaSb/InAs tunnel field-effect transistor with on-current of 78 μA/μm at 0.5 V." *IEEE Electron Device Letters*, **33**, 363–365 (2012).

[53] T. Boykin, N. Kharche, & G. Klimeck, "Brillouin-zone unfolding of perfect supercells having nonequivalent primitive cells illustrated with a Si/Ge tight-binding parameterization." *Physics Reviews B* **76**, 035310 (2007).

[54] T. Boykin, N. Kharche, G. Klimeck, & M. Korkusinski, "Approximate bandstructures of semiconductor alloys from tight-binding supercell calculations." *Journal of Physics: Condensed Matter*, **19**, 036203 (2007).

[55] F. Oyafuso, G. Klimeck, R. Bowen, & T. Boykin, "Atomistic electronic structure calculations of unstrained alloyed systems consisting of a million atoms." *Journal of Computational Electronics*, **1**, 317–321 (2002).

[56] F. Oyafuso, G. Klimeck, R. Bowen, T. Boykin, & P. Allmen, "Disorder induced broadening in multimillion atom alloyed quantum dot systems." *Physica Status Solidi (C)*, **0**, 1149–1152 (2003).

[57] N. Kharche, M. Prada, T. Boykin, & G. Klimeck, "Valley-splitting in strained silicon quantum wells modeled with 2 miscuts, step disorder, and alloy disorder." *Applied Physics Letters* **90**, 092109 (2007).

[58] T. Boykin, M. Luisier, A. Schenk, N. Kharche, & G. Klimeck, "The electronic structure and transmission characteristics of AlGaAs nanowires." *IEEE Transactions on Nanotechnology*, **6**, 43–47 (2007).

[59] U. E. Avci, R. Rios, K. Kuhn, & I. A. Young, "6B-5 comparison of performance, switching energy and process variations for the TFET and MOSFET in logic." In *VLSI Technology (VLSIT), 2011 Symposium on*, pp. 124–125 (2011).

[60] U. E. Avci, D. H. Morris, S. Hasan, & R. Kotlyar, "Energy efficiency comparison of nanowire heterojunction TFET and Si MOSFET at Lg = 13 nm, including P-TFET and variation considerations." In *Electron Devices Meeting (IEDM), 2013 IEEE International*, pp. 33.4.1–33.4.4 (2013).

[61] S. Mookerjea, D. Mohata, R. Krishnan *et al.*, "Experimental demonstration of 100nm channel length $In_{0.53}Ga_{0.47}As$-based vertical inter-band tunnel field effect transistors (TFETs) for ultra low-power logic and SRAM applications." In *Electron Devices Meeting (IEDM), 2009 IEEE International*, pp. 13.7.1–13.7.3 (2009).

[62] S. Mookerjea, D. Mohata, T. Mayer, V. Narayanan, & S. Datta, "Temperature-dependent I–V characteristics of a vertical $In_{0.53}Ga_{0.47}As$ tunnel FET." *IEEE Electron Device Letters*, **31**, 564–566, (2010).

[63] H. Zhao, Y. Chen, Y. Wang, F. Zhou, F. Xue, & J. Lee, "$In_{0.7}Ga_{0.3}As$ tunneling field-effect transistors with an I_{on} of 50 µA/µm and a subthreshold swing of 86 mV/dec using HfO_2 gate oxide." *IEEE Electron Devices Letters*, **31**, 1392–1394 (2010).

[64] H. Zhao, Y. Chen, Y. Wang, F. Zhou, F. Xue, and J. Lee, "InGaAs tunneling field-effect-transistors with atomic-layer-deposited gate oxides." *IEEE Transactions on Electron Devices*, **58**, 2990–2995 (2011).

[65] D. K. Mohata, R. Bijesh, S. Mujumdar *et al.*, "Demonstration of MOSFET-like on-current performance in arsenide/antimonide tunnel FETs with staggered hetero-junctions for 300 mV logic applications." In *Electron Devices Meeting (IEDM), 2011 IEEE International*, pp. 33.5.1–4 (2011).

[66] D. K. Mohata, R. Bijesh, V. Saripalli, T. Mayer, & S. Datta, "Self-aligned gate nanopillar $In_{0.53}Ga_{0.47}As$ vertical tunnel transistor." In *2011 Device Research Conference (DRC)*, pp. 203–204 (2011).

[67] D. Mohata, S. Mookerjea, A. Agrawal *et al.*, "Experimental staggered-source and n+ pocket-doped channel III-V tunnel field-effect transistors and their scalabilities." *Applied Physics Express*, **4**, 024105 (2011).

[68] D. Mohata, B. Rajamohanan, T. Mayer *et al.*, "Barrier-engineered arsenide–antimonide heterojunction tunnel FETs with enhanced drive current." *IEEE Electron Device Letters*, **33**, 1568–1570 (2012).

[69] A. C. Ford, C. W. Yeung, S. Chuang *et al.*, "Ultrathin body InAs tunneling field-effect transistors on Si substrates." *Applied Physics Letters*, **98**, 113105 (2011).

[70] R. Li, Y. Lu, S. D. Chae *et al.*, "InAs/AlGaSb heterojunction tunnel field-effect transistor with tunnelling in-line with the gate field." *Physica Status Solidi (C)*, **9**, 389–392 (2011).

[71] R. Li, Y. Lu, G. Zhou *et al.*, "InAs/AlGaSb heterojunction tunnel FET with InAs airbridge drain." In *Compound Semiconductors (ISCS), 2011 International Symposium on*, pp. 189–190 (2011).

[72] G. Zhou, Y. Lu, R. Li *et al.*, "Self-aligned $In_{0.53}Ga_{0.47}As/InP$ vertical tunnel FET." In *Compound Semiconductor Manufacturing Technology (CS ManTech), 2011 International Conference on*, (2011).

[73] G. Zhou, Y. Lu, R. Li *et al.*, "Vertical InGaAs/InP tunnel FETs with tunneling normal to the gate." *IEEE Electron Devices Letters*, **32**, 1516–1518 (2011).

[74] G. Zhou, Y. Lu, R. Li *et al.*, "InGaAs/InP tunnel FETs with a subthreshold swing of 93 mV/dec and I_{on}/I_{off} ratio near 10^6." *IEEE Electron Devices Letters*, **33**, 782–84 (2012).

[75] G. Zhou, Y. Lu, R. Li *et al.*, "Self-aligned $InAs/Al_{0.45}Ga_{0.55}Sb$ vertical tunnel FETs." In *Device Research Conference (DRC), 2011 69th Annual*, pp. 205–206 (2011).

[76] G. Zhou, R. Li, T. Vasen *et al.*, "Novel gate-recessed vertical InAs/GaSb TFETs with record high I_{on} of 180 μA/μm at $V_{DS} = 0.5$ V." In *Electron Devices Meeting (IEDM), 2012 IEEE International*, pp. 32.6.1–32.6.4 (2012).

[77] A. W. Dey, B. M. Borg, B. Ganjipour *et al.*, "High current density InAsSb/GaSb tunnel field effect transistors." In *Devices Research Conference (DRC), 2012 IEEE*, pp. 205–206 (2012).

[78] A. W. Dey, B. M. Borg, B. Ganjipour *et al.*, "High-current GaSb/InAs(Sb) nanowire tunnel field-effect transistors." *IEEE Electron Device Letters*, **34**, 211–213 (2013).

[79] R. Bijesh, H. Liu, H. Madan *et al.*, "Demonstration of $In_{0.9}Ga_{0.1}As/GaAs_{0.18}Sb_{0.82}$ near broken-gap tunnel FET with $I_{on} = 740$ μA/μm, $G_M = 700$ μS/μm and gigahertz switching performance at $V_{DS} = 0.5V$." In *Electron Devices Meeting (IEDM), 2013 IEEE International*, pp. 28.2.1–28.2.4 (2013).

[80] G. Dewey, B. Chu-Kung, J. Boardman *et al.*, "Fabrication, characterization, and physics of III-V heterojunction tunneling field effect transistors (H-TFET) for steep sub-threshold swing." *Electron Devices Meeting (IEDM), 2011 IEEE International*, pp. 33.6.1–33.6.4 (2011).

[81] G. Dewey, B. Chu-Kung, R. Kotlyar, M. Metz, N. Mukherjee, & M. Radosavljevic, "III-V field effect transistors for future ultra-low power applications." In *VLSI Technology (VLSIT), 2012 Symposium on*, pp. 45–46 (2012).

[82] U. E. Avci, S. Hasan, D. E. Nikonov, R. Rios, K. Kuhn, & I. A. Young, "Understanding the feasibility of scaled III-V TFET for logic by bridging atomistic simulations and experimental results." In *VLSI Technology (VLSIT), 2012 Symposium on*, pp. 183–184 (2012).

[83] K. Tomioka, M. Yoshimura, & T. Fukui, "Steep-slope tunnel field-effect transistors using III-V nanowire/Si heterojunction." In *VLSI Technology (VLSIT), 2012 Symposium on*, pp. 47–48 (2012).

[84] M. Noguchi, S. Kim, M. Yokoyama *et al.*, "High I_{on}/I_{off} and low subthreshold slope planar-type InGaAs tunnel FETs with Zn-diffused source junctions." In *Electron Devices Meeting (IEDM), 2013 IEEE International*, pp. 28.1.1–4 (2013).

[85] B. M. Borg, K. A. Dick, B. Ganjipour, M.-E. Pistol, L.-E. Wernersson, & C. Thelander, "InAs/GaSb heterostructure nanowires for tunnel field-effect transistors." *Nano Letters*, **10**, 4080–4085 (2010).

[86] K. Tomioka & T. Fukui, "Tunnel field-effect transistor using InAs nanowire/Si heterojunction." *Applied Physics Letters*, **98**, 083114 (2011).

[87] K. E. Moselund, H. Schmid, C. Bessire, M. T. Bjork, H. Ghoneim, & H. Riel, "InAs–Si nanowire heterojunction tunnel FETs." *IEEE Electron Device Letters*, **33**, 1453–1455 (2012).

[88] H. Riel, K. E. Moselund, C. Bessire *et al.*, "InAs-Si heterojunction nanowire tunnel diodes and tunnel FETs." In *Electron Devices Meeting (IEDM), 2012 IEEE International*, pp. 16.6.1–16.6.4 (2012).

[89] B. Mattias Borg, M. Ek, K. A. Dick *et al.*, "Diameter reduction of nanowire tunnel heterojunctions using in situ annealing." *Applied Physics Letters*, **99**, 203101 (2011).

[90] B. Rajamohanan, D. Mohata, D. Zhernokletov *et al.*, "Low-temperature atomic-layer-deposited high-κ dielectric for p-channel $In_{0.7}Ga_{0.3}As/GaAs_{0.35}Sb_{0.65}$ heterojunction tunneling field-effect transistor." *Applied Physics Express*, **6**, 101201 (2013).

[91] H. Lu & A. Seabaugh, "Tunnel field-effect transistor: state-of-the-art." *IEEE Journal of the Electron Devices Society*, **2**, 44–49 (2014).

石墨烯和二维晶体隧道晶体管

Qin Zhang，Pei Zhao，Nan Ma，Grace (Huili) Xing，Debdeep Jena

7.1 什么是低功耗开关

传统的场效应晶体管结构是注入的移动载流子——电子或空穴——通过导通沟道区域从源极存储到漏极存储来工作。载流子通过克服静电势垒进入沟道区域。栅电极电容控制其势垒高度。源区中与源接触的载流子处于热平衡状态。这意味着载流子，如电子，依照费米-狄拉克（Fermi-Dirac）分布 $f(E = 1/1[1 + \exp((E - E_F)/(kT))]$ 分布在导带中，费米-狄拉克分布的麦克斯韦-玻耳兹曼近似 $f(E) \sim \exp[-E/(kT)]$ 代表分布的高能能尾。尾部有电子，它们能量高于电位势垒；栅极不能阻止它们注入沟道。这导致亚阈值泄漏的漏极电流 $I_D \sim \exp[qV_{GS}/(kT)]$，也就同时导致了众所周知的 $S \sim (kT/q)\ln 10 \sim 60mV/10$ 倍频程电流变化亚阈值斜率（S）要求。使 S 在 300K 时以比 $60mV/10$ 倍频程值更有效的方法将会大大降低数字逻辑和计算中的功耗[1,2]。这些方法必须探索新的电荷输运机制，或静电门控。本章重点介绍输运。

电子的高能尾因为导带中的可用态密度（DOS）$D_C(E)$ 而存在；按能量的电子分布为 $n(E)D_C(E)f(E)$。如果态密度被切断，就不会有带尾，有可能获得小于 $60mV/10$ 倍频程的 S。如果我们用 p 型源极替换电子的 n 型源极，p 型源极具有价带最大值和大于零态密度，这种能量过滤就将有可能实现。为了注入 n FET 的沟道，电子不能进行传统的漂移/扩散过程，但必须量子化地隧穿带隙。通过该能量滤波方案实现低于 $60mV/10$ 倍频程的开关是隧道 FET（或 TFET）背后的中心思想。与传统的 FET 相比，TFET 预计将是一个低功耗开关，因为通过隧穿实现的陡峭 S 将有助于降低开关所需的电压。仍存在的挑战是在器件导通时保持高电流。已经用传统的三维晶体半导体及其异质结构证明了 TFET。迄今为止，已经实现了基于 Si，Ge 和 SiGe 材料的 TFET，也实现了基于 InAlGaAs 和 In-AlGaSb 材料的Ⅲ～Ⅴ族案例，这些Ⅲ～Ⅴ族材料使用具有交错和断开的带隙对准的多种同质结和异质结。基于三维晶体的这种 TFET 的设计，控制和性能正在迅速进展。它们的性能也在积极标准化，并且正在为它们的应用探寻新的途径。

与三维晶体半导体及其异质结构相比，诸如石墨烯，BN（氮化硼）和过渡金属二硫化物如 MoS_2 的二维晶体属于相对新型的材料，其本征电子、结构和光学特性还有待理解。许多器件的建模如受控晶体生长、化学掺杂、低电阻触点、电介质集成，对于这个材料家族的研究正处于萌芽阶段。但是，因为它们本征的可扩展性，它们是传统三维半导体在未来实现 TFET 的一个令人兴奋的替代方案。由于材料相对不成熟，并因此导致二维晶体半导体的实质性 TFET 实验数据不足，本章的大部分内容将侧重于建模和预测。还对实验进展进行了回顾。

7.2 二维晶体材料和器件的概述

诸如 Si，Ge，GaAs，GaN 等的传统半导体各原子之间的联系是通过共价键形成的。键的化学性质是 sp^3，通过 s 轨道与三个 p 轨道的杂化形成。所得到的共价键是四面体的，因此本质上是三维的。相比之下，二维晶体是具有石墨烯和 BN 的 sp^2 化学键。对于过渡金属二硫化物家族半导体（如 MoS_2，WS_2 等），除了 s 和 p 之外，共价键还涉及 d 轨道。化学键饱和使这些分层的材料具有特征化学惰性。例如，为了与石墨烯中的碳原子形成化学键，我们必须将 sp^2 键转化为 sp^3——这就需要晶体结构的弯曲，从而导致大的结合能。多层结构通过范德华相互作用弱结合。电子带结构随着层数的发展而变化：通常单层是平面六边形布里渊区域的 K 和 K' 点（顶点）处的导带最小值和价带最大值的直接带隙。导带最小值从多层结构对等物的顶点移动到六边形布里渊区域，使它们变成间接带隙。单层石墨烯具有能量为 0eV 的带隙，BN 则超过 5eV，并且 TMD（过渡金属二硫化物）二维晶体中存在 1～2eV 范围的带隙。因此，由石墨烯制成的传统 FET 展示出非常低的开/关比，并且和 BN 形成欧姆接触仍然是非常具有挑战性的。另一方面，TMD 二维晶体在很大程度上表现为传统的半导体。由于存在可调整的带隙，由它们制成的器件表现出两个中心 FET 特性：几个数量级的开/关比和电流饱和度。由于晶体结构和缺少悬挂键，这些 FET 也表现出接近于 60mV/10 倍频程的较低 S 值。TMD 材料中的载流子迁移率为每秒每伏几百平方厘米，目前正在受到严格的检验。

由于它们的厚度低于 1nm 且没有悬挂键，这些材料可能完全消除薄体晶体管的厚度变化。由于化学惰性而带来的电介质集成挑战，但原子层沉积正在取得实质性进展。还存在诸如 BN 之类的二维晶体介质的可能性。化学掺杂和低电阻欧姆接触在这一点上构成的挑战，但在不久的将来应该可以实现。

7.3 碳纳米管和石墨烯纳米带

能量带隙可以通过量子约束在石墨烯中打开。碳纳米管是由石墨烯晶体结构带的无缝缠绕形成的圆柱体。它们的带隙取决于缠绕螺旋手性和圆筒直径。类似地，开放石墨烯带的带隙取决于边缘性质。本节将讨论隧道输运和这些 sp^2 纳米结构的碳形成的 TFET。

7.3.1 小于 60mV/10 倍频程亚阈值摆幅的带碳纳米管的 TFET 第一个示例

第一个具有亚阈值摆幅小于 60mV/10 倍频程的带碳纳米管 TFET 在 2004 年被证

明[3]。图 7.1a 显示了双栅极结构晶体管：具有负电压的 Si 栅极将源极和漏极掺杂为 p+，而 Al 栅极控制沟道。漏极电流作为 Al 栅极电压的函数，如图 7.1b 所示。如图 7.1b 所示，阳极分支的亚阈值摆幅被测量为 40mV/10 倍频程，小于 MOSFET 在室温下的基本极限。图 7.1c 所示的能带图解释了这种性能。阳极 Al 栅将沟道中的导带推向源极中的价带之下，通过使能带-带隧穿来导通晶体管。

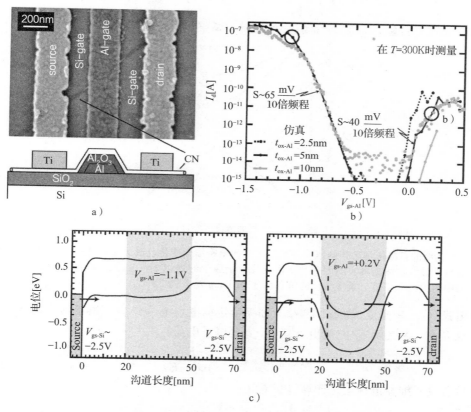

图 7.1 a）双栅极 CNT TFET 的 SEM 俯视图和横截面图。b）传导特性和 c）CNT TFET 的能带图，首次在 TFET 中证明了小于 60mV/10 倍频程的亚阈值摆幅[3]

7.3.2 碳纳米管和石墨烯纳米带中的齐纳隧穿

碳纳米管（CNT）或石墨烯纳米带（GNR）的带-带隧穿概率可以用 Wentzel-Kramer-Brillouin（WKB）计算，以类似于其他直接带隙半导体的方式进行近似，但是要考虑不同的带结构。半导体之字形 CNT 或扶手椅形 GNR 的价带和导带的 E-k 色散近似为：

$$E_{c,v} = \pm \hbar v_F \sqrt{k_x^2 + k_1^2} \qquad (7.1)$$

式中：$\hbar$ 是简化的普朗克常数；$v_F \sim 10^6 \, \text{m/s}$ 是石墨烯的费米速度；E_c（带有"+"）和 E_V（带有"−"）分别是导带和价带能量；k_x 是沿传输方向的波矢；k_1 是通过带宽 w 或管直径 d 量化的第一子带的横向波矢，其对于 GNR 近似为 $k_1 = \pi/(3w)$，对于 CNT，为 $k_1 =$

2/(3d)。

图 7.2 显示，由式（7.1）计算出的 E-k 关系与带隙内的紧密结合模拟是一致的，带隙中 k_x 是 GNR 的虚部。使用式（7.1）与 WKB 近似，半导化 GNR 或 CNT 的能量相关隧道传输系数由下式给出：

$$T_{WKB} = \exp\left(-2 \times \int_{x_i}^{x_f} \frac{1}{\hbar v_F} \sqrt{(E_G/2)^2 - (E - E_c(x) - E_G/2)^2} \, dx\right) \tag{7.2}$$

式中：E_G 是能量带隙；x_i 和 x_f 是隧穿的初始和最终位置，是个经典拐点。

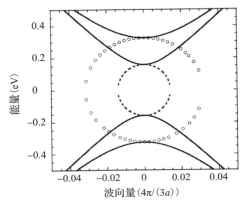

图 7.2   15a 宽度的石墨烯纳米带的第一和第二子带的紧密结合能量色散关系，其中 0.246nm 是石墨烯的晶格常数。实线是真实的 E-k 关系，点线是带隙中的虚拟 E-k 关系。虚线显示式（7.1）适合带隙中的第一个子带（紧密结合的仿真由 Tian Fang 博士提供）

应用式（7.2）到反偏的 $p^+ n^+$ 结，如果给定的电场 F 在结内是恒定的，则隧穿概率变得与能量无关，由文献 [4] 给出，其中，q 是电子电荷：

$$T_{WKB} = \exp\left(-\frac{\pi E_G^2}{4q\hbar v_F F}\right) \tag{7.3}$$

然后假设一维弹道输运，计算隧穿电流：

$$I = \frac{g_v q}{\pi \hbar} \int (f_p(E) - f_n(E)) T_{WKB} \, dE \tag{7.4}$$

式中：g_v 是谷简并度（GNR 的 $g_v=1$，CNT 的 $g_v=2$）；f_p 和 f_n 分别是在结的 p 和 n 侧的费米-狄拉克函数。图 7.3 显示了费米能级在 p^+ 侧的价带边缘和 n^+ 侧的导带边缘处的 GNR $p^+ n^+$ 结的计算隧穿电流。该图用式（7.3）和式（7.4）显示不同反向偏压、温度、带宽和电场的电流。可以看出，隧穿电流由于更加突变的费米-狄拉克函数而在较低的温度下增加，并且较大的隧穿概率而随着更高的电场而增加。隧穿电流密度可以在室温下以 0.1V 的偏压达到 1mA/μm，$w=3$nm，$F=5$MV/cm。这些值对于高性能 TFET 工作是有吸引力的。

7.3.3   TFET 器件结构和半经典模型

考虑一种 p 型双栅极（DG）GNR TFET[5]，其中源极重掺杂为 n^+，漏极为 p^+。互补

n 型 TFET 具有相同的结构，但具有重掺杂的 p^+ 源极和 n^+ 漏极。

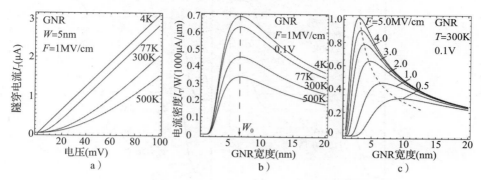

图 7.3 具有恒定电场的 GNR 中的隧穿电流：a）带宽 $w=5nm$，各种温度下的电压相关性。电流密度作为带宽的函数对于 b）电场强度 $F=1MV/cm$ 时的不同温度和 c）温度 $T=300K$ 时的不同电场强度[4]

使用准一维泊松（Poisson）方程求解静电[3,5]。双栅极 GNR 晶体管的缩放长度 λ 可以从二维泊松（Poisson）方程的分析解中提取出来[6]。从源区和漏区注入沟道的电荷分别如下计算：

$$Q_S = q \int \rho_{GNR}(E)(1 - f_s(E)) T_{WKB}(E) dE \tag{7.5}$$

和

$$Q_D = q \int \rho_{GNR}(E) [f_D(E) - 1 T_{WKB}(E) + 2(1 - f_D(E))] dE \tag{7.6}$$

式中：ρ_{GNR} 是 GNR 的第一子带的态密度；f_s，f_D 是源和漏费米-狄拉克分布。来自源极 $T_{WKB}(E)$ 的能量相关隧穿概率由式（7.2）计算，使用从静电解中获得的 $E_C(x)$。因此，沟道中的静电和电荷可以自洽求解。图 7.4a 显示了在 $V_{DS}=-0.1V$ 时 p 型 GNR TFET 的计算的截止和导通状态能带图。然后使用式（7.4）计算传输特性，如图 7.4b 所示，其中 $f_{p/n}$ 由 $f_{D/S}$ 代替，T_{WKB} 与能量相关，由式（7.3）给出。在电源电压为 0.1V 的情况下，GNR TFET 能够实现大于 10^3 的 I_{on}/I_{off} 比，平均亚阈值摆幅小于 30mV/10 倍频程，导通状态电流密度（用带宽度标准化的）大于 $100\mu A/\mu m$。由于狄拉克点附近的电子和空穴的 GNR 带结构的对称性，互补 n 型和 p 型 GNR TFET 的传输特性也是对称的，如图 7.4b 所示。

用于半经典 TFET 建模的 WKB 近似已经与具有非平衡格林函数（NEGF）量子模拟做了比较。从同样的通过三维原子量子输运求解器自洽地获得的 n 型 GNR TFET 能带图中[7]，传输系数分别由 WKB 计算近似（图中的点）和 NEGF 方法（图中的实线）对于截止状态和导通状态进行计算，如图 7.5a 和 b 所示。可以看出，WKB 近似和 NEGF 在截止状态下非常一致。而在 NEGF 模拟中观察到的导通状态下的谐振效应却并没有被 WKB 近似获得。

因此，导通电流通常被 WKB 近似过高估计，而对于 $L_G=40nm$ 和带宽度 $=5.15nm$ 的计算几何结构，过高估计大约为 30%，如图 7.5c 和 d 所示。然而，WKB 方法为器件和材料参数的设计提供了重要的见解。

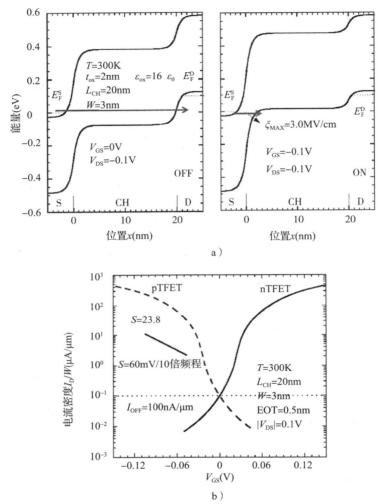

图 7.4　a）p 型 GNR TFET 在电源电压为 0.1V 时的截止和导通状态下的能带图。计算的栅极氧化物为 2nm 厚，相对介电常数为 16，GNR 宽度为 3nm，栅极长度为 20nm。b）p 型 GNR TFET（虚线）及其互补型 n 型 TFET（实线）的传输特性

7.3.4　几何结构与掺杂相关性、优化以及标准

Chin 等人已经通过自洽求解 NEGF 和准二维泊松方程详细地研究了 GNR TFET 的几何结构相关性和掺杂相关性等性能[8]。图 7.6 显示了具有 a）不同的带宽度（不同的 E_G），b）不同的栅极长度和 c）不同源极/漏极掺杂浓度的 DG GNR TFET 的传输特性。这里，W12，W15，W23 和 W27 分别表示带宽为 1.2nm，1.5nm，2.3nm 和 2.7nm，分别对应于 1.22eV，0.953eV，0.661eV 和 0.573eV 的带隙。我们发现截止状态电流强烈依赖于带隙。由于较强的直接源极到漏极隧穿，当缩放到 20nm 以下时，它也强烈地与栅极长度相关。需要具有较大带隙的窄带，从而在超缩放尺寸的栅极长度下实现所需的低截止电流。然而，由于更大的带

隙和更大的有效质量降低了隧穿效率，对于较窄的带区而言，导通状态电流会降低。

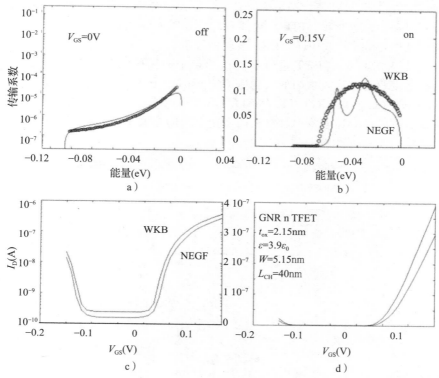

图 7.5　$V_{DS}=0.1V$ 下的 n 型 GNR TFET a）截止状态和 b）导通状态下传输系数的 WKB 近似与 NEGF 模拟的关系。氧化物为 2.15nm SiO_2，GNR 宽度为 5.15nm，栅极长度为 40nm。c），d）由 WKB 近似和 NEGF 模拟计算得出的 GNR TFET 的对数和线性缩放转移特性（由 Mathieu Luisier 博士为 NEGF 模拟提供）

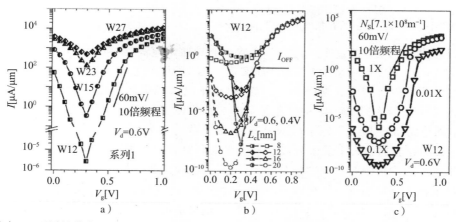

图 7.6　具有 a）不同的带宽，b）不同的栅极长度，c）不同的源极/漏极掺杂的 GNR TFET 的传输特性。默认为 W12 色带，16nm 栅极长度，7.1×10^8/m 源极/漏极掺杂[8]

改善导通电流的一种方法是增加源掺杂浓度，但是在这种情况下，亚阈值摆幅降低，如图 7.6c 所示。在工程设计源掺杂浓度时，导通状态电流和亚阈值摆幅之间存在权衡。通过计算本征延时和功率延时积（PDP）也能看出，W12 色带可以满足 ITRS 2009 MOSFET 对于栅极长度低至 12nm 的低功耗（LP）逻辑的要求。

Koswatta 等人对 CNT TFET 进行了类似的量子传输研究[9]。研究显示，TFET "可能更适合具有适度驱动电流要求的低功耗应用。"图 7.7 比较了在 0.3V 电源电压下栅极长度为 15nm Zigzag（13，0）CNT TFET 和 MOSFET 的 I_{off} 与 I_{on}。室温 $T=300K$ 时的阴影区域显示了从具有较高导通电流但具有相同截止电流的意义上说，在何处 TFET 可以超越 MOSFET。

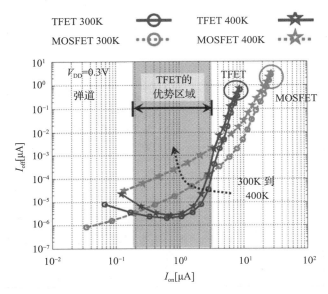

图 7.7   电源电压为 0.3V，栅极长度为 15nm 的 Zigzag（13，0）CNT TFET 和 MOSFET 的 I_{off} 与 I_{on} 比较。阴影区域显示了室温下在相同的 I_{off} 下具有较高的 I_{on}，在何处 TFET 性能可以优于 MOSFET

可以看出，TFET 的这个 "优势" 区域中的导通电流高达 $3\mu A$ 每 CNT。考虑到 CNT 的直径为 1nm，需要高密度的 CNT 才能实现 ITRS 的驱动电流要求。

通过工程化设计带隙、栅极长度、导通/截止电流和电源电压，优化 TFET 更普遍的方法已由 Zhang 等人给出[10]，并使用了 7.3.2 小节和 7.3.3 小节描述的基于物理的分析模型。n 型同质结 pin TFET 处于导通状态和截止状态的能带图如图 6.6 所示。其中能量 qV_{on} 被定义为在导通状态下低于源极费米能级的隧穿窗口，并且 qV_{off} 被定义为截止状态下源极费米能级与沟道导带之间的能量势垒。qV_{on} 与 qV_{off} 的和由电源电压和栅极控制效率决定。电流根据式（7.2）～式（7.4）计算，为带隙、栅极长度和电压 V_{on}（导通状态）或 V_{off}（截止状态）的函数，假设直接源极到漏极隧穿能够主导短栅极长度的截止电流。随后设计空间会被总结在恒定电流图中，其中优化的电源电压 V_{dd} 可以根据所需的栅极长度，导通电流，截止电流或导通/截止电流比来确定。图 7.8 显示了 GNR TFET 的优化示例，其中电流被标准化为带宽的 2 倍。图 7.8a 所示恒定电流图，是为 10nm 和 15nm 的栅极长度而生成的，设计其中两个截止电流分别为 5nA/μm 和 15nA/μm，导通/截止电流比为 10^5，分别满足低功耗和高性能要求。如图 7.8 所示，优化的电源电压随着栅极长度的缩短而增加，带隙也必须增加以满足电流要求。

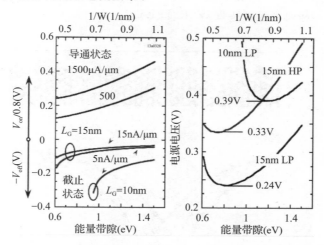

图 7.8　具有可变的能量带隙 E_G 和沟道中电位 qV_{off} 或 $qV_{on}/0.8$ 的，用于 $L_G = 10$ 和 15nm 的 GNR TFET 的恒定电流密度轮廓图，所以导通状态（上）曲线和截止状态（下）曲线之间的距离表示低功耗应用的 $qV_{dd} \approx I_{off} = 5nA/\mu m$，对于高性能（HP）应用，$I_{on} = 1500\mu A/$ 和 $I_{on}/I_{off} = 10^5$。电源电压 V_{dd} 与 E_G 和带宽度 w 的关系，其中最小 V_{dd} 和相应的最佳 E_G 被提取出来[10]

7.3.5　非理想效应

通过模拟可以看到，理想情况下，具有碳基材料的 TFET 是低功耗逻辑应用的很有希望的候选者。但是迄今为止，许多模拟都假定有弹道输运。Koswatta 等人[9]研究了声子散射对 CNT TFET 的影响。图 7.9 显示了对于温度 $T = 300K$ 和 400K，具有和不具有声子散射效应的模拟传输特性。可观察到，声子辅助非弹道隧穿在截止状态中起重要作用并降低亚阈值摆幅。当有较大的声子占有和吸收过程时，这种降低在较高的温度下效果更差。

对于石墨烯纳米带，需要 10nm 以下的带宽来获得显著的能量带隙。在这些尺寸上制造具有最小线边缘粗糙度（LER）的完美带是一个相当大的实验挑战。已经用 Luisier 和 Klimeck 的 NEGF 模拟研究了 LER 的不利影

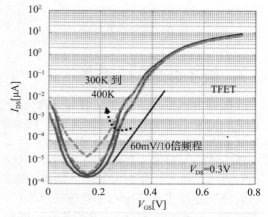

图 7.9　在弹道（实线）和耗散（虚线）输运下 CNT TFET 的温度相关的转移特性。声子辅助隧穿可以降低亚阈值摆幅

响[7]。宽度为 5.1nm 的扶手椅 GNR 的 LER 是随机生成的，GNR TFET 的平均转移特性如图 7.10 所示。导通状态和截止状态电流都随着更高的 LER 概率而增加，因为 LER 引入的带隙中的额外状态。然而，截止状态电流增加快于导通状态电流的增加，使亚阈值摆幅和导通/截止电流比降低。可以感觉到，FinFET 缩放带来的光刻进步将用于把 LER 控制在可接受的限度内，从而在未来实现 GNR TFET。

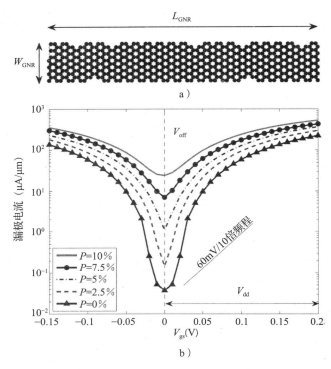

图 7.10 a）具有线边缘粗糙度（LER）的扶手椅石墨烯纳米带。b）具有各种 LER 概率的 GNR TFET 的
平均转移特性，其中 LER 降低器件的亚阈值摆幅

7.4 原子级薄体晶体管

在 ITRS 上，L_G 的物理栅极长度已经迅速缩小。它在 2020 年之后将达到 10nm 以下。亚 10nm 沟道的静电完整性将是一个巨大的挑战。这需要静电比例尺寸 λ 小于 ~2nm，因为如果 $L_G/(\pi\lambda)$ 的比值低于 1.5~2[11,12]，伴随过度热泄漏，亚阈值摆幅显著降低。具有双栅极结构（顶部和底部氧化物不一定对称）的石墨烯的缩放长度已经从一般分析解中被提取到用二维拉普拉斯方程[6]。同样的理论也可以应用于其他原子级薄的材料。图 7.11 所示的将沟道厚度为 5nm 的单栅极（SG）、双栅极（DG）极薄 SOI（ETSOI）和环栅极（GAA）Si 纳米线 MOSFET 的缩放长度与 SG 和 DG 石墨烯纳米带肖特基势垒 FET 进行了比较[13]。从这些考虑看来，为了保持 $L_G<10$nm 的良好的短沟道控制，只有 GAA-Si 纳米线和石墨烯（或其他原子级薄的材料）可以满足要求（见图 7.11 中虚线以下的区域）。

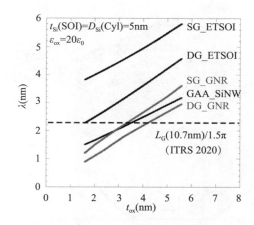

图 7.11 SG-DG-ETSOI FET，GAA-Si 纳米线 FET 和 SG-DG-GNR FET 的静电缩放长度 λ 的比较。λ 从 Si 的渐进模式分析获得，也可从石墨烯的二维拉普拉斯解中获得[13]

此外，原子级薄的沟道材料展现出更好的可缩放性。二维半导体晶体，如过渡金属二硫化物半导体，目前正在被探索作为原子级薄的沟道材料。

7.4.1 二维晶体管中的面内隧道输运

二维半导体的超薄性质提供了将电子器件缩小到比常规三维半导体尺寸小得多的机会，例如 Si-MOSFET 和Ⅲ～Ⅴ族 HEMT。对于 FET 器件，有源沟道中的电流为以漂移扩散为主。对于非常短的沟道，性能接近弹道输运的极限情况。对于 TFET，带间载流子隧穿在很大程度上决定了静电设计良好的器件性能。为了找出二维晶体半导体适用于 TFET 的可行性，重要的是评估面内二维隧道结中的带间隧穿电流。

图 7.12a 显示了二维晶体 pin 结。在反向偏置电压下，相应的能带图如图 7.12b 所示，其中从 p 侧到 n 侧为电子打开有限的隧穿窗口[14]。假设 p 和 n 侧的掺杂将费米能级与相应的带边缘对齐。隧穿概率由 Wentzel-Kramer-Brillouin（WKB）近似得到[15]。二维 k 空间中的每个状态，它们各自的群速度及其带间隧穿概率都被跟踪。图 7.13 展示了二维 MoTe₂ 在 k 空间中解析的零温度带间隧穿电流谱[16]。

总隧穿电流通过对来自独立 k 状态的贡献求和来评估。在零温度下，二维晶体 pin 结中单位宽度的带间隧穿电流（μA/μm）由下式给出：

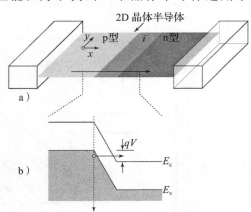

图 7.12 a）二维晶体 pin 结的示意图和 b）相应的能带图[14]

$$J_{\mathrm{T}}^{\mathrm{2D}} = \frac{q^2}{h}\left(\frac{g_{\mathrm{s}}g_{\mathrm{v}}T_0}{2\pi}\right)\sqrt{\frac{2m_{\mathrm{v}}^*\,\overline{E}}{\hbar^2}}\cdot\left[\sqrt{\pi}\left(V-\frac{V_0}{2}\right)\mathrm{erf}\left(\sqrt{\frac{V}{V_0}}\right)+\sqrt{VV_0}\exp\left(-\frac{V}{V_0}\right)\right] \quad (7.7)$$

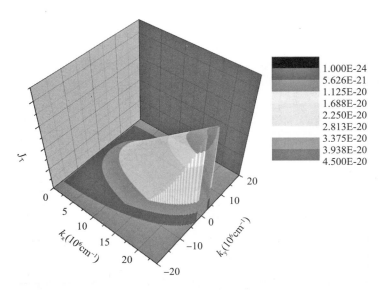

■	1.000E-24
▨	5.626E-21
▧	1.125E-20
▤	1.688E-20
□	2.250E-20
▨	2.813E-20
▨	3.375E-20
▨	3.938E-20
	4.500E-20

图 7.13　MoTe₂ 中在 k 空间求解的零温度带间隧穿电流谱（spectrum)[16]

式中：g_s、g_v 分别是自旋和谷简并；T_0、V_0 和 $\overline{E}$ 是由电场 $\overline{F}$，有效质量（m^*）和二维晶体的能量带隙 E_G 决定的；erf（•）为概率积分。利用该表达式，计算各种二维晶体的隧穿电流。当 T 较高时，考虑电子的费米-狄拉克分布。然而，这仅引入弱温度相关性。在 $T=$ 4K 和 300K 处的各种二维晶体的带间隧穿电流密度被分别绘制成图 7.14a 所示的实线和虚线。MoTe₂ 和 $E_G=1.0$eV，$m^*=0.1m_0$ 的二维半导体晶体的隧穿电流在不同温度下作为电压的函数，分别如图 7.14b 和 c 所示。

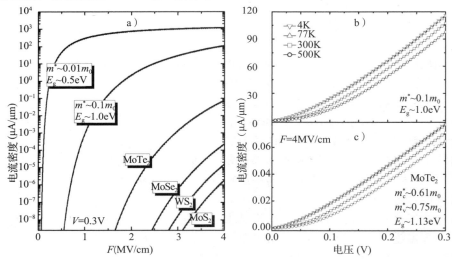

图 7.14　a）各种二维晶体半导体的带间隧穿电流密度。实线为 $T=4$K 时，虚线为 $T=300$K 时，温度相关性较弱。b）表示在结电场场度 $F=4$MV/cm 处具有标明的带参数的二维晶体半导体各种温度下的电流-电压曲线。c）与 b）相同，但是是针对二维晶体 MoTe₂[14]

由于其较大的带隙，MoS_2 和 TMD 族的隧道电流密度对于小于 4MV/cm 的面内场而言是较低的。通过静电和几何设计来增加面内电场的方法可以允许高得多的电流密度，可以容易地用式（7.7）计算得到。对于 TFET 应用，具有较小带隙的二维晶体对于提高电流是必需的。例如，图 7.14a 绘制了带隙为 0.5eV 和 1.0eV 且具有相应较低有效质量的二维晶体的隧穿电流。这种晶体的电流对于高性能 TFET 应用是有吸引力的。为了展现有效质量和带隙的相对重要性，它们被视为独立的材料参数，并且在较高结电场处的二维晶体中的带间隧穿电流如图 7.15 所示。

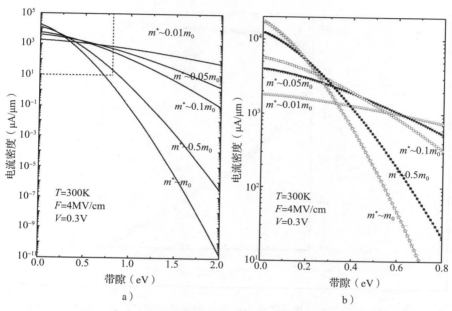

图 7.15　a）对于各种有效质量参数，二维晶体半导体的带间隧穿电流是能量带隙的函数。b）是 a）的高电流部分，放大之后可看到更多细节[14]

从图 7.15a 可以看出，为了最大化隧穿电流，选择有效质量还是带隙是有权衡的。

图 7.15b 放大以突出显示 4MV/cm 固定面内电场的权衡。对于用于数字开关应用的高性能 TFET，超过 $100\mu A/\mu m$ 的电流是非常必要的。

图 7.16 绘制了二维晶体半导体的带间隧穿电流与能量带隙为 0.1eV 和 1.0eV 的电子质量的函数关系[16]。

7.4.2　面内二维晶体 TFET

7.4.1 小节讨论了高性能 TFET，带隙在 $0.6\sim0.7eV$ 范围内，有效质量为 $0.1\sim0.5m_0$ 的二维晶体对于提高隧穿电流是理想的。这种小带隙材料可以是本征二维晶体。随着新的二维晶体不断涌现，可能有小带隙本征二维晶体，例如 ScS_2（$E_G\sim0.44eV$），CrO_2（$E_G\sim0.5eV$）和 $CrTe_2$（$E_G\sim0.6eV$）[1]。这些二维晶体需要进一步研究，以探讨其对器件应用的潜力。除了 TMD 系列的二维晶体半导体之外，二维平面 TFET 可以用双层石墨烯实现，其中能量带隙可以通过施加垂直电场来打开。Fiori 和 Iannaccone 提出了超低功耗双层石墨烯 TFET 的实现方法，它是基于耦合的三维泊松和薛定谔（Schrödinger）方程的解，对于电导具有非平衡格林函数方式[17]。处于截止状态的器件结构和带边缘轮廓如图 7.17 所示。黑色和灰色箭头分别表示包含隧穿和热发射成分的源极和漏极的载流子流量。当 V_{diff}（$V_{top} - V_{bottom}$）从 6V 变化到 8V 时，静电调节能量带隙的能力导致导通/截止比增加了 33 倍。双层石墨烯提供了一个现场可调能量带隙的有趣的新材料属性，此功能尚未直接在 FET 中使用，并且这个范例可能会在未来的开关器件中引起人们更大的兴趣。

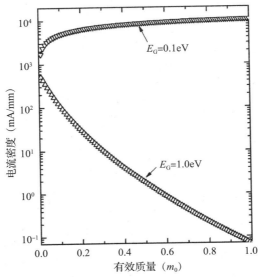

图 7.16　显示了电流密度与 m^* 的函数，E_G 分别为 0.1eV 和 1.0eV。对于带隙小于 0.3~0.4eV 的二维晶体半导体，选择较高的有效质量将使带间隧穿电流最大化，远远超过用于高性能开关的典型晶体管导通电流。但是对于较大的带隙，较低的有效质量是更可取的。对于高性能 TFET，带隙在 0.6~0.7eV 范围内，有效质量在 0.1~0.5m_0 的二维晶体可能是非常有吸引力的

　　图 7.18a 和 b 分别显示了用于漏极和源极引线中不同的掺杂物的物质的量，用于不同的栅极重叠的双层石墨烯 TFET 的转移特性。观察到随着物质的量降低和重叠的增加，开/关比增加。它们都通过控制截止状态电流来改变开/关比。图 7.18c 示出了具有不对称氧化物厚度的器件的传输特性，其中背栅电压是固定的，顶栅用作对照。这种结构在电路集成方面更适于工艺兼容，而且也有几百的开/关比。双层石墨烯 TFET 可以从低量子电容中受益，并结合了 GNR 和 CNT 的优点，并且还具有易于制造的平面几何形状。

　　对于面内 TFET，在单层二维内生长异质结晶体的能力可以大大增强高性能的可能性。该范例与交错或断带Ⅲ-Ⅴ族异质结构 TFET 的选择相同，已经显示出导通电流的显著改进。然而，二维晶体材料的可缩放性可以将范例扩展到比常规Ⅲ-Ⅴ族三维晶体异质结构小得多的沟道厚度和栅极长度。

　　异质结的选择必须通过选择适当的单层 TMD 材料来使必要的带对齐，如图 7.19 所示[18]。通过在源极/沟道界面引入公共 X 异质结，可以使 n 型和 p 型 TFET 的导通状态电

流提高一个数量级。性能提升是由于突变的准电场导致的过渡距离减小，而该准电场则是由普通 X MX$_2$ 之间的能带偏移引起的。然而，亚阈值摆幅仍需进一步改善。带边缘是否会像理论预测的那样突然变化，仍然是需要通过实验验证的。设计中的另一个自由度是通过适当选择周围的电介质材料来具体设计内置电场，这可以用于提高隧穿电流。

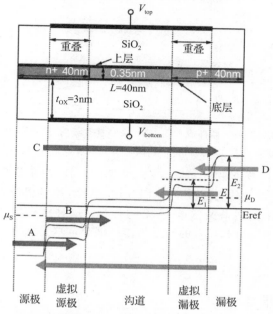

图 7.17　具有双栅的双层石墨烯 TFET 的示意图：沟道长度为 40nm，n$^+$ 和 p$^+$ 区层为 40nm。该器件嵌入 3nm 厚的 SiO$_2$ 电介质中。指向右边的（黑色）箭头来自源极；指向左侧的箭头（灰色）来自漏极。V_{top} 和 V_{bottom} 分别是施加到顶部和底部栅极的电压。底部呈现了器件处于截止状态的带边缘轮廓[17]

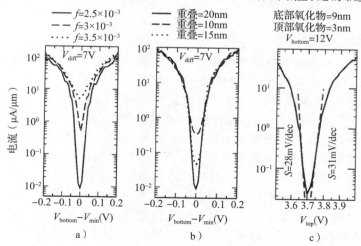

图 7.18　具有 a）不同的掺杂物的物质的量 f，b）不同的栅极重叠，其中 $V_{diff}=7V$，$V_{DS}=0.1V$，$V_{min}=3.55V$；以及 c）不对称氧化物厚度，$V_{DS}=0.1V$[17] 的双层石墨烯 TFET 的传输特性

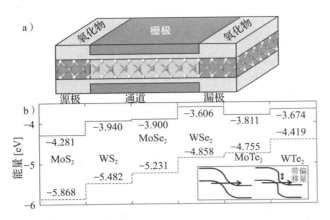

图 7.19   a）双栅极 MX_2 TFET 器件原理图。b）来自真空级别对齐的 DFT 计算的带偏移量。实线和虚线分别对应于最低导带和最高价带。插图：由于引入带偏移而对带带隧穿所做的修改[18]

　　Fiori 等人已经计算出平面 hBCN（六方硼碳氮）-石墨烯异质结构是获得真正平面的纳米级 FET 的一种可行的选择[19]。他们利用具有两种金属的石墨烯-BN-石墨烯-BN-石墨烯异质结构的沟道来探索谐振隧道 FET 的行为。这种结构的优点是器件的静电控制非常好，这是由于平坦的沟道和高效的沟道与栅极耦合，这是双极型操作和垂直异质结构无法实现的。

7.5   层间隧穿晶体管

　　面内二维晶体 TFET 的隧道结是一条线，限制了电流驱动。从线隧穿转换到面隧穿可以大大提高电流驱动和器件性能。这需要改变器件的几何形状。在这部分，将讨论利用二维晶体优势的这种层间隧穿器件。

7.5.1   石墨烯层间隧穿

　　石墨烯的一个主要的新特征是带结构的完美对称，这可以导致增强的功能。受上述问题的推动，对于有限域 2 端石墨烯-绝缘体-石墨烯（GIG）异质结构，我们明确计算了单粒子层间隧穿电流-电压曲线[20]。大多数层间偏置电压、能量和动量守恒迫使一个较小的隧穿电流在两个狄拉克（Dirac）点之间的一个特定能量中点处流动（见图 7.20a 和 b）。然而，当 p 型和 n 型石墨烯层的狄拉克点对齐时，在特定的层间电压下，会有非常大的层间隧穿电流。这是因为在该过程中能量和动量对于 n 型和 p 型石墨烯层准费米能级之间的所有电子能量都守恒（见图 7.20c）。I-V 曲线是由临界层间电压下的狄拉克-Δ 函数峰值和所有其他电压下的较小电流来支配的（见图 7.20d）。隧穿电流的计算也表明，该效应对于温度是稳定的，但对两个石墨烯层的自旋错位不太稳定[20]。这种谐振隧穿导致了强的负差分电阻（NDR），通常在 Ⅲ-Ⅴ 族谐振隧穿二极管中观察到。GIG 二维晶体标准模块的优点是可以通过比 Ⅲ-Ⅴ 族 RTD 结构更高的静电控制来门控选通。此外，其隧穿机制与 Ⅲ-Ⅴ 族 RTD 的有很大的不同。

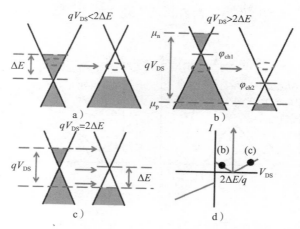

图 7.20　在 a) $qV_{DS} < 2\Delta E$，b) $qV_{DS} > 2\Delta E$ 和 c) $qV_{DS} = 2\Delta E$ 的电压下，掺杂的石墨烯/绝缘体/石墨烯结的能带图。定性电流-电压（I-V_{DS}）特性如 d) 所示[21]

7.5.2　对称隧道场效应晶体管（symFET）

GIG 异质结构中两个石墨烯层之间的谐振隧穿效应可以被纳入到一种称为 SymFET 的新型器件的 FET 几何结构中[21]。器件结构如图 7.21 所示。绝缘体分离两个石墨烯层，并且该 GIG 结构夹在顶部和底部栅极之间。分别代表源极（S）和漏极（D）的两个石墨烯层形成了欧姆接触。顶部和底部栅极电压 V_{TG} 和 V_{BG} 控制石墨烯顶层和底层中的准费米能级 μ_n 和 μ_p。假设两个栅极的栅极绝缘体厚度相同，均为 t_g。准费米能级在 n 型石墨烯层中是狄拉克点以上 ΔE，在 p 型石墨烯层中则是狄拉克点以下 ΔE。顶栅和背栅是对称 $V_{TG} = -V_{BG}$，漏源电压为 $V_{DS} = V_D - V_S$。图 7.21 的插图表示了用于 SymFET 器件的图形符号。

双量子阱异质结构中，隧道绝缘体厚度 t_t 起到了与隧穿势垒相似的作用。随着 t_t 增加谐振峰值如预期的那样下降。栅绝缘体可以是类似于 Si CMOS 工艺中使用的那种高 k 材料。或者，由于不存在悬挂键，诸如 BN 的二维材料可能是降低界面陷阱密度的更好选择。BN 测得的击穿电场强度的高达 7.9MV/cm[22]。更薄的 t_g 能提供更好的栅极控制和更高的栅极诱导掺杂。当 t_g 减小时，ΔE 在相同的栅极偏压下变得更大。谐振峰值移动到更高的偏置，峰值电流增加。

固定 V_G 的 I_D-V_{DS} 特性如图 7.22a 所示。谐振性能清晰示出没有饱和区域导通和截止状态。由于石墨烯的有限化学掺杂，具有谐振电流峰值的 SymFET 可以在 $V_G = 0V$ 下工作。如上所述，栅极将在石墨烯层中引起静电掺杂。随着 V_G 越大，ΔE 越大，谐振条件 $qV_{DS} = 2\Delta E$ 发生

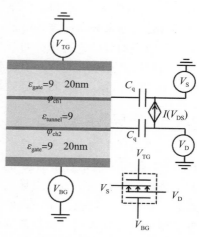

图 7.21　SymFET 简图。插图显示 SymFET 图形符号[21]

在越大的漏极偏置处，谐振电流峰值向右移动。较高的 V_G 会引起更多的掺杂，从而增加导通电流。

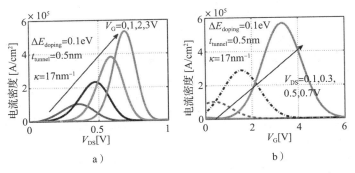

图 7.22   a）在不同 V_G 下的 I_D 与 V_{DS} 关系；b）在不同 V_{DS} 下的 I_D 与 V_G 关系

在二端 GIG 器件中，谐振电流峰值与石墨烯晶粒尺寸的相干长度 L 成正比，峰宽与 $1/L$ 成正比[20]。在门控 SymFET 中，由于栅极偏置静电掺杂石墨烯，因此它提供了额外的灵活性来调节导通和截止状态。如图 7.22b 所示，I_D-V_G 曲线显示具有很强的非线性性和谐振特性，但具有较宽的峰。当 V_G 较小并且在谐振峰值以外时，跨导较小，但是在峰值条件下较大。

由于隧道效应是目前的主要输运机制，因此 I_D-V_{DS} 曲线对温度不敏感，如图 7.23 所示。但是由于费米-狄拉克分布在有限温度下掩盖了状态占领，所以在 $T=300K$ 和 $T=0K$ 之间仍然可以观察到轻微的差异。在低 V_{DS} 下，准费米能级 μ_n 和 μ_p 之间的传输能量窗口是较小

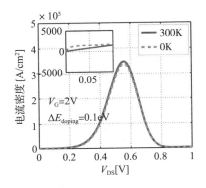

图 7.23 $T=300K$，$T=0K$ 时的 I_D-V_{DS} 特性比较

的。然后，费米分布的掩盖降低了较高温度下的载流子密度，电流降低。谐振峰值电流在室温下的增加是因为费米分布延伸到具有更多状态的更高的能量。

当狄拉克点对齐时，所有能量下的状态在隧穿时横向动量守恒，从而允许隧穿。预测的 SymFET 门控 NDR 行为已经在室温下的实验中得到确认，并在本章后面讨论。

7.5.3   双层伪自旋 FET

二维晶体中的平面外电荷输运研究是由双层伪自旋 FET（BiSFET）的提出[23]引起的。BiSFET 利用了两个石墨烯层可以十分靠近的事实，并且如果被电子和空穴填充，它们之间的强烈的库仑吸引力可以导致强烈的电子孔库仑吸引和激子的形成。由于激子是玻色子准粒子，它们可以在低于一定的临界温度下有效地经历玻色-爱因斯坦凝结。因为石墨烯中的费米筒并在较大能量窗口范围内可调，计算出激子凝结的临界温度高于室温。预计激子凝结物的形成将导致层之间的宏观相关隧穿电流，类似于超导体中相干多电子传输。因此，BiSFET 具有在室温下实现多体激子的隧穿现象的潜力。使用 BiSFET 功能性计算功

耗预计比传统 CMOS 开关低很多个数量级（见图 7.24c）。

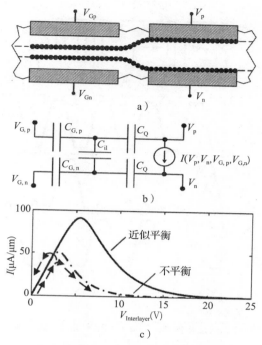

图 7.24 a）BiSFET 结构示意图，b）BiSFET 的等效电路模型，
c）具有较低工作偏压的 BiSFET 的层间 I-V 特性

在 BiSFET 的逻辑运行中提出的能耗已经用包括两个 BiSFET 的反相器的 SPICE 仿真进行了评估（见图 7.25a）。图 7.25b 显示了这种反相器的 SPICE 仿真曲线。每个器件假设 20nm 的栅极宽度。时钟信号以 100GHz 的频率给出脉冲，峰值 V_{clock} 为 25mV。输入和输出信号都分别服从四个反相器的扇入和扇出。每个 BiSFET 每时钟周期消耗的平均能量在 100GHz 时为 0.008aJ。为了进行比较，目前 MOSFET 在 5GHz 时钟频率下平均每个开关消耗 100aJ 的电流，到 2020 年，100GHz 的每次开关的预计功耗约为 5aJ。BiSFET 作为利用二维晶体半导体独特性能的真正新颖的器件思想，是一个激动人心的起点。此器件方案也激发了对传统三维晶体材料中类似想法的探索，如下所述。

7.5.4 层间隧穿晶体管的实验进展

关于 AlGaAs/GaAs 异质结构中紧密放置于量子阱中的耦合电子气系统中[24-26]，已经对 2D-2D 结隧穿进行了重点优先研究。平行的二维电子气分别由顶部接触和背部接触控制（见图 7.26）。考虑到二维电子气之间不均匀掺杂的情况，在对应于二维系统的对准带的电压偏置下，隧道电流中较大的尖锐峰值已经在实验中观察到。

发现该峰的宽度与温度无关（可能来自非弹性效应），如图 7.27 所示。隧穿在相同的能带之间，因此预计受到玻耳兹曼极限的限制。

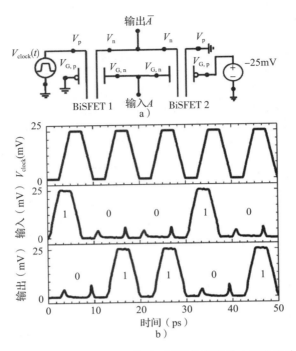

图 7.25   a) 基于 BiSFET 的反相器和 b) 基于 SPICE 仿真的输入和输出波形的时钟信号图

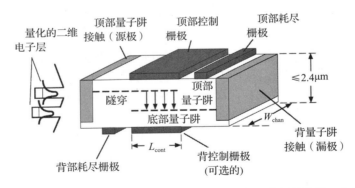

图 7.26   示意图展示了 2D-2D 结隧穿器件结构，并标明了前栅和背栅的位置。左触点仅与顶部量子阱电接触，而右触点控制底部量子阱

在室温和 7K 下，已经报道了峰值/谷值比大于 2 的石墨烯层间隧穿晶体管中观察到的谐振隧穿[27]。使用四个原子层厚的 h BN 作为两个石墨烯层之间的隧穿绝缘体。底部和顶部石墨烯层的掺杂分别由底部栅极和顶部石墨烯层上的接触 V_b 来控制。从 7K 到 300K 可以观察到可重复的 NDR（见图 7.28）。比较 7K 和 300K 时的 I-V 关系，峰值电流几乎与层间隧穿一样都对温度不敏感。在石墨烯/BN 界面处的预期势垒高度约为 2.6eV（约为 BN 的带隙的一半）。因为有如此高的势垒，热离子发射电流较低。峰值电流随着石墨烯层中的掺杂浓度增加（栅极电压较大）而增加。这类似于较大 V_G 处的峰/谷比（PVR）增加

（见图 7.28 的插图）。具有高 PVR 和稳定 NDR 的栅极控制谐振隧道垂直石墨烯晶体管优于其他谐振隧道器件。谐振峰值和 PVR 的位置可以通过栅极来控制，即使栅极在诸如 RTD 的二端器件中不存在，谐振峰值和 PVR 的位置也可以在门控 RTD 中获得。

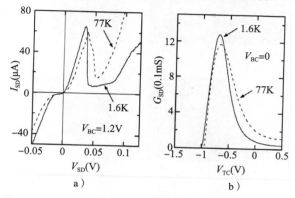

图 7.27　a）在 1.6K 和 77K 时，I-V 曲线图和 b）小信号 G_{SD} 与 V_{TC}（顶部控制栅极电压）的关系。该特性在 1.6K 和 77K 之间变化不大

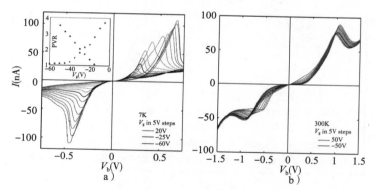

图 7.28　h BN 隧穿势垒为 5 个原子层厚，$0.6\mu m^2$ 有源区，a）$T = 7K$；V_G 值范围为从 $+20V$ 到 $-60V$，步长为 5V。插图显示了 PVR 的 V_G 相关性。b）相同器件的室温 I-V_b 特性；V_G 范围为 $+50V$ 至 $-50V$，步长为 5V

由于原子级薄的石墨烯，谐振偏压下载流子在石墨烯中的停留时间预计将短于在传统的基于量子阱的谐振结构中的停留时间，这可以提高高速电子器件中潜在应用的开关速度。论证也说明了 SymFET 的可行性，如前面所述。

利用二维平面材料的电子传输吸引了很大的实验兴趣。例如，最近报道了石墨烯/BN/石墨烯的三明治异质结构[28]，并测量了层间电子传输。对于类似的石墨烯/MoS$_2$/石墨烯结构，这种堆叠的石墨烯/BN/石墨烯异质结构显示了 50 和 10 000 的室温开关比。石墨烯/WS$_2$ 异质结构（见图 7.29）中的开/关比为六个数量级，这是基于石墨烯的器件中最高的开关比之一[29]。然而，器件的输出电导不适用于所报道的器件拓扑中的逻辑器件。可以想到，低输出电导 FET 可能以这种方式实现。

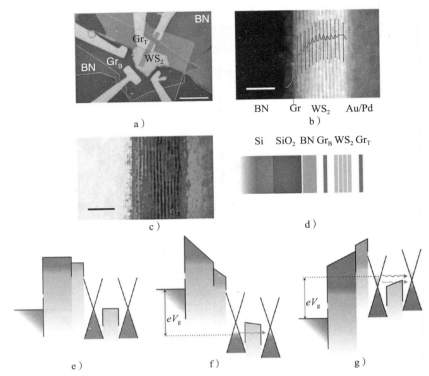

图 7.29　石墨烯/WS$_2$ 异质晶体管。a）光学图像（比例尺，10μm）。b）高分辨率，高角度，环形暗场，扫描透射电子显微镜（HAADF STEM）图像（比例尺，5nm）的横截面。c）亮场 STEM 图像（比例尺，5nm）。d）晶体管垂直结构示意图。e）对应于没有 V_G 和应用 V_B 的能带图。f）负 V_G 将两个石墨烯层的费米能级从中性点向下移动，增加势垒并使晶体管截止。g）由于热离子和隧穿的贡献，应用正的 V_G 将导致 Gr$_B$ 和 Gr$_T$ 之间的电流增加[29]

7.5.5　挑战

　　基于各种形式二维晶体的层间隧穿器件的实现还存在重大挑战。例如，对于 Sym-FET，I-V 特性中最大量的非线性性是通过石墨烯层的完美自旋方向实现的。随着偏差角度的增大，谐振峰强度急剧下降；峰值偏移到较高的电压，相关的峰值出现在较低的电压（负电压）[20]。实验数据中出现类似的 I-V 特性（见图 7.28）。要实现在两层石墨烯之间具有完美角度对准的 PVR~100，这给基于层转移技术的这种器件的制造带来了一个挑战。石墨烯，BN 或其他二维材料的外延生长有望克服这个问题。在撰写本书时，直径仅为几英寸的 SiC 晶圆上的外延单层石墨烯[30,31]已经可以使用。

　　化学气相沉积（CVD）生长的石墨烯已经在金属上实现了，并且被转移到其他衬底上[32]。晶体质量尚不完善，但与三维晶体的发展相似，在不久的将来会得到明显的改善。类似地，BN 二维晶体已经可以通过 CVD[33]生长，电子级 MoS$_2$ 和 WS$_2$ 的层状材料也已经实现[34,35]。由于激子凝结物具有多粒子性质，预计 BiSFET 对旋转错位不敏感。然而，BiSFET 对绝缘体厚度的变化敏感。

可以预计基于隧穿的器件对于温度是稳定的，也就潜在地实现了低于 60mV/10 倍频程的亚阈值摆幅。在高性能应用中需要高电流密度。在 Ⅲ-Ⅴ 族 TFET 中，高导通电流可以通过诸如 AlGaAsSb/InGaAs 的交叠带偏移异质结构和诸如 GaSb/InAs 异质结的断带异质结构获得[36]。基于单层 TMD 材料的计算能带结构，交错带隙异质结也存在，其中 MoS_2/WTe_2 异质结给出最小的能量重叠。这将有利于层间隧穿 FET 中的高导通电流[37]。前面部分讨论了面内带间隧穿。然而，我们对二维材料异质结构中层间隧穿知之甚少。载流子传输的计算可以遵循文献［20］中描述的巴丁（Bardeen）转移哈密顿矩阵形式。由于二维 TMD 材料中导带价带的不对称性，我们可以期待这些材料与石墨烯不同的新特征，并且有可能提供实现高性能 TFET 的新途径。

7.6　内部电荷与电压增益陡峭器件

本章的讨论仅限于利用隧道输运，通过二维晶体半导体材料实现的亚玻耳兹曼陡峭的开关器件。对于不依赖于隧穿的陡峭器件，存在几个互补的想法，二维晶体沟道材料可以利用许多这样的想法，因为这些材料中具有有益的静电、几何形状和带状结构。例如，基于碰撞电离的内部电荷增益可以放大由栅极调制的电荷，并产生低于 60mV/10 倍频程的开关。这种内部电荷增益机制可以用于二维晶体几何结构，以探索其与三维晶体对应结构的差异，以及可能的优点。类似地，存在与有源（或智能）栅极电介质有关的几个想法，它们提出内部电压放大从而在没有隧穿效应的常规 FET 中实现小于 60mV/10 倍频程的开关。这种具有二维晶体的有源栅极材料集成可以被探索用于陡峭的开关器件。

7.7　总结

本章讨论了二维晶体半导体的电子特性，目的是在 CMOS 外其他先导技术场景中将这些新材料用于低功耗逻辑器件的隧穿晶体管。从零带隙石墨烯、大带隙 BN 到半导体 TMD 晶体等这些材料，共同为常规半导体提供了令人兴奋的替代品，从而扩展常规晶体管的缩放。它们还利用隧穿来为超小型陡峭的开关器件提供一系列可能性。目前，技术成熟度很低，但在晶体生长、掺杂、欧姆接触和与电介质的集成方面也取得了飞速的进步，希望能够满足所提出的器件需求。但更重要的是，随着我们的进一步探索，我们预计出现新的没有预见到的物理现象。正是这种新现象才能真正决定这些材料的未来以及由此产生的器件。

参考文献

[1] G. E. Moore, "Cramming more components onto integrated circuits." *Electronics*, 114–117 (1965).

[2] G. G. Shahidi, "Device scaling for 15 nm node and beyond." In *Device Research Conference, 2009. DRC 2009*, pp. 247–250 (2009).

[3] J. Appenzeller, Y.-M. Lin, J. Knoch, & Ph. Avouris, "Band-to-band tunneling in carbon nanotube field-effect transistors." *Physics Review Letters*, **93**(19), 196805 (2004).

[4] D. Jena, T. Fang, Q. Zhang, & H. Xing, "Zener tunneling in semiconducting nanotube and graphene nanoribbon p-n junctions." *Applied Physics Letters*, **93**, 112106 (2008).

[5] Q. Zhang, T. Fang, H. L. Xing, A. Seabaugh, & D. Jena, "Graphene nanoribbon tunnel transistors." *IEEE Electron Device Letters*, **29**, 1344–1346 (2008).

[6] Q. Zhang, Y. Q. Lu, H. G. Xing, S. J. Koester, & S. O. Koswatta, "Scalability of atomic-thin-body (ATB) transistors based on graphene nanoribbons." *IEEE Electron Device Letters*, **31**, 531–533 (2010).

[7] M. Luisier & G. Klimeck, "Performance analysis of statistical samples of graphene nano-ribbon tunneling transistors with line edge roughness." *Applied Physics Letters*, **94**, 223505 (2009).

[8] S.-K. Chin, D. Seah, K.-T. Lam, G. S. Samudra, & G. Liang, "Device physics and charac-teristics of graphene nanoribbon tunneling FETs." *IEEE Transactions on Electron Devices*, **57**, 3144–3152 (2010).

[9] S. O. Koswatta, M. S. Lundstrom, & D. E. Nikonov, "Performance comparison between p-i-n tunneling transistors and conventional MOSFETs." *IEEE Transactions on Electron Devices*, **56**, 456–464 (2009).

[10] Q. Zhang, Y. Lu, C. A. Richter, D. Jena, & A. Seabaugh, "Optimum band gap and supply voltage in tunnel FETs." submitted to *IEEE Transactions on Electron Devices* (2014).

[11] D. J. Frank, Y. Taur, & H.-S. P. Wong, "Generalized scale length for two dimensional effects in MOSFETs." *IEEE Electron Device Letters*, **19**, 385–387 (1998).

[12] X. Liang & Y. Taur, "A 2-D analytical solution for SCEs in DG MOSFETs." *IEEE Transactions on Electron Devices*, **51**, 1385–1391 (2004).

[13] Q. Zhang, L. Ye, G. H. Xing, C. A. Richter, S. J. Koester, & S. O. Koswatta, "Graphene nanoribbon Schottky-barrier FETs for end-of-the-roadmap CMOS: challenges and oppor-tunities." In *Device Research Conference, 2010. DRC 2010*, pp. 75–76 (2010).

[14] N. Ma & D. Jena, "Interband tunneling in two-dimensional crystal semiconductors." *Applied Physics Letters* **102**, 132102 (2013).

[15] A. C. Seabaugh & Q. Zhang, "Low-voltage tunnel transistors for beyond CMOS logic." *Proceedings of the IEEE* **98**, 2095 (2010).

[16] N. Ma & D. Jena, "Interband tunneling transport in 2-dimensional crystal semiconductors." In *Device Research Conference, 2013. DRC 2013*, pp. 103–104 (2013).

[17] G. Fiori & G. Iannaccone, "Ultralow-voltage bilayer graphene tunnel FET." *IEEE Electron Device Letters*, **30**, 1096 (2009).

[18] K.-T. Lam, X. Cao, & J. Guo, "Device performance of heterojunction tunneling field-effect transistors based on transition metal dichalcogenide monolayer." *IEEE Electron Device Letters*, **34**, 1331–1333 (2013).

[19] G. Fiori, A. Betti, S. Bruzzone, & G. Iannaccone, "Lateral graphene-hBCN heterostructures as a platform for fully two-dimensional transistors." *ACS Nano*, **6**, 2642–2648 (2012).

[20] R. M. Feenstra, D. Jena, & G. Gu, "Single-particle tunneling in doped graphene-insulator-graphene junctions." *Journal of Applied Physics*, **111**, 043711 (2012).

[21] Pei Zhao, R. M. Feenstra, Gong Gu, & D. Jena. "SymFET: a proposed symmetric graphene tunneling field effect transistor." *IEEE Transactions on Electron Devices*, **60**(3), 951–957 (2013).

[22] G.-H. Lee *et al.*, "Electron tunneling through atomically flat and ultrathin hexagonal boron nitride." *Applied Physics Letters*, **99**, 243114 (2011).

[23] S. K. Banerjee, L. F. Register, E. Tutuc, D. Reddy, & A. H. MacDonald, "Bilayer pseudo-spin field-effect transistor (BiSFET): a proposed new logic device." *IEEE Electron Device Letters*, **30**, 158 (2009).

[24] J. P. Eisenstein, L. N. Pfeiffer, & K. W. West, "Field-induced resonant tunneling between parallel two-dimensional electron systems." *Applied Physics Letters* **58**, 1497 (1991).

[25] J. P. Eisenstein, T. J. Gramila, L. N. Pfeiffer, & K. W. West, "Probing a two-dimensional Fermi surface by tunneling." *Physics Reviews B* **44**, 6511 (1991).

[26] J. A. Simmons *et al.*, "Planar quantum transistor based on 2D–2D tunneling in double quantum well heterostructures." *Journal of Applied Physics* **84**(10), 5626–5634 (1998).

[27] Britnell, L. *et al.*, "Resonant tunnelling and negative differential conductance in graphene transistors." *Nature Communications* **4**, 1794 (2013).

[28] L. Britnell *et al.*, "Field-effect tunneling transistor based on vertical graphene heterostructures." *Science*, **335**, 947 (2012).

[29] T. Georgiou, R. Jalil, B. D. Belle *et al.*, "Vertical field-effect transistor based on graphene–WS$_2$ heterostructures for flexible and transparent electronics." *Nature Nanotechnology* **8**, 100–103 (2013).

[30] G. Gu *et al.*, "Field effect in epitaxial graphene on a silicon carbide substrate." *Applied Physics Letters*, **90**, 253507 (2007).

[31] J. S. Moon *et al.*, "Epitaxial-graphene RF field-effect transistors on Si-face 6H-SiC substrates." *IEEE Electron Device Letters*, **30**, 650–652 (2009).

[32] X. Li *et al.*, "Large-area synthesis of high-quality and uniform graphene films on copper foils." *Science*, **324**, 1312–1314 (2009).

[33] L. Song *et al.*, "Large scale growth and characterization of atomic hexagonal boron nitride layers." *Nano Letters*, **10**, 3209–3215 (2010).

[34] Y. H. Lee *et al.*, "Synthesis of large-area MoS$_2$ atomic layers with chemical vapor deposition." *Advanced Materials.*, **24**, 2320–2325 (2012).

[35] W. S. Hwang *et al.*, "Transistors with chemically synthesized layered semiconductor WS$_2$ exhibiting 10^5 room temperature modulation and ambipolar behavior." *Applied Physics Letters*, **101**, 013107 (2012).

[36] R. Li *et al.* "AlGaSb/InAs tunnel field-effect transistor with on-current of 78μA/μm at 0.5V." *IEEE Electron Device Letters*, **33**(3), 363–365 (2012).

[37] J. Kang, S. Tongay, J. Zhou, J. Li, & J. Wu. "Band offsets and heterostructures of two-dimensional semiconductors." *Applied Physics Letters*, **102**(1), 012111 (2013).

双层伪自旋场效应晶体管

Dharmendar Reddy，Leonard F. Register，Sanjay K. Bannerjee

8.1 引言

双层伪自旋场效应晶体管（BiSFET）旨在实现比互补金属氧化物半导体（CMOS）场效应晶体管（FET）更低的逻辑工作电压和功耗[1,2]。CMOS 的根本限制不是由于制造技术的限制。相反，它们被其由基本物理学定义固有的工作原理所限制，如克服沟道势垒的电荷载流子热离子发射和通过其量子力学隧道，需要新的工作原理。BiSFET 依赖于两个介电分离的石墨烯层中的室温激子（电子-空穴）超流体凝结的可能性[3,4]。虽然物理学本身是有趣的，从器件的角度来看，这种多体物理学在电流-电压（I-V）特性中给它带来了对亚热电压高度敏感的可能（sub-$k_B T/q$ 电压，其中，k_B 是玻耳兹曼常数，T 是热力学温度，q 是电子电荷的数量级）[5-7]。功耗与电压平方成正比，使用按室温 $k_B T/q \approx 26 \mathrm{mV}$ 级别或小于它的电压，将使得开关能量即使是与 CMOS 技术趋势图的终点相比都降低几个数量级[8]。使用电源为 25mV 的电路仿真显示出每 BiSFET（其中 $1 \mathrm{zJ} = 10^{-21} \mathrm{J} = 10^{-3} \mathrm{aJ}$）的开关能量是 10zJ 级别。然而，由于这种电压降低的潜力，也使其 I-V 特性与必须工作在最坏情况下的 MOSFET 的性能大不相同，并且在最好的情况下可能提供新电路。在互连方面，信息将继续通过器件之间的电荷来传递。这样，BiSFET 也可以兼容电平转换后的现有电子器件。

然而，实现 BiSFET 存在很大的挑战。截止到本书写作时，BiSFET 仍然是一种基于新材料系统中新物理学的新型晶体管概念。这样的室温凝结物尚未被观察到，尽管预期的必要实验条件也尚未实现。而且，如果坚持理论实现 BiSFET 仍然有很高的技术挑战。然而，只要是在非常低的温度和很高的磁场下[9-14]，大多数 Ⅲ～Ⅴ 族半导体双量子阱异质结构的实验结果已经展现出很多必要的物理传输原理需求。这只是石墨烯层的使用意在消除的一种要求[3]。

此外，其他定性相似但是定量不同的类似的二维（2D）材料系统，如硅、锗或过渡金属二硫化物，代表了石墨烯的潜在替代品。

8.2　概述

图 8.1 说明了从基本物理到低功耗电路的过渡，以及本章大纲和概述部分。首先，我们讨论凝结物形成（见图 8.1a）的基本物理学及其产生潜在的非常低电压开启的层间输运负微分电阻（见图 8.1b）。然后我们讨论相关的 BiSFET 物理版图要求（见图 8.1c）及其集约建模（见图 8.1d）。我们注意到随着我们对凝结物理学理解的提高，BiSFET 版图以及集约模型也已经有所进展。然而，预期的 I-V 特性仍然保持不变。基于这些输出特性，我们提供了兼容的逻辑电路（见图 8.1e），我们已经将它进行 SPICE 级仿真以估计功耗（见图 8.1f）。另外，如图 8.1 所没有展示的，我们也考虑 BiSFET 的关键技术需求。在这个概述部分，我们专注于必要的信息（其中很多信息是关于这种新颖器件的）。然后，读者将在 8.3 节～8.6 节中找到关于每个主题的更多细节和支持。

8.2.1　凝结物形成与低压微分负阻器件

如上所述，BiSFET 概念是基于电子/n 型和空穴/p 型石墨烯双层系统之间形成激子超流体凝结物而形成的。因此，像经典的激子形成一样，增加层之间的库仑相互作用的任何东西都会增加激子凝结的强度。此外，最优的情况是两层电荷密度的大小在数量级上相等。增加的电荷不平衡与温度升高有类似的作用。

然而，激子凝结物与经典激子在很多关键方面不同。当这里依据电子状态计算时，激子凝结物不直接来自电子之间的层间库仑相互作用，而是当且仅当存在层间量子相干性时，来自对这些库仑相互作用的多体交换校正。交换校正识别出相同自旋的电子在相干多体量子力学状态中彼此之间的距离比在其他情况下预期的更远（泡利（Pauli）不相容原理可以被认为是这种行为的一个约束性示例）。相反，电子和空穴彼此之间比其他情况预期的更接近。对于双层系统，这意味着即使没有单颗粒/裸层间耦合机制，也能够积极地选择相干层间状态，即凝结物。

在能带结构中，这种能量的减小与能带/反交叠带隙的形成相关联，关于这种带隙，两层的锥形价带和导带将以其他方式在能量中交叠（见图 8.1a），其中包含费米能级。后一种要求也意味着层之间的近似平衡的电荷密度。该带隙的大小与凝结物形成的最高温度，也就是临界温度 T_c，直接相关。还有一正反馈环，其中层之间的交换相互作用越强，一致性越强，交换相互作用更强，等等，反之亦然。这种反馈导致了温度约为 T_c 的突变，同时，对层间分离以及电介质环境具有较强的灵敏度。

一旦凝结物形成，这种双层体系的 I-V 特性就会急剧变化，唯一的结果就是，凝结物形成可能会通过凝结物边缘附近的层间隧穿拉近两层之间的距离（亦即接近 Landauer-Büttiker 弹道传导极限）。然而，仅仅是很有限的电流，即临界电流 I_c 能通过这种方式得到。随着层间电压的进一步增加，稳态电流下降（见图 8.1b）[5-7,14,16]。这个转变由一个差分负电阻（NDR）的区域来定性。然而，对于这里所讨论的逻辑应用而言，从高电导到低电导的变化才是最重要的，而不是这些应用所发生的 NDR 区域。

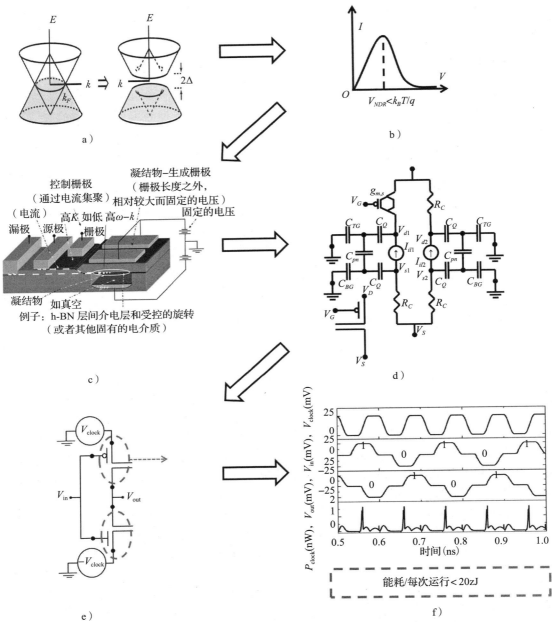

图 8.1   从基本物理学到低功耗电路：a）介电分离的石墨烯层中的激子超流体凝结物的形成，也用灰色标明了名义上被占领的状态，b）层间隧穿电流的相关新型低电压负差分特性；c）BiSFET 版图，d）集约模型；e）BiSFET 兼容电路，f）电路仿真结果。每个主题将在正文中更详细地讨论。a）部分改编自文献[15]，美国物理学会版权所有（2012）

对于所提出的 BiSFET 来说，更重要的一点不在于它的 *I-V* 特性一般形状。然而，原则上在该系统中，NDR 开启电压 V_{NDR} 可以通过具有单颗粒/裸层间耦合减小的较强集体行为（见图 8.1b），减小到热电压 $k_B T/q$ 以下，正如最近在文献[6]、[7]中描述的量子传输模拟那样。这个低电压的 NDR 开启是低功耗计算的基础。

我们强调，已经在 III-V 族双量子阱异质结构中实验观察到激子超流体凝结物的形成和与之相关的达到临界电流的增强层间电导[10,13,14]。这些 I-V 特性也与大家更为熟知的超导约瑟夫森（Josephson）结[17]相似，并且还有很多相同的原因（尽管约瑟夫森结中超流体不是激子）。然而，这些超导系统仅限于低温，严重限制了它的应用。

石墨烯（和其他可能的二维材料系统，如前所述）可能提供允许凝结物在室温以上形成的一系列协同作用的属性，尽管筛选了要考虑的因素[15]。这些属性包括使两层的距离更接近，并且更低的电容电介质环境，二者都加强了层间的库仑相互作用，凝结物也如此。我们还认为有必要把费米能级推到高于（低于）导带（价带）带边缘 $8k_B T$ 处或更高，从而允许在该石墨烯系统中形成凝结物，原因如文献[3]所述，或室温下在石墨烯中通过大于或等于 5×10^{12} 载流子/cm² 的层片载流子密度使得费米能级达到约 200meV 或以上。

8.2.2 器件版图和集约模型

要创建 BiSFET，必须首先产生凝结区域。最初的估计[1]和更近的量子输运模拟[6,7]表明，这些区域的长度只需要在十到几十纳米的范围内。可以通过在所需的低介电常数（低 k）电介质环境中产生所需的层电荷密度来限定凝结区域。在石墨烯层上方和/或下方包含空带隙，甚至可能是获得所需低 k 环境所必需的。我们最初推测通过石墨烯双层系统上方和下方门控产生所需的电荷密度。我们还考虑了通过栅极功函数单独为一个或两个栅极实现所需栅极极场的可能性。然而，现在看来，由于筛选的考虑因素，必须在低介电常数（低 k）环境中将较大但是固定的电压施加到距离凝结物几纳米或更多的栅极上才能产生凝结物（见图 8.1c）。

在这一点上，可以（并且应该为某些应用）"只是"将分立接触应用到石墨烯层，从而形成可以称为"双层伪自旋"的结（BiS 结）。理想而言，对于较短凝结区域不一定有必要，不论是 BiS 结还是 BiSFET，接触点应在凝结区域的同一侧；隧道边缘再次出现凝结区域。预计 BiS 结的性能将与约瑟夫森结相似[17]——产生对称的低电压开启 DC NDR 特性——并且是出于同样的原因，但可能在室温下实现。

与约瑟夫森结不同，BiSFET 还需要栅极控制才能开/关。然而，栅控仅用于改变 BiSFET 的临界电流。此外，基本上任何量的临界电流变化原则上都将起作用。在电路中（要在下面详细说明），开/关条件由层间电压降到 NDR 开启电压的哪一侧来定义；栅极只需要控制哪一个器件首先达到临界电流。实际上，栅极控制需要克服器件中和器件之间临界电流的变化。因此，开关电压可能很好地由制造技术限制而不是理论上定义限制（就像迄今为止的 CMOS 那样）。

虽然在没有施加任何电压时，栅极功函数工程设计可用于产生凝结物；这些栅极也可以用作具有较小施加电压的"控制栅极"，使层之间的电荷分布不平衡（平衡），从而减弱（加强）凝结物并减小（增加）临界电流。我们首先考虑的是这种方法，称为 BiSFET 1。

然而，随着用于制造凝结物的栅极进一步移动，为此需要大量的栅极电压。因此，这些栅极也不能用作低压开关的控制栅极。需要另一种栅极和栅极控制方法来提供低电压控制。为此，我们考虑了并行传导路径之间的栅极感应电流并联分流，我们称之为 BiSFET 2（见图 8.1c）。例如，到了电流可以被分流到一侧两个相同的并行路径（相同但可能不是最优）的程度，组合的临界电流可以有效地减半。一旦一个凝结区域陷入"差分负阻（NDR）"状态，电流就被分流回来，另一个也被迫进入"差分负阻（NDR）"状态。然而，临界电流的减半并不是必需的；栅极控制只需克服器件内和器件之间的临界电流的意外变化即可。

出于电路建模的意图，我们创建了简单的器件模型来捕获必要的器件元素和行为（见图 8.1d）。这些模型并不是准确的。我们不关心在这个发展阶段性能的部分变化。我们在每个栅极和相邻的石墨烯层之间引入电容，在两个石墨烯层之间引入电容，并给每一层引入层间量子电容（考虑到能带边缘的费米能级的移动）。我们引入接触电阻。我们引入层间电流的模型作为层间电压（费米能级差）和电荷平衡/不平衡的函数。注意，虽然我们现在期望一个具有很大的开/关比的突变的 NDR 开启[6,7]，但是对于我们考虑的电路来说，实际上并不是必需的，而且我们都坚持强调了这一点。对于 BiSFET 2，我们还考虑了两个平行的导通路径，基本上是两个平行的 BiS 结，其沿（至少）一条路径具有栅极控制电阻。该变化被视为一个（或多个）引线的接触电阻的有效变化，并且已经对具有电导最小值热和非均匀模糊化的石墨烯 FET 进行了建模。

8.2.3 BiSFET 兼容电路和电路模拟结果

由于具有强的 NDR 特性，具有增加的层间电压，而不是随着源极到漏极电压增加的电流饱和，BiSFET 并可以由 CMOS 类似电路中一个简单低压 MOSFET 随便地替代。的确，如果我们将 BiSFET 置于类似 CMOS 的电路中，BiSFET 控制栅极的输入不能改变输出。

相反，已经发现了替代电路版图，包括引入时钟电源电压到我们的逻辑电路（见图 8.1e）串联基本逻辑元件（NOT，NAND 等）之间的四分之一周期延时。这种基本方法非常类似于先前提出的栅控谐振隧穿二极管电路，它也具有栅极控制的 NDR[18]，但电压减小了很多。对于给定的逻辑元件，控制栅极的输入首先由前一级逻辑器件来设定。然后电源电压升高，使得一个（或更多）BiSFET 达到其临界电流并落入它的（它们的）低电导范围，即开关断开，层间电压大于 V_{NDR}。因此，电流被阻挡到其他的 BiSFET 或 BiSFET，并且它们沿其电流-电压特性的 V_{NDR} 以下部分落回到基本上为零的层间电压。采用串联器件之间输出信号/电压——类似于 CMOS 情况——设定下一个逻辑元件的栅极输入。然后电源电压在下一个逻辑元件被缓慢提升，依此类推。

这种方法的缺点是每个逻辑元件的活动因子都相同。优点是每个逻辑元件充当其自身的锁存器；一旦设定，即使其输入变化，它将保持其输出，直到其时钟缓慢下降为止。因此，无论串联中有多少个逻辑元件都被设定，一旦串联中的下一个逻辑元件被设定，每个逻辑元件就可以自由考虑新的输入。

依据时间 SPICE 级电路仿真展现出相当低的开关能量（见图 8.1f）。出于说明目的，假设时钟电压为 25mV（大约室温热电压 k_BT/q），已经获得了计算的每个 BiSFET 的功耗为十到几十仄焦（$1zJ = 10^{-21}J$），具体数值取决于逻辑元件。注意，这些能量是在整个时钟周期内每个 BiSFET 消耗的能量；没有真正的静态。随着时钟电压与最终一代 CMOS 技术具有相同数量级或更低，功耗随电压平方等比例缩小，这些开关能量可预测比最终一代 CMOS 技术的开关能量低两个或更多个数量级[8]。

我们还注意到，只考虑了在仿真中对逻辑电路的应用，只有一种基本方法；BiSFET 可能会有更多的可能实现这些机会中的一部分，通过上述讨论的所提出的 BiSFET 的 I-V 特性与门控谐振隧穿二极管的相似性而提出的，但是那些具有较强的 NDR 特性的较低电压以及约瑟夫森结的，具有门控和潜在的室温工作。我们刚刚开始探索多次连接到相同凝结物区域的可能性，都累积相同的临界电流，也表明了电流控制逻辑而不是电压控制门控的可能性。或即使在较高的电压下多个接触到相同相干区域的凝结的可能性，即使在较高的电压下，相干区域的耦合或栅极控制的耦合和去耦也会促进量子计算应用的可能性。

8.2.4　BiSFET 技术

如果理论保留和凝结物产生甚至亚热开关电压都是可能的，那么实现 BiSFET 及其良好的开关电压和功耗可能就是受制造工艺限制而不是理论限制（就像以前的 CMOS 一样）。BiSFET 最大的技术挑战就是提供产生凝结物所需的介电环境，通过层间电介质控制单粒子/裸层间隧穿，以及提供有限但可靠的栅极控制。

在电介质分离的石墨烯层之间形成凝结物的电介质要求与 MOSFET 中栅极控制所要求的有本质上的差异。在凝结区域中，目标是使各个带电粒子之间的库仑相互作用最大化，而不会像在 MOSFET 中一样的最小化栅极和沟道区块之间的库仑相互作用（导致需要相同栅极电场的更多电荷）。因此，需要低 k 电介质。此外，介电分离的石墨烯层之上和之下的材料的介电常数通常比电介质之间的介电常数更重要。从积极的角度来看，初步的理论认为，高频介电常数（通常比极性材料中的低频介电常数要小得多）是最相关的。然而，凝结物附近的空带隙可能是必需的。虽然技术上具有挑战，但是已经提出在栅极、源极和漏极之间使用空气间隙以减小常规 MOSFET 中的寄生栅极-源极和栅极-漏极电容[19]，并且已经报道了顶部和底部门控悬浮石墨烯双层，虽然在写入时没有 BiSFET 所需的层间电介质[20]。

相反，BiSFET 2 的控制栅极区域的电介质要求是与常规 MOSFET，或至少是与"常规"石墨烯 FET 大致相同的。此外，所需的栅极控制量可能要小得多。挑战将是可复制的。

层间电介质，同时低 k 更好，也必须是薄的并提供有限和可复制的层间单颗粒/裸耦合。请记住临界电流随层间裸耦合变化而变化。这个要求表明天然层状体系，如六方氮化硼（h BN），过渡金属二硫化物（TMD）或石墨烯嵌入剂，所有这些都是我们和同事目前正在探索的。

8.3　基础物理

激子凝结物形成和层间电流流动的大部分基础物理对于这里考虑的系统来说并不新鲜，如同实验工作[9-14]。此外，理论上，Lozovik 和 Yudson 在 1975 年首先预测双层体系中的激子凝结[21]。大多数这些实验研究集中在主要是Ⅲ-Ⅴ族系统的密集的双层，尽管硅基系统也被考虑。在文献[14]中最近的工作展示了增强的但也是临界电流——限制的层间电流，在这里是重要的，同时也展示了替代的"反向逆流"偏置分布中的完美库仑阻力，如理论所预测[16]。

然而，Ⅲ～Ⅴ族系统中的激子凝结物仅在非常低的温度和高磁场下才被观察到。正是由于石墨烯独特的电子属性协同作用，理论上已经预测，超流体状态在后一种系统（高磁场）中可能发生在室温以上[3,4,15]。在本节中，我们将更详细地介绍双层石墨烯中的凝结物形成的基本物理学，具有潜在亚热电压开启的 NDR 特征的来源，以及控制二者的各种因素。

8.3.1　双层石墨烯中的凝结物形成

双层体系中的激子凝结物是源自对层间库仑相互作用的多体交换修正。交换相互作用二者自洽地产生并形成起因于能带反交叠/带隙，此处如果没有形成能带反交叠/带隙，则电子和空穴带将交叠，并且必然包含费米能级。如果反交叠发生在费米能级，这就意味着在电荷和空穴二者中，k 空间中的费米能级轮廓必须是相同的，即电子和空穴费米轮廓必须"嵌套"——而且电荷密度大小必须几乎在层之间平衡。在典型的半导体中，给定的高度各向异性重空穴的导带和价带之间的费米轮廓嵌套是不可能的。因此，在Ⅲ-Ⅴ族系统中，已经使用高磁场在导带形成 Landau 能级，部分（最优是一半）满 Landau 能级在一个对应于电子带的层中，并且部分（最优是一半）空 Landau 能级在对应于空穴带的另一层。因为石墨烯的导带和价带几乎对称，介电分离的双层石墨烯系统允许费米轮廓嵌套在相反的层中，并且具有相等的电子和空穴密度。

对于石墨烯层，在基于 p_z/π 轨道的原子紧束缚晶格的平均场理论中，层间的（Fock）多体交换相互作用 V_F 可以近似为[5,22]：

$$V_F(\boldsymbol{R}_T, \boldsymbol{R}_B) \approx \frac{q^2}{4\pi\varepsilon_{\text{eff}} \sqrt{|\boldsymbol{R}_T - \boldsymbol{R}_B|^2 + d^2}} \boldsymbol{\rho}(\boldsymbol{R}_T, \boldsymbol{R}_B) \tag{8.1}$$

式中：$\boldsymbol{\rho}(\boldsymbol{R}_T, \boldsymbol{R}_B)$ 是表征层间量子相干性的量子力学密度矩阵的层间部分；$\boldsymbol{R}_T$ 和 $\boldsymbol{R}_B$ 分别是二维的（2D）在顶部和底部石墨烯层中的原子面内位置矢量；d 是两层之间的分离；q 是电子电荷。为简化讨论，在这里，我们忽略了[15]中考虑的详细屏蔽模型，并假定有效介电常数 ε_{eff}（V_F 在更仔细的分析中与 $\boldsymbol{\rho}$ 成正比，但是库仑比例常数对 $\boldsymbol{R}_T$，$\boldsymbol{R}_B$ 和 d 的相关性变得更加复杂）。

我们注意到，层间密度矩阵 $\boldsymbol{\rho}$ 也可以描述为凝结物的集体"伪自旋"矩阵，其中"伪自旋"是指"哪个层"的自由度，其中有 BiSFET 的绰号[1,3]（这个伪自旋不应该与同样可以描述为伪自旋的单个石墨烯层系统的"哪个亚晶格"自由度混淆）。

现在考虑 n 型和 p 型石墨烯层，它们具有对称的导带和价带，平衡条件下具有相同电荷密度。导带狄拉克锥形和价带狄拉克锥形将在其共同的费米能级相交。这里不需要磁场来实现所需的费米轮廓嵌套。假设这些层之间有一些耦合，则在反交叠带隙边缘附近将存在关于费米能级的层间相干量子力学本征态形成的能带反交叠/带隙，状态低于费米统计学优先占领带隙。因此，层间密度矩阵 $\boldsymbol{\rho}$ 和 Fock 交换电位 V_F 将不为零。因此，层间将存在耦合，这将产生带隙和层间相干性，这还将产生非零 Fock 相互作用等等。此外，带隙的形成将降低那些接近但低于带隙的优先占据状态的能量。这种下降将降低系统的整体能量，使得带隙形成非常有利。虽然一些单粒子/裸耦合可以加强凝结物，但是可以找到多体凝结物的自洽的解决方案，而且没有任何裸耦合，即所谓的"自发的"凝结物。

石墨烯是几乎完美的二维材料，这一方面意味着平均电介质分离层的电子状态可以比在Ⅲ-Ⅴ族系统的量子阱中想到的更加靠近，另一方面意味着有效介电常数很大程度上是一个外在特性，相比于受石墨烯本身的限制，它更多地受到周围电介质的限制，且允许掺入低 k 电介质。这两个属性都增强了交换相互作用，如式（8.1），因此也增加了凝结物形成的机会。

即使满足其他条件，由于文献[3]中讨论的 Kosterlitz-Thouless 温度相关的原因，预测的凝结物形成的最高温度，也就是预期临界温度 T_c 约为 $E_F/(8k_BT)$，其中，E_F 是费米能量距离带边缘的大小。零带隙和低密度状态让移动费米能级进入具有有限载流子浓度的能带变得相对容易，它也因此是可控的栅极场。$T_c = E_F/(8k_BT)$ 转换为仅电子和空穴密度 $n_o \approx p_o \approx 5 \times 10^{12} \, \mathrm{cm}^2$，在 300K 时凝结[1]。通过使用独立的栅极静电调制，石墨烯层中的载流子密度已经高达 $10^{13} \, \mathrm{cm}^{-2}$ [23]。

对于凝结物的一些基本属性（在最近相邻原子紧束缚计算内获得，除了式（8.1）的远距离 Fock 相互作用外），图 8.2 所示的为自发凝结物做了说明（改编自文献［22]）。图 8.2a 所示的实线展示了在没有层间交换耦合的情况下两个弱耦合石墨烯层的低能带结构。缺少层间耦合，有两个（"顶部"和"底部"）偏移石墨烯带结构，由实线表示，在费米能级 E_F 处相交，该结构被认为是零能量参考。各种虚线显示了在不同的层间分离值的 Fock 交换相互作用下双层石墨烯的零温度低能量色散。由于 Fock 相互作用表明凝结物形成，零温度带隙 E_{G0} 打开，并且由于强化层间库仑相互作用，凝结物带隙随着层间分离的减小而增加，从而加强了对库仑相互作用的 Fock 交换校正。图 8.2b 显示了三个介电常数值的凝结物带隙的温度相关性。在"临界温度" T_c 下，凝结物带隙的坍塌从超流体状态向正常状态的转变是明显的。对于密度矩阵的贡献，以及因此在带隙之上的量子力学本征态的交换相互作用与在带隙之下的状态在相位上是相反的（这种行为类似于对称和反对称状态的形成，当两个另外孤立的简并状态耦合时）。由于存在正反馈回路，凝结物坍塌与温度的关系是突变的，其中温度升高和高于带隙的状态相关占用，以及低于带隙的排空减弱了交换的相互作用，这减少了带隙，这导致了带隙以上更多的状态占用和带隙以下更少的状态占用，这也削弱了交换的相互作用，等等。因此，归一化为零温度带隙 E_{G0} 时的温度相关性的形式与介电常数无关，$k_BT_c \approx 0.25E_{G0}$。然而，$E_{G0}$ 且因此导致的 T_c，与层分离相比，随介电常数的降低而更强烈地增加。

层间的电荷不平衡与提高温度对凝结物的效果大致相同。不平衡将费米能级 E_F 转移到凝结物带隙的一个边缘或另一个边缘，增加高于带隙的状态占用或者降低低于带隙的状态占用，从而削弱了凝结物，并为较大的电荷不平衡导致凝结物的坍缩。图 8.3 所示的（也是从文献[22]中改编而来）说明了载流子密度不平衡对凝结物带隙的影响，其中不平衡 $(n-p)/(n+p)$ 在约 20%～25% 的范围内导致在这些模拟中凝结物坍缩。可以看出，在我们的初始 BiSFET 设计中，提出了栅极控制电荷不平衡作为开关机制，尽管对屏蔽（见下文）的关注已经导致我们考虑能作为替代的门控机制。

添加层间单颗粒耦合对平衡凝结物的基本影响可以加强一些，并根据层间耦合的强度来消除关于其他临界温度 T_c 的转变[5]。然而对于 BiSFET 中，低压开关可能感兴趣的裸层间耦合强度，单个颗粒耦合对凝结物的这两个方面的影响是最小的。

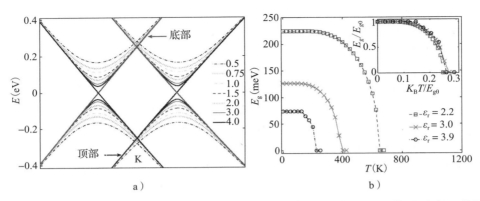

a)　　　　　　　　　　b)

图 8.2　凝结物形成的说明和各种参数的相关性，取自文献[22]。通过式（8.1）的 Fock 相互作用获得的石墨烯层间凝结物的基本性质。a）具有 $\Delta E_r = 0.5\text{eV}$ 的层间势能差，0K 时的相对介电常数 $\varepsilon_r = 2.2$，以及平衡电荷分布，石墨烯双层体系的低能量色散作为层间距 d 的函数，以 nm 为单位。实线所示的分别是顶层和底层石墨烯的缺少层间交换耦合的带结构。b）$\Delta E_r = 0.5\text{eV}$，$d = 1\text{nm}$ 与平衡电荷分布的三种不同介电常数的带隙的温度相关性。低 ε_r 导致更强的库仑相互作用，从而导致更大的 Fock 校正电位，这个电位也导致更大的，在较高温度下也更稳定的 0K 带隙。右上角的插图显示了相同的数据，说明了当通过 0K 带隙 E_{G0} 进行标准化时不同 ε_r 带隙的 T 相关性的相似性。然而，我们注意到，考虑到屏蔽（见图 8.4），所需的介电常数将更小，并且凝结物形成的突然性可能更大（注意，标称堆叠，Bernal 或其他，与自发凝结物基本上无关）。图 a）和图 b）经文献[22]作者许可转载，美国物理学会版权所有（2010 年）

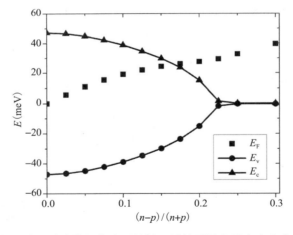

图 8.3　300K 下仿真的能带边缘和费米能级作为石墨烯双层的顶层电子密度和底层空穴密度之间的载流子不平衡的函数，石墨烯双层在 300K 处分开 1nm，$e_r = 3$ 和 $\Delta = 0.5\text{eV}$（经文献[22]作者许可改编，美国物理学会版权所有（2010））

　　最后，我们指出，层间库仑相互作用的筛选极大地影响了凝结物的强度和相关的临界温度 T_c。如我们已经看到的，较大的介电常数 ε 和较大的层间距 d 减小了层间的库仑相互作用，并因此降低了交换相互作用和 T_c。由于其他电荷载流子的屏蔽，库仑相互作用的强度也会降低，除了通过对有效介电常数的可能调整之外，这是一个被忽略的影响因素。

此外，没有完美的超流动性或屏蔽理论。虽然基于静态屏蔽的计算预测得到极低的转变温度[24]，但是在文献[3]中基于非屏蔽相互作用的计算获得了室温以上的凝结，尽管屏蔽的定性影响已被详细讨论。说明了相互作用的动态本质和凝结带隙形成过程中自洽减小，最近的计算仍然预测了室温 T_c 的可能性，尽管只要求比原来估计的更小的介电常数[15]。图 8.4（从文献[15]中改进）显示了不同屏蔽模型的估计带隙 2Δ 与费米能级 E_F 的比值，作为石墨烯有效精细结构常数的函数，$\alpha = e^2/(4\pi\varepsilon h v_D)$ 以 SI 为单位。这里，v_D 是石墨烯狄拉克点附近载流子的固定群速度。当考虑到具有凝结物诱导带隙形成的屏蔽中自洽的降低时，在 $\alpha \geqslant 1.5$ 时凝结物的强度突然上升，超过该浓度的全动态和带隙屏蔽结果，接近（但不达到）仅用电介质屏蔽得到的结果。然而，真空细粒度结构约为 2.2，根据结果显然需要低介电常数环境。然而，理论数字可能与现实有所不同，使得在介电分离的石墨烯层中实现凝结是不可能的或者更容易实现的。最终还是需要实验来解决这个问题。

值得注意的是，细粒度结构常数与载流子速度成反比，这些结果还表明，使用诸如硅或锗（类似于石墨烯但分别用硅或锗原子代替碳原子）的类似材料在这方面将优于石墨烯。

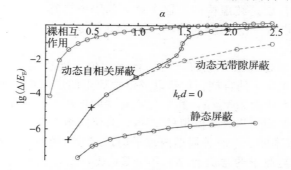

图 8.4 自发带隙作为有效细粒度结构常数的函数，$\alpha = e^2/(4\pi\varepsilon h v_D)$，SI 为单位，其中，$v_D$ 是石墨烯狄拉克点附近载流子的固定群速度，（左至右）非屏蔽/裸相互作用，静态屏蔽，动态无带隙屏蔽和动态自相关屏蔽，其中，2Δ 为凝结物诱导的带隙。我们要求 $E_F = 200\text{mV}$ 和 $\Delta = 50\text{mV}$，使得 Δ/E_F 的所需值在 0.25 附近，$\lg(\Delta/E_F)$ 在 -0.6 附近。如果在相干状态下的屏蔽的动态自洽的减小被忽略，则 $\alpha \approx 1.5$ 不存在。全动态和带隙屏蔽结果接近与强耦合的裸相互作用获得的结果，但在弱耦合时与其相差几个数量级。图 a）和 b）经文献[15]作者的许可转载，美国物理学会版权所有（2012）

8.3.2 低压微分负阻器件

存在凝结物时层间电流流动的基础物理学的一部分是，尽管相关的交换相互作用可以自主地支持自发凝结物，但本身不能支持层间电流。在所采用的紧束缚模型中，从顶层 $\boldsymbol{R}_T$ 的任何点（轨道）到底层 $\boldsymbol{R}_B$（其具有几单位的简单放大）的任何点（轨道）的电子电荷电流是

$$J(\boldsymbol{R}_T, \boldsymbol{R}_B) = -qV_{\text{bare}}(\boldsymbol{R}_T, \boldsymbol{R}_B)2\hbar^{-1}\text{Im}\{[V_{\text{bare}}(\boldsymbol{R}_T, \boldsymbol{R}_B) + V_F(\boldsymbol{R}_T, \boldsymbol{R}_B)]\boldsymbol{\rho}^\dagger(\boldsymbol{R}_T, \boldsymbol{R}_B)\}$$

式中：$V_{\text{bare}}(\boldsymbol{R}_T, \boldsymbol{R}_B)$ 是单粒子/裸层间耦合电位。因为福克相互作用 V_F 与密度矩阵 $\boldsymbol{\rho}$ 成正比（见式（8.1）），电流 J 变得简单

$$J(\boldsymbol{R}_T, \boldsymbol{R}_B) = -qV_{\text{bare}}(\boldsymbol{R}_T, \boldsymbol{R}_B)2\hbar^{-1}\text{Im}\boldsymbol{\rho}^\dagger(\boldsymbol{R}_T, \boldsymbol{R}_B) \tag{8.2}$$

为了简单起见，V_{bare} 被认为是实数（但不是必需的）。式（8.2）没有明确地包括 Fock

相互作用的 V_F，并且与凝结物的形成无关，但通过 Fock 相互作用的凝结物形成，层间密度矩阵 ρ 将被明显地修改。

因为伪自旋的大小通过凝结物形成大大增强，层间隧道电流与没有凝结物的情况相比也有所增强。的确，至少从 Landauer-Büttiker 电导理论中接近极限性能的弹道的意义上来说，我们预期多层将几乎更短，且独立于小层间电压的裸耦合（如下面的模拟结果所示）。

层间密度/伪自旋矩阵 $\rho(\boldsymbol{R}_T, \boldsymbol{R}_B)$ 的幅度和相位角度作为 $\boldsymbol{R}_T$ 和 $\boldsymbol{R}_B$ 的函数。但是，通过层间密度矩阵/伪自旋和主要支持它的交换相互作用之间的反馈，事实上伪自旋相成为凝结物的大致均匀的特性，并作为 $\boldsymbol{R}_T - \boldsymbol{R}_B$ 的函数。对于式（8.2）或紧随其后的电流流动模拟结果，我们不依赖这个近似，但是它有助于估计临界电流并更加严格地解释计算行为。此外，ρ 的大小（即凝结物的强度）对于用于 BiSFET 有兴趣区域的层间电压基本上保持固定，即使电流随着层间电压的增加而基本线性增加，这使得增加的电流通过增加伪自旋相位角而被接纳，并因此增加了伪自旋的虚拟分量，与式（8.2）一致。

然而，稳态（直流）电流可以通过伪自旋相位角变化来支持，当角度达到 $\pm\pi/2$ 时，该电流最大，此时伪自旋是纯虚构的。这个最大间隔电流称为"临界电流"，类似于超导约瑟夫森结中的临界电流[17]。虽然符合式（8.2），但这个临界电流随着单粒子层间耦合 V_{bare} 的变化而线性变化。

如果层间电压增加超过临界电流，则伪自旋相位不能稳定，尽管凝结物本身不会分解，稳态电流消失。相反，伪自旋相位角以及依次而生的层间电流预计将会随着时间变化而振荡，其振荡频率大约为 $2qV_{il}/h$，其中，V_{il} 是层间电压，h 是普朗克常量，类似于约瑟夫森效应。通常用于 BiSFET 电路模拟的 25mV 的层间电压将产生大于 12THz 的振荡频率！在 10GHz 时钟频率的一个时钟周期内被平均，或者由负载电容滤波，该信号将基本消失。另一方面，还是类似于约瑟夫森结，BiSFET 或仅 BiS 结也可以用作线性电压-频率 THz 发生器，其高于与临界电流相关联的层间直流 NDR 开启电压 V_{NDR}。

至关重要的是，只要凝结物存在，在这个对层间电流的讨论中就没有什么对温度敏感的说法了。原则上，凝结物可以具有等于或小于热电压 $k_B T/q$ 的层间 NDR 开启电压，原则上允许所提出的 BiSFET 工作在热电压或低于热电压下。

为了说明上述输运物理学，我们进行了层间电流流动的量子传输模拟，伴随着通过迭代法自洽地计算 Fock 交换电位[6,7]。我们考虑了很像图 8.5b 所示的电压偏置结构，除了正确的接触是接地的，而不是在这些前期初步仿真中悬空。这里展示的所有模拟都在 300K 中进行（用伴随而来的传播量子机械能本征态的占用概率来定义）。简单地通过将外部点的交换相互作用设置为零来定义凝结物区域的长度。对于这里所示的模拟，凝结物区域的长度为 15nm。所产生的大约 200mV 的凝结带隙（即使不是完全形成，具有通过消逝状态留在带隙中的一些概率密度）消除了在该偏置方案下的左和右接触之间的大部分电流。结果，该器件被有效地像图 8.5b 所示一样接触，也就是，与没有控制栅极的 BiS 结或 BiS-FET 相同。在该例子中假设单粒子层间 A-亚晶格原子与最邻近的 A-亚晶格原子耦合（预期将会主导通过电介质的 A 至 B 耦合[5]）为 0.5mV。将层间电压 V_{il} 施加到左触点，并且在左触点之间平均分配之后，伪自旋相位作为迭代步骤的函数关系如图 8.6a 所示（改编自文献[6]）。对于 5meV 的层间电压，已获得接近约 $\pi/8$ 的稳定相位角，凝结区域中心的单位面积的层间电流密度为约 $6\mathrm{nA}/\mathrm{nm}^2$。这个大约达到 Landauer-Büttiker 理论极限所示的的四分之三电流，尽管裸耦合非常弱，层间距离几乎缩短了一半。我们预测层间电流与层间电压成正比，也与直到临界电流的伪自旋相位的正弦成正比，这个预测表明临界电流密度和 NDR 开启电压分别为 $6\mathrm{nA}/\mathrm{nm}^2 \times \sin(\pi/2)/\sin(\pi/8) \approx 16\mathrm{nA}$ 和 $5\mathrm{mV} \times \sin(\pi/2)/\sin(\pi/8) \approx 13\mathrm{mV}$。若与该预期保持一致，则在 20mV 的层间电压下不能得到稳定的层间相位；

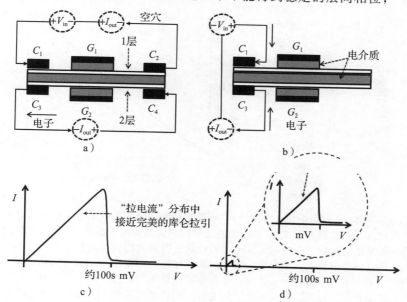

图 8.5　分别给出了具有栅极 G_1 和 G_2 到 1 层和 2 层的可能的 BiSFET 器件几何形状的示意图，以及 a）四个独立的触点 C_1 至 C_4，b）两个独立的触点 C_1 和 C_3，c）a）所示的拉电流分布器件的电流-电压特性示意图 d）b）中所示的器件几何形状的电流-电压特性

相位角大小超过 $\pi/2$，并且在未展示的扩展模拟中，继续增加直到达到 $2\pi = 0$，然后在这些迭代计算中无限期地重复。后一种表现与层间电流的振荡时间相关表现的预期相符。在 300K 模拟温度下，这个计算的临界/开关电压是 $k_\mathrm{B}T$ 的一半，再次支持了 BiSFET 中的亚 $k_\mathrm{B}T/q$ 电压开关的可能性。值得注意的是，这些来自量子输运计算的结果与图 8.6b 所示的临界电流与阶跃电位曲线所显示的结果相当一致，而后者更多地来自先前粗略的计算[5]，如果在一些不同的条件下。另外还有一个发现就是，如果在模拟期间 Fock 交换相互作用被关闭，那么低于 NDR 开启电压的层间电流就会下降 3 个数量级以上。此外，这个比例应该随着裸阶跃电位平方的减小而增加。更广泛的量子传输模拟结果，包括在室温下仍然较低的 NDR 开启电压，以及仿真方法的细节可以在文献[6]、[7]中找到。

为了比较，对图 8.5a 所示的所谓"拉电流"分布（drag-counterflow）也已经做了模拟，结果见文献[7]。与Ⅲ～Ⅴ族系统[14]和理论[16]中的实验一致的，存在几乎完美的层间库仑阻力，其中无偏压层中的电流非常接近偏压层中相反方向流动的外部电压驱动电流，直到大约 100mV 的相当大的电压。超过 100mV 的偏压，凝结物就会坍塌，使底层中的电流随之消失。大电压的影响即费米能级分裂，是凝结物带隙之上的填充状态，并将带隙以下的状态排空，导致凝结物坍塌，其方式与提高温度或电荷不平衡的方式相同。这种行为与具有上述考虑的图 8.5b 所示偏置条件的直流层间电流 NDR 源有本质上的差异，在后一种情况下，凝结物保留，但其伪自旋相位变为与时间相关。此外，虽然物理上可行而且也有潜在的应用价值，但是后一种偏置方案对于低压开关，似乎并没有提供与图 8.5b 所示相同的机会，对于所提出的 BiSFET 并不是那么可靠。

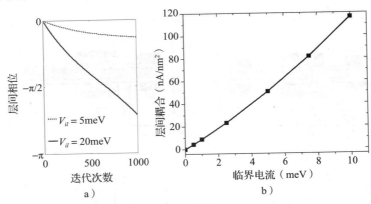

图 8.6　亚 $k_B T/q$ 层间 NDR 开启电压示意图。a）在凝结物和层间相关稳态电流的迭代计算期间，层间相位差的变化（大致与位置无关）（图改编自文献[6]），如同模拟温度为 300K 时通过量子传输计算获得的。在凝结物区域中心的相邻原子之间计算出所显示的伪自旋相位角，在本文讨论的整个凝结物中，伪自旋也被证实几乎空间均匀，与预期相符的。假设 A-亚晶格到 A-亚晶格的跳变电位为 0.5mV。当层间相位角为 $\pm\pi/2$ 时，会发生层间最大的电流流动。对于 5meV 层间电压，接近了 $\pi/8$ 的稳定相位。由于层间电流与层间电压，相位角的正弦都成正比，在低于临界电流时，这个结果表明临界电流密度和 NDR 开启电压分别为 $6nA/nm^2 \times \sin(\pi/2)/\sin(\pi/8) \approx 16nA$ 和 $5mV \times \sin(\pi/2)/\sin(\pi/8) \approx 13mV$。与该期望一致，对于 20meV 层间电压，没有发现超过这里所示的迭代次数的稳定的解。注意，在达到 $-\pi/2$ 之后，相位的变化率增加。对于相同类型的层间耦合（A 原子对 A 原子），来自量子传输计算的这些结果可能是 b）中的临界电流与阶跃电位曲线上显示的 0.5meV 裸耦合结果的 2 倍到 3 倍，这些耦合结果是从更早的更粗略的计算[5]中获得的。然而，这里的凝结物（通过带隙测量）比以前的结果也更好，所以也达成了与预期一样好的结果。b）部分经文献[5]作者授权，美国物理学会版权所有（2011）

8.4　BiSFET 设计和集约模型

上述基础物理规定了 BiSFET 的设计要素，包括后者的发展与我们对前者的理解。

8.4.1　BiSFET （与BiS 结） 设计

BiSFET 需要四个基本要素：由电介质隧道势垒分隔的石墨烯层（或其他半金属的或有半导体特性的二维半导体的介电分隔层）；通过某种方式形成和定位的凝结区域；一些栅控临界电流的手段；与单独石墨烯层的接触（尽管人们可以想象全石墨烯布局，其中接触将仅仅是石墨烯引线）。

在改变的同时，层分离可以使凝结物局部化，并且再有其他方法（见下文）来局部化凝结物，就几乎不需要在凝结区域之外改变介电厚度。在凝结区域之外，如 8.3.2 小节所述，层间电流在缺少凝结物的条件下预计会下降几个数量级。因此，将介电分离的石墨烯层视为天然二维材料（如石墨烯-hBN-石墨烯，石墨烯-MD-石墨烯或石墨烯-插层-石墨烯）的空间均匀的石墨烯-电介质-石墨烯三明治结构是合理的。

为石墨烯创造良好的接触是一件不简单的事情，但不是一件针对 BiSFET 的事情，虽然独立地对两个石墨烯层这么做变得更成问题。在本节中，我们将简单地假设可以做到这一点，并重点关注版图问题。理想情况下，接触点应位于 BiS 结或 BiSFET 的凝结区域的同一侧。电流被注入凝结物带隙内的凝结物区域，并因此通过量子力学波函数在层之间传递，逐渐消散到凝结区域。然而，也有争议的是，这种传递仍然可以通过诸如在文献 [6]、[7] 中考虑的短凝结区域实现，其中名义带隙从来都不是完全没有态密度。此外，在文献 [6]、[7] 的模拟中，层间电流在整个凝结区域比在单粒子电流中更加非局部化。虽然在这个问题上需要更多的工作，但现在我们假定接触点是在凝结区域的同一侧。

按照初步估计 [1] 和 8.3.2 小节讨论的量子传输模拟 [6,7]，凝结区域的长度可能只需要十到几十纳米的范围。可以通过改变影响凝结物、电荷浓度、电介质环境或空间分离的任何物质来定义凝结区域。迄今为止，我们已经推测了所需的电荷密度，通过名义上在石墨烯双层体系上方和下方的门控，从而使得凝结区域本质上定位在这些栅极附近。最初，我们考虑了通过单独为一个或两个门进行栅极功函数的设计，从而实现所需的栅极电场的可能性。然而，基于我们对 8.3.1 小节中讨论屏蔽 [15] 的更深入理解，现在似乎更有可能要求把大量但是固定不变的电压施加到距离凝结物几纳米或更远的栅极。值得注意的是，如果可以使用填充剂和与其相关联的石墨烯层重掺杂 [25]，如果还降低了另一层的载流子密度，则可能只需要一个栅极来强烈反型一层。

有了凝结区域，并建立了独立石墨烯层的接触，就已经有一个 BiS 结，如图 8.7c 所示。如以前指出的，BiS 结预计会表现得很像约瑟夫森结 [17]，产生对称低电压开启直流（DC）NDR 特性和超出直流（DC）NDRKAI 电压的 THz 振荡（尽管后者预计会被 BiSFET 逻辑电路中的 RC 时间常数滤除）。

然而，对于 BiSFET，需要一个控制栅极来改变临界电流，尽管只在有限的程度上，以确定哪个器件最先达到其临界电流。然而，上述讨论的创造凝结区域方法的变化已经引起了门控 BiSFET 临界电流的基本转变，这导致了原型 BiSFET 的版图变化。在最初 BiSFET 设计中，栅极或多个栅极通过功函数的工程设计来创造凝结物，它们可以作为关键电流的控制栅极来发挥双重作用。开关可以通过载流子密度中的较小栅极电压诱导的变化来实现，并且导致凝结物强度和临界电流的有限变化，如 8.3 节所述。我们将这种器件方法称为"BiSFET 1"，如图 8.7a 所示。然而，由于用于产生凝结物的栅极已经进一步移动，并且由于施加了大量电压来产生凝结物，所以这些栅极不再能用于临界电流的低电压控制。因此，必须提供单独的"控制栅极"来改变临界电流。此外，由于凝结物隐藏在固定电压的栅极之间，通过凝结物的强度来控制临界电流不再是一个容易获得的选择。

因此，我们称之为 BiSFET 2，如图 8.7b 所示。栅极通过引线电阻的有限变化来控制并行传导路径中的电流集聚。例如，电流可以分流到两个相同的并行路径中一侧（相同但或许不是最佳），到了这种程度，合成临界电流可以有效地减半。一旦一个凝结区域进入

NDR 状态，电流就被分流回去，另一个区域也被迫进入 NDR 状态。然而，临界电流的减半并不是必需的；栅极控制只需克服器件内和器件之间的临界电流的意外变化。注意，简单地将电流集中到大的凝结物区域的一侧可能是不够的，因为如上所述，伪自旋相位角倾向于变成凝结物的一种均匀性质；相反需要两个独立的凝结区域。在有图解释的 BiSFET 2 中，还存在更大的努力来使关于凝结物的介电环境最小化，不仅在凝结物之间而且更重要的是在凝结物之上和之下，包括可能通过使用空气间隙。

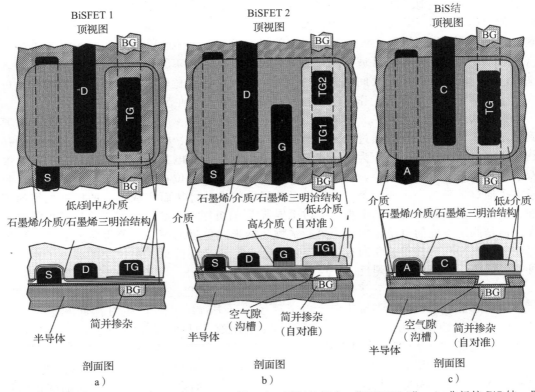

图 8.7 a）初始 BiSFET 的示意图（"BiSFET 1"），b）更新的概念，"BiSFET 2"，c）非门控 BiS 结。黑色区域是金属触点："源"（S）和"漏极"（D）接触与反型层接触；用于产生凝结物的顶栅（TG）和底栅（BG），也用于 BiSFET 1 中的 V_{NDR} 控制；用于 BiSFET 2 的 V_{NDR} 控制栅极（G）。可以将 BiSFET 2 视为具有集成的传统 BiSFET 的两个 BiS 结

8.4.2 集约电路模型

对于电路建模，我们创建了简单的集约器件模型，旨在捕获基本的器件组成和行为。我们在每个栅极和相邻的石墨烯层之间引入电容，在两个石墨烯层之间引入电容，并给每一层引入层间量子电容（考虑到能带边缘与费米能级移动相关）。我们引入接触电阻。我们引入层间电流的模型作为层间电压（费米能级差）和电荷平衡/不平衡的函数。这些模型并不意味着精确，因为我们不关心在这个发展阶段性能的微小变化。对于 BiSFET 2，我们还考虑了两个平行的导通路径，基本上是两个平行的 BiS 结，增加（至少）一条路径的

栅极控制电阻。该门控被视为一个（或多个）引线的接触电阻的有效变化，并且已经模仿了具有电导最小值和非均匀涂抹的石墨烯 FET。然而，用于产生凝结物的栅极的电容耦合明显被减弱。此外，虽然这些栅极施加了固定的大电压，但它们应当作为电路中的虚拟地。因此，对于 BiSFET2，用于产生凝结物的栅极对功耗影响不大。然而，本质上是强耦合的对控制栅极的充电和放电成为新的功耗来源。这些用于 BiSFET 1 和 BiSFET 2 的集约模型如图 8.8a、b 所示。简单的 BiS 结的版图和集约模型如图 8.7c 所示。

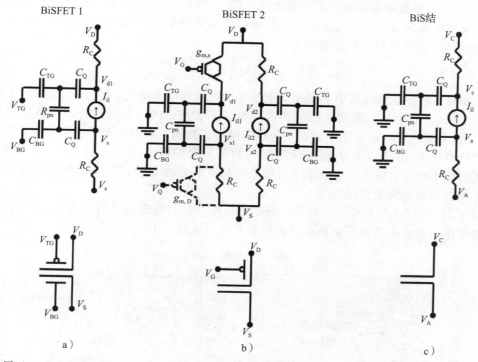

图 8.8　用于 a）BiSFET 1，b）BiSFET 2 和 c）BiS 结的简单集约模型，展示了包括栅极电容，层间电容，量子电容，接触电阻在内的基本元件，对于 BiSFET 2 则是集成石墨烯 FET 栅极控制，其中展示了 p 型 BiSFET。（注意，p 型仅意味着负电压通过改善的电流平衡来增加临界电流，这可能是增加 p 型层中空穴电流或降低 n 型层中的电子电流的结果。层间电流 I_{pn} 的 I-V 特性作为层间偏置和电荷平衡的函数，（比必要的）更强的石墨烯 FET 特性分别如图 8.9a、b 所示

出于对 BiSFET 2 的电路意图，我们区分"p 型"和"n 型"（与 p 沟道和 n 沟道）器件，只是因为我们假设对"n 型"器件施加负栅极电压会降低其临界电流，并且对"p 型"器件施加正电压会降低其临界电流。由于从凝结区域分离出来的栅极和两个平行凝结区域之间的电流平衡/不平衡程度是开关的基础，在很多情况下器件可能是"p 型"或"n 型"。我们不去假设与栅极相邻的石墨烯层或者两层实际上是否是 p 型或 n 型，或者栅极下层中的载流子类型是否与凝结区域中的那些相对应（由于 Klein 隧穿在栅极和凝结区域之间的短区域内，与 p 型至 n 型之间的反型相关的电阻应小于标称接触电阻）。

对于特性，当电导突然降低超过 NDR 开启电压时，如图 8.5d 所示，层间凝结物增强

型直流（DC）电流[6,7,14,16]预计会有较大的开/关比，实际上我们考虑的电路并不需要上述任何一个特征。为了加强后者，我们对二者都很保守。对于 BiSFET 的大多数模拟版本而言，已经使用了平滑的特性[1,2]，如图 8.9a 所示，在下面的等式中：

$$I_{SD} = G_o V_{SD} \left\{ 1 + \left[\frac{|V_{SD}|/V_{NDR}}{\exp(1-|V_{SD}|/V_{NDR})} \right] \right\} \tag{8.3}$$

式中：I_{SD} 是源极到漏极层间电流；G_o 是用于注入这些高电荷区域的 Landauer-Büttiker 弹道电导率；V_{SD} 是横跨凝结物源极到漏极电压降——$(E_{F,S}-E_{F,D})/q$（通过中间电阻损耗从源极到漏极电压区分开）；V_{NDR} 是临界电流相关的单颗粒层间相关耦合的 V_{SD} 的大小，在 V_{SD} 下会发生 NDR 开启。V_{NDR} 近似为：

$$V_{NDR} = V_{NDR,n=p} \exp\left(-10 \times \frac{|p-n|}{p+n} \right) \tag{8.4}$$

式中：p 和 n 是在凝结区域中 p 型和 n 型层上的空穴和电子浓度，$V_{NDR,n=p}$ 是用于平衡电荷分布的 NDR 开启电压。回顾前面的内容，与图 8.3 所示的（随后执行的）仿真相比，式（8.4）（首先引入）对电荷不平衡有一些过于灵敏。然而，我们检查了使用图 8.3 所示的结果，并且基于 BiSFET 1 的电路继续与相关的更有限的栅极控制一起工作。更重要的是，对于更新的 BiSFET 概念，也就是不依赖于电荷不平衡的 BiSFET 2，这种近似在所期望的器件工作方面在名义上是保守的。

对于 BiSFET 2 集约模型，门控引线的电阻作为控制栅极电压的函数关系如图 8.9b 所示。峰值电阻假定为受限于狄拉克点的热和非均匀涂敷，由于

$$R^{-1} = \sqrt{\sigma_g^2 + \sigma_{min}^2} \tag{8.5}$$

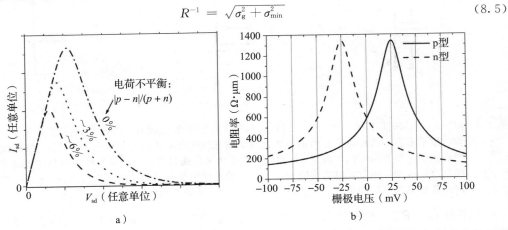

a)   b)

图 8.9　a）取决于层间电荷平衡的凝结物 I-V 模型特征，以及 b）BiSFET 2 中的石墨烯引线的栅极调制电阻，用于本文所示的 $E_{F_{min}} = 10\text{meV}$ 的模拟。电路的工作也被证明对电荷不平衡，层间 I-V 特性的尾部较慢的衰减（尽管期望更快）和降低的开/关栅极控制的引线电阻率（器件之间的器件特性中至少没有方差）的依赖性很弱

式中：$\sigma_g = 8q^2 E_F W/(v_F h^2)$ 是由宽度为 W 和费米能级为 E_F 的石墨烯层中的模数造成的量子电导；h 是普朗克常数；q 是电子电荷；v_F 是石墨烯中基本固定的电子费米速度；W 是沟道宽度[1]。σ_{min} 表示由狄拉克点附近的热和非均匀涂敷造成的最小电导率。栅极以下的石

墨烯费米能级是通过栅极氧化物和石墨烯量子电容的等效串联电容网络来计算的。在实践中，关于最大电阻，我们只考虑 50mV 范围（后面模拟中的 $2V_{clock}$）。我们也已经考虑到比图 8.9b 所示的更多的涂敷。

8.5　BiSFET 逻辑电路和仿真结果

具备了层间电压增加而不是电流随着源极到漏极电压增加就饱和的较强 NDR 特性，以及仅改变 NDR 开启电压而不是直接打开和关闭器件的栅极控制，BiSFET 并不是类 CMOS 电路中的 MOSFET 的简单低压顺便式替代。必须找到替代电路架构。

在本节中，我们说明了使用 BiSFET 实现布尔（Boolean）逻辑门的一种方法，以及它们如何不能作为参考，并且我们提供了 SPICE 级电路仿真。我们强调，这里讨论的方法只是第一次尝试。需要进一步探索如何最好地利用凝结物进行逻辑设计和其他目的。因为两个 BiSFET 版本都表现出以零层间电压为中心的电导峰值和随后为 NDR 的可门控临界电流，基本电路架构和功耗级别是相似的。尽管大部分原始电路工作都是使用 BiSFET 1 版本[1,2]进行的，但我们展示了目前可用的通过 BiSFET 2 版本获得的概念验证结果，返回到针对先前更为复杂案例的 BiSFET 1 的概念结果。

8.5.1　BiSFET 逻辑电路基础：如何使用与不使用 BiSFET

如果 BiSFET 嵌入到传统的 CMOS 反相器电路中，如果有的话，记忆单元就产生了[2]。如图 8.10a 所示，会有给定固定电源电压 $\pm V_{supply}$ 的三个独立工作点，如图 8.10 所示；两个工作点中一个 BiSFET 在其低电导/截止状态内超过 NDR 起始电压，另一个仍处于高电导/导通状态，输出电压高（"1"）或低（"0"）和余下一个工作点，两个 BiSFET 都在它们的低电导/截止状态超出其 NDR 起始电压，输出可能处于不完全稳定的中间状态，几乎没有可用电流来驱动串联中的下一个器件。此外，改变输入电压来产生有限的 NDR 开启电压的变化对于高或低输出状态基本上没有影响，对中间状态没有明显有用的影响。然而，对固定电源电压的输入电压的这种漠不关心已经导致至少一个正如文献[2]指出的记忆单元设计，其他的无疑也是可能的。

然而，如果输入被设定并且电源随后上升，则会获得期望的输出逻辑状态，如图 8.10b 中图示说明。以这种方式，最初在 $V_{out}=0$ 时只有一个可能的工作点，两个 BiSFET 处于高电导/导通状态。随着平衡电源电压的增加，最初两个 BiSFET 保持其高电导/导通状态，电流增加，而 V_{out} 保持大约为零。然而，随着电源电压的增加，具有较低临界电流的 BiSFET 达到其临界电流，并降低到超出其 NDR 开启电压的低电导/截止状态。在相同的电流通过两个 BiSFET 汇聚的情况下，其他 BiSFET 不能达到其临界电流，并因此保持其高导电/导通状态。结果，V_{out} 跟随连接到导通器件的电源电压，直到达到 $\pm V_{clock,peak}$ 为止，尽管被电源上升时间引入延时，但实现了期望的反相操作。此外，一旦时钟电压升高并且栅极输出被设定，输入信号可以关闭而且没有什么影响。每个门作为闩锁加倍。

这个基本过程也可以用来实现更复杂的逻辑单元。使用 BiSFET 1，我们实现了一系列逻辑元件，包括但不限于文献[2]中讨论的逻辑元件，没有双电源会使设计更容易，但并不是绝对必要的。有了最近的 BiSFET 2，我们在写作本书时已经给出了概念电路的验证。

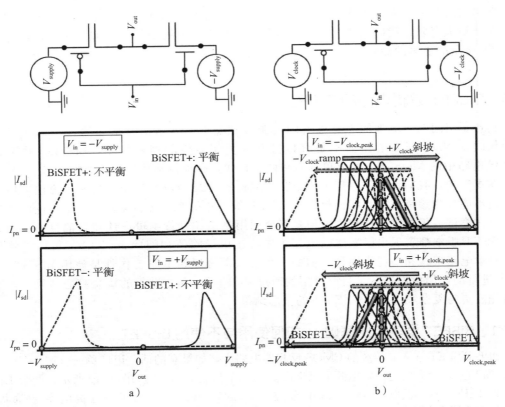

图 8.10   说明如何设计基于 BiSFET 的反相器以及如何不设计。a) 具有 BiSFET 和固定电源 ±Vsupply 的类 CMOS 反相器电路，以及基本上与输入电压 V_{in} 无关的相关输出电压 V_{out}。实线和虚线分别说明了对于 "BiSFET ＋" 和 "BiSFET－" 的层间电流大小与公共源/输出电压 V_{out} 的关系。成对的 BiSFET I-V 特性的交叉点表示可能的电路工作点/V_{out} 值，其中每个输入电压有三个点。这些工作点在很大程度上依赖于 V_{in}；工作点之间没有具有 V_{in} 变化的路径。b) 输入电压设定后，具有 BiSFET 和高达 ±$V_{clock,peak}$ 的电源电压的 CMOS 型反相器电路。同时，实线和虚线分别表示对于 "BiSFET ＋" 和 "BiSFET－" 的层间电流大小与公共源极/输出电压 V_{out} 的关系。然而，这些特性随着 ±V_{clock} 时钟的增加而相对于 V_{out} 移动，因此交叉点/电路工作点/V_{out} 的数值也是如此。在 $V_{clock} = 0$ 时，只有一个可能的工作点，$V_{out} = 0$。随着电源电压的升高，最初两个 BiSFET 都处于高导电性/导通状态。电流增加，而交叉点/电路工作点/V_{out} 的值保持近似为零。然而，在随着电源电压增加的某些点，具有较低临界电流的 BiSFET 不能再支持任何电流，并且在其 NDR 起始电压之外落入其低导电/截止状态。在成漏斗形通过两个 BiSFET 的电流相同的情况下，其他 BiSFET 不能达到其临界电流，并因此保持其高导电性/导通状态。然后，V_{out} 的交叉点/电路工作点/V_{out} 反过来接着跟随那些连接到导通器件的电源电压，直到到达 ±$V_{clock,peak}$ 为止，尽管被电源上升时间引入延时，并且实现了所需的反相工作

为了使用相同的基于 BiSFET 的门执行一系列计算，需要时钟控制的电源；通过一系列 BiSFET 门进行计算，则需要多相时钟控制电源[2]。对于单门，在输入被设定完成所需的逻辑功能后，必须提高时钟电压。时钟电压和相关的栅极输出必须保持足够长的时间，以便下一个门读取该输出。时钟必须再次降低，使得门可以接受新的输入。现在时钟应该

保持低电平，而前一个门的状态——其下一个输入——被设置成不干扰该过程。对于多个门，门之间也必须有明显的时间差。在一系列门中，第一个门的状态必须在第二个门的状态可以被设置之前先设定好，第二个门的状态必须在第三个门的状态可以被设置之前先设定好，依次类推。为此，我们采用图 8.11 所示的四相时钟方案。电路级仿真[26]表明，即使在 CMOS 技术中也可以创建这样一种低电压时钟源，占 50% 或更少的开销。然而，信号的形状和相数尚未完全优化。

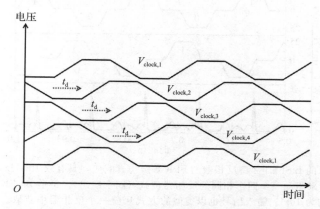

图 8.11　四相时钟方案，$V_{clock,n}(t)$，且具有时间延时 t_d

这种时钟供电方案的缺点是，每个逻辑元件的活动因子都需要有效统一。该方案的优点是每个逻辑一旦串联下一个逻辑单元被设定，单元就可以自由考虑新的输入，无论串联有多少个逻辑单元。

8.5.2　电路模拟结果

对于基于 BiSFET 2 的电路，使用 8.4 节描述的，如图 8.10b 所示的器件型号进行基于 VerilogA 模型的 SPICE 级电路仿真。除了集约模型的门控引线之外，接触电阻在零栅极电压下取 $320\Omega \cdot \mu m$ 的值，对应于引线中的费米能级 $|E_F| = 50mV$，载流子浓度约 $2 \times 10^{11}/cm^2$。栅极引线的接触电阻与式（8.5）建模一致，性能如图 8.9b 所示，此处显示仿真结果。然而，对于含石墨烯 FET，大很多的 σ_{min} 和随之而来的较小为 1.06 的开/关比也已经成功地用于相同的电路中。层间电容取为大约 $0.35fF/\mu m$，而 SiO_2 -等效氧化物厚度（EOT）为 1nm。如果是对应 0.85nm 的 EOT，则将控制栅极的电容取为大约 $0.41fF/\mu m$。用于制造凝结物的每个栅极的电容取为大约 $0.03fF/\mu m$，对应 10nm 的 EOT，图 8.7b 所示的具有更紧密栅极的低 k 栅极介电环境。通过凝结物的层间电流-电压关系如图 8.9a 所示。在上述的参数取值下，除非另有说明，凝结物区域的宽度 W 取为 20nm。为了便于阐述，时钟电源电压的峰值 $V_{clock,peak}$ 在所有情况下均为 25mV，约为室温 $k_B T/q$ 下。

反相器的仿真说明了在室温 $k_B T/q$ 数量级下通过使用峰值电源可能实现节能的潜力。图 8.12 展示了图 8.10b 所示的基于 BiSFET 2 的反相器电路的 SPICE 级仿真响应，该反相器电路具有四反相器负载，类似地由前一级反相器提供的输入信号和 10GHz 的时钟频率。每次工作的每个 BiSFET 的计算平均能量约为 10zJ（10^{-3} aJ），其包括在时钟周期内消耗的所有功率。相对于 MOSFET 路线图的极限（relative to the even end of the roadmap MOSFET）的每开关事件功率消耗的急剧减小，主要是由于电压降低，这种减小大体上将在几阿焦的规模。

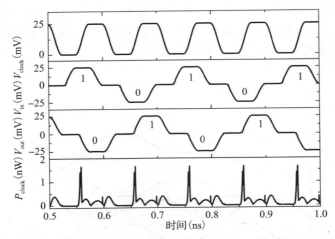

图 8.12 图 8.10b 所示的 BiSFET 2 型反相器的 SPICE 级仿真响应，具有双 10GHz，±25mV 峰值时钟电源 $\pm V_{clock}(t)$ 来驱动一个四个相同的反相器负载（四个扇出）。每个 BiSFET 的每次运行/每时钟周期的能耗约为 10zJ。输入信号也以类似的方式从前一个反相器中获取。瞬时功率被保守地计算为电流和在两个电源上相加的电压乘积的大小（实际上，在时钟周期的某一部分内会有一些功率回复）

更复杂的逻辑元件可以提供类似的功耗节省。图 8.13a 展示了基于 BiSFET 2 的 NAND（"与非"）门电路图。图 8.13b 展示了具有 10GHz 时钟的 NAND 门的 SPICE 级模拟响应，验证其功能并仿真瞬时功耗。

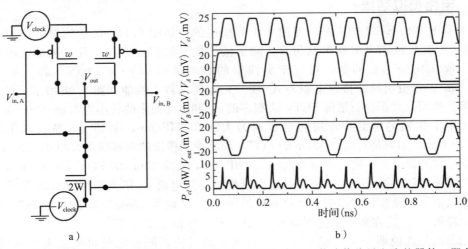

图 8.13 a）基于 BiSFET 2 的 NAND 门电路示意图。"2W" 表示两倍峰值临界电流的器件，即名义上是两倍的宽度。b）对于 BiSFET 2，具有 10GHz，25mV 时钟的 NAND 的 SPICE 级仿真响应。无负载时 NAND 门整体的每次运行能量为 140zJ。同样，通过在瞬时功率的幅度上积分来保守地获得开关功率

NAND 门作为整体无负载时的每次工作能量约为 140zJ。

我们已经考虑了使用较早 BiSFET 1 版本的更复杂的电路。图 8.14a 展示了具有和与进位的 1 位加法器，包含了 XOR（"异或"）门，NAND 门和缓冲门的较小逻辑元件（其中后者用于保持信号同步）以及三个时钟相位。BiSFET 1 的参数值在文献[1]、[2]中有提供和说明。图 8.14b 所示的说明了加法器的功能。该一位加法器也用于构成 4 位串行进位加法器（结果未显示）。我们再次注意到，无论在串联中考虑多少级，都可以在每个时钟周期考虑新的输入。

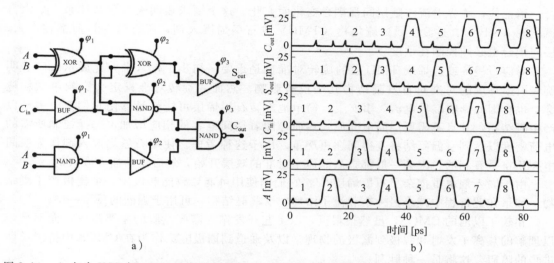

a)　　　　　　　　　　　　　　b)

图 8.14　a）包含 XOR 门、NAND 门和缓冲门的 1 位全加器的电路原理图，具有时钟电源 φ_1、φ_2 和 φ_3。缓冲器用于同步信号。b）1 位加法器的输出，包括和 S_{out} 以及进位输出 C_{out}。这些较老的结果是采用基于 BiSFET 1 的逻辑元件和以 2.5ps 延时分开的 100GHz 时钟电源获得的。较高的速度被允许是因为不考虑寄生接触电阻

8.6　工艺

如果理论成立，并且可以产生凝结物，甚至亚热开关电压都是可能的，那么能否实现 BiSFET 及其开关电压和功耗就可以通过制造工艺限制而不是理论限制来决定（就像以前的 CMOS 一样）。BiSFET 最大的工艺挑战是提供产生凝结物所必需的介电环境，通过层间电介质控制单颗粒/裸层间隧穿，并提供有限但可靠的栅极控制。

如 8.3.1 小节所述，在电介质分离的石墨烯层之间形成凝结物的电介质要求与 MOSFET 中最佳栅极控制所需要的完全不同。我们期望低 k 电介质，而不是高 k 电介质。

位于介电分离的石墨烯层之上和之下的材料的介电常数通常比位于石墨烯层之间的介电常数更为重要。高频介电常数也可能比低频的更为重要。尽管积极的注意到，凝结物附近的空气间隙对于基于石墨烯的 BiSFET 可能是必需的。为此，可以从牺牲氧化物开始，然后将其蚀刻掉。虽然在工艺上具有挑战性，但是已经有人提出在栅极和源极和漏极之间使用空气间隙，以减小常规 MOSFET 中的寄生栅极到源极和栅极到漏极电容[19]，而且已经报道了顶

部和底部栅极悬浮石墨烯双层，尽管在本书写作时还没有所需的层间电介质[20]。对于硅烷或锗的类似材料，或如前所述的 TMD，电介质要求可能稍微不那么严格。然而，实现足够的载流子浓度以产生凝结物可能很困难，生产后者材料的挑战可能更大。然而，理论是不完善的，我们无法知道这些系统中任何一个的要求有多么严格，除非凝结物可以通过实验实现。

相反，BiSFET 2 的控制栅极区域的电介质要求几乎与"常规"石墨烯 FET 的相同。所需的栅极控制将明显更小，但可用于选通的电压也应该是这样。主要的挑战是可重现性。

层间电介质（同样是低 k 更好）也必须是薄的并提供有限和可重复的层间单粒子/裸耦合。请记住，临界电流将随层间裸耦合变化而变化。这个要求表明天然层状体系，如六方氮化硼（h BN）、过渡金属二硫化物（TMD）或石墨烯嵌入剂，所有这些目前都在探索。层间耦合也必须控制在适度。

对应石墨烯或硅烯或 TMD 层的旋转对准也是重要。初步工作（未在此展示）已表明旋转石墨烯层的对准对自发凝结物几乎没有影响。然而，旋转对准肯定会影响单颗粒隧穿，也会因此影响临界电流。事实上，简单地旋转石墨烯层可能就足够使它们充分去耦以产生凝结物，并且不需要层间电介质。然而，随着层间电容的相应增加，选择控制所需的电荷密度以达到室温凝结将变得问题更严重。出于这种考虑，使用石墨烯嵌入剂作为层间电介质将是有利的，因为一般都是从晶体学对准的双层开始，然后化学插入嵌入剂。

由于嵌入剂也重掺杂了石墨烯层[25]，它们的使用可能导致能够仅用一个栅极产生凝结物，如果在此过程中减小另一个载流子浓度，这些凝结物就可用于强烈的反型一层。

相较于以前的 CMOS，虽然很艰巨，以工艺开发作为需要克服的主要障碍，而不是难以理解的热离子发射和源极到漏极的物理学以及通道到栅极隧穿作为在 CMOS 中持续长期进步的障碍，这将是一种胜利。

8.7 总结

这项工作的目标是重新启动超越 CMOS 的其他先导工艺的"路线图"。当然，这是所有"超越 CMOS 其他先导工艺"工作的目标。然而，有了仄焦量级的开关能量和新颖的功能，BiSFET 可以大大拓展道路。

此外，如前所述，同事和我们都只考虑了针对仿真中的逻辑电路的应用，而且只有一种基本的方法；如果 BiSFET 可以实现，应该会有更多的机会。上述讨论的所提出的 BiSFET 的 $I\text{-}V$ 特性与具有较低的电压和较大的开/关比的门控谐振隧穿二极管的相似性，与通过选通控制和潜在的室温工作约瑟夫森结的相似性，暗示了一部分这些机会。多次连接到相同凝结区域的可能性，所有相同的临界电流的聚集，也表明了电流控制逻辑而不是电压控制选通的可能性，这些我们都只是刚刚开始探索。即使在较高的电压下，相同相干凝结区域的多个接触、耦合或栅极控制的耦合，以及相干凝结区域的解耦也表明了建立量子计算应用的可能性。

理论持续表明，室温超流动性在介电分离的石墨烯层中是可能的。如果在基于石墨烯的系统中不成功，则根据理论，二维材料（如硅、锗或过渡金属二硫化物）的类似系统在某些方面更好，即使在技术上更具挑战性。理论可以解释和预测所期待的器件表现类型。在某种程度上，在Ⅲ-Ⅴ族系统中[14]所做的实验努力被我们同事们的理论[16]所了解（而这种理论反过来又被文献[10]的作者过去的理论所了解），理论努力被看作部分 BiSFET 的努力。当然，在质量上，几乎所有关键的物理学都已经在包括Ⅲ-Ⅴ族双量子阱和约瑟夫森结在内的类似物理系统中被实验地验证了，当然除了本书写作时的室温超流动性外。

但是，我们非常了解理论的局限性。BiSFET 的基础是基于不完美理论的独特物质体系中的独特物理学。最终，问题必须通过实验解决。观察凝结物的挑战是巨大的。如果我们可以观察实验室中的凝结物，则需要更多的工作来将这些结果扩展到商业生产。此外，即使成功，由于工艺限制，最初的努力也许不能在与 $k_B T/q$ 相当或更低的电压下运行。然而，技术预计会随着时间的推移而改善，就像 CMOS 一样。

最终的情况正是上述这个工作的目标，重新启动"路线图"，即将长远的技术进步转化为技术挑战，而不是对于 CMOS 的物理不可能性。

此外，纳米级器件的室温超流体可以提供新的应用途径，而不是沿着现有道路的进展。

致谢

我们诚挚地感谢所有合作者和同事们，我们在上述部分引用了他们的著作，当然，也有我们自己的。其中包括 Allan MacDonald、Emanuel Tutuc、Luigi Colombo、Gary Carpenter 和 Arjang Hassibi，以及前任和现在的许多学生和博士后学者。这项工作得到了西南纳电子科学院（SWAN）的纳电子科学计划（NRI）的支持。超级计算资源由德克萨斯高级计算中心（TACC）提供。

参考文献

[1] S. K. Banerjee, L. F. Register, E. Tutuc, D. Reddy, & A. H. MacDonald, "Bilayer pseudo-spin field-effect transistor (BiSFET): a proposed new logic device." *IEEE Electron Device Letters*, **30**(2), 158–160 (2009).

[2] D. Reddy, L. F. Register, E. Tutuc, & S. K. Banerjee, "Bilayer pseudospin field-effect transistor: applications to Boolean logic." *IEEE Transactions on Electron Devices*, **57**(4), 755–764 (2010).

[3] H. Min, R. Bistritzer, J.-J. Su, & A. H. MacDonald, "Room-temperature superfluidity in graphene bilayers." *Physics Reviews B*, **78**(12), 121401 (2008).

[4] C. H. Zhang & Y. N. Joglekar, "Excitonic condensation of massless fermions in graphene bilayers." *Physics Reviews B*, **77**(23), 233405 (2008).

[5] D. Basu, L. Register, A. MacDonald, & S. Banerjee, "Effect of interlayer bare tunneling on electron-hole coherence in graphene bilayers." *Physics Reviews B*, **84**(3) (2011).

[6] X. Mou, L. F. Register, & S. K. Banerjee, "Quantum transport simulation of bilayer pseudospin field-effect transistor (BiSFET) on tightbinding Hartree-Fock model." In *Simulation of Semiconductor Processes and Devices, 2013 International Conference on* (2013).

[7] X. Mou, L. F. Register, & S. K. Banerjee, "Quantum transport simulations on the feasibility of the bilayer pseudospin field effect transistor (BiSFET)." In *Electron Device Meeting (IEDM), 2013 International, Technical Digest*, pp. 4.7.1–4.7.4 (2013).

[8] International Technology Roadmap for Semiconductors. Available online at www.itrs.net.

[9] E. E. Mendez, L. Esaki, & L. L. Chang, "Quantum Hall effect in a two-dimensional electron-hole gas." *Physics Review Letters*, **55**(20), 2216 (1985).

[10] I. B. Spielman, J. P. Eisenstein, L. N. Pfeiffer, & K. W. West, "Resonantly enhanced tunneling in a double layer quantum Hall ferromagnet." *Physics Review Letters*, **84**(25), 5808 (2000).

[11] M. Pohlt, M. Lynass, J. G. S. Lok *et al.*, "Closely spaced and separately contacted two-dimensional electron and hole gases by in situ focused-ion implantation." *Applied Physics Letters*, **80**(12), 2105–2107 (2002).

[12] J. A. Seamons, D. R. Tibbetts, J. L. Reno, & M. P. Lilly, "Undoped electron-hole bilayers in a GaAs/AlGaAs double quantum well." *Applied Physics Letters*, **90**(5), 052103–3 (2007).

[13] L. Tiemann *et al.*, "Critical tunneling currents in the regime of bilayer excitons." *New Journal of Physics*, **10**(4), 045018 (2008).

[14] D. Nandi, A. D. K. Finck, J. P. Eisenstein, L. N. Pfeiffer, & K. W. West, "Exciton condensation and perfect Coulomb drag." *Nature*, **488**(7412), 481–484 (2012).

[15] I. Sodemann, D. Pesin, & A. MacDonald, "Interaction-enhanced coherence between two-dimensional Dirac layers." *Physics Reviews B*, **85**(19) (2012).

[16] J.-J. Su & A. H. MacDonald, "How to make a bilayer exciton condensate flow." *Nature Physics*, **4**(10), 799–802 (2008).

[17] K. K. Ng, *Complete Guide to Semiconductor Devices* (New York: Wiley, 2002), pp. 569–574.

[18] P. Mazumder, S. Kulkarni, M. Bhattacharya, S. Jian Ping, and G. I. Haddad, "Digital circuit applications of resonant tunneling devices." *Proceedings of the IEEE*, **86**(4), 664–686 (1998).

[19] K. Wu, A. Sachid, F.-L. Yang, & C. Hu, "Toward 44% switching energy reduction for FinFETs with vacuum gate spacer." In *Simulation of Semiconductor Processes and Devices, 2012 International Conference on*, pp. 253–256 (2012).

[20] R. T. Weitz, M. T. Allen, B. E. Feldman, J. Martin, & A. Yacoby, "Broken-symmetry states in doubly gated suspended bilayer graphene." *Science*, **330**(6005), 812–816 (2010).

[21] Y. E. Lozovik & V. I. Yudson, "Feasibility of superfluidity of paired spatially separated electrons and holes; a new superconductivity mechanism." *Soviet Journal of Experimental and Theoretical Physics Letters*, **22**, 274–275 (1975).

[22] D. Basu, L. Register, D. Reddy, A. MacDonald, & S. Banerjee, "Tight-binding study of electron-hole pair condensation in graphene bilayers: Gate control and system-parameter dependence." *Physics Reviews B*, **82**(7), (2010).

[23] P. Avouris, Z. Chen, & V. Perebeinos, "Carbon-based electronics." *Nature Nanotechnology*, **2**(10), 605–615 (2007).

[24] Y. E. Lozovik & A. A. Sokolik, "Electron-hole pair condensation in a graphene bilayer." *JETP Letters*, **87**(1), 55–59 (2011).

[25] P. Jadaun, H. C. P. Movva, L. F. Register, & S. K. Banerjee, "Theory and synthesis of bilayer graphene intercalated with ICl and IBr for low power device applications." *Journal of Applied Physics*, **114**(6), 063702 (2013).

[26] L. F. Register, X. Mau, D. Reddy *et al.*, "Bilayer pseudo-spin field effect transistor (BiSFET): concepts and critical issues for realization." Invited presentation at the 221st Electrochemical Society Meeting, Seattle, Washington, May 7, 2012.

可替代场效应器件

关于相关氧化物中金属–绝缘体转变与相位突变的计算与学习

You Zhou，Sieu D. Ha，Shriram Ramanathan

9.1 引言

具有实现相变的能力的电子器件可以为经典器件（例如场效应晶体管和 pn 结）增加新的功能。在这一章我们回顾了使用相变材料的最新研究，例如二氧化钒（VO_2），但不限于它，用于电子学，并提供了相关观点，针对 CMOS 而言，这些观点是关于相变电子学如何补充和增加新兴计算范例中的功能的。同时，需要不断创新的高频通信、可重构器件和传感器。这些领域有时可能与计算中的研究方向不直接重叠，然而，当新材料正在探索时，各种各样的有趣的属性被发现，并且有不同的想法。同样，在相关的氧化物中，由快速开关性质激发的研究已经引起了广泛的兴趣，例如，在微波器件领域，并且在这里被认为是完整的。最后指出，例如在电双层晶体管或其固态对等物中引起的氧化物中的离子传导，或离子介质的电子相变，它们可能在这种相关电子材料系统的未来研究和开发中起重要作用。尽管运行上比固态器件更慢，液体栅极提供了新的方向来探索可重构流体器件中的范例，这些器件在软质物质领域已经取得了明显的进展。

9.1.1 概述

金属氧化物半导体场效应晶体管（MOSFET）的尺寸缩放维持了数十年的微电子产业发展。随着这些晶体管的栅极长度接近于 10nm 以下的范围，提高诸如能量效率和开关速度的器件性能指标变得越来越难。MOSFET 的基本工作原理导致了互补金属–氧化物半导体（CMOS）尺寸缩放的基本限制，这促使研究人员去寻找替代的计算组件/架构来补充当前的 CMOS 技术的限制。目前，这也许是凝结物质领域中最重要的问题之一，对学术界的硬科学的持续发展具有重要意义。

其中一个努力是使用一组称为电子相关绝缘体的材料作为沟道来代替传统的 Si 半导体[1-3]。这些材料中电子–电子相互作用很强，这使得材料在低温下是绝缘体，即使在经典电子带理论中一般希望它们是金属的[4]。当电子或空穴被掺杂到这些材料中时，自由载流子浓度的变化可以引起相变，例如绝缘体到金属的转变和磁性转变[5]。这些现象激起了将其用作 MOSFET 结构中的沟道层的想法：如果没有施加栅极电压，则沟道绝缘并且器件关闭。当施加栅极电压时，载流子被掺杂到沟道中，静电触发绝缘体到金属的转变，并且器件被导通。这些器件的工作原理与基于传统半导体如 Si，Ge 和 Ⅲ ～ Ⅴ 族材料的 MOS-FET 有本质的不同。因此它可能有不同的尺寸缩放潜力，这将在本章中讨论。

在这些相关材料中，二氧化钒（VO_2）引起了特别的兴趣[6]。它在室温附近显示出金属-绝缘体转变（$T_C \sim 340K$），电导率急剧变化（3～5 个数量级）。转变温度足够接近当前的 CMOS 温度，提供了实现室温应用和将基于 VO_2 的器件集成到 CMOS 架构上的可能性。此外，最近已经有研究表明转换可以发生在可能潜在的超快时间域，这对于内存和逻辑可能很有意义，如图 9.1 所示[7-14]。在本章中，我们回顾了理论理解与基于 VO_2 的三端器件的实验演示这两个方面取得的进展。我们还介绍了基于 VO_2 的二端器件，并讨论了在替代计算架构中利用这些器件的可能性。

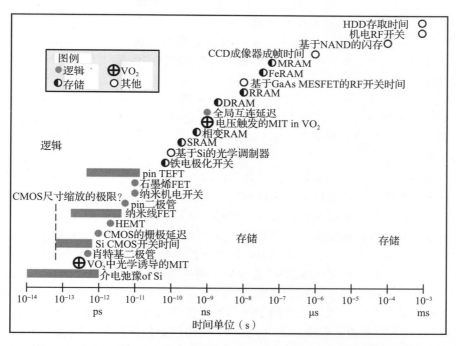

图 9.1　金属-绝缘体转换的转换速度，以最先进技术的一些状态的速度为基准。数据取自文献［7-14］及其中的参考文献。图中的一个横条表示切换速度的范围，其中右端代表已证明的最快速度，而左端表示预计的极限。该图中的一个圆圈表示该技术的演示切换速度。逻辑、存储和其他技术由图例所示的具有不同填充的符号表示。二氧化氯在电子开关的宏伟计划中发展非常快，令人印象深刻

9.1.2　本章提纲

我们首先简要介绍 VO_2 中的金属-绝缘体转变（MIT）现象。我们以能带结构的图片

来回顾所提出的可能过渡机制。然后，我们简要比较了使用相关氧化物作为沟道的场效应器件与传统的 MOSFET，以揭示不同的运行机制，以及这些器件在技术上很有趣的科学基础。下一节回顾使用 VO$_2$ 作为沟道层制造 FET 器件的最新进展。讨论了固态器件和离子液体栅控器件。还介绍了制造这些器件的挑战和展望。然后，我们继续讨论如何在二端子器件中产生电触发的金属-绝缘体转换，以及这种现象如何用于电阻开关、模拟和高频应用。最后，我们超越了"晶体管"和当前的计算范例，即冯·诺依曼（Von Neumann）架构。将引入新的计算范例，如神经计算，特别关注如何在这些架构中实现相变元件/相关材料。

9.2   二氧化钒中的金属-绝缘体转变

9.2.1   电子与结构转变

20 世纪 50 年代，Morin 在大量 VO$_2$ 中观察到金属-绝缘体转变[15]。单晶形式的 VO$_2$ 是具有半导体特性的，并且具有在转变温度（$T_c \sim 340K$）以下约 0.6eV 的光学带隙[16]。当被加热到转变温度以上时，电阻率下降约四个数量级，随后电阻率随温度的升高而增加，表明其金属导电性。电子相变也伴随着结构转变，其中绝缘状态与金属相具有不同的晶体结构[17]。

在金属相中，VO$_2$ 在金红石结构（通常称为 R 相）中结晶，如图 9.2a 所示。其晶体系统是体心四边形的，其晶格常数 $a = b = 4.555\text{Å}$，$c = 2.851 = \text{Å}$，c 轴垂直到 a 轴和 b 轴。钒原子占据四方晶胞的顶点和中心。每个钒原子被六个氧原子包围，并且位于由相邻氧原子构成的八面体的中心。

这些八面体沿着 c 轴与其相邻八面体共享它们的边缘，并且在（001）平面内与相邻八面体共享顶点。当跨越转变温度进入绝缘相时，钒原子沿原始金红石 c 轴二聚化，二聚体相对于金红石 c 轴倾斜。氧原子大致保持在相同的位置。图 9.2b 显示了从金红石 b 轴观察到的金属和绝缘相结构之间的关系（注意为了清楚起见，图中省略了氧原子)[17]。小黑点表示钒原子在金红石相中的位置，虚线的矩形是单位晶胞。单元格的中心是体心钒原子，c 坐标等于 1/2。图 9.2b 所示的空心圆圈表示绝缘相中的钒位置。由于钒原子的二聚化，二聚体中原来等价的两个钒原子变成非等价的。因此，绝缘相中的新晶胞必须是原始金红石原晶胞的 2 倍，才能包括二聚体的钒原子。二聚体的倾斜使钒原子远离金红石 c 轴，并且也离开金红石（010）平面，如图 9.2b 所示。二聚和倾斜使晶体降低对称性，晶体系从四方晶系转变为单斜晶体（通常称为 M1 相）。绝缘相晶胞与金属晶胞相关关系：$a_{M1} = 2c_R$，$b_{M1} = b_R$，$c_{M1} = a_R - c_R$。晶格矢量的选择按惯例是基于单斜晶体，但要点是晶胞沿着金红石 c 轴加倍。可以想象，晶体结构的变化可能导致电子能带结构的变化，并作为一种金属-绝缘体转变的机制，这将在后面详细讨论。通过施加应力或掺杂，可以在 VO$_2$ 中实现另一种单斜晶系绝缘相，称为 M2[17]。在 M2 相中，一半的钒原子沿金红石二聚化 c 轴没有倾斜，而另一半倾斜而没有二聚化，如图 9.2b 所示的黑点和白点。

上述结构变化导致单晶体 VO$_2$ 在相位转变发生时破裂并且限制了体材料的电子应

用[18]。薄膜技术的最新发展使得高品质的 VO_2 膜能够通过几种不同的化学和物理气相沉积技术在各种衬底上生长，例如但不限于 Si、Ge、蓝宝石、TiO2 和 GaN[19-22]。这些薄膜在数千个周期内显示稳定的热或电触发的金属–绝缘体转换[13,23]。衬底被钳位以防止材料破裂，这样可以在实际的电子应用中可靠地应用这些材料。

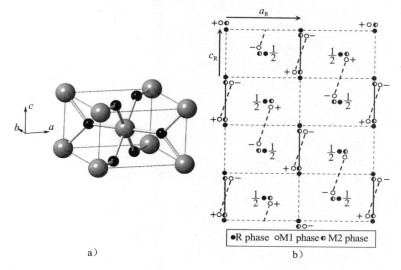

图 9.2　a）VO_2 金属相的晶体结构。它具有金红石结构，其中黑色原子是氧，灰色原子是钒。b）从晶格 b 方向看，金红石相 R（黑点），单斜晶 M2 相（黑白点）和单斜晶 M1 相（白圈）之间的结构关系。为了清楚起见，图中省略了氧原子。从 R 相到 M1 相，钒原子变成二聚的和倾斜的。在 M2 相中，一半的钒原子形成二聚体，另一半变成倾斜。部分 b）转载自 M. Marezio, D. B. McWhan, J. P. Remeika, & P. D. Dernier, *Physical Review B*, **5**, 2541(1972) 并得到许可。美国物理学会版权所有（1972）

　　一般来说，金属与绝缘体之间的电导率急剧变化可能是由于自由载流子密度消失或者分散的电子有效质量对，它们分别对应于载流子密度和载流子迁移率的变化[5]。在 VO_2 中，已经发现电导率变化主要是由于载流子密度的变化，载流子迁移率几乎是不变的。单晶和薄膜 VO_2 的霍尔（Hall）测量已经表明，多数载流子是这两种相中的电子，并且载流子密度从绝缘到金属相从大约 10^{18} cm^{-3} 增加到大约 10^{23} cm^{-3}，如图 9.3 所示[18,24]。相反，载流子迁移率在整个转变期间保持在约 $0.1cm^2/$（V·s）的大致恒定值上。

9.2.2　提出的相变机制

　　Si CMOS 技术的成功归功于 Si 能带结构的理解和对其界面属性建模的能力。同理，理解转变机制，从而理解两种相中的能带结构对于用这种氧化物精确地模拟和预测任何器件功能至关重要。然而，过去 40 年来，VO_2 的金属-绝缘体转变机制已存在争议，仍在积极研究之中。中心问题是，过渡是由于电子-晶格相互作用（Peierls 转变），电子-电子关联（Mott 转变），还是由于联合的 Peierls-Mott 转变[5,25-27]。一个相关的问题是，在结构变化发生之前，是否可以触发电子相变和反型到绝缘相。这对于一个开关要具有快速的开关时间常数至关重要。

换句话说，我们或许会问是否可以将电子相变从结构转变中解耦出来。结果，并不令
人惊讶的是，VO_2 的能带结构也没有很好的标定。下面我们描述所提出的转换机制和相应的电子能带结构。

在 VO_2 化合物中，钒具有 d^1 电子结构，氧充分填充 2p 电子壳层。根据能带理论，电子能带结构衍生自这些分子轨道。这张图片在描述具有窄带宽的材料的能带结构中特别有用，例如具有 d 和 f 价电子的过渡金属氧化物材料。因此，封闭的氧 2p 壳层不会有助于电子传导[28]。然而，从钒 d 轨道衍生的 d 带是每分子仅部分填充一个电子，成为了导带。上面的图片大致解释了为什么 VO_2 是一种金属，但没有显示为什么它可以成为绝缘体。基于这个简单的图片，我们在下面讨论金属相位能带结构，并从那里开始继续描述绝缘相。

在金红石相中，钒原子位于氧中心八面体。因此，钒原子中的 d 电子将受到来自氧阴离子的库仑相互作用。在完美球形的库仑电位中，例如在孤立的钒原子中，不考虑自旋简并性，d 壳层是五重简并的。

当原子位于 VO_2 晶体中时，来自氧阴离子的库仑相互作用将激起五重简并，这通常被引用作为晶体场分裂。图 9.4 显示了 VO_2 的晶体结构，以及钒的五个轨道如何呈现在晶格内。x 坐

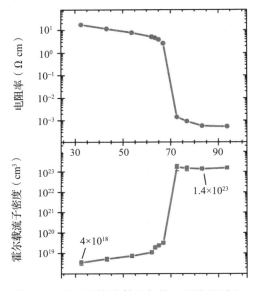

图 9.3 　通过磁控溅射生长的 c 面蓝宝石上的 VO_2 薄膜中，测得的电阻率和载流子浓度是温度的函数。相变过程中电导率的增加主要是由于载流子密度的变化而不是载流子迁移率（来自 D. Ruzmetov，D. Heiman，B. B. Claflin，V. Narayanamurti，& S. Ramanathan，*Physical Review B*，**79**，153107(2009)。美国物理学会版权所有（2009）

标指向金红石 c 轴，如图 9.4 所示[29]。相对于周围氧原子的电子分布，如果我们观察五个不同的 d 轨道，则显而易见的是，d_{xy} 和 $d_{3z^2-r^2}$ 轨道叶是面向氧原子的。另一方面，其他三个 d 轨道叶不指向相邻的氧原子，但实际上它们是最远离氧原子的方向。由于每个电子能带有负电荷，所以 d_{xy} 和 $d_{3z^2-r^2}$ 轨道将受到比氧原子更多的库仑排斥，因此它们具有比其他三个 d 轨道更高的能量（注意，图 9.4 中的坐标选择不同于通常为方便起见用于晶体场理论的坐标）。结果是具有五重简并性的原始 d 轨道分裂成更高的二重简并，例如（从 d_{xy} 和 $d_{3z^2-r^2}$ 轨道）和较低的三重简并的 t_{2g} 带（从 $d_{x^2-y^2}$，d_{xz} 和 d_{yz} 轨道）。因为 VO_2 中每个分子只有一个 d 电子，更高能量的 e_g 能带将为空，并且较低的 t_{2g} 带将为导带。还要注意，考虑到自旋时，t_{2g} 带将会六重简并。上述 d 带分裂是晶场理论的典型例子，这在许多晶体中具有氧八面体的过渡金属氧化物中经常发生。在 VO_2 中，三重简并的 t_{2g} 带被最近相邻钒原子中电子之间的相互作用进一步提升。从图 9.4 可以看出 $d_{x^2-y^2}$ 的叶轨道沿 x 轴（金红石 c 轴）定向。想象一下，我们通过在 x 方向上重复晶胞来绘制整个晶格；注意到这个 $d_{x^2-y^2}$ 轨道的叶实际上是指向一个钒原子。相反，d_{xz} 和 d_{yz} 轨道没有指向任何钒原子，如图 9.4 所

示。结果是，$d_{x^2-y^2}$ 轨道的能量比 d_{xz} 和 d_{yz} 轨道的能量更低。基于上述讨论，我们可以绘制金红石 VO_2 的能带的结构，如图 9.5 所示[30]。一般来说，用不同的符号来表示晶体的符号，而不是分子轨道。因为 $d_{x^2-y^2}$ 轨道沿着金红石 c 轴指向并且几乎是一维的，所以称其为 $d_{\parallel}$ 带以反映其特定几何形状。另一方面，d_{xz} 和 d_{yz} 轨道是相当各向同性的，称为 π 带。因此，金红石 VO_2 的导带是具有二重简并的 $d_{\parallel}$ 带与具有四重简并的 π 带之和，如图 9.4 所示。由于 VO_2 仅具有一个 d 电子，所以导带被部分填充，金红石 VO_2 是金属性的。

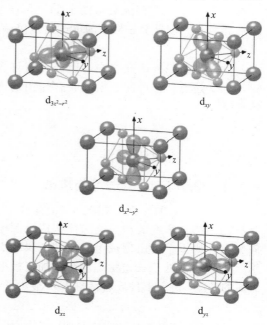

图 9.4 金红石结构中的五个原始的简并 d 轨道。由于晶体存在，它们在晶体结构中表现出不同的能量。小球表示氧原子，而大球表示钒原子。（改编自 *Annalen der Physik*，**11**，650-704（2002）。经过了 Eyert 的许可，© 2002 Wiley-VCH Verlag GmbH&Co. KGaA, einheim)

上述带结构对于金属相通常可以接受，但精确的带结构如带宽、费米能级，以及 $d_{\parallel}$ 和 π 带的抵消并没有被很好地表征。据估计，$d_{\parallel}$ 和 π 带的总带宽为约 2eV，费米能级位于导带最小值以上约 0.6eV[25,29,31,32]。还很有趣的是，由于 $d_{\parallel}$ 带的准近似特性，VO_2 存在导电各向异性。在单晶[33]和外延薄膜[34]中，室温下，平行于金红石 c 轴的电导率是垂直于 c 轴的电导率的几倍。可能是由于 π 带的贡献[33,34]，电导率差异不是非常大。

Goodenough 提出了一种基于传统能带理论的金属到绝缘体的转换机制，主要考虑结构影响[30]。在绝缘相，钒原子沿着金红石 c 轴成对。

从分子轨道角度来看，这种配对将导致 $d_{\parallel}$ 分裂成两个带：键合带和反键合带，因为 $d_{\parallel}$ 沿着 c 轴几乎是一维的。换句话说，（Peierls 转变机制）晶胞的倍增（由于配对）将倒晶格空间和第一布里渊区中的晶胞减半。这在新的布里渊区域边界处开辟了一个带隙，这导致 $d_{\parallel}$ 带分裂成两个带，如图 9.5 所示。同时，钒对的倾斜导致 π 带的上移。二聚化和倾斜的最终结果是存在如图 9.5 所示的带隙打开。注意，上述讨论仅仅基于结构变化如何改变带结构，并且不考虑电子-电子相关性。因此，上述转变机制通常被认为是 Peierls 转变。

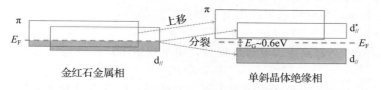

图 9.5 在金属和绝缘相中所提出的 VO_2 能带结构

相反，Mott 等人依据电子关联解释了金属到绝缘体的转变[35]。有人认为，在绝缘相，$d_{//}$ 带由于电子关联而分裂成两个 Hubbard 带。当转变成金属相时，π 带被有效地降低并变成部分填充。因此，π 带中的电子可以屏蔽 $d_{//}$ 带中的电子关联，并将两个 Hubbard 带合并成单个带。

虽然仍在积极研究之中，但已经有许多人提出金属-绝缘体的转变可能没有单一的来源，也就是说，这可能是由于联合作用的 Mott-Peierls 转变，其中两个机制都有助于促进转变[32]。

9.3　相变场效应器件

9.3.1　Mott FET：　理论与挑战

Mott FET 的原理图如图 9.6a 所示。它是类似于传统 FET 的三端子器件。该沟道由具有均匀掺杂浓度的相关绝缘体构成。源极和漏极仅仅是提供与沟道良好的欧姆接触的金属触点。栅极叠层由栅极电介质和金属触点的薄层形成。当 $V_G=0V$ 时，沟道材料处于绝缘状态，器件处于截止状态。当施加栅极电压时，感应的载流子可以触发沟道中的绝缘体到金属的转变，并使器件导通。图 9.6b 显示了沟道材料的带结构如何在阈值栅极电压上变化的。

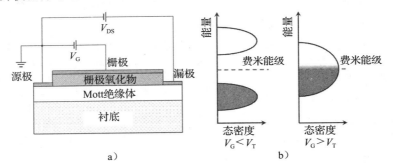

图 9.6　a）Mott FET 示意图。它具有与使用 Mott 绝缘体作为沟道材料的传统 MOSFET 类似的结构。b）当栅极电压低于阈值电压时，由于电子关联，即电子-电子相互作用，沟道是绝缘的。高于阈值电压时，静电掺杂的载流子可以屏蔽电子之间的相互作用，这有助于引起填充控制的绝缘体到金属的转变，导致带隙的崩溃

这些 Mott FET 与传统 MOSFET 相比预计会有几个优势[3]。首先，Mott FET 中的绝缘体与金属之间的转换可以作为电荷增强机制，其可以实现比传统 MOSFET 更急剧的亚阈值开关。在绝缘相，电子需要克服库仑排斥，通过晶格来跃迁/传输。对于具有 d^n 电子配置的 Mott 绝缘体，传导可以表征为电子跳跃穿过晶格：

$$d^n + d^n + U \rightarrow d^{n+1} + d^{n-1} \tag{9.1}$$

为了发生电子跃迁，必须克服库仑排斥能量，由下式给出：

$$U = E(d^{n+1}) + E(d^{n-1}) - 2E(d^n) \tag{9.2}$$

式中：$E(d^n)$ 是具有 nd 个电子的过渡金属的总能量；U 为有效地阻止电子越过晶格的库仑排斥能量。当通过施加栅极电压将电子（或空穴）掺杂到绝缘体中时，一些过渡金属原

子的电子结构变为 d^{n+1}（或 d^{n-1}）。因此，电子跃迁可能没有任何障碍，如以下机制所示：

$$d^{n+1} + d^n \rightarrow d^n + d^{n+1}$$

(9.3)

注意，初始状态和最终状态具有相同的电子结构，因此能量相同，电子传导没有能量损失发生，驱动绝缘体到金属的过渡。由于相变，自由沟道中的载流子密度可以大于由栅极静电感应的净载流子密度。这被有效地用作电荷增强效应，并有助于在 Mott FET 中实现更急剧的转变（较小的亚阈值摆幅）[3]。还很有趣的是，电子和空穴掺杂原则上可以引起相变，这意味着正或负栅级偏压都可以导通 Mott FET。从这个简单的图中看出，电导调制可以具有双极性。实际上，Mott 绝缘体的相图对于电子和空穴掺杂通常是不对称的。例如，这可能导致不同栅极电压极性的不对称电导调制。

开关器件的另一重要方面是开关速度。作为一个传统 MOSFET，本征开关速度是以对栅极电容充电的时间为特征的栅极延时。

对于一定的电荷积累 Q，可以通过施加较大的驱动电压或使用具有较高迁移率的材料来提高开关速度。在理想的 Mott FET 中，开关速度将受到栅极电介质的充电以及材料限制载流子诱导的相变速度的限制。因为自由载流子密度 n 大于净电荷累积密度 Q/e，所以与相同量的净电荷 Q 相比，Mott FET 可以具有比传统 MOSFET 更大的驱动电流，因此具有更快的开关速度[36]。另一方面，在材料限制相变速度方面，已经发现在许多材料中，金属-绝缘体转变可以通过光信号在非常快的时间量上被触发[12]。如果就如争议的那样，这些光学诱导的 Mott 转变是由于光掺杂的载流子密度的增加所致，则如果这些载流子被静电掺杂，则可以合理地期望类似的开关时间量。

另外，由于在沟道 Mott FET 中不需要 pn 结，可以消除沿沟道的耗尽区域[37]。因此，MOSFET 中耗尽层的缓慢缩放所引起的短沟道效应可能在 Mott FET 中并不显著。沟道材料是重掺杂的或未掺杂的，这有助于减少沟道中的掺杂波动[37]。

尽管有上述的潜在优势，但同样重要的是，要指出这些关联氧化物中的许多具有非常低的载流子迁移率，这可能是高速开关的明显限制[3]。一般认为，低载流子迁移率是由于载流子的跃迁特性而形成的。然而，例如由于晶体缺陷引起的散射，外部影响也没有得到很好的研究。目前仍不清楚是否可以打破室温低迁移率的瓶颈。

制造 Mott FET 的第一次尝试主要集中在使用掺杂铜氧化物[1,37-39]。我们选择铜酸盐成分使其位于金属相和绝缘相之间的相边界附近，使得少量的由栅极电压引起的载流子浓度变化可以导通/截止器件。其他的努力包括利用其他氧化物和有机 Mott 绝缘体来制造这样的器件[40-43]。我们想要这些晶体管像传统 MOSFET 那样显示出可重现性和同样的性能，然而，在制造这样的 Mott 晶体管方面只有相当有限的实验报告。阻碍这种 FET 器件论证的一些主要挑战包括薄膜生长，源极/漏极接触电阻和栅极介电工程设计。首先，这些相关氧化物中的较短屏蔽长度需要在沟道和栅极电介质之间制造光滑的界面。因为许多这些相关的氧化物中的载流子密度非常大，特别是在相边界处，由经典的德拜长度估计的屏蔽长度在几纳米左右。结果，相关的氧化物薄膜需要仅为几纳米厚，从而最大化场渗透并实现大的开/关比。出于同样的原因，我们也希望沟道/栅极界面几乎是原子级的。另一个问题是，对某些相关材料，并不容易形成具有低电阻的欧姆接触[39]。接触电阻可能与截止状态下的沟道电阻类似，阻碍了任何一个开关行为。最后，如果沟道不被掺杂，触发金属到绝缘体转变所需的二维载流子密度通常要足够大（$10^{14} \sim 10^{15}\,cm^{-3}$），使得相应的电场接近栅极氧化物的介电击穿电场[2]。

因此，需要具有高介电常数的高质量栅极氧化物在这些材料上生长，从而使击穿电压最大化。另一种方法可能是使用背栅 FET 设计，其中衬底或其原生氧化物用作栅极电介质。一个常见的例子是采用许多钙钛矿作为衬底的 $SrTiO_3$ 作为背栅。直流（DC）$SrTiO_3$ 的介电常数在室温附近为 $10^2 \sim 10^4$[44,45]。然而，对于最终的应用，高频介电常数变得更为重要。在这样的频率下，介电常数通常会下降，因为极化不足以响应在这个频率范围内的交流（AC）信号。新的材料 $(La, Sr)_2NiO_4$ 在这方面可能是非常有意义的[46]；然而，随着介电常数的增加而增加的损耗是一个需要仔细考虑的问题。例如，这可能会限制最大栅极电压，该电压可能由于漏电流而被应用。然而，为了实现在未来与最先进的硅技术竞争的晶体管器件，这将仍然是一个令人感兴趣的领域。

9.3.2   固态 VO_2 基 FET

自从提出 Mott FET 以来，研究人员一直在努力用 VO_2 构造器件。VO_2 的一个明显优点是其转变温度略高于室温。此外，金属到绝缘体的转变是急剧的，足以提供相当大的开/关比。从 Mott 标准来看，尽管 Mott 标准的有效性对于这种材料系统来说可能不准确，但似乎触发转换所需的关键载流子密度可以通过固态栅极电介质来实现[47]。

Chudnovskiy 等人提出了三端子 VO_2 FET 器件：沟道材料为 VO_2，其他部分与图 9.6a 所示的完全相同[48]。所提出的器件在转变温度以上工作，并使用栅极电压将其关断。由于金属相中的载流子密度较大，该器件尚未被成功证明。其他工作主要集中在如何从绝缘相中诱导金属相，但在相似的器件几何形状内。Kim 等人在 SiO_2/Si 衬底上生长 VO_2，制备以 SiO_2/Si 为栅极的背栅三端 VO_2 FET 器件[49]。没有观察到沟道电阻的栅极调制。相反，已经发现栅极电压可以调节临界电场（E_T）从而电触发诱导金属-绝缘体转变（E-MIT）。这种现象依据由载流子浓度的变化引起的载流子诱导金属-绝缘体转变来解释。然而，临界电场 E_T，可能不是一个可靠的参数，因为当 VO_2 通过外部电压切换多个周期时，E_T 值通常有相当大的变化。数据可能不容易重复，因此，仍然不能下结论。

Ruzmetov 等人制造的具有类似器件结构的基于 VO_2 的 FET，如图 9.7a[50] 所示：它们在 c 面蓝宝石上生长 VO_2，并通过磁控溅射沉积 SiO_2（100nm 厚）作为顶栅电介质氧化物。蓝宝石衬底使得 VO_2 的外延生长和 VO_2 膜的生长表现出三到四个数量级的电阻变化。但是发现，在顶部沉积 SiO_2 之后，VO_2 的金属-绝缘体转变幅度降低了两个数量级。在 SiO_2 沉积期间，可能存在 Si 扩散到 VO_2 或 VO_2 表面被氧化成 V_2O_5。虽然确切的原因尚不清楚，但是可以看出，栅极介电材料的适当选择和 VO_2/栅极电介质界面的工程设计对于实现大的开/关比很重要。如图 9.7b 所示，施加负栅极偏压（-10V）将导致沟道电导的增加。然而，器件的反应表现出一个缓慢的时间相关性现象。在去除栅极电压约 10min 后，沟道电阻甚至持续降低。此外，高达 10V 的正栅极偏压不会使沟道电导反转。击穿电压（约 15V）大于施加的栅极电压，但不可逆电导调制可能与沟道/栅极界面处 VO_2 的化学计量变化有关。

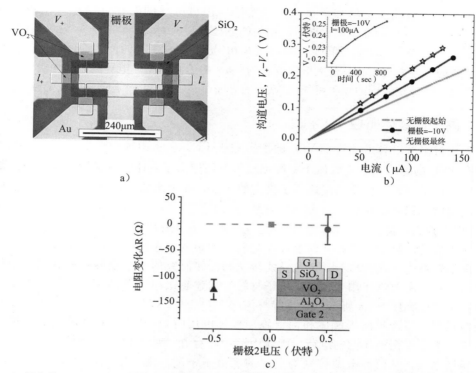

图 9.7　a）制作的 VO_2 场效应晶体管的器件图。将 VO_2 薄膜做成霍尔条形几何形状的图案。氧化物介质
如 HfO_2 和 SiO_2 已用作顶栅。b）顶栅器件中时间相关电导调制。这种观察可能与沟道/电介质界
面处的缓慢陷阱有关。c）背栅器件中的电导调制。插图给出了器件原理图（经许可后转载自
R. Ruzmetov, G. Gopalakrishnan, C. Ko, V. Naryanamurti, & S. Ramanathan, *Journal of Ap-*
plied Physics, **107**, 114516(2010)，美国物理学会版权所有（2010））

　　在同一研究中也制造了具有顶部和底部栅极的器件。首先，通过原子层沉积（ALD）
在导电 Si 衬底上生长薄的 Al_2O_3 层（25nm）。然后通过磁控溅射沉积 VO_2 薄层到 Al_2O_3 上。
使用光刻法在 VO_2 薄膜上形成图案，SiO_2 被沉积在 VO_2 沟道顶部。最后蒸发金属触点。在该
器件中 Al_2O_3 和 Si 衬底用作底栅，SiO_2 和金属作为顶栅。图 9.7c 显示了沟道电阻调制是背
栅电压的函数。当施加 $\pm0.5V$ 的负栅极电压时，电阻降低，而在正栅极偏压高达 0.5V 时，
则没有明显的电阻调制。在 0.5V 栅极电压下，沟道电阻变化 $-0.26\%(\pm0.04\%)$。在该器件
中，仅在 60℃ 和 65℃ 下观察到上述效果，并且在较低温度下对于栅极电压的极性没有电导调
制。此外，与顶栅器件不同，这样的器件已经对施加的栅极电压表现出可重现的电气响应，
没有对栅极电压去除的时间依赖性。时间依赖性的消除被认为与底部 ALD 生长的栅极绝缘体
和 VO_2 之间的已经有所改善的界面有关，这种改善是相对于顶栅器件中的界面而言的。这种
关于时间依赖性的研究在关联氧化物中通常是关键的，其中界面处的陷阱可导致测量假象。
因此，确定氧化物界面的电气质量的新技术对于该领域的进展非常重要。

　　还有研究人员试图用 VO_2 纳米梁建立固态 FET[51]。通过厚度为 20nm 的 ALD 沉积的
顶栅 HfO_2，来栅控宽 $0.3\sim1\mu m$，厚度 $300\sim600nm$ 的 VO_2 纳米梁。与以前的研究不同，

沟道电导在正栅极偏压下增加，负偏压则下降。沟道电导的变化也很小（在几个百分点内）。另一方面，这些器件也显示出时间相关的电导调制，类似于早期研究中的顶栅器件。当栅极电压在 $-2.5V$ 和 $2.5V$ 之间变化时，在 370K 温度下，周期时间为 20min 时，作为栅极电压的函数的电导表现出具有最大电阻变化为 -6% 的迟滞回路。电导调制和栅极电压之间存在相位滞后。这种观察到的现象可能与 VO_2 的界面/体状态、缓慢陷阱或机械弛豫有关。

9.3.3   离子化液体栅控 VO_2 FET

从上述讨论可以看出，基于 VO_2 的固态栅极 FET 显示中等沟道电导调制，主要是由于即使在 VO_2 的绝缘相下，载流子密度也较大。利用离子液体的电解质栅极控制的最新进展使二维载流子的累积密度感应达到了更高的水平，和用诸如 SiO_2 和 HfO_2 的传统栅极氧化物可实现的累积密度相比，要大一个数量级以上[52,53]。离子液体是在相关温度范围（对于 FET 应用则为室温）下的熔盐。它们是仅由阳离子（通常是有机的）和阴离子（通常是无机的）组成的电解质，没有任何溶剂，它们是理想的离子导体，而不是电子导体。在凝聚态物理学领域中，这些材料是电化学能转换和存储研究的一个很好的研究领域中的一部分，然而，它们主要当作用于在外来电子材料上构建超级电容器的惰性界面。离子液体栅控晶体管示意图如图 9.8a 所示。它具有与传统 MOSFET 相似的结构，其中栅极氧化物被离子液体代替。当跨越离子液体和沟道施加栅极电压时，在固体/液体界面的液体侧将形成双电层。为了平衡液体侧的电荷，固体沟道中将存在一些净电荷。因此，该双电层有效地用作栅极电容，从而静电地控制沟道内的载流子密度。由于双电层电荷分隔的距离小，单位面积的有效电容通常相当大，约为 $10\mu F/cm^2$。通常可以施加几伏特的栅极电压，就可以诱导约 $10^{14}\,cm^{-2}$ 的二维载流子密度，甚至达到约 $10^{15}\,cm^{-2}$[53-55]。在较大的栅极偏压下，可能发生电化学反应，并且可以改变沟道的电子特性。

结果，对于这种非静电效应可以模拟场效应，必须仔细检查/最小化这种效应。众所周知，过渡金属氧化物表面对这种相互作用很敏感，因此需要特别注意。

图 9.8a 展示了所制造的 VO_2 双电层晶体管（EDLT）器件的结构。VO_2 在 c 面蓝宝石上生长，从而达到很大的金属-绝缘体转变比[56,57]。如图 9.8b 所示，对于绝缘相，沟道电阻随着正栅极偏压（阈值电压约 1.5V）的增加而减小，电导调制大一个数量级。负栅极偏压不会改变绝缘相沟道电导。这个与霍尔测量一致，表明绝大多数载流子在绝缘 VO_2 中 n 型的。对于金属相，电导在不同的栅极偏压下保持相同，这是由于本征载流子密度较大。在 Nakano 等人的后续研究中也观察到类似的现象[58]。

有趣的是，电导调制的动力学较慢。研究发现，电导调制发生的速度比栅极电容充电速度慢得多，如图 9.8c 和 d[57] 所示。这种较慢动力学产生了一个问题：沟道电导调制到底是由于纯静电效应引起的，还是电化学反应引起的。因此，为了消除非静电效应，需要仔细控制化学环境和选择适当的栅控时间。此外，系统地研究在 EDLT 中动力学怎样随器件尺寸缩放而改变将是理解和改进这种弛豫的重要一步。

已经有几项研究解决了离子液体栅控实验中电化学反应的可能性。例如，X 射线光电子能谱显示，在 $-2V$ 的栅极偏压下，存在强电化学反应和钒价态的变化[57]。它还表明当使用脱水离子液体 DEME-TFSI 时，在电解质栅控 VO$_2$ 纳米梁中基本上没有场效应[59]。另一方面，如果离子液体被水污染，则会产生相当大的电导调制。这提出了另一种可能的机理，氢掺杂，其可能在这些离子液体栅控实验中诱导电阻的较大变化[59]。在离子液体栅控晶体管中导致沟道电导调制的不同机制如图 9.9 所示，供参考。

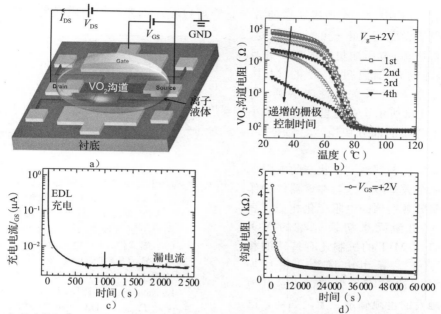

图 9.8 a）离子液体栅控（gated）VO$_2$ FET 的结构示意图。b）在固定栅极偏压下连续测量的电阻与温度曲线。c）在恒定栅极偏压下，充电电流 I_{GS} 和 d）沟道电阻作为时间的函数。两种不同的时间常数表明，沟道电导调制可能与非静电效应有关（a），c）和 d）部分经许可转载自 Y. Zhou & S. Ramanathan，Applied *Journal of Applied Physics*，**111**，084508（2012）。美国物理学会版权所有（2012）。b）部分经许可转载自 Z. Yang，Y. Zhou，& S. Ramanathan，应用物理学报，**111**，014506（2012）。美国物理学会版权所有（2012））

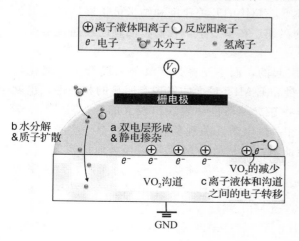

图 9.9 由双电层引起的静电掺杂，由于水分解引起的氢掺杂，由离子液体（IL）和沟道材料之间的电子转移导致的沟道氧化/还原可能性的示意图。需要认真控制环境和选择合适的栅控时间，从而最大化静电效应的相对贡献

9.4   相变两端器件

阈值开关、 电阻存储器以及神经计算

　　MIT 在 VO_2 中的一个值得注意的方面是它可以在二端器件中被电触发（E-MIT）[60]。通过在一些临界电压下电流的突然跳变，E-MIT 室温电流-电压测量中显现，并且是滞后的，类似于温度诱导的 MIT。VO_2 的表征 E-MIT 开关特性的示例 I-V 曲线如图 9.10a 所示。在这里，有几个小跳变对应于薄膜的部分切换，之后是 3V 的大跳变。

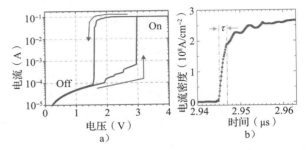

　　从低电压状态到高电压状态的电阻变化大约是三个数量级，这与在该器件中作为温度的函数观察到的电阻变化相似，表明可以使用电激励来切换完整的 VO_2 膜[61]。关于 E-MIT 的机制还有持续的相关讨论，关于它是由电场[62]、焦耳加热[63]、载流子注入[64] 触发的，还是其他一些机制触发的也须确定。无论如何，已经表明，对于具有 400nm 间隔的电极的器件，电流跳变可以快达约 2ns，如图 9.10b 所示[65]。对于时间常数，上升时间快于估计值是一个重要的结果，它指

图 9.10   a) 电触发金属-绝缘体转变（E-MIT）的二端 VO_2 器件的 I-V 曲线图。将 120nm 厚的 VO_2 薄膜在 c 面蓝宝石上生长，并通过光刻法制造成 $50\mu m$（宽度）$25\mu m$（长度）的二端器件；b) 电压驱动 MIT 的瞬态测量，显示开启时间为～2ns。a)部分经许可转载自 SD Ha, Y. Zhou, CJ Fisher, S. Ramanathan, &JP Treadway, *Journal of Applied Physics*, **113**, 184501(2013)。美国物理学会版权所有 2013。b) 部分，©2013 IEEE。经许可转载自 Y. Zhou, X. Chen, Z. Yang, C. Mouli, &S. Ramanathan, *IEEE Electron Device Letters*, **34**, 220(2013))

出了 Mott 转变的证据。E-MIT 也可以使用导电原子力显微镜尖端[66] 来开启，这意味着纳米级 VO_2 开关器件的可能性。突然的电流跳变，超快的开关速度和纳米可扩展性已经引起了将二端 VO_2 器件应用到新的电子器件中的兴趣。在本节中，我们将回顾已经通过实验证明的 VO_2 E-MIT 的应用。

　　VO_2 电阻的变化已明确表明是由 MIT 引起的，而不是像许多其他过渡金属二氧化物中由缺陷相关的导电细丝引起的。在热转变量和 E-MIT 量之间发现有明显的相关性，也就是，具有较大热 MIT 量的化学计量 VO_2 膜将在二端器件中表现出较大的开/关比[65]。这明显不同于许多其他过渡金属氧化物中缺陷相关的电阻开关现象和双极性[67]。这些二端器件的 RF 特性也表明开关机制是 MIT。已经证明，热驱动的 MIT 可以显著地切换 RF 信号通过二端 VO_2 共面波导（CPW）的传输[68]。作者表明，传输参数 S_{21}（插入损耗）从室温下的绝缘相到127℃的金属相平均变化大约 25GHz 至 35GHz，对于串联二端口结构，金属相中的插入损耗小于 3dB。后来表明，与热驱动 MIT 相反，可以通过耦合的直流偏置来实现类似的 RF（射频）开关，从而触发 E-MIT[61,69]。E-MIT 的开启和关闭状态下的 VO_2

CPW 的插入损耗和隔离（S_{11}）如图 9.11a 和 b 所示。插入损耗（$|S_{21}|$）可以通过改变 I-V 测量期间的最大屈服电流来调节，如图 9.11c 所示。VO_2 CPW 的平坦，宽带响应可归因于金属相的高导电性质。在绝缘相，传输率较低，但是由于电极之间的小电容耦合，它会随着频率增加而单调增加，并在高频下表现为短路。频率响应的集总电路元件建模表明，VO_2 CPW 器件可以认为是电容器和可变电阻器的并联组合，其电阻状态由直流（DC）偏置电平决定[61]。另外，在低直流（DC）偏压下，升高 RF 信号的输入功率会对 S_{21} 有类似的影响，和施加高直流偏压所观察到的影响一样[61]。这表明了仅使用 RF 功率就能触发 VO_2 MIT 的可能性。我们还推测 E-MIT 的形成实际上是由于许多其他氧化物中的体相变引起的，而不是由于导电细丝引起的。

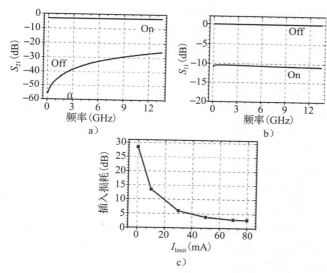

图 9.11 二端 VO_2 共面波导的导通和截止状态的 a）传输参数 S_{21} 和 b）反射参数 S_{11}。S 参数用 70mA 屈服电流测量。c）10GHz 下的插入损耗（$|S_{21}|$）作为导通状态下的最大屈服电流的函数（经许可转载自 S. D. Ha, Y. Zhou, C. J. S Fisher, S. Ramanathan, &J. P. Treadway，应用物理学杂志，**113**，184501 (2013)。美国物理学会版权所有 (2013)）

在电流控制的 E-MIT 测量中，VO_2 表现出负微分电阻，已用于制造振荡器电路[70-72]。对于由二端子 VO_2 器件和串联电阻器组成的电路，在 V_{th} 附近施加于电路的电压脉冲会在 VO_2 膜上产生电压振荡[70]。在显著低于或高于 V_{th} 的电压下，VO_2 输出平坦，不产生振荡。振荡频率是施加的电压脉冲大小和外部电阻的函数，一般在 0.3～1MHz 范围内[71]。振荡是由于内部 VO_2 电容的放电/充电而形成的，与从绝缘相到金属相的快速转变一致，反之亦然。模拟表明，电场触发主要负责产生振荡，温度瞬态变化控制振荡输出的包络函数[72]。

VO_2 正在被研究作为电阻式交叉开关阵列中的选择器元件。由于诸如 $4F^2$ 可扩展性（F=最小芯片特征尺寸），<10ns 写入时间，>10^{10} 周期耐久性和>1000h 保留等等的优点，在高密度，非易失性存储器技术的电阻式开关方面有很多深入的研究[73]。在电阻式开关存储器中，器件的电阻状态（低或高）被用作位存储介质。

存储单元夹在垂直交叉的字和位线之间的交叉开关阵列是用于高密度存储器的主要架构。电阻式交叉开关阵列的商业化必须克服的一个重要问题是当前的潜路径问题。如果交叉开关中的高电阻状态（HRS）单元与几个低电阻状态（LRS）单元相邻，则当施加电压以读取 HRS 单元的电阻状态时，一些电流可能流过附近的 LRS 单元，导致错误的存储器

读取事件。二端 VO_2 器件已经实现与电阻开关串联，以减轻潜路径问题[74-77]。这些选择器器件使用了 VO_2 E-MIT 的易失性阈值开关，它们是用于限制施加电压低于 E-MIT 阈值电压（V_{th}）的单元电流。因此，当尝试读取 HRS 单元时，较少的电流将流过相邻的 LRS 单元，并且不会发生读取错误。VO_2 集成在具有 $Pt/NiO/Pt/VO_2/Pt$ 异质结构的存储器件中，其中，NiO 是电阻开关材料[74]。已在 VO_2-TiO_2 异质结构交叉开关和 VO_2-ZrO_x/HfO_x 串联器件中证明了潜路径电流的抑制[75,76]。VO_2 选择器元件的正确运行要求为：（1）$V_{th} < |V_{reset}|$，$V_{th} < |V_{set}|$，将存储单元切换到 LRS/HRS 或从 LRS/HRS 切换而来的电压；（2）$R(VO_2, off) > R(LRS)$；（3）$R(HRS) + R(VO_2, on) < 2(R(LRS) + R(VO_2, off))$[75]。

VO_2 E-MIT 中的突然电流跳变已应用于为变阻器静电放电（ESD）过载保护中[78]。可以将 VO_2 变阻器与需要保护的电路并联。如果变阻器两端的电压达到某些来自电路电压过载的临界值，由于 E-MIT，VO_2 薄膜将转变到金属相，使电流从电路中分流。作者已经测试了 VO_2 薄膜的变阻器性能，并且相对于峰值变阻器电压降（约 230V）和响应时间（约 13ns），发现了类似的对商业可获得的 ZnO 变阻器的瞬态响应。可以确定，VO_2 变阻器为对于高达 3.5kV 的 ESD 电压而言，性能可靠。

除了 VO_2 之外，NbO_2 还表现出热驱动的 MIT（$T_{MIT} \sim 800℃$）和 I-V 测量中突然的 E-MIT[79,80]。NbO_2 的 E-MIT 已在神经元器件中实现，它根据 Hodgkin-Huxley 模型模拟生物学中的动作电位产生神经元[81]。在某些关键输入电压以上，一个神经元产生一个尖峰输出（"全或无尖峰"）类似于在神经元离子通道中观察到的。两个二端的 NbO_2 器件（标记为器件 $M_{1,2}$）按照图 9.12a 所示连接形成神经元器件。输入电流信号对电容器 $C_{1,2}$ 充电，直到 $M_{1,2}$ 上的电压高于 E-MIT 的阈值电压，之后电容器通过金属相 NbO_2 膜的放电产生输出信号尖峰。沟道和相反极性直流（DC）偏置的沟道之间的充电时间偏移将会导致产生动作电位尖峰。可以通过修改电容器 $C_{1,2}$ 来控制神经元的尖峰图案模式，如图 9.12b 所示。大多数神经元模拟可在软件或复杂的集成电路中实现。只要能够使用相变材料来模拟神经元行为，就会产生能进行自适应和非布尔运算的新型电子平台。

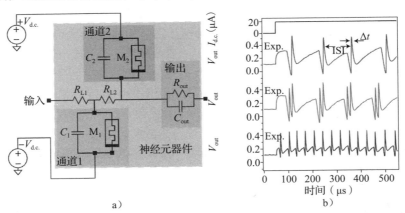

图 9.12　a）使用两个 E-MIT 器件（$M_{1,2}$）制造的神经电路的电路模型。b）通过修改电容 $C_{1,2}$ 可以实现神经元电路的不同尖峰行为（由 Macmillan Publishers Ltd；*Natural Materials* 授权转载，**12**，114(2013) 版权所有）

9.5　神经电路

　　虽然如上所述，在电子器件中存在金属-绝缘体相变应用到有效建立的器件概念，但是VO₂和其他 MIT 材料可能应用于诸如硬件人造神经网络的高级计算电子学中。人造神经网络以互连并行的方式执行计算，可以与现代计算机和其他计算模型中使用的冯·诺依曼（Von Neumann）架构进行对比（见图 9.13）[82]。神经网络旨在模拟脑功能，其具有优于计算机中的顺序处理的显著优点，例如模式识别、适应性和语境处理[83]。这样的网络通常以软件实现，但硬件实现在速度、功耗和体积方面具有显著的优点[84]。在脑功能最基本的模型中，生物神经元由树突和轴突组成，其接收和传递信号，产生信号的细胞体和突触，它存储信息并调制所接收的信号的强度。最近已经有大量的努力，利用过渡金属氧化物电阻开关的非易失性存储器行为来模拟突触功能[11]。使用相关氧化物的E-MIT 的神经元信号尖峰行为的论证可能是下一代硬件神经网络的另一个组成部

图 9.13　五种计算模式，包括计算机模型（冯·诺依曼架构）、图灵机和神经网络。（转载自 R. Rojas，*Neural Networks：A Systematic Introduction*（New York：Springer-Verlag，1996），得到了 SpringerScience-Business-Media 的许可）

分。我们可以将作为细胞体的电子器件和作为突触的电阻式开关器件共同整合成纳米级电子器件，它本征地模拟神经元行为。这样的器件为生物系统提供天然固态的仿生物特性，并且对于与移动设备相关的低功耗计算而言，越来越引起研究人员的兴趣。

　　除动作电位产生之外，电子相变可能在硬件人造神经网络中还有其他应用。模拟已经得出，耦合振荡器之间的相互作用可以模拟细胞神经网络[85,86]，这种网络是在最近邻神经元之间才有通信的人造神经网络[87]。这些模拟是基于实验的两个很近的自旋扭矩振荡器之间的相位锁定的实验论证[88]。当振荡器被独立地偏置使得输出频率开始相互接近时，振荡器之间的交流磁偶极子和自旋波激发相互作用，引起两个信号之间的相位锁定。除了人造神经网络外，利用耦合自旋转矩振荡器的模拟已经用于论证关联处理和多心皮波前计算[89,90]。多心皮波前计算是由脑功能激励的，但它是一个由应答器节点传输和接收径向脉冲的非神经网络计算模型[91]。计算在接收脉冲之间的时间延迟中进行编码，并且已经模拟了逻辑和存储器应用。在使用振荡器或尖峰发生的上述计算模型中，VO₂ 的 E-MIT 在硬件应用中具有直接的实用性。一个重要的步骤是显示附近的 E-MIT 振荡器可以进行相位锁定，这对于相互作用的非线性振荡器很常见[88]。这种示范可能潜在地导致超越计算机电子学的新范例，这是一个将飞速发展的领域。

9.6　总结

关联氧化物（例如但不限于 VO_2）很有希望成为计算设备中的有源元件。利用电子相变，莫特 FET 可能表现出开关快速、高能效的性能。虽然这些材料中相变已经被人们熟知了几十年，薄膜系统和栅控器件的研究仍处于初级阶段。例如，最近才最终证明，在薄膜器件中，VO_2 可以重复地开关数千万次。这样的结果对实际器件的研究引起了极大的兴趣，并且我们可以预期该领域的增长。然而，相关材料的许多基本材料性质仍然是未知数。如果要论证具有与当前 CMOS 器件相当性能的莫特 FET，就需要在材料生长，栅极氧化物制造和界面优化方面进行很多工程设计，以及在量化带结构方面的理论发展，特别是在界面处。进一步的发展可能导致关联氧化物在计算范式中的应用，替代冯·诺依曼架构。在二端莫特器件中转换状态的能力是相变材料的独特一面，此外，它还用于探测我们需要了解的基本属性，以深入了解基础物理原理。利用固体或液体电解质的离子相互作用可逆地调整关联氧化物的电子性质，这是另一个可能导致有趣的器件/电路概念的方向。在电化学界有大量关于界面离子转移的知识，可以适应未来几年氧化物的研究。

作者感谢 NSF DMR-0952794 和 ARO MURI W911-NF-09-1-0398 的资金支持。

参考文献

[1] D. M. Newns *et al.*, "The Mott transition field effect transistor: a nanodevice?" *Journal of Electroceramics*, **4**, 339–344 (2000).

[2] C. H. Ahn *et al.*, "Electrostatic modification of novel materials." *Reviews of Modern Physics*, **78**, 1185–1212 (2006).

[3] Y. Zhou & S. Ramanathan, "Correlated electron materials and field effect transistors for logic: a review." *Critical Reviews in Solid State and Materials Sciences*, **38**(4), 286–317 (2013).

[4] P. P. Edwards *et al.*, *Metal–Insulator Transitions Revisited* (London: Taylor & Francis, 1995).

[5] M. Imada *et al.*, "Metal-insulator transitions." *Reviews of Modern Physics*, **70**, 1039–1263 (1998).

[6] Z. Yang *et al.*, "Oxide electronics utilizing ultrafast metal-insulator transitions." *Annual Review of Materials Research*, **41**, 337 (2011).

[7] International Technology Roadmap for Semiconductors. Available at: www.itrs.net.

[8] W. R. Deal *et al.*, "Demonstration of a 0.48 THz amplifier module using InP HEMT transistors." *IEEE Microwave and Wireless Components Letters*, **20**, 289–291 (2010).

[9] K. Hei *et al.*, "A new nano-electro-mechanical field effect transistor (NEMFET) design for low-power electronics." In Electron Devices Meeting, 2005. IEDM Technical Digest. IEEE International, pp. 463–466 (2005).

[10] D. Loke *et al.*, "Breaking the speed limits of phase-change memory." *Science*, **336**, 1566–1569 (2012).

[11] S. D. Ha and S. Ramanathan, "Adaptive oxide electronics: a review." *Journal of Applied Physics*, **110**, 071101 (2011).

[12] A. Cavalleri *et al.*, "Picosecond soft x-ray absorption measurement of the photoinduced insulator-to-metal transition in VO₂." *Physical Review B*, **69**, 153106 (2004).

[13] Y. Zhou *et al.*, "Voltage-triggered ultrafast phase transition in vanadium dioxide switches." *IEEE Electron Device Letters*, **34**, 220–222 (2013).

[14] S. Hormoz & S. Ramanathan, "Limits on vanadium oxide Mott metal-insulator transition field-effect transistors." *Solid-State Electronics*, **54**, 654–659 (2010).

[15] F. J. Morin, "Oxides which show a metal-to-insulator transition at the Neel temperature." *Physical Review Letters*, **3**, 34–36 (1959).

[16] H. W. Verleur *et al.*, "Optical properties of VO₂ between 0.25 and 5 eV." *Physical Review*, **172**, 788–798 (1968).

[17] M. Marezio *et al.*, "Structural aspects of the metal-insulator transitions in Cr-doped VO₂." *Physical Review B*, **5**, 2541–2551 (1972).

[18] W. H. Rosevear & W. Paul, "Hall effect in VO₂ near the semiconductor-to-metal transition." *Physical Review B*, **7**, 2109–2111 (1973).

[19] Z. Yang *et al.*, "Metal-insulator transition characteristics of VO₂ thin films grown on Ge (100) single crystals." *Journal of Applied Physics*, **108**, 073708 (2010).

[20] T.-H. Yang *et al.*, "Semiconductor-metal transition characteristics of VO₂ thin films grown on c- and r-sapphire substrates." *Journal of Applied Physics*, **107**, 053514 (2010).

[21] Y. Muraoka & Z. Hiroi, "Metal–insulator transition of VO₂ thin films grown on TiO₂ (001) and (110) substrates." *Applied Physics Letters*, **80**, 583–585 (2002).

[22] Y. Zhou & S. Ramanathan, "Heteroepitaxial VO₂ thin films on GaN: Structure and metal-insulator transition characteristics." *Journal of Applied Physics*, **112**, 074114 (2012).

[23] C. Ko & S. Ramanathan, "Stability of electrical switching properties in vanadium dioxide thin films under multiple thermal cycles across the phase transition boundary." *Journal of Applied Physics*, **104**, 086105 (2008).

[24] D. Ruzmetov *et al.*, "Hall carrier density and magnetoresistance measurements in thin-film vanadium dioxide across the metal-insulator transition." *Physical Review B*, **79**, 153107 (2009).

[25] R. M. Wentzcovitch *et al.*, "VO₂: Peierls or Mott–Hubbard? A view from band theory." *Physical Review Letters*, **72**, 3389–3392 (1994).

[26] T. M. Rice *et al.*, "Comment on 'VO₂: Peierls or Mott–Hubbard? A view from band theory'." *Physical Review Letters*, **73**, 3042–3042 (1994).

[27] M. M. Qazilbash *et al.*, "Mott transition in VO₂ revealed by infrared spectroscopy and nano-imaging." *Science*, **318**, 1750–1753 (2007).

[28] R. J. Powell *et al.*, "Photoemission from VO₂." *Physical Review*, **178**, 1410–1415 (1969).

[29] V. Eyert, "The metal-insulator transitions of VO₂: a band theoretical approach." *Annalen der Physik*, **11**, 650–704 (2002).

[30] J. B. Goodenough, "The two components of the crystallographic transition in VO₂." *Journal of Solid State Chemistry*, **3**, 490–500 (1971).

[31] M. Abbate *et al.*, "Soft-x-ray-absorption studies of the electronic-structure changes through the VO₂ phase transition." *Physical Review B*, **43**, 7263–7266 (1991).

[32] S. Biermann *et al.*, "Dynamical singlets and correlation-assisted Peierls transition in VO₂." *Physical Review Letters*, **94**, 026404 (2005).

[33] P. F. Bongers, "Anisotropy of the electrical conductivity of VO₂ single crystals." *Solid State Communications*, **3**, 275–277 (1965).

[34] J. Lu *et al.*, "Very large anisotropy in the dc conductivity of epitaxial VO₂ thin films grown on (011) rutile TiO₂ substrates." *Applied Physics Letters*, **93**, 262107–3 (2008).

[35] A. Zylbersztejn and N. F. Mott, "Metal-insulator transition in vanadium dioxide." *Physical Review B*, **11**, 4383–4395 (1975).

[36] J. Son *et al.*, "A heterojunction modulation-doped Mott transistor." *Journal of Applied Physics*, **110**, 084503–4 (2011).

[37] D. M. Newns *et al.*, "Mott transition field effect transistor." *Applied Physics Letters*, **73**, 780–782 (1998).

[38] C. Zhou *et al.*, "A field effect transistor based on the Mott transition in a molecular layer." *Applied Physics Letters*, **70**, 598–600 (1997).

[39] A. G. Schrott *et al.*, "Mott transition field effect transistor: experimental results." In *MRS Proceedings*, p. 243 (1999).

[40] J. A. Misewich & A. G. Schrott, "Room-temperature oxide field-effect transistor with buried channel." *Applied Physics Letters*, **76**, 3632–3634 (2000).

[41] M. Sakai *et al.*, "Ambipolar field-effect transistor characteristics of (BEDT-TTF)(TCNQ) crystals and metal-like conduction induced by a gate electric field." *Physical Review B*, **76**, 045111 (2007).

[42] K. Shibuya *et al.*, "Metal-insulator transition in $SrTiO_3$ induced by field effect." *Journal of Applied Physics*, **102**, 083713 (2007).

[43] A. Yoshikawa *et al.*, "Electric-field modulation of thermopower for the $KTaO_3$ field-effect transistors." *Applied Physics Express*, **2**, 121103 (2009).

[44] T. Sakudo & H. Unoki, "Dielectric properties of $SrTiO_3$ at low temperatures." *Physical Review Letters*, **26**, 851–853 (1971).

[45] H. M. Christen *et al.*, "Dielectric properties of sputtered $SrTiO_3$ films." *Physical Review B*, **49**, 12095–12104 (1994).

[46] A. Podpirka *et al.*, "Synthesis and frequency-dependent dielectric properties of epitaxial $La_{1.875}Sr_{0.125}NiO_4$ thin films." *Journal of Physics D: Applied Physics*, **45**, 305302 (2012).

[47] H. T. Kim *et al.*, "Mechanism and observation of Mott transition in VO_2-based two- and three-terminal devices." *New Journal of Physics*, **6**, 52 (2004).

[48] F. Chudnovskiy *et al.*, "Switching device based on first-order metal-insulator transition induced by external electric field" In *Future Trends in Microelectronics: The Nano Millennium*, pp. 148–155 (2002).

[49] H.-T. Kim *et al.*, "Mechanism and observation of Mott transition in VO_2-based two- and three-terminal devices." *New Journal of Physics*, **6**, 52 (2004).

[50] D. Ruzmetov *et al.*, "Three-terminal field effect devices utilizing thin film vanadium oxide as the channel layer." *Journal of Applied Physics*, **107**, 114516–8 (2010).

[51] S. Sengupta *et al.*, "Field-effect modulation of conductance in VO_2 nanobeam transistors with HfO_2 as the gate dielectric." *Applied Physics Letters*, **99**, 062114 (2011).

[52] R. Misra *et al.*, "Electric field gating with ionic liquids." *Applied Physics Letters*, **90**, 052905–3 (2007).

[53] K. Ueno *et al.*, "Electric-field-induced superconductivity in an insulator." *Nature Materials*, **7**, 855–858 (2008).

[54] H. Y. Hwang *et al.*, "Emergent phenomena at oxide interfaces." *Natural Materials*, **11**, 103–113 (2012).

[55] K. Ueno *et al.*, "Discovery of superconductivity in $KTaO_3$ by electrostatic carrier doping." *Nature Nanotechnology*, **6**, 408–412 (2011).

[56] Z. Yang *et al.*, "Studies on room-temperature electric-field effect in ionic-liquid gated VO_2 three-terminal devices." *Journal of Applied Physics*, **111**, 014506–5 (2012).

[57] Y. Zhou and S. Ramanathan, "Relaxation dynamics of ionic liquid–VO_2 interfaces and influence in electric double-layer transistors." *Journal of Applied Physics*, **111**, 084508–7 (2012).

[58] M. Nakano *et al.*, "Collective bulk carrier delocalization driven by electrostatic surface charge accumulation." *Nature*, **487**, 459–462 (2012).

[59] H. Ji *et al.*, "Modulation of the electrical properties of VO_2 nanobeams using an ionic liquid as a gating medium." *Nano Letters*, **12**, 2988–2992 (2012).

[60] G. Stefanovich *et al.*, "Electrical switching and Mott transition in VO_2." *Journal of Physics: Condensed Matter*, **12**, 8837 (2000).

[61] S. D. Ha *et al.*, "Electrical switching dynamics and broadband microwave characteristics of VO_2 RF devices." *Journal of Applied Physics*, **113**, 184501–7 (2013).

[62] B. Wu *et al.*, "Electric-field-driven phase transition in vanadium dioxide." *Physical Review B*, **84**, 241410 (2011).

[63] A. Zimmers *et al.*, "Role of thermal heating on the voltage induced insulator-metal transition in VO_2." *Physical Review Letters*, **110**, 056601 (2013).

[64] X. Zhong *et al.*, "Avalanche breakdown in microscale VO_2 structures." *Journal of Applied Physics*, **110**, 084516–5 (2011).

[65] Y. Zhou *et al.*, "Voltage-triggered ultrafast phase transition in vanadium dioxide switches." *IEEE Electron Device Letters*, **34**, 220–222 (2013).

[66] J. Kim *et al.*, "Nanoscale imaging and control of resistance switching in VO_2 at room temperature." *Applied Physics Letters*, **96**, 213106–3 (2010).

[67] R. Waser and M. Aono, "Nanoionics-based resistive switching memories." *Nature Materials*, **6**, 833–840 (2007).

[68] F. Dumas-Bouchiat *et al.*, "RF-microwave switches based on reversible semiconductor-metal transition of VO_2 thin films synthesized by pulsed-laser deposition." *Applied Physics Letters*, **91**, 223505–3 (2007).

[69] A. Crunteanu *et al.*, "Voltage- and current-activated metal–insulator transition in VO_2-based electrical switches: a lifetime operation analysis." *Science and Technology of Advanced Materials*, **11**, 065002 (2010).

[70] Y. W. Lee *et al.*, "Metal-insulator transition-induced electrical oscillation in vanadium dioxide thin film." *Applied Physics Letters*, **92**, 162903–3 (2008).

[71] H.-T. Kim *et al.*, "Electrical oscillations induced by the metal-insulator transition in VO_2." *Journal of Applied Physics*, **107**, 023702–10 (2010).

[72] T. Driscoll *et al.*, "Current oscillations in vanadium dioxide: evidence for electrically triggered percolation avalanches." *Physical Review B*, **86**, 094203 (2012).

[73] H. S. P. Wong *et al.*, "Metal-oxide RRAM." *Proceedings of the IEEE*, **100**, 1951–1970 (2012).

[74] M. J. Lee *et al.*, "Two series oxide resistors applicable to high speed and high density nonvolatile memory." *Advanced Materials*, **19**, 3919–3923 (2007).

[75] S. H. Chang *et al.*, "Oxide double-layer nanocrossbar for ultrahigh-density bipolar resistive memory." *Advanced Materials*, **23**, 4063–4067 (2011).

[76] S. Myungwoo *et al.*, "Excellent selector characteristics of nanoscale VO_2 for high-density bipolar ReRAM applications." *IEEE Electron Device Letters*, **32**, 1579–1581 (2011).

[77] S. Myungwoo *et al.*, "Self-selective characteristics of nanoscale VO_x devices for high-density ReRAM applications." *IEEE Electron Device Letters*, **33**, 718–720 (2012).

[78] B.-J. Kim *et al.*, "VO_2 thin-film varistor based on metal-insulator transition." *IEEE Electron Device Letters*, **31**, 14–16 (2010).

[79] R. F. Janninck and D. H. Whitmore, "Electrical conductivity and thermoelectric power of niobium dioxide." *Journal of Physics and Chemistry of Solids*, **27**, 1183–1187 (1966).

[80] F. A. Chudnovskii *et al.*, "Electroforming and switching in oxides of transition metals: the role of metal–insulator transition in the switching mechanism." *Journal of Solid State Chemistry*, **122**, 95–99 (1996).

[81] M. D. Pickett *et al.*, "A scalable neuristor built with Mott memristors." *Nature Materials*, **12**, 114–117 (2013).

[82] R. Rojas, *Neural Networks: A Systematic Introduction* (New York: Springer-Verlag, 1996).

[83] A. K. Jain *et al.*, "Artificial neural networks: a tutorial." *Computer*, **29**, 31–44 (1996).

[84] J. Misra & I. Saha, "Artificial neural networks in hardware: A survey of two decades of progress." *Neurocomputing*, **74**, 239–255 (2010).

[85] T. Roska *et al.*, "An associative memory with oscillatory CNN arrays using spin torque oscillator cells and spin-wave interactions architecture and end-to-end simulator." In *Cellular Nanoscale Networks and Their Applications (CNNA), 2012 13th International Workshop on*, pp. 1–3 (2012).

[86] G. Csaba *et al.*, "Spin torque oscillator models for applications in associative memories." In *Cellular Nanoscale Networks and Their Applications (CNNA), 2012 13th International Workshop on*, pp. 1–2 (2012).

[87] L. O. Chua & L. Yang, "Cellular neural networks: applications." *IEEE Transactions on Circuits and Systems*, **35**, 1273–1290 (1988).

[88] S. Kaka *et al.*, "Mutual phase-locking of microwave spin torque nano-oscillators." *Nature*, **437**, 389–392 (2005).

[89] S. P. Levitan *et al.*, "Non-Boolean associative architectures based on nano-oscillators." In *Cellular Nanoscale Networks and Their Applications (CNNA), 2012 13th International Workshop on*, pp. 1–6 (2012).

[90] F. Macià *et al.*, "Spin-wave interference patterns created by spin-torque nano-oscillators for memory and computation." *Nanotechnology*, **22**, 095301 (2011).

[91] E. M. Izhikevich & F. C. Hoppensteadt, "Polychronous wavefront computations." *International Journal of Bifurcation and Chaos*, **19**, 1733–1739 (2009).

压电晶体管

Paul M. Solomon，Bruce G. Elmegreen，Matt Copel，Marcelo A. Kuroda，Susan Trolier-McKinstry，Glenn J. Martyna，Dennis M. Newns

10.1 概述

本章介绍一种新的器件——压电晶体管（PET）。在过去的 10 年左右的时间里，人们一直在大力推动寻找超出现有的互补金属氧化物半导体（CMOS）技术的器件。这是因为 CMOS 遇到了电压的根本限制，而反过来随着密度和速度的增加，功率消耗增加[1-4]，换句话说，当允许的功耗受到限制时，对密度和速度产生了严重的影响。对低压开关的要求尚未产生可以替代 CMOS 的明确候选技术。尽管理论上的期待对诸如隧道 FET 等器件而言也是有前途的[5]，但实验结果迄今为止已经很短缺。

在数字电路中使用的电子开关有两个固有的电压限制来源：非线性限制（如从截止切换到导通所需的电压所表明的，它由电子发射越过势垒的玻耳兹曼统计量（见图 10.1）引起），以及电阻中的热噪声限制。前者的值为 $k_B T/e$，电压单位对应于电子的热动能，其中，k_B 为玻耳兹曼常数；T 为热力学温度；e 为电子电荷。电子电荷的值为 $\sqrt{k_B T/C}$，因为电路电阻的约翰逊（热）电流噪声由电路节点的电容 C 来积分。

$\exp(eV_G/(k_B T))$ 非线性引起了在亚阈值区著名的 $60\text{mV}/10$ 倍频程 $\lg(I_D)$ 与 V_G（漏极电流对栅极电压）晶体管特性。当考虑足够的开/关比、过驱动和容许偏差时，它还会导致 CMOS 的实际电源电压（V）限制为 $0.8\sim1V$。$\sqrt{k_B T/C}$ 噪声说明了为达到足够低的误码率需要大约8倍的因子，它也给出电压限制约为 10mV[1]。因此，可以利用 10mV 和 800mV 之间的差距来实现不以栅控电子势垒的原理工作的新器件类型，使得节省的能量（$\propto V^2$）可能达到四个数量级。

在本书中其他地方讨论的机电器件[6-8]不受此 $k_B T/e$ 势垒限制。它们是传感器件的实例[1,2]，也就是把电输入被转换为某种其他的力，比如机械的，然后回到电，例如通过闭合开关。这个作用链明显比直接静电调制复杂，如在 FET 中，并且可能涉及在密度和性能方面的权衡。然而，它带来了重要的性能：更低的电压和隔离度。

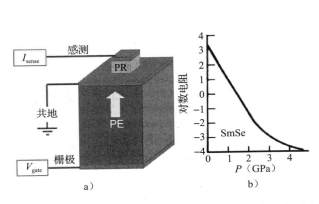 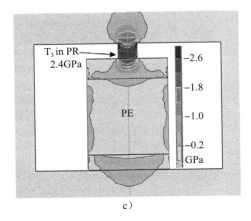

图 10.1   a）PET。b）Jayaraman 等人之后的压电特性[12]。c）ANSYS 仿真中 PET 的应力分布。应力是压缩的，除非在具有虚线轮廓线的表示拉伸应力的小区域。（部分 a）和 b）经 Newns 等[9]许可引用）

如果中间力源自输入电场，当力调制输出传感器的强度特性时，可以简单地通过减小输入和输出元件的尺寸来减小（缩放）电压。当输出转换不依赖于电场，而仅取决于中间力时，就会产生隔离特性。当我们讨论 10.2 节中的 PET 工作原理时，这些属性将放在上下文环境中讨论。当我们讨论 10.4 节中的电路时，隔离特性的价值将变得明显。

PET 是一个简单但具有革命性的器件。机电继电器用高能量密度压电驱动器替代低能量密度空气电容器，这是它终极的功耗缩放，原因是用具有短且直接的传输路径取代了长而灵活的机械路径而产生的慢操作，以及具有全固态接触的不可靠的通断真空接触，该接触中唯一的移动是原子级应变和电子波函数的移动。

10.2   工作方式

本节将概述使用典型压电（PE）和压阻（PR）材料组合的 PET 静态工作。更多细节选择和 PE 和 PR 单元的物理学问题分别在 10.3.1 小节和 10.3.2 小节中给出。

PET（见图 10.1）是固态继电器，其中压电（PE）元件提供机械开关，压阻（PR）元件提供机械到电气转换。不同于悬臂完成机械电路的纳米机电系统（NEMS）继电器，在 PET 中，该功能由刚性轭提供[9-11]，Newns 等人称之为高屈服强度材料（HYM）。开关由 PR 材料的压缩引起，而 PR 材料的压缩则是由偏振方向平行的偏压下 PE 材料的扩展引起的。例如 SmSe 的 PR 材料压阻响应（见图 10.1b）实现了开关功能，其中几个百分点的应变能产生几个数量级的电阻率变化。在缩放器件中，机械位移极小，约几百微米（μm）。许多基于钙钛矿的压电材料具有每伏几百到几千皮米的系数，从而形成直接串联 PR/PE 元件堆叠的可能性，如图 10.1a 所示。由于位移如此之小，尽管只有比典型电子速度大约小 1/25 倍的声速，但是仍然可以实现高速的开关。

为了使 PR 材料成为高速逻辑环境中的有效开关，至关重要的是，电流的调制要超过许多数量级（高开/关比），并且其"导通"状态的电阻率应该较小。由于 PR 元件的尺寸预计为几纳米，因此高速开关必须有一个小于 10kΩ 的"导通"状态电阻，这决定了 <100kΩ·nm（<0.01Ω·cm）的电阻率。对于正在考虑的材料，这需要几吉帕的压力。

串联排列（见图 10.1a）意味着 PE 元件和 PR 元件共享相同的力，但切换 PR 元件所需的压力远大于可从 PE 元件（约 0.5GPa）获得的最大压力。所以 PE 元件必须有一个比 PR 元件（"锤子和钉子"效应）大得多的区域，并且在 PE 元件顶部具有刚性的平板，从而实现力的分布，并防止 PE 元件被 PR 元件缩进。另一个重要的考虑是，PE 元件的长宽比必须接近 1∶1。这是因为大多数高应变压电体在电驱动垂直膨胀期间也经受横向收缩（例如，压电 d_{31} 系数是有限的，并且是负值）。具有较大横向尺寸的或者收缩侧壁的压电薄膜中的底层衬底都会抑制这种自由运动，减小压电膨胀或可达到的压力。

PET 工作点借助图 10.2 所示结构得出。在分析力时，首先注意，气隙的作用是消除 PR 或 PE 元件上的任何侧向体作用力。还将假设没有侧向力作用在 PE/HYM、PE/PR 或 PR/HYM 界面上。对于 PE 元件，忽略了对压电响应的钳位效应。实际上，通过使器件的纵横比高而薄，可以使侧面力最小化。其次，假设 HYM 和电极是不可压缩的，因此在 PE 元件施加电压下，器件总高度 $L+1$ 是守恒的。

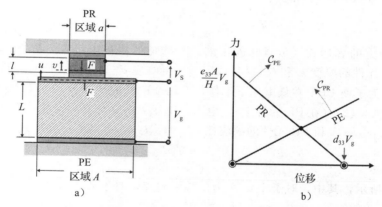

图 10.2　a）带标注的 PE/PR 堆叠；b）PE/PR 负载线，显示力和
位移极限以及其交点给出的 PET 工作点

第三，假设共有接触物足够厚，由诸如铱（杨氏（Young）模量为 528GPa）的硬质金属制成，以确保 PE/PR 界面的最小弯曲。由于 PE/PR 界面上的 PE 元件和 PR 元件之间的 z 力必须相等和相反，刚性共有接触强加了一个条件，即（PR z 应力）/（PE z 应力）必须在两种材料的横截面积比值 A/a 内。PE 元件的介电常数非常高（通常为 1000 以上），因此在气隙中几乎不会有任何泄漏（与在栅极和共有接触之间施加的电压 V_G 有关）。因此，电场仅通过等于 V_C/L 的 z 分量给出。分析这种情况的适当机电方程为：

$$\mathcal{S} = \mathfrak{s}^E \mathcal{T} + \boldsymbol{d}^T E; \quad \mathcal{S}' = \mathfrak{s}' \mathcal{T}' \tag{10.1}$$

式中：$\mathcal{S}$、$\mathcal{S}'$ 分别是 PE 元件和 PR 元件中的应变张量；$\mathcal{T}$、$\mathcal{T}'$ 是对应的应力张量；$\mathfrak{s}^E$、$\mathfrak{s}'$ 分别是 PE 元件和 PR 元件中的机械顺应性因子，前者在恒定电场下定义；$\boldsymbol{d}^T$ 是 PE 元件中压电系数张量的转置，用压缩的沃伊特（Voigt）符号来描述这些关系：

$$\mathcal{S}_i = \mathfrak{s}^E_{ij}\mathcal{T}_j + d_{ai}E_a$$
$$\mathcal{S}'_i = \mathfrak{s}'_{ij}T'_j \tag{10.2}$$

式中：i、j 定义为从 1 到 6；α 从 1 到 3。假设了爱因斯坦求和约定。现在关于无侧向力的假设确保了 $\mathcal{T}_3\mathcal{T}'_3$，即应力的 z 分量将是唯一的非零值。从式（10.2）可知，应变的 z 分量为：

$$\mathcal{S}_3 = \mathfrak{s}^E_{33}\mathcal{T}_3 + d_{33}E_3$$
$$\mathcal{S}'_3 = \mathfrak{s}'_{33}\mathcal{T}'_3 \tag{10.3}$$

此刻，四个未知的 $\mathcal{T}_3$、$\mathcal{T}'_3$、$\mathcal{S}_3$、$\mathcal{S}'_3$ 减少为两个，这样就能够通过边界条件求解联立方程式（10.3）：

$$\Delta l = -\Delta L;\quad 因此\quad \mathcal{S}'_3 = -(L/l)\mathcal{S}_3$$
$$\mathcal{T}'_3 = (A/a)\mathcal{T}_3 \tag{10.4}$$

方程式的第一个条件是式（10.4）要求 PE 元件顶面的向上位移 ΔL 等于 PR 元件底面的位移 Δl，因此将这些材料中的应变相关联。第二个条件利用在 PE/PR 界面上使用相同的作用和反应，加上共有接触的假定刚度，以使两种材料中的应力相关。将两个边界条件式（10.4）代入式（10.3），得到：

$$\mathcal{T}'_3 = \frac{-V_g d_{33}}{l\,\mathfrak{s}'_{33} + (a/A)L\,\mathfrak{s}^E_{33}} \tag{10.5}$$

PR 元件的 z 应力的表达式（负意味着压缩）与施加的栅极电压 V_G 成正比，并且取决于 PE 元件和 PR 元件的厚度 L 和 l、材料性质、压电响应 d_{33}，以及 PE 元件和 PR 元件的顺应性 $\mathfrak{s}^{33}_E$、$\mathfrak{s}'_{33}$。为了使 PET 在低电压下工作，有两个明显的要求：（1）（在 PE 元件上）压电系数必须很大，（2）（在 PR 元件上），电阻率随压力的变化必须变化很大。根据 PE 元件的顺应性 $C_{PE} = \mathfrak{s}^E_{33}L/A$ 和 PR 元件的顺应性 $C_{PR} = \mathfrak{s}'_{33}l/a$，可以换一种方式写成：

$$F = \frac{-V_g d_{33}}{C_{PE} + C_{PR}} \tag{10.6}$$

这如图 10.2b 所示，其中，对于小 a/A 为位移限制和，对于大 a/A 为力。

10.3　PET 材料的物理特性

10.3.1　弛豫极化旋转型压电单晶体

基于弛豫的新型压电单晶具有非常大的 d^{33} 系数，如 PMN-PT（$PbMg_{1/3}Nb_{2/3}O_3$-$PbTiO_3$）和 PZN-PT（$PbZn_{1/3}Nb_{2/3}O_3$-$PbTiO_3$）[14]，因此非常适合用作 PET 中的驱动器。在图 10.3a 所示结构中，我们说明了那些主要对其高压电响应负责的机制[15]。在沿 [001] 方向本地极化的斜方六面体相中，单晶材料由具有沿 [001] 的全局极化但沿着各种伪立方 <111> 方向局部极化的纳米结构域[16]组成。当对晶体施加 z 向电场 E_z（具有平行于极化方向的符号）时，就会趋向于偏振转向 [001]。这通过压电效应扩大了沿着 z 轴的晶体。

为了明白为什么这可能是一个很大的影响，我们转向图 10.3b 所示的 PMN-PT 的相图[17]。刚刚讨论的斜方六面体相在狭窄的组成区域中转变为四方相，其中报道了降低的对称

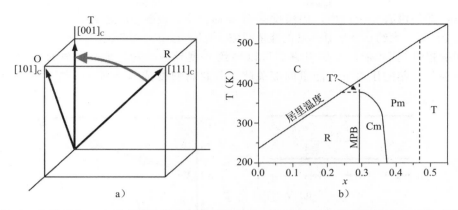

图 10.3　弛豫压电。a) 弛豫压电体的压电旋转机理。沿着 [111] 的偏振通过电场 E_z 向 z 轴
　　　　旋转，扩大沿 [001] 的晶体。b) 温度分量平面中的 PMN-PT 相图，显示立方（C）
　　　　相，居里温度（低于 C 相下界），菱形体（斜方六面体）（R）和四方晶相（T）相，
　　　　以及准同型相界（MPB-R 相的右边界）。（Shuvaeva 等人[17]）

性，产生了明确的相边界（MPB）。系统的自由能表面显示了具有不同取向的极化之间的浅势
垒。因此，极化的方向是非常不稳定的。在诸如（0.67$PbMg_{1/3}Nb_{2/3}O_3$-0.33$PbTiO_3$ 或
PMN-0.33PT））的成分中，通过 E_z 电场产生了偏振旋转位移的较大灵敏度。这种敏感度
导致较大的特性敏感性（见表 10.1）。

表 10.1　PMN-0.33PT 单晶选择性特性

ε_{33}^T	ε_{33}^S	$d_{33}(pm/V)$	$\mathfrak{s}_{33}^E(GPa^{-1})$	$(\mathfrak{c}_{33}^E)^{-1}(GPa^{-1})$
8 200	680	2 820	0.112 0	0.009 7

仔细观察表 10.1，会在这种材料中发现非常强的机电耦合影响。在恒定应变 S 下的介
电常数比恒定应力 T 下小得多，因为前者耦合不能有所贡献。由于电弹性耦合起着重要的
作用，因此弹性特性是非常不规则的。从表 10.1 中看到，在恒定电场下弹性顺变的较大值
$\mathfrak{s}_{33}^E$ 与传统材料中的弹性刚度 $\mathfrak{c}_{33}^E$ 的倒数不是一个数量级的。在式（10.5）中值得注意的是，
较大的 PE 元件顺变$\mathfrak{s}_{33}^E$项可以主导分母，导致 PR 元件应变对 $d_{33}/\mathfrak{s}_{33}^E$ 比例的近似相关。

10.3.2　稀土硫系化合物压敏电阻中在压力下的 4f→5d 电子增强

适用于 PET 应用的压敏电阻材料需要达到几个标准。首先，电阻率需要在合理的压力
（通常几个吉帕）下改变至少四个数量级，HIT 需要是可逆的。第二个标准通常排除压力
诱导的结构有变化发生的系统。两类材料（例如 Cr 掺杂的 V_2O_3 的 Mott 绝缘子[18]和稀土
硫族化合物）已经详细研究了。这里将重点关注稀土硫系化合物。

电阻率在单硫系化合物中的压力依赖性已由 Jayaraman 等人做了广泛研究[12,19-21]。可
以认为稀土硫系化合物中压阻率的机理是一种依赖于压力的掺杂形式。我们感兴趣的材
料，包括 SmSe 在内，具有如图 10.4a 所示（对 SmSe）的简化的岩盐带结构。

SmSe 的电子结构由填充的 Se 4p 带（未展示）、空的轻质量 5d 带和"半满"4f 壳层组
成。在 4f 系列的上半部分，4f 状态是 $j=5/2$，其中 Sm^{2+} 离子在可能的 14 个电子中占据 6

个。注意，即使没有完全占用，仍然没有 4f 导通，空穴被强烈地定位在这些材料中[21]。在压力（或应变）下，大约 0.5eV 4f→5d 的能量间隙（见图 10.4a）逐渐关闭（见图 10.4b 和 c），[22]，使电子能够提升到 5d 带，在那里它们可以导致 n 型导通。对于低压，这种提升是热导致的，但是在几吉帕的压力下，能量间隙关闭，并且材料变成具有每 Sm 约 1 个导电电子的金属。

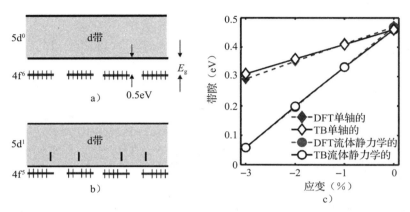

图 10.4　稀土硫系化合物压电电阻。a）普通压力下的电子结构显示空的光质量 5d 带，并且在低于 5d 带下边缘约 0.5eV 处充分占据 4f 半壳。b）在压力作用下，4f 被推上，使 4f 电子能够被推进到 5d 带，导致导通。c）从头开始的计算显示，在单轴和流体静力学应变下 4f→5d 能量带隙 E_G 关闭（经 Jiang 等人的许可转载自文献 [22]）

SmSe 材料的一些性质如表 10.2 所示。

表 10.2　SmSe 备选特性

结构：岩盐	压敏电阻式传感器 $d_{lg10}\rho/d_p(GPa^{-1})$	金属化阈值 $p_M(GPa)$	体弹性模量 $K(GPa)$
$a=0.622nm$	2.3	约 3.5	43

DFT 和 TB 分别是密度函数理论和紧密结合法。

10.3.3　等效亚阈值斜率

SmSe 电阻与压力（即与 PET 的栅极电压）的指数依赖关系，应该与 FET 的指数亚阈值特性进行比较。如上所述，两种情况下的原因相似。对于 FET，沟道中的费米能级直接用栅极电压控制，而在 PET 中则是间接由中间压力结构来控制。

为了比较这两种情况，引入了变形电位 Ξ_{33}，描述具有单轴应变的带隙位移：

$$\Xi_{33} = \frac{\partial E_G}{\partial \mathcal{S}'_3} \tag{10.7}$$

根据图 10.4b 中的 DFT 单轴计算，$\Xi_{33} \approx 6eV$ 计算[23]。假设现在 SmSe 5d 带中的载流子在带隙上被热激发，费米能级固定在 4f 带，5d 带的迁移率是恒定的，我们得到一个像电阻率指数依赖电压的亚阈值，且有相反的斜率

$$\left(\frac{\mathrm{d}\ln\varrho}{\mathrm{d}V_{\mathrm{G}}}\right)^{-1} = \frac{k_B T}{e}\frac{l}{d_{33}\Xi_{33}}\left(1+\frac{\mathcal{C}_{\mathrm{PE}}}{\mathcal{C}_{\mathrm{PR}}}\right) \tag{10.8}$$

与 FET 相比的优势是式（10.8）右侧与 $k_B T/e$ 相比要小多少。因此，第二项 $l/(d_{33}\Xi_{33})$ 需要远小于单位 1。使用 $d_{33}=2.8\mathrm{nm/V}$（来自表 10.1），我们得到一个要求 $l\ll16.7\mathrm{nm}$。这是一个相当容易实现的目标，因为厚度方面的隧穿限制预计约为 3nm[22]。以上一些因素在 PE 元件和系统中的其他元件的顺应性会丢失（式（10.8）的右侧括号），但仍然留下足够多从而保持对 FET 的显著优势。

10.4　PET 动力学

10.4.1　机电（Tiersten）方程

　　PET 的动力学由 PE 元件和 PR 元件的运动方程结合 PE 元件上的时间-电荷相关性，以及 PR 元件中电阻和压力关系来决定。图 10.5a 显示了具有 PE 元件和 PR 元件位移分别为 u 和 v，以及电源电压 V_0 和电路阻抗 R 的理想情况。

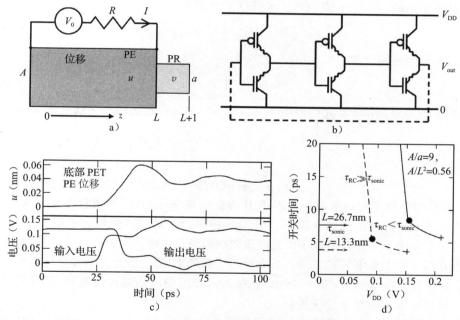

图 10.5　a）PET 的基本示意图。b）互补的 PET 3 反相器级环形振荡器。相反类型的 PET（"o" 附着在栅极上）在与正常 PET 相反的方向上极化。c）表示环形振荡器一级的位移和输出电压（周期性）的波形。d）$L=13.3\mathrm{nm}$ 和 $26.7\mathrm{nm}$，$l=2\mathrm{nm}$ 的两种情况下，开关的时间延迟与电源电压的函数关系，并且所有其他尺寸都有缩放

　　考虑 z 方向上的一维运动，按照 Tiersten 的教科书[24]，将应力 T 和应变 S 关联到电场 E 和电介质位移 D 的 PE 方程是（以下将其称为 Tiersten 方程）：

$$T = S/\mathfrak{s}^E_{33} - eE, \quad D = \mathfrak{e}S + \varepsilon^S E$$

$$S = \partial u / \partial z, \partial D / \partial z = 0 \qquad (10.9)$$

式中：s_{33}^E 是恒定电场的柔度张量的通用系数，可与杨氏模量的倒数相比；e 是与压电膨胀系数 d_{33} 相关的压电系数；ε^S 是在恒定应变下测量的介电常数。变量 T、u 和 E 是 z 和 t 的函数。第四个方程式表明，属于 D 的电荷完全在 PE 元件表面上，并且可以写成时间相关的表面密度 $D = \sigma(t)$。PET 运动的时间相关性由牛顿运动定律引入，

$$\partial T / \partial z = \rho \partial^2 u / \partial t^2 \qquad (10.10)$$

式中：ρ 是 PE 元件中的质量密度。

如 10.2 节所述，PR 元件的公式相同，但没有压电效应。再次使用素数来表示 PR 元件：

$$\mathcal{T}' = \mathcal{S}' / \dot{\mathcal{S}}_{33}, \mathcal{S} = \partial v / \partial z, \partial \tau' / \partial_z = \rho' \partial^2 v / \partial t^2 \qquad (10.11)$$

对于 PE 元件和 PR 元件长度 L 和 l，以及面积 A 和 a（见图 10.5a），边界条件有，两端的固定位移，$u(0, t) = 0$，$v(L+1, t) = 0$，一个共同移动公共表面 $u(L, t) = v(L, t)$，$du(L, t)/dt = dv(L, t)/dt$，以及一个相等的力总和，其对应于与面积比成正比的压力比，$\mathcal{T}(L, t) = (a/A) \mathcal{T}'(L, t)$。

剩下的是 PET 动力学对电路的依赖，它引入了一个时间相关阻抗 $R(t)$，该阻抗包括其他 PET 正在做的。对于电流 $I(t)$，阻抗以下式引入：

$$V_0 - R(t) I(t) = \int_0^L E(z,t) dz \qquad (10.12)$$

PE 元件表面的电荷密度为：

$$A \sigma(t) = \int_0^t I(t) dt \qquad (10.13)$$

PR 元件的电阻是对局部 PR 元件电阻率 $\rho_{PR}(z, t)$ 和一些相关的外部线电阻 R_w 的积分：

$$R_{PR} = \frac{1}{a} \int_L^{1+L} \rho_{PR}(z,t) dz + R_w \qquad (10.14)$$

式中：

$$\rho_{PR} = \rho_{PR,0} \exp(B \mathcal{T}') + \eta_{sat}$$

包括 PR 元件的电阻率对由单轴测量因子 B 表征的局部张力 $\mathcal{T}'$ 的指数关系，与表 10.2 中为流体静力学压力定义的压敏电阻计相关但不相同，下降到一些饱和电阻率 η_{sat}，在那里指数下降趋于平缓。注意，$\mathcal{T}'$ 在 PR 元件压缩期间为负，因为 dv/dz 为负。

这些方程可用无量纲形式书写，所有材料常数吸收成一个无量纲参数，机电耦合常数 $g = e d_{33}^2 / \varepsilon^S$。在下列示例中，$g = 10.9$。$g$ 在 $1 \sim 10$ 范围内的模拟都显示了 PET 的良好开关特性，但是随着 g 的增加趋于更好。

这个方程可以通过具有足够短的时间步长的直接积分来求解，从而求解 PR 元件电阻的变化。戴维南等价用于简化电路的表达形式。一种情况是形成环形振荡器的反相器链（见图 10.5b）。对于每个反相器，可以考虑 PE 元件的顶部（V_{top}）和底部（V_{bot}）之间的电压，其中，$V_{top} + V_{bot}$ 是施加的电压 V_{dd}。这些电压是 PR 元件中的运动和所造成电阻的输入驱动器。如果 R_{top} 和 R_{bot} 是前一个反相器级的顶部和底部 PET 中的 PR 元件电阻，则驱动电路的戴维南电压为 $V_{th} = V_{dd} R_{bot} / (R_{bot} + R_{top})$，而戴维南电阻是 R_{bot} 和 R_{top} 的并联总和。进入反相器的电流与 PE 元件中表面电荷的变化率有关，对于 PE 元件面积为 A，则表达式

为 $I = A\frac{\mathrm{d}}{\mathrm{d}t}(\sigma_{\mathrm{bot}} - \sigma_{\mathrm{bot}})$。表面电荷的变化率等于 PE 元件的膨胀率加上电压变化率，即

$$\frac{\mathrm{d}\sigma_{\mathrm{bot}}}{\mathrm{d}t} = \frac{\mathrm{d}\Delta u_{\mathrm{bot}}}{\mathrm{d}t} + \frac{\varepsilon^{\mathcal{S}}}{e}\frac{\mathrm{d}V_{\mathrm{bot}}}{\mathrm{d}t} \tag{10.15}$$

式中：Δu_{bot} 是底部 PE 元件的总膨胀。根据欧姆定律，$V_{\mathrm{th}} - V_{\mathrm{bot}} = IR_{\mathrm{th}}$，从中可以确定 V_{bot} 和 V_{top} 的变化率，即

$$\frac{\mathrm{d}V_{\mathrm{bot}}}{\mathrm{d}t} = \frac{e}{2\varepsilon^{\mathcal{S}}}\left[\frac{V_{\mathrm{th}} - V_{\mathrm{bot}}}{R_{\mathrm{th}}A} + \frac{\mathrm{d}}{\mathrm{d}t}(\Delta u_{\mathrm{top}} - \Delta u_{\mathrm{bot}})\right] \tag{10.16}$$

在每个积分步骤中，从每个反相器当前的 PET 结构和运动中都可以知道右侧的所有项，这样可以确定这些反相器的输入电压的时间变化率。因此，下一个时间步长的输入电压对于积分时间步长 $\mathrm{d}t$ 应该是当前输入电压 V_{bot} 加上（$\mathrm{d}V_{\mathrm{bot}}/\mathrm{d}t$）$\mathrm{d}t$。

图 10.5c 展示了一个反相器在 9 级环形振荡器中的响应。该模型假设面积比 $A/a = 25$，长度比 $L/l = 13.3$，PE 元件纵横比 $A^{0.5}/L = 0.75$，无量纲电阻率 $\rho_{\mathrm{PR0}} = 740$ 和 $\eta_{\mathrm{sat}} = 0.15$。转换为量纲的电阻率涉及 $s_{33}^{E}/(d_{33}^{2}v_{s}) = 1.49 \times 10^{4}\,\Omega$ 乘以 PE 元件长度 $L = 26.6\mathrm{nm}$ 的积，其中 $d_{33} = 2.8\mathrm{nm/V}$，$s_{33}^{E} = (8.4\mathrm{GPa})^{-1}$，声速 $v = 10^{20}\,\mathrm{m/s}$。电阻率公式还假设 $B = 5.4$ 和 $s_{33}' = (110\mathrm{GPa})^{-1}$。图 10.5c 表示当输入电压增加时，底部 PE 的位移增加（如上部的面板所示），导致底部 PR 中的电阻降低，顶部 PE 的位移减小导致顶部 PR 的电阻增加。结果输出电压降低（下部的面板）。振荡主要来自于 PE 元件中的惯性，阻尼来自电路中的其他地方的电阻。

源电压的工作范围下限是将 PR 元件压缩到饱和状态所需的电压，上限则根据电路确定。对于反相器，上限约为下限的 2 倍，在下限点处顶部和底部 PET 都可以通过恒定的输入电压驱动到其饱和电阻，该输入电压等于相同 PET 的输出电压，且为源电压的一半。在这些上下限之间，由于 PE 元件膨胀速度略微增加，PET 工作的频率随电压也略微增加。图 10.5d 展示了 9 级环形振荡器中开关时间与源电压关系的两条曲线。一条曲线用于比另一条更厚的 PE 元件，如图 10.5 所示；二者都有 2nm 的 PR 厚度。较厚的 PE 元件具有更长的声波传播时间和相应地在工作范围内更长的开关时间。两个曲线的开关时间的急剧增加发生在工作电压的下限。对于图 10.5d 所示曲线，面积比 $A/a = 9$；其他参数与图 10.5c 所示的相同。

10.4.2 逻辑电路仿真

逻辑门可以用 PET 来构建，如上所述，用于反相器链。因为跨接 PE 元件的电压符号取决于制造 PE 元件时的极化方向，所以具有相反电压降的 PET 必须以不同的方式极化。例如，在反相器中，例如（见图 10.5b）顶部 PET 上的电压在栅端上比公共端低，而底部 PET 上的电压在公共端上较低。第一种类型的电路符号在栅端有一个"o"。通过在相反方向极化 PE 元件，可以获得具有互补转移特性的 PET。一个更复杂的 NAND（"与非"）门如图 10.6 所示，有一个 PET（输入 A，底部）被隔离，并且需要一个 4 端 PET（4-PET），其中 PR 元件上的两个端与 PE 元件上的两个端存在电隔离。4-PET 在结构上更复杂，但是电气上更灵活；PE 元件在相同方向极化时，常规和互补版本都可以形成，只需将两个 PE 元件端倒转即可。

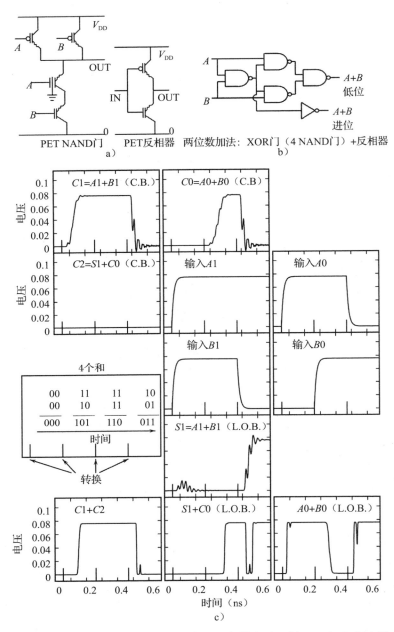

图 10.6　a）两位行波进位加法器中的 NAND 门和反相器电路。用于 NAND 门电路的底部 A 输入的 4 端 PET（4-PET）。b）使用常规符号的 NAND 门和反相器的 1 位全加器的图；它是两位行波进位加法器电路的四分之一。c）基于 PET 技术的两个两位整数和的仿真。图中显示了 4 个和，每个图示中有电压与时间关系，垂直标记处是转换。和结果在下面的三个图面中。总和中的低位于右下角，下一个更高位在中下方，高位于左下方。高电压表示 1 位，低电压表示 0 位

图 10.6 所示的是 PET 应用于两位行波进位加法器。图 10.6a 展示了 PET NAND 门和 PET 反相器的电路图。图 10.6b 所示的是具有 1 位全加器的逻辑，当把两位数加到两位数时，该 1 位全加器是全电路的四分之一，包括进位位。两位加法器由 4 个 XOR（"异或"）逻辑门组成，每个逻辑门包含 4 个 NAND 门（每个包含 4 个 PET）和 3 个 AND（"与"）门。AND 门是在每个 XOR 中连接到第一 NAND 门的反相器（两个 PET）。共有 70 个 PET。PET 参数值与图 10.5c 所示的相同，但是在这种情况下，导线电阻 R_w 设置为零。

图 10.6c 中的面板展示了逻辑表示位值中关键位置的 PET 电压是时间的函数。输入数在面板中命名为 A 和 B，A 的低位命名为 $A0$，A 的高位命名为 $A1$ 等。因此，从 $A=0$ 与 $B=0$ 开始，时间短于 0.05ns，然后以二进制转换为 $A=11$ 和 $B=10$，依此类推。两个面板右边显示的是输入电压值，仅次于顶部。右侧较低的面板是两个低阶位的和，中间一列的第一个面板是来自这些位的进位位（CB），是称为 $C0$。中间一列中的第四个面板是 $A1$ 和 $B1$ 的高位，中间一列的最后一个面板是它与进位的和。左边一列包括两个进位加上它们的总和，如图 10.6 所示。虽然每个值转换都有轻微的振荡，但振荡是短暂的，并且对于总和，转变通常是急剧的。所有这些都发生在大约 0.08V 的电源电压，这远低于今天的 CMOS 处理器中的电压。对于穿过 PE 元件的压力脉冲，以一个压力脉冲通过 PE 的声波时间为单跃迁的速度本质是归一化跃迁级数的倍数。对于厚度为 26.6nm 的 PE 元件，声波时间为 $\tau_s = L/(v_s\sqrt{1+g}) = 7.6$ps。

10.4.3 用于 PET 的机电集总单元电路模型

动态 Tiersten 方程表示为耦合的电气和机械传输线（TL）的形式，机械 TL 以电气等效形式表示。

这使我们能够用常规电路元件和受控源来代表压电转换器，这为使用标准电路模拟器压电电路的瞬态建模开辟一条新途径。

所采用的机/电转换如图 10.7a 所示。通过选择力来代表电流[25]，遵守基尔霍夫定律：机械上节点的力之和为零，而在电气方面节点电流之和为零。在这种表示法中，质量起着电容的作用，其中加速吸收的力表示为通过电容器分流到地的电流；顺应性起到电感的作用，而差分速度与力的变化率成正比。由于质量确实只有一个"端"，而且其加速度是绝对的，因此机械等效电容器的一侧总是连接到地。注意，把速度当作主要变量，而不是位移，以避免二阶时间导数（牛顿定律）。设置初始条件后，可以通过积分输出位移。

电气等效元件（使用标准电气符号惯例）变成：

$$I_m = N\mathcal{F}, \quad V_m = -b/N$$
$$C_m = N^2 m, \quad L_m = \mathcal{C}/N^2 \tag{10.17}$$

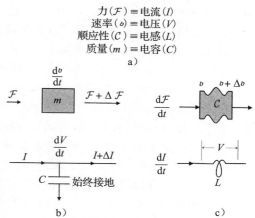

图 10.7 a）机械到电气等效。b）质量对力的动态响应源于电容对电流的动态响应。c）顺应性对力的动态响应源于电感对电流的动态响应

用图 10.7a 的符号表示，其中 N 是任意变压比，其单位为电流/力，下标 m 用于表示机械量的电气等效。在不改变基本的机械量条件下，类似于变压比 N 就是等效的电当量。

为了继续讨论，我们将（Tiersten）方程（也就是式（10.9）和式（10.10））转换为按照力、电压和电流给出的通用式：

$$\mathcal{F} = \frac{\mathcal{E}A}{s}\frac{\mathrm{d}\nu}{\mathrm{d}x} + eA\frac{\mathrm{d}V}{\mathrm{d}x}, \quad I = eA\frac{\mathrm{d}\nu}{\mathrm{d}x} - s\,\varepsilon A\frac{\mathrm{d}V}{\mathrm{d}x}, \quad \mathrm{d}\mathcal{F} = \rho A\mathrm{d}x s\,\nu \quad (10.18)$$

式中：$s = \partial/\partial t$ 是拉普拉斯变量；e 是密度；$\varepsilon = 1/S_{33}^E$ 是杨氏模量。使用以下替换：$E = -\mathrm{d}V/\mathrm{d}x$，$\mathcal{S} = \mathrm{d}(\nu/s)/\mathrm{d}x$，$I = s\sigma A$，其中，$A$ 是面积，并且引入了杨氏模量的符号。为了表示长度为 Δx 和面积为 A 的压电转换器薄板，这些方程式可以用串联电容 C_e、一机电电感 L_m 和一并联的机电电容 C_m 来构造，其中，

$$C_m = N^2 \rho A \Delta x, \quad L_m = \frac{\Delta x\ \mathfrak{s}_{33}^E}{N^2 A}, \quad C_e = \frac{\varepsilon A}{\Delta x} \quad (10.19)$$

由于 N 是任意的，因此选择 N，从而在钳位的条件（$\nu = 0 \rightarrow I_m = e\,ANV_e/L$）下输出电流等于输入电压乘以由 L_m 和 C_m 元件形成的传输线的特征导纳，即 $I_m = V_e\sqrt{C_m/L_m}$。这样可以确保 V_m 和 V_e 大致处于同一数量级。从而 $N = e/\mathcal{E}\tau_m$，其中，$\tau_m = L\sqrt{\rho/\mathcal{E}}$，是 PE 元件未处理的声波交叉时间。

通过这些条件，可以求解 Tiersten 方程，在有限元限制中，获得以下表示：

$$\Delta I_m = -sC_m V_m, \quad \Delta V_m = -sL_m'I_m - \frac{\tau_m}{C_e'}I_e, \quad \Delta V_e = \frac{\tau_m}{C_e'}I_m - \frac{I_e}{sC_e'} \quad (10.20)$$

式中：

$$C_e' = (1+g)C_e, \quad L_m' = \frac{L_m}{1+g}, g = \frac{\mathfrak{e}^2}{\varepsilon\mathcal{E}}$$

这里 g 是与比例缩放无关的耦合因子，如上所述。这些方程可以转换成平板的等效电路，包含电子和机械组件，如图 10.8 所示。注意，互耦合项是相等的，因为它们必须满足互换性。因子与机电耦合因子 k_{33}[13] 相同，相当于电磁转换器的耦合因子[26]。对于高性能压电，$g \rightarrow \infty$ 并且机电耦合接近单位 1。众所周知的是，与钳位值相比，当输出开路（未钳位）时，耦合的表现是输入电容增加 $1+g$ 倍。该比率用于测量 k_{33}[13]。强耦合对于 PET 是必不可少的，因为不充分耦合将不允许电阻器被反射到机械电路中以提供所需的阻尼。由于 L_m 减小 $1/(1+g)$，强耦合也可以减小声电延迟时间，这取决于电气负载。

PET 等效电路如图 10.8b 所示。其核心是一对耦合的由多个 PE 元件组成的机电传输线。机械电路加载了由 L_{PR} 表示的 PR 元件的顺应性，并且由 I_m 调制的 PR 元件本身是独立电输出电路的一部分。

因此，电路很不完整，因为它没有指定初始条件。这是通过加入由 R_{DC} 组成的直流网络和电流源 I_{DC} 来自动完成的，如图 10.8 所示。I_{DC} 给出由 V_e 产生的钳位（短路）力，电阻 R_{DC} 和 R_{prDC} 根据相对顺应性分配该力。只要它们足够小，使得可以不加载交流电路，各种 R_{DC} 的电阻值（但不是比率）就是任意的。

该模型在 IBM 的 AS/X 电路仿真工具中实现，并与 10.4.1 小节讨论的有限差分解比较。由于多段 PET 采用相同的方程，所以对于足够大数量的分段，结果应该相同。在图 10.9 所示的确实为两个解精确地重叠这种情况，其中电路包含一个 100 段的空载 PE 元件（一端自由），以及一个输入电阻（用于提供阻尼）。

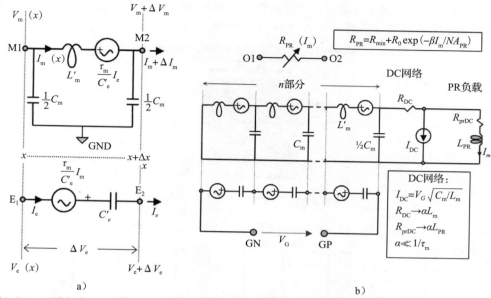

图 10.8　a）厚度为 Δx 的压电材料的平板的电气模型。端子 M1 和 M2 处的电压和电流代表了端子 E1 和 E2 处的电压和电流施加到平板边界的机械速度和力。b）PET 的多段机电等效电路

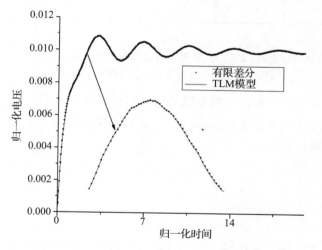

图 10.9　开放/固定端压电元件的电气输入电压与直接有限元解的对比。一段曲线已放大，以显示出一致性程度。参数为：$L = 100\text{nm}$，$A = 10^4\,\text{nm}^2$，$\varepsilon = 20\text{GPa}$，$\rho = 2500\text{kg/m}^3$，$d_{33} = 1\text{nm/V}$，$g = 10.94$，$R_{\text{in}} = 1.77\text{k}\Omega$

10.4.4　机械和电气寄生效应

要完成 PET 等效电路，需要增加电气和机械寄生效应。电气寄生效应是不同电极之间的常规耦合电容器，以及用于各种电极的串联电阻器和 PR 元件本身内部的电阻。它们可以简单地并入到 PET 等效电路的电气部分中。

机械寄生元件建模为顺应性和质量，它们由连接到 PET 等效电路机械端的电感和电容来表示。例如（见图 10.10a），PE 元件顶部的电容材料可以通过串联电感和并联电容来建模，约束侧壁则通过并联电感和电容来建模。这些展示在图 10.10b 中，其中使用了简化的

单段 PET 电路。尽管为了更清楚，直流网络已经排除在外，为了说明稳定状态的力分布，电阻器必须串联地加到电感器上，如图 10.10b 所示。

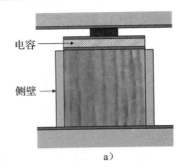

a)

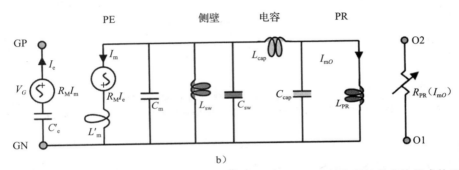

b)

图 10.10　a) 包括 PE 元件侧壁和电容层机械寄生的 PET。b) 由单个传输线分块组成的 PET
等效电路，包括由电容和侧壁层引起的机械寄生。为了清楚起见，省略了直流网络

图 10.10 所示的等效电路展示机械寄生效应如何影响系统的频率响应。有趣的是，主导分量是一乘积 $C_{cap}\sqrt{L''_m/C_m}$，其中，L''_m 表示电感器的大小随着电负载变化而变化，也就是由于机电耦合，机械寄生与电输入电阻相互作用。

10.5　材料与器件制造

10.5.1　SmSe

制作功能性的压阻薄膜涉及制造工艺和特性的验证。我们通过在图形化衬底上的共溅射稀土单硫化物薄膜来实现这一点，具有原位沉积的金属覆盖层。该结构用微硬度计测试，监测压缩过程中的电阻率。

SmSe 的薄膜通过独立的 Sm 和 Se 源的溅射制成。在能够处理 8in（1in＝2.54cm）晶片的超高真空沉积系统中，该源离轴 17°放置，从而在样品上产生成分梯度。虽然这样造成样品的不均匀，但它确保了样品中的区域由单硫族化合物组成。在沉积期间，将样品保持在 300℃。已证明样品温度是确定压阻效应的一个非常重要的因素。室温下生长的样品在压力下仅显示电阻 20 倍的变化，相比之下，300℃生长的样品则有 1100 倍的电阻调制。

保持适度的生长速率（1~2nm/min），以避免硒源的过度加热。初始结果通过溅射功率的仔细校准获得。虽然这对于早期论证是足够的，但数次运行之间的工艺参数漂移已经变得困难。因此，采用一种更复杂的方法，在反馈回路中使用石英晶体监测器来控制 Sm 和 Se 沉积速率。额外的问题来自 Se 的高蒸气压。我们发现样品对 Se 源的辐射加热可以加速生长过程中的沉积速率。增加源冷却以及增加投射距离都大大提高了工艺控制。

可以通过几种方法验证薄膜组成。卢瑟福（Rutherford）反向散射（RBS）是所使用的主要技术，而且选择的样品使用 X 射线衍射进行交叉检查。还使用了以 RBS 作为校准标准的透射电子显微镜能量色散 X 射线光谱（TEM-EDS），检查图案化器件。利用这些技术，能以大约 1% 的精度获得薄膜构成。

为了定量测量压阻，必须定义良好的样本几何结构。使用具有窄电导孔径的图案样品，我们能够减少使用微压痕器时固有的几何不确定性。衬底用毯状钨接地面制成。在钨上沉积氮化硅层，并且蚀刻直径为 $0.5\mu m$ 至 $50\mu m$ 的孔。毯状 SmSe 层之后是原位 TiN 覆盖层。在 TiN 上面，沉积 $1\mu m$ 厚的铝层。铝用于从微压痕器产生均匀的压力，最大限度地减少压痕器尖端不规则的影响。

用微压痕器测量压阻，从而在施加压力的同时监测电阻电压。通过压痕器尖端（identer tip）提供恒定电流，同时缓慢增加施加的力。实验配置的有限元分析对于将施加的力转化为压力至关重要，从而可以对结果进行定量解释。使用微型计算机，我们能够施加高达 1.85GPa 的压力，这足以使得 50nm 厚的层中电阻减小到 1/1100（见图 10.11[27]）。在更薄的 SmSe 层上的附加测量显示，压电阻延伸降至 8nm 厚度。然而，最薄的薄膜表现出压阻响应的下降。我们观察到，越薄的膜具有越小的晶粒尺寸，因此温度的进一步升高将特别改进更薄的薄膜响应。⊖

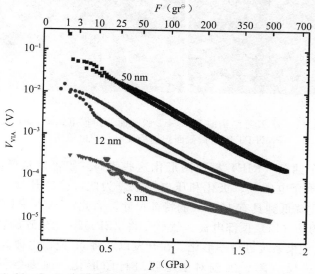

图 10.11 SmSe 电阻率的压力相关性（经 Copel 等人[27]许可转载）

⊖ 1gr＝0.065g。——编辑注

    缩放压电电阻器的横向尺寸和纵向尺寸的需求，以及增加压阻响应的需求都有助于未来的科研工作。增加生长温度是一个选择，尽管在较高的温度下更难确保工艺的稳定性。

    尺寸缩放上的挑战涉及两个不同的方面；横向缩放主要是一个综合问题，而纵向缩放将取决于改进的生长技术，从而增强微结构或优化界面特征。获得更高性能的压电电阻器也是材料学为新型器件研究做出巨大的贡献机会。

10.5.2   PMT-PT

    高应变压电薄膜如 $PbMg_{1/3}Nb_{2/3}O_3-PbTiO_3$ 可以通过各种技术生长。在这里，化学溶液沉积被采用，因为它能够快速地改变组成成分，并且可以很好地缩放到较大的晶片尺寸（200mm）上，而沉积过程没有显著变化。最终，应该很直接地转换到溅射或 MOCVD 工艺。

    为了生长 $0.7PbMg_{1/3}Nb_{2/3}O_3-0.3PbTiO_3$ 薄膜，基于 2-甲氧基乙醇的溶液在 Park 等人的工作之后被成功应用[28]。结晶温度为 $700\sim740℃$ 时，可能通过使用 $PbO/\{111\}Pt/Ti/SiO_2/Si$ 衬底或 $LaNiO_3/SiO_2/Si$ 衬底来实现强 $\{001\}$ 晶向。图 10.12a 展示了覆盖膜的典型实例。致密的纤维结构的膜可以通过控制从底部电极中成核来实现。当钳位到下面的衬底时，在 300nm 和 350nm 厚之间的膜的介电常数通常为 $1400\sim1600$，当在交流 30mV 和 1kHz 下测量时，会有约 1% 的损耗。在 1.5MV/cm 的电场下，钳位膜可以实现超过 1% 的压电应变[29]。

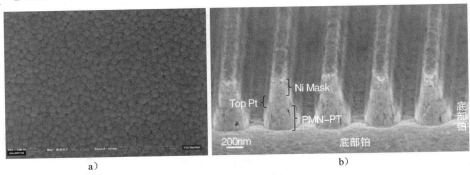

图 10.12   a）纤维结构的 PMN-PT 膜表面的扫描电镜图；b）图形化
PMN-PT 膜的横截面扫描场发射扫描电镜图

    在使用反应离子蚀刻（RIE）横向图形化这些膜时，膜可以从厚的衬底横向去钳位，这显著增加了电介质介电常数、极化和压电系数。为此，已经开发了一种电子束光刻工艺，让压电膜图形化降低到具有 100nm 的特征尺寸。为此，$PMN-PT/Pt/TiO_x/SiO_2/Si$ 膜上涂覆有 50nm 厚的铂（Pt）顶部电极。然后，将 ZEP 520 光刻胶旋转涂覆到晶片上，并使用 Vistec 5200 电子束系统进行图形化。在开发以及将 Ni 掩模电镀到光刻胶模具中之后，除去光刻胶，并通过反应离子蚀刻对压电膜进行图形化。蚀刻条件为 $10mL/min\ Cl_2/10mL/min\ CF_4$，700W 的 MHz 偏置功率，100W 的 kHz 功率和 2mTorr 腔内压力。以大约 1.7nm/s 的速度蚀刻堆叠层。实现了侧壁角度大于 $80°$。特征尺寸约为 100nm 的一系列臂的例子如图 10.12b 所示。精细图案特征的测量表明剩余极化强度可以加倍（至约 $14\mu C/cm^2$），并且介电常数和压电系数也增加了。

10.5.3　PET 制造——进展与问题

IBM 和宾夕法尼亚州立大学正在进行一个实验计划，目标是使用当前硅微电子技术来制造集成 PET。

制造完全密封的 PET 的任务具有挑战性，并且可能会用到许多不同的方法。使用牺牲材料形成隔离结构的方法如图 10.13 所示。其中形成了 PE 柱和顶部金属，然后是 HYM 下半部的侧柱。在 PE 和 HYM 之间添加牺牲填充材料，然后进行平面化，并且形成上半部分的结构。在 PR 和其包覆层被沉积和图案化之后，使用附加的填充材料来产生植入式 PR 感应金属和 HYM 电容的平坦表面。最后通过去除填充材料来完成整个结构。

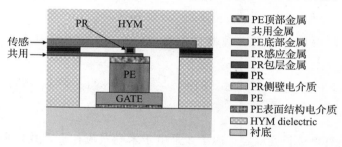

图 10.13　使用 VLSI 和 MEM 技术制造 PET 的可能方法

通常这种简单的方案由于关键材料 PR 和 PE 彼此之间的以及与所采用的标准工艺的不兼容性而变得更具挑战性。例如，钙钛矿型 PE 材料不能承受诸如 HF 之类的许多标准化学腐蚀剂，并且 RIE 的选择性要求使用外来的硬掩模材料，如镍（Ni）。PE 材料也不耐受等离子体加工工艺中常见的氢气环境，尽管它们的特性可以用氧退火来恢复。相比之下，PR 材料容易氧化，因此需要通过适当的密封来使其免受环境污染（或可能由其原生氧化层来保护）[27]。另一方面，密封对 PET 的机械性能是不利的，因为它限制了 PR 柱的运动。

还有一个问题是热兼容性。我们完善了一种低温工艺合成 PR 材料[27]，使 PE 材料在整个过程中能够保持高质量的特性。

虽然工艺整合的挑战仍然存在，但没有一个问题是根本的，某种程度上，在使用完全不同于硅（Si）材料的技术中这些挑战肯定存在。在 IBM 和 PSU，我们已经学会了应对其中的一些挑战，并完成了与 DARPA 签订的合同（DARPA MESO N66001-11-C-4109）下的全整合器件所需的许多步骤。

10.6　性能评价

PET 相对于其他竞争技术的性能是基于逻辑 NAND 门的开关速度作为扇入/扇出的函数来评估的。这种比较受到版图和布线电容假设的影响，因此，不同技术之间保持相同的假设是非常重要的。虽然一系列的技术已经被其他技术标准化了[30]，但是在这里我们专注于能够以类似 CMOS 的开关速度但功耗更低的技术，将 PET 与 Si FinFET，碳纳米管 FET（CNTFET）和隧道 FET（TFET）进行比较。我们以 7nm 的电路版图为基础对这些情况进行了比较。

这项工作利用了 10.4.2 小节所述的 PET 反相器的仿真，然后添加 RC 延时来表示扇入/扇出。扇入/扇出可能已经被明确地包括在内，但是在这里我们希望在不同的技术之间使用相同方法，从而获得最接近真实情况的比较。在这一点上，我们没有将机械寄生效应纳入计算中，但它们的作用主要是增加本征延时，而不是扇入/扇出项。

对于 FET 电路的情况，通过以下公式确定开关速度：

$$\tau_{ckt} = \frac{C_{node}V_{DD}}{I_{eff}} + (FI - 1)R_{on}C_{node} \qquad (10.21)$$

式中：I_{eff} 是有效驱动电流[3]，

$$I_{eff} = \frac{1}{2}\left(I_d\big|_{V_d=V_{DD},V_G=V_{DD}/2} + I_d\big|_{V_D=V_{DD}/2,V_G=V_{DD}}\right) \qquad (10.22)$$

C_{node} 是输出节点上的总电容，由有源器件电容（C_a）、寄生边缘电容（C_p）和布线电容（C_w）之和给出，

$$C_{node} = FO(C_{a\_pfet} + C_{a\_pfet}) + C_{p0}\left[w_p\left(FI + 2\frac{1}{2}FO\right) + w_n\left(1 + 2\frac{1}{2}FO\right)\right] + C_{w0}5L_{cell}FO \qquad (10.23)$$

式中：C_{p0} 和 C_{w0} 是每单位长度电容；因子 2 是由于米勒效应；$\frac{1}{2}$ 是我们假设每一级电路的一半是开关；L_{cell} 是晶胞间距，

$$L_{cell} = \sqrt{2A_{device}FI} \qquad (10.24)$$

线长方程中的乘数为 5 是为了实际应用而做的假设。假设每个时钟周期有 20 个电路延时，时钟频率 $f_{clk} = \frac{1}{20}\tau_{ckt}$。该开关能量是

$$U_{ckt} = \frac{1}{2}C_{node}V_{DD}^2 + \frac{I_{off}V_{DD}}{\alpha f_{clk}} \qquad (10.25)$$

式中：占空因子 $\alpha = 1/20$。

对于 PET，添加额外的本征 τ_i 延时来解释声音传播时间，并且将 RC 延时添加到此处：

$$\tau_{ckt} = \tau_i + \frac{1}{2}(1 + FI)R_{on}C_{node} \qquad (10.26)$$

式中：因子 1/2 是考虑到只有一半的电路具有串联扇入的事实；τ_i 的值来自反相器仿真。PET 的电容不是简单的电容，它包括机电元件（参见 PET 模型部分），这取决于机械负载。通过测量作为电压的函数的输入电荷，可以从模拟中提取电容。

所使用的 PET 参数是激进的，意在代表约 11nm 工艺节点，PE 材料和 PR 材料工艺节点分别为 24nm 和 8nm。PET 技术的关键推动因素是高压力下 PR 材料可实现的低电阻率。我们假设如下：

$$\rho_{PR}(\Omega \cdot cm) = 1.65e^{-5.4P(GPa)} + 3.3 \times 10^{-4} \qquad (10.27)$$

基于 Jayaraman 的 SmSe 数据[12]。因此，可以在非常小的区域结构中实现低输出电阻，产生小的扇出延时分量。相关参数为：PE 高度 $L = 32nm$，PR 高度 $l = 2nm$，PE 面积 $A = 24\times$

24nm²，PR 面积 $a=8\times8$nm²，PE 杨氏模量 $Y_{PE}=8.4$GPa，PR 杨氏模量 $Y_{PR}=110$GPa，PE 压电系数 $d_{33}=2.8$nm/V，PE 机电耦合系数 $g=10.9$，PE 密度 $\rho=8060$kg/m³。基于这些尺寸，反相器可在 0.19～0.25V 范围内工作，延迟时间为 8.2ps 至 6.0ps。计算得到动态 PET 输入电容 $C_{eff}=0.16$fF。值得注意的是，尽管 PE 的有效介电常数比 PR 的要高得多（约高 50 倍），该电容与 CMOS 有源栅极电容处于相同的范围。这是因为 PE 厚度较大（大 16 倍），并且高性能 FET 具有较大的栅极面积。

对于 CNT，使用了基于一维电子气的有源电容，还有基于迄今为止最佳实验结果的电流[31,32]。其中包括了栅极电容以及漏极和源极的寄生电容。对于 TFET，假设使用了 InAs/GaSb 材料，电流和电容是基于一种 TFET 模型[33]。

比较结果如图 10.14 所示。可以看出，尽管声速较慢，但是 PET 具有很强的高速低功耗优势。高速归因于 PET 的低导通电阻，能够以良好的电流承载能力产生较小面积（small area）和较小寄生电容结构。隧道 FET 是低功率状态的潜在竞争对手；然而，低压隧道 FET 尚未得到证实[5]，尽管研究人员正在进行大量的实验努力。PET 同样需要一个更大规模的实验项目，以确认这些令人兴奋的预测。

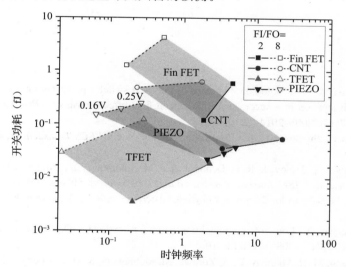

图 10.14　FI/FO＝2/2 和 8/8 时，FinFET，CNTFET 和 TFET 与 PET 的比较

10.7　讨论

压电技术的调研必须针对其他全球范围内探索的 CMOS 替代方案进行评估，那些替代方案也能够以比 CMOS 更低的电压工作。许多这些技术，如碳纳米管[31,32]、石墨烯和二维二硫系化合物[34]是 FET 的新实施方案，并将继承 FET 的电压缩放困难；其他如双层关联隧道晶体管（BiSFET）[35]依赖于未经证实的物理原理。实际上，甚至较传统的隧道 FET[5]的低电压能力在很大程度上都未得到证实。与此相反，PET 依赖于在理论和实验中都已经确立的物理性质。主要挑战是将不同的 PE 和 PR 组件集成到单个强耦合的机电系统中的工

程设计。对较强的机械压力的依赖允许 PR 的电阻率极大地调制，达到在 FET 中不能实现的程度，从而允许极大的 PET 尺寸缩放，同时保持大电流驱动能力。

实现 PET 技术挑战不能够不重视，理论问题可能决定 PET 技术的最终范围，因为只有在极端缩小的状态下，PET 才能具有超过 CMOS 的巨大优势。因此，了解 PR 几何尺寸的物理原理是至关重要的，其中界面效应占主导地位。如果压力诱发的金属状态的激发能够产生真正的低电阻金属-金属界面，这将是令人兴奋的。

PE 物理学更加有趣，提出了如何在不使压电性能显著降低的条件下能将 PE 的体积做到多小。

在本章中，我们介绍了 PET，并提供了一种设计指南和用于确定电路性能的方法。希望这将激发对基础原理和技术解决方案的研究，从而产生可行的 PET 技术。

致谢

这项研究中有一部分得到了 DARPA MESO 计划（Mesodynamic Architectures）的支持，合同编号 N66001-11-C-4109。我们也要感谢 Thomas Shaw 和 Xiao Liu 给出的实用的讨论。

参考文献

[1] T. N. Theis & P. M. Solomon, "In quest of the 'next switch': prospects for greatly reduced power dissipation in a successor to the silicon field effect transistor." *Proceedings of the IEEE*, **87**(12), 2005–2014 (2010).

[2] T. N. Theis, "In quest of a fast, low-voltage digital switch." *ECS Transactions*, **45**(6), 3–11 (2012).

[3] W. Haensch, E. J. Nowak, R. H. Dennard, & P. M. Solomon *et al.*, "Silicon CMOS devices beyond scaling." *IBM Journal of Research and Development*, **50**(4/5), 339–358 (2006).

[4] H. Iwai, "Roadmap for 22 nm and beyond." *Microelectronic Engineering*, **86**, 1520–1528 (2009).

[5] A. C. Seabaugh, "Low-voltage tunnel transistors for beyond CMOS logic." *Proceedings of the IEEE*, **98**(12), 2095–2110 (2010).

[6] X. L. Feng, M. H. Matheny, C. A. Zorman, M. Mehregany, & M. L. Roukes, "Low voltage nanoelectromechanical switches based on silicon carbide nanowires." *Nano Letters*, **10**(8), 2891–2896 (2010).

[7] K. Akarvardar & H.-S. Wong, "Nanoelectromechanical logic and memory devices." *ECS Transactions* **19**(1), 49–59 (2009).

[8] T.-J. K. Liu, E. Alon, V. Stojanovic, & D. Markovic, "The relay reborn." *IEEE Spectrum*, April (2012).

[9] D. Newns, B. Elmegreen, X.-H. Liu, & G. Martyna, "A low-voltage high-speed electronic switch based on piezoelectric transduction." *Journal of Applied Physics*, **111**, 084509, (2012).

[10] D. M. Newns, B. G. Elmegreen, X.-H. Liu, & G. J. Martyna, "The piezoelectronic transistor: a nanoactuator-based post-CMOS digital switch with high speed and low power." *MRS

Bulletin, **37**, 1071–1076 (2012).

[11] D. M. Newns, B. G. Elmegreen, X.-H. Liu, & G. J. Martyna, "High response piezoelectric and piezoresistive materials for fast, low voltage switching: simulation and theory of transduction physics at the nanometer-scale." *Advanced Materials*, **24**(27), 3672–3677 (2012).

[12] A. Jayaraman, V. Narayanamurti, E. Bucher, & R. G. Maines, "Continuous and discontinuous semiconductor-metal transition in samarium monochalcogenides under pressure." *Physics Review Letters*, **25**(20), 1430–1433 (1970).

[13] P. Helnwein, "Some remarks on the compressed matrix representation of symmetric second-order and fourth-order tensors." *Computer Methods in Applied Mechanics and Engineering*, **190**(22–23), 2753–2770 (2001).

[14] S. Zhang & F. Li, "High performance ferroelectric relaxor-PbTiO$_3$ single crystals: Status and perspective." *Journal of Applied Physics*, **111**, 031301 (2012).

[15] H. Fu & R. E. Cohen, "Polarization rotation mechanism for ultrahigh electromechanical response in single-crystal piezoelectrics." *Nature*, **403**, 281–283 (2000).

[16] F. Bai, J. Li, & D. Viehland, "Domain engineered states over various length scales in (001)-oriented Pb(Mg$_{1/3}$Nb$_{2/3}$)O 3 -x%PbTiO$_3$ crystals: electrical history dependence of hierarchal domains." *Journal of Applied Physics*, **97**(5), 054103 (2005).

[17] V. A. Shuvaeva, A. M. Glazer, & D. Zekria, "The macroscopic symmetry of Pb(Mg$_{1/3}$Nb$_{2/3}$)$_{1-x}$Ti$_x$O$_3$ in the morphotropic phase boundary region ($x = 0.25$–0.5)." *Journal of Physics: Condensed Matter*, **17**, 5709–5723 (2005).

[18] D. B. Mc Whan & J. B. Remelka, "Metal-insulator transition in metaloxides." *Physics Reviews B*, **2**(9), 3734–3750 (1970).

[19] A. Jayaraman, V. Narayanamurti, E. Bucher, & R. G. Maines, "Pressure-induced metal-semiconductor transition and 4f electron delocalization in SmTe." *Physics Review Letters*, **25**(6), 368–370 (1970).

[20] A. Jayaraman & R. G. Maines, "Study of valence transitions in Eu-, Yb-, and Ca-substituted SmS under high pressure and some comments on other substitutions." *Physics Reviews B*, **19**(8), 4154–4161 (1979).

[21] A. Jayaraman, A. K. Singh, A. Chatterjee, & S. U. Devi, "Pressure-volume relationship and pressure-induced electronic and structural transformations in Ku and Yb monochalcogenides." *Physics Reviews B*, **9**(6), 2513–2520 (1974).

[22] Z. Jiang, M. A. Kuroda, Y. Tan *et al.*, "Electron transport in nano-scaled piezoelectronic devices." *Applied Physics Letters*, **102**(19), 193501 (2013).

[23] D. C. Gupta & S. Kulshrestha, "Pressure induced magnetic, electronic and mechanical properties of SmX (X = Se, Te)." *Journal of Physics: Condensed Matter*, **21**, 436011 (2009).

[24] H. F. Tiersten, *Linear Piezoelectric Plate Vibrations; Elements of the Linear Theory of Piezoelectricity and the Vibrations of Piezoelectric Plates* (New York: Springer, 1995).

[25] C. M. Close, D. K. Frederick, & J. C. Newell, *Modeling and Analysis of Dynamic Systems*, 3rd edn. (Chichester: Wiley, 2001).

[26] F. E. Terman, *Radio Engineers Handbook* (New York: McGraw Hill, 1943).

[27] M. Copel, M. A. Kuroda, M. S. Gordon, & X.-H. Liu *et al.* "Giant piezoresistive on/off ratios in rare-earth chalcogenide thin films enabling nanomechanical switching." *Nano Letters*, **13**(10), 4650–4653 (2013).

[28] J. H. Park, F. Xu, & S. Trolier-McKinstry, "Dielectric and piezoelectric properties of sol–gel derived lead magnesium niobium titanate films with different textures." *Journal of Applied Physics*, **89**(1), 568–574 (2001).

[29] R. Keech, S. Shetty, & M. A. Kuroda, "Lateral scaling of Pb(Mg$_{1/3}$Nb$_{2/3}$)O$_3$−PbTiO$_3$ thin films for piezoelectric logic applications." *Journal of Applied Physics*, **115**, 234106 (2014).

[30] D. E. Nikonov & I. A. Young, "Uniform methodology for benchmarking beyond-CMOS logic devices." In *Electron Devices Meeting (IEDM), 2012 IEEE International)*, pp. 10–13 (2012).

[31] A. D. Franklin, M. Luisier, S-J. Han *et al.*, "Sub-10 nm carbon nanotube transistor." *Nano Letters*, **12**(2), 758–762 (2012).

[32] A. D. Franklin, S. O. Koswatta, D. B. Farmer *et al.*, "Carbon nanotube complementary wrap-gate transistors." *Nano Letters*, **13**(6), 2490−2495 (2013).

[33] P. M. Solomon, D. J. Frank, & S. O. Koswatta, "Compact model and performance estimation for tunneling nanowire FET." In *Proceedings of the 69th Annual Device Research Conference*, pp. 197–198 (2011).

[34] V. Podzorov, M. E. Gershenson, Ch. Kloc, R. Zeis, & E. Bucher "High mobility field-effect transistors based on transition metal dichalcogenides." *Applied Physics Letters*, **84**(17), 3301–3303 (2004).

[35] S. K. Banerjee, L. F. Register, E. Tutuc, D. Reddy, & A. H. MacDonald, "Bilayer pseudo-spin field-effect transistor (BiSFET): a proposed new logic device." *IEEE Electron. Devices Letters*, **30**(2), 158–60 (2009).

机 械 开 关

Rhesa Nathanael，Tsu-Jae King Liu

11.1　引言

　　对于超低功耗数字集成电路，最近机械开关成为 CMOS 的有前途的替代品。机械开关的使用并不是什么新概念，早期的计算机是利用机械工作机制来构建的（涉及驱动和物理接触）。机电继电器由 Joseph Henry 在 1835 年首次建立，使用了电磁铁（感应线圈）进行驱动，实现了比纯机械开关更好的性能。1936 年，德国工程师 Konrad Zuse 使用机电继电器构建了第一个浮点二进制机械计算器 Z1。然后在 1941 年，Zuse 使用 2000 个继电器完成了第一个可编程，完全自动数字计算机 Z3。另外，乔治·斯蒂比兹（George Stibitz）在贝尔实验室使用继电器在 1937 年建立了"K 型"二进制计算器并在 1940 年建立了复数计算器。Zuse 和 Stibitz 经常被认为是电脑的发明者。整个 20 世纪，计算机都使用机电器件构建。然而，它们的体积庞大，速度慢，构建起来非常昂贵。电子计算的时代开始于真空管，在发明晶体管和集成电路之后，它从 20 世纪 50 年代开始迅速发展。今天，几乎已经放弃了继电器，数字计算设备都利用固态电子开关（即 CMOS 晶体管）。在硬币尺寸的单一硅芯片上小型化和集成数十亿个晶体管的能力使功能和性能大幅提升，并降低了成本[1]。然而，随着晶体管尺寸继续达到纳米尺度，CMOS 技术面临着当它接近基本能效极限时的功耗危机。回想一下，CMOS 数字电路中消耗的总能量由两部分组成：充电和放电电容器的动态能量（$E_{dynamic}$）和晶体管截止状态漏电流（I_{off}）引起的池漏能量（$E_{leakage}$）

$$E_{total} = E_{dynamic} + E_{leakage} \tag{11.1}$$

由于热电压的不可缩放性（即室温下 60mV/10 倍频程亚阈值摆幅限制），截止泄漏施加最小能量限制。克服该限制必须具有更理想的开关性能（即急剧的开/关转换和零截止状态泄漏）。事实上，继电器就是这样一种装置，因为开关是基于制造和断开物理接触的。通过过去 40 多年来平面加工和微加工技术的进步，机电继电器现在可以小型化以获得功能和一体化整合的成本优势，从而克服了它们的历史性缺点。现在又把目光转回到老旧的计算设备，继电器，这看起来很引人注目！

　　基于制造和断开物理接触，机械开关的典型 I_D-V_G 曲线如图 11.1a 所示。这里没有势垒的调制。因此，I-V 特性非常突变（阶梯状函数）。在截止状态下，气隙分开了电极，使得截止态的泄漏实际上为零（$I_{off}=0$）。因此，泄漏能量项完全消失：

$$E_{leakage} = 0 \qquad\qquad (11.2)$$

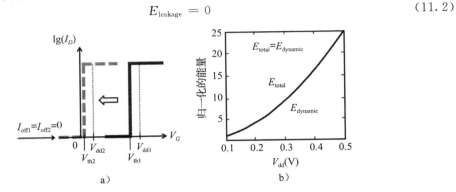

图 11.1 机械开关的能效示意图。a）机械开关的 I_D-V_G 曲线，显示降低
V_{dd} 和 V_{th} 的影响及其 b）每次操作牵涉的能量

因此，机械数字电路中耗散的总能量仅由充电和放电电容的动态能量组成（见图 11.1b）：

$$E_{total} = E_{dynamic} = \alpha L_D f C V_{dd}^2 \qquad\qquad (11.3)$$

如果没有泄漏造成的下限，通过简单地缩放 V_{dd}，可以将机械逻辑技术每次运行的能量降低到低于 CMOS 技术的每次运行最小能量。这是因为在理论上，对于理想的开关，V_{dd} 和 V_{th} 可以降低到接近 0V，如图 11.1a 所示。

11.2 继电器结构和操作

11.2.1 静电驱动继电器

　　利用静电驱动的微机电继电器对 IC 很有吸引力，因为它们更容易利用传统平面工艺技术和材料来制造，不会消耗相当大的有源功率，并且与通过磁性、压电和热力驱动的那些继电器相比，它们具有更大的可缩放性。在静电开关中，可动电极和固定电极形成电容器。当对该电容器施加电压差时，静电力（由于相反电荷电极之间的吸引）使可动电极向着固定电极加速。无论施加电压的极性（也就是双极性）如何，吸引力的总是存在，其强度取决于电极的面积和它们之间的间隔（驱动间隙 g_0）。当去除电压时，弹簧恢复力会将可动电极返回到其原始位置。

　　基本三端（3T）静电继电器的示意图和相应的典型 I_D-V_G 特性如图 11.2 所示。在截止状态，源极和沟道被气隙物理分隔，从而没有电流流动。当电压（也就是静电力）施加在栅极和源极之间时，结构向下产生动作。当源极和漏极接触时，电流可以从漏极流到源极，因此继电器开启。静电继电器的典型 I_D-V_G 曲线如图 11.2b 所示。当栅极电压超过吸合电压（V_{PI}）时，继电器导通，当栅极电压降低到释放电压（V_{RL}）以下时，继电器关闭。

开关行为是突变的，截止状态的泄漏为零。

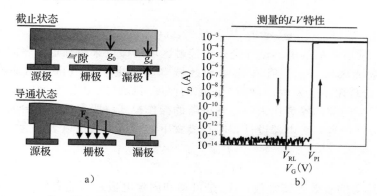

图 11.2　a）截止状态和导通状态下的通用三端继电器结构的示意图。b）典型的 I_D-V_G 特性，显示支路电压（V_{PI}）和释放电压（V_{RL}）

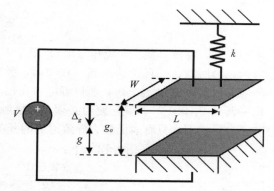

图 11.3　动态平行-平板电容器和质量-弹簧-阻尼器系统的静电驱动梁的建模示意图

静电驱动梁可以被建模为平行平板电容器质量-弹簧-阻尼器系统（见图 11.3）。可移动的电极运动动力学遵循牛顿第二定律，即

$$m\ddot{z} + b\dot{z} + kz = F_{elec}(z) \tag{11.4}$$

式中：z 是可移动电极的位移；m 是可移动电极的质量；b 是阻尼因子；k 是弹性常数；F_{elec} 是在两个电极之间施加电压 V 时的静电力，并且是位移 z 的函数。非线性微分方程的完整解需要用数值方法来求得。

为了获得对静电驱动器工作的基本了解，我们可以将结构建模成一个简单的平行平板电容器[2]。静电力是：

$$F_{elec}(z) = \frac{\varepsilon_0 (WL) V^2}{2(g_0 - z)^2} = \frac{\varepsilon_0 (WL) V^2}{2g^2} \tag{11.5}$$

式中：g 是驱动间隙厚度；g_0 是制造的驱动间隙厚度；W 是驱动区域的宽度；L 是驱动区域的长度。

相反的力是弹簧恢复力，有

$$F_{spring}(z) = kz = k(g_0 - g) \tag{11.6}$$

在平衡状态下，这两个力量必须平衡，即

$$\frac{\varepsilon_0 (WL) V^2}{2g^2} = k(g_0 - g) \tag{11.7}$$

注意，F_{elec} 随着位移增加而超线性增加，而 F_{spring} 随着位移增加而线性增加。因此，存在 F_{elec} 总是大于 F_{spring} 的点，并且系统变得不稳定。通过式（11.7）的稳定性分析，我们可以看出，当电极移动（1/3）g_0（即 $g=$（2/3）g_0）时，就会发生这种临界位移。在这个临界点，当施加的电压增加时，间隙突然闭合。这种现象称为"吸合"，其发生的电压是由下式给出的引吸合电压 V_{PI}：

$$V_{PI} = \sqrt{\frac{8kg_0^3}{27\varepsilon_0(WL)}} \tag{11.8}$$

请注意，图 11.2a 所示的继电器设计是采用接触区域的微坑来精确定义表面的接触面积的。结果，在那个微坑区域（g_d）存在比驱动区域（g_0）更小的气隙。请注意，如果 $g_d <$ $(1/3)g_0$，则吸合现象不会发生。这两个间隙的厚度可以独立地定义。因此，具有微坑就能允许通过调节两个间隙的厚度比来限定继电器的操作模式（吸合或非吸合）。

对于更一般（任意）继电器设计，吸合模式下的导通电压可以表达为：

$$V_{PI} = \sqrt{\frac{8k_{eff}g_0^3}{27\varepsilon_0 A_{eff}}}, \quad g_d \geqslant \frac{1}{3}g_0 \tag{11.9}$$

式中：k_{eff} 是悬臂梁的有效弹簧常数；A_{eff} 是可动和固定电极之间的有效重叠面积。

对于设计用于非吸合模式的继电器，当 $g = g_0 - g_d$ 时，接触发生。开启电压可以表示为：

$$V_{PI} = \sqrt{\frac{2k_{eff}g_d(g_0 - g_d)^2}{\varepsilon_0 A_{eff}}}, \quad g_d \geqslant \frac{1}{3}g_0 \tag{11.10}$$

回想一下，释放（截止）电压（V_{RL}）低于 V_{PI}。这个迟滞的开关行为是由于吸合模式工作和表面黏力所致。一旦位移达到 $(1/3)g_0$，吸合模式下工作的继电器就会放开。一旦被吸合，间隙有效地降低到 $g_0 - g_d$，所以静电力在相同电压（V_{PI}）下更大。因此，关闭器件需要将电压降低到 V_{PI} 以下。弹簧恢复力必须克服接触时存在的静电和表面黏力，以便关闭继电器。在非吸合模式下，只有表面黏力导致迟滞的开关行为，所以迟滞电压预计会更小。

一旦接触，力平衡方程如下：

$$\frac{\varepsilon_0(WL)V^2}{2g^2} + F_A = k(g_0 - g) \tag{11.11}$$

式中：F_A 是表面黏力。

在释放工作点，$g = g_0 - g_d$。可得释放电压为：

$$V_{RL} = \sqrt{\frac{2(k_{eff}g_d - F_A)(g_0 - g_d)^2}{\varepsilon_0 A_{eff}}} \tag{11.12}$$

应注意，迟滞电压将决定继电器电压缩放的下限。由于其突变的开关行为，原则上继电器可以使 V_{RL} 接近零工作，使得 V_{dd} 可以减小到低于迟滞电压。

11.2.2 继电器设计

文献中报道的最常见的静电继电器设计一直是三端（3T）继电器（见图 11.4a 和 b）[3-11]，但这不一定是数字逻辑应用的最佳设计。类似于 MOSFET，三端继电器是由栅极和源极端子（V_{GS}）之间的电压差驱动的。当 V_{GS} 增加到大于或等于吸合电压（V_{PI}）时，继电器导通，电流从漏极端子（I_{DS}）流出。控制（V_{GS}）和信号（V_{DS}）部分去耦合，因此尽管 V_{PI} 通常很大，为了更高的可靠性，I_{DS} 可以较小。从工艺的角度来看，这允许电极和结构材料分开优化（电极材料具有良好的接触可靠性和足够低的导通电阻（R_{on}）；低电压下工作的结构材料）。三端继电器设计的主要缺点是从电路的角度来看的。当三端继电器以串联方式连接时（其例子包括传统 NAND（"与非"）门或 NOR（"或非"）门），它们的电源电压（V_S）不固定。因此，它们的栅极开关电压（V_G）变化，可以导致不可靠的电路特性。

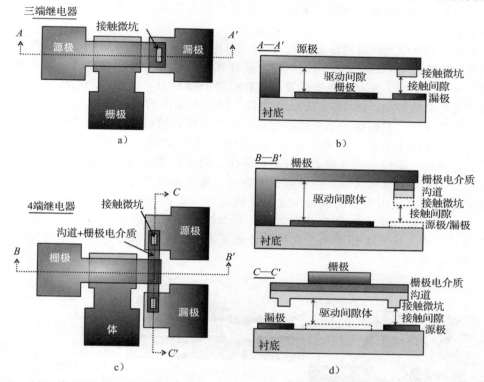

图 11.4　a）三端（3T）继电器结俯视图和 b）沿 A—A' 的横截面图。c) 四端（4T）继电器俯视图和 d) 沿 B—B' 和 C—C' 的横截面图。当以虚线表示时，结构是从横截面切割不在面内

　　四端继电器设计通过加上体端和栅极绝缘层（见图 11.4c 和 d）克服了三端继电器设计的缺点。在这个设计中，驱动结构是栅极，其位置由施加在栅极和体之间的电压（V_{GB}）来控制，而不是三端设计中的栅极和源电压（V_{GS}）。因此，栅极开关电压可以是固定的，与源极电压无关（控制和信号完全去耦合）。当继电器处于导通状态时，连接到栅极下侧的金属沟道用作连接源极和漏极的桥梁。栅极电介质层将栅极和沟道绝缘，使得电流在导通状态期间仅从漏极流到源极，而不流到栅极。除了固定栅极开关电压外，四端继电器允许通过施加体偏置电压来调谐（处理后）栅极开关电压，这可以用于实现低电压工作。

　　由于静电力是双极性的，所以相同的四端继电器结构可以作为下拉器件或上拉器件工作，分别模拟体偏置为 0V 或 V_{dd} 的 nMOSFET 或 pMOSFET 工作。因此，四端继电器对于实现低电压互补逻辑电路是有吸引力的。

　　另一个继电器设计需要考虑的是驱动方向。虽然本章主要集中在从衬底垂直（平面外）驱动的继电器，但是也已经验证了相对于衬底横向（平面）驱动的继电器[6-11]。在垂直驱动的继电器中，调谐 V_{PI} 需要修改工艺（牺牲层厚度或结构厚度）或器件覆盖区域（驱动区域）。在侧向驱动的继电器中，驱动间隙由光刻来定义，而不是由沉积牺牲层厚

度。因此，通过不改变器件覆盖区域的布局，很容易通过改变驱动间隙的宽度来调谐 V_{PI}。侧向驱动的继电器的优点是，使用具有更少光刻步骤的更简单工艺。然而，纳米尺度间隙的产生将受到光刻的限制。虽然制造横向三端继电器很简单，横向驱动的四端继电器的制造并不简单[10]。

具有悬臂[3,4,6-11]和两端固定支梁[5,7]设计的继电器在文献中已被证明。触点的黏滞和焊接作用导致的较差可靠性仍然是关键问题。悬臂式设计往往容易产生黏滞，没有足够的弹簧恢复力可靠地关断。两端固定支梁设计具有必要的恢复力，由于压缩的残余应力而在释放时容易受屈曲的影响。图 11.5 展示了文献［12］中提出的具有代表性 I_D-V_G 特性的稳定四端继电器设计。它包括一个可移动的板，栅极电极，通过四个折叠弯曲悬挂梁悬挂在其角落处。具有四个对称的弯曲，提供额外的稳定性，并防止由于残余应力导致板的旋转。折叠弯曲设计减轻了残余应力，可防止屈曲，同时仍然利用两端固定支梁设计的较高弹性恢复力来实现可靠的关断。折叠弯曲还有助于减轻热应力的任何影响，并且对热变化更加稳定。驱动区域由中央的板来定义。挠曲尺寸（即弹性恢复力）被去耦合，并且可以与驱动区域（即静电力）分开进行优化。对于结构强度，板是正方形的，而导电沟道通过绝缘电介质连接到板的下面。这种设计被证明是结构稳固的，开关超过 109 个循环都没有结构故障。

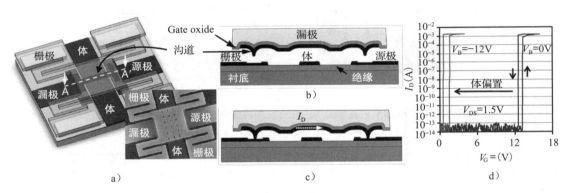

图 11.5 a）四端子继电器结构和平面 SEM 图。b）断开状态下沿沟道（A—A′）的横截面图。
c）导通状态下沿沟道（A—A′）的横截面图。d）测量的具有<1V 迟滞的继电器 I_D—V_G 特性。通过体偏置，V_{PI} 可以大大降低到<1V，同时继电器仍然可以可靠地关闭

11.3 继电器工艺技术

11.3.1 材料选择与工艺集成挑战

开发集成器件制造工艺涉及协同优化，以满足工艺集成和应用的需求。四端继电器结构由牺牲层、接触电极、绝缘电介质和结构材料等四个关键结构组成。可以将选择的涂层施加到触点上以提高可靠性。每一个都有其独特的要求，并且还必须与其他材料进行工艺兼容（见表 11.1）。

表 11.1 数字 IC 应用的四端继电器的材料选择考虑

项目	工艺集成要求	应用具体要求
牺牲层	干法释放工艺 低温沉积（<425℃）	高度均匀，连续的薄膜 良好控制的沉积（纳米范围精度）
接触点电极	抗释放腐蚀 对底层的良好附着 低温沉积（<425℃）	高导电性 足够低的接触电阻（<10kΩ） 抗磨损，塑性形变 高度均匀，连续的薄膜
绝缘电介质	抗释放腐蚀 良好控制的沉积 低温沉积（<425℃）	高电击穿电压 低泄漏电流 低残余应力和应变梯度
结构	抗释放腐蚀 低温沉积（<425℃）	较大杨氏模量 最小的残余应力（<100MPa 拉伸） 最小的应变梯度（$<1×10^{-4} \mu m^{-1}$）
收缩表面涂层	抗释放腐蚀 超薄（<1nm）和共形沉积 低温沉积（<425℃）	对导通的低势垒 低表面附着力

而继电器能够完全替代 CMOS 晶体管，所有 CMOS 都在单芯片上的集成可以利用每种技术的优势实现具有增强性能和功能的混合系统[13]。已经提出了"先 MEMS"（在 CMOS 工艺步骤之前完成的 MEMS 制造）和"后 MEMS"（在 CMOS 工艺步骤之后完成的 MEMS 制造）建议。"先 MEMS"方法需要定制的 CMOS 工艺。另一方面，"后 MEMS"工艺允许标准代工 CMOS 工艺的使用，并且还允许在电子器件顶部的 MEMS 的垂直堆叠，这减小了寄生互连电阻和电容，以获得更好的性能。然而，它对 MEMS 制造施加了热预算限制（制造 0.25μm CMOS 技术为 425℃ 6h)[14]。本节对材料选择和工艺集成挑战进行了讨论，假设有"后 MEMS" CMOS 兼容性要求。随后，一个稳固的四端继电器工艺流程产生了。

11.3.1.1 牺牲材料

在选择一组继电器材料时，牺牲材料是首先要考虑的，因为它决定了将在工艺结束时用于释放继电器的蚀刻化学性质，从而给继电器结构中暴露的每一层设定一个材料约束。从工作的角度来看，牺牲层确定了驱动和接触间隙厚度，这又决定了继电器的开关电压。间隙厚度在加工过程中可以被良好控制和复现是至关重要的，并且在晶片上是均匀的，以确保均匀的工作电压。牺牲层也必须是连续的，没有针孔，因为针孔可能导致电极之间的短路。随着继电器尺寸缩小以提高器件密度和性能，可控制地沉积纳米范围内的薄牺牲膜也将变得至关重要。

释放纳米尺度的间隙已被证明是一个相当大的挑战。MEMS 结构在典型的湿化学蚀刻过程中释放容易发生黏连，主要由表面黏附力引起。这些包括毛细管力、范德华力、卡西米尔（Casimir）力、静电力和氢键力[15-17]。在这些力中，毛细管力通常在释放过程中是起主要作用的。来自液体腐蚀剂的表面张力可能导致比梁的弹性恢复力更强的黏附力，导致结构被黏住。对这种黏性的敏感性由表面性质和接触间隙决定。接触角（θ_C）是确定表面的润湿性的材料性质，因此由毛细管效应导致该表面对静电的敏感性。当 $\theta_C < 90°$ 时，表面是亲水性的，而 $\theta_C < 90°$ 表示疏水性表面（见图 11.6）。由毛细力（E_{cap}）引起的表面相

互作用能量由文献［16］给出，即

$$E_{cap} = 2\gamma_1\cos\theta_C, \quad d \leqslant d_{cap} \tag{11.13}$$

$$E_{cap} = 0, \quad d > d_{cap} \tag{11.14}$$

式中：γ_1 是液体（通常是水）的表面张力；θ_C 是水在表面上的接触角。

固体板之间的间隙（d）小于毛细凝聚的特征距离（d_{cap}）时，水的毛细凝聚将发生，d_{cap} 由下式给出：

$$d_{cap} = \frac{2\gamma_1 \upsilon \cos\theta_C}{RT\lg(RH)} \tag{11.15}$$

式中：υ 是液体摩尔体积；R 是通用气体常数；T 是热力学温度；RH 是相对湿度。

诸如湿法蚀刻后的临界点干燥以消除表面张力的解决方案已经有人提出[18]，但它增加了工艺的复杂性，并没有完全解决问题。因此，干燥释放方法是可取的，在蚀刻过程中排除了流体的存在，从而减轻了黏性。干燥释放过程的实例是用于 SiO_2 的气相 HF 蚀刻和用于 Si 的 XeF_2 蚀刻的例子。SiO_2/HF 蒸气组合用作牺牲/释放蚀刻特别有吸引力，因为 SiO_2 可以通过低压化学气相沉积（LPCVD）在 400℃ 下以良好的均匀性和共形性沉积，并且其允许传统的多晶硅或 SiGe 被用作结构材料。

11.3.1.2　接触电极

电极材料构成源极、漏极、沟道和体电极。导电性好的材料具有良好的性能，但容易出现可靠性问题。这种权衡应该根据应用进行精心优化。

从性能的角度来看，触点决定继电器导通电阻（R_{on}）。对于使用继电器的最佳数字 IC 设计，R_{on} 可以为 $10\sim100\text{k}\Omega$，以确保充电延时将远小于机械开关延时（100ns），典型负载电容为 $10\sim100\text{fF}$[19]。在四端继电器中，R_{on} 由几个部分组成（见图 11.7）：

$$R_{on} = R_{source} + R_{drain} + R_{channel} + 2R_{contact} \tag{11.16}$$

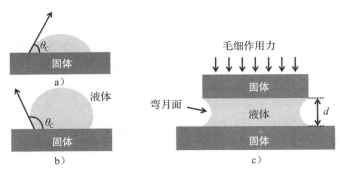

图 11.6　a）亲水和 b）疏水表面的固-液界面。接触角（θ_C）决定表面的润湿性。c）在两个固体板之间存在液体时的毛细作用力的图示

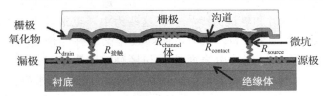

图 11.7　四端继电器设计的导通电阻结构

式中：R_{source} 是源极电阻；R_{drain} 是漏极电阻；$R_{channel}$ 是沟道电阻；$R_{contact}$ 是沟道与源极之间或沟道与漏极之间的接触电阻。在这些结构中，接触电阻是主导的，所以 $R_{on} \approx 2R_{contact}$。因此，仔细检查接触性能至关重要。

机电接触的电阻模型已经由 R. Holm 开发出来[20]：

$$R_{contact} = \frac{4\rho\lambda}{3A_r} \tag{11.17}$$

式中：ρ 是材料的电阻率；λ 是材料中的电子平均自由程；A_r 为有效接触面积。

有效接触面积为：

$$A_r \approx \frac{F_{elec}}{\xi H} \tag{11.18}$$

式中：F_{elec} 是接触的静电力（其给出了负载力的测量）；ξ 是变形系数；H 是材料的硬度。

接触表面总是粗糙的[21]，所以物理接触只能在局部粗糙峰制造[22]，如图 11.8 所示。实际接触区域仅为表观接触区域的一部分，并且是所施加的负载和材料硬度的函数。施加的负载应保持足够低从而将材料保持在其弹性范围并避免塑性变形。

从接触失效的角度来看，可靠性问题包括：（1）微焊接和表面黏力造成的黏滞作用；（2）磨损和塑性变形。虽然释放期间的黏性主要是表面黏力，但工作运行过程中的黏性主要是由于高电流流过时触点处的焦耳（Joule）加热造成的微焊接引起的。

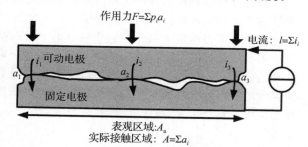

图 11.8 EM 接触的横截面示意图，显示电流可以流动的三个粗糙峰。总负载 P 和电流 I 对应于每个粗糙峰贡献的总和

自从 20 多年前 MEMS 专业领域出现以来，继电器是首批被研究的器件之一。它们主要用于 RF 开关，这需要非常低的导通电阻，从而最小化插入损耗。因此，RF 开关通常用软金属（例如金）（$H = 0.2 \sim 0.7$GPa），它们可以实现非常低的接触电阻（$< 1\Omega$）[23]。由于高电流级别，焊接引起的失效是本应用的主要问题。相反，低导通电阻不是基于继电器的数字逻辑的要求，其中，R_{on} 可以高达 $10 \sim 100$kΩ。逻辑继电器应该设计为高可靠性，以确保其符合 10 年的行业标准使用寿命。作为合理的基准，在嵌入式传感器应用的基于继电器的微控制器（以 100MHz 运行，平均转换概率为 0.01）中，继电器在 10 年内经历了约 3×10^{14} 次开/关循环。已经开发了基于原子扩散的接触可靠性模型，并进行了实验验证，以预测接触时焊接的故障[24]。该模型表明，硬质难熔金属更适合用作接触电极材料，预测在 1V 下工作的继电器的耐受性 $> 10^{15}$ 次开/关循环。

金属膜是高导电性的，并且可以使用诸如溅射的物理气相沉积（PVD）来沉积，这就很容易满足热预算限制。例如，钨（W）是防止磨损、塑性形变和焊接引起的黏连造成接触不良的优良材料。带钨触点的继电器已经被实验论证大于 10^9 个循环而没有失效[5,12]。钨是硬度最高的金属材料之一（莫氏硬度约 7.5，维氏硬度约 3.43GPa）。在周期表中的所有纯金属中，钨具有最高的熔点（3422℃），对于接触点处由于焦耳加热而导致焊接引起的失效具有良好的抵抗性。本质上，钨具有足够低的接触电阻（< 1kΩ），可以很好地满足

R_{on} 要求。然而，与贵金属（例如金（Au））相比，硬质材料更容易发生化学反应。钨在空气中容易氧化，形成绝缘的天然氧化物（W_xO_y），这不仅使 R_{on} 产生不稳定的周到周循环，而且随着时间的推移，接触电阻会超过可接受的范围。

为了提高接触电阻稳定性，可以采用气密密封技术[25]。具有 W 接触上循环的 R_{on} 演变的广泛研究表明，在接触电阻增加到 IC 应用的可接受水平（作为研究的 $10k\Omega$）[26] 之前的真空下（$5\mu Torr$），这种具有 W 接触的继电器技术最多可以有约 10^8 个开/关循环。俄歇（Auger）电子能谱（AES）光谱测量证实，增加的接触电阻确实是由接触表面的氧化引起的。钌（Ru）是另一种有吸引力的接触材料候选物，因为它在空气中形成导电氧化物（RuO_2），同时仍然保持较高的硬度（莫氏硬度约 -6.5），尽管不如钨那么高。最近对 Ru 接触继电器的研究已经证明了其大于 3×10^7 个循环都有稳定的接触电阻约 $9k\Omega$[27]。

具有释放的移动部件的结构需要具有层之间良好的黏附力。接触电极通常由位于电介质顶部的金属制成，并且特别容易分层。因为金属/电介质表面相互作用能量可能相当强，分层可能会由于应力而发生[28,29]；这个问题由于暴露在高温下而加剧。金属膜往往具有较高的残余应力和应变梯度[24]。残余应力由两部分组成：取决于薄膜的微观结构（晶粒尺寸、几何形状和晶体取向）的膜的固有应力，以及当在高温下沉积或退火时，由薄膜和底层衬底的热膨胀系数差异引起的热应力。接触电极材料的选择将带来严格的工艺温度限制。例如，采用钨作为电极材料会带来 550℃ 的加工温度限制。还可以使用黏合层来防止分层。例如，即使在室温下，钌对 SiO_2 的黏附性也非常差。TiO_2 薄层可以作为黏附层来解决分层问题[27]。

11.3.1.3　绝缘介质

在四端继电器中，电介质在两个位置是必须有的：（1）电极和硅衬底（衬底电介质）之间的绝缘层，（2）沟道和结构电极（栅极电介质）之间的绝缘层。在继电器中，电介质层的唯一目的是电绝缘。与 CMOS 晶体管不同，继电器不需要栅极和沟道之间良好的电容耦合来实现以陡峭的导通/截止特性工作，因此继电器不需要非常低的等效栅极氧化物厚度。事实上，低介电常数的介电材料更适合于降低电容负载。电介质的最重要标准是高电击穿电压，以承受通常与 MEMS 器件相关的更高的工作电压，以及最小的栅极漏电流，以保持低静态功耗和良好的可靠性。力学应力是一个考虑因素，因为电介质是结构堆叠的一部分，并且可以影响释放结构的弯曲（因此影响驱动和接触间隙）。最后，工艺整合和热预算要求也是需要考虑的因素。至关重要的是释放蚀刻不会降低电介质完整性。

Al_2O_3 是具有良好电气、力学和化学性质的绝佳的电介质材料[30-32]。首先，可以通过原子层沉积（ALD）实现原子级控制和精度。ALD Al_2O_3 可以在 300℃ 下以约 0.1nm/周期的生长速率沉积，这很容易满足热预算要求。在 300℃ 下沉积的 300nm 膜具有约 200MPa[30] 的固有拉伸应力，其在可接受的范围内。250℃ 沉积的薄膜在 2MV/cm 下展现出 $1\mu A/cm^2$ 的泄漏电流密度，在 7.5MV/cm 时击穿[30]，其对于典型厚度（约 $40\sim50nm$）给出了超过 30V 的击穿电压。在器件中，由于形貌造成的角落处集中的电场，预期击穿将发生在比平坦的铺盖膜更低的电压下。最后，尽管在 HF 液体中被侵蚀[31]，Al_2O_3 对 HF 蒸气具有很高的抗蚀性[32]，以确保在释放过程中质量不会降低。

11.3.1.4　结构

结构（structural）材料的选择是重要的，因为它决定了继电器工作电压和机械可靠性。首先，需要导电材料，使得其可被电偏置和驱动。足够大的杨氏模量确保了足够的刚度从而关断（克服表面黏合力），并且当偏置被移除时返回到其原始位置。为了在许多循环周期中可靠地运行，需要防断裂和耐疲劳的材料。由应力引起的应力诱导结构扭曲（平面外偏转）会导致驱动电压变化，故障以及可靠性降低。

最小化残余应力（<100MPa 拉伸）和应变梯度（<1～10^{-4} μm^{-1}）是结构材料开发的关键挑战。残余应力代表膜中的平均应力，这些应力源自与微结构相关的固有应力和来自高温处理的热诱导应力。拉伸薄膜希望收缩，而压缩薄膜要扩张以减轻应力并达到平衡。应变梯度通过梁的厚度（膜生长方向）表示应力变化。按照惯例，正（＋）应力表示拉伸应力，而负（－）应力表示压缩应力。正梯度表明膜向顶部的拉伸更大。在释放后的悬臂结构中，正应变梯度导致向上弯曲，因为膜的底部比膜的顶部膨胀得更多。负应变梯度导致向下弯曲，因为膜的顶部比膜的底部膨胀得更多，多晶硅（poly-Si）是表面微加工 MEMS 器件中常用的结构材料[33]。多年来，其机械和应力性能已经被很好地证明[34,35]。它是一种坚固的结构材料，杨氏模量在 120～180GPa 范围内，断裂强度在 1～3GPa[36-38]之间，最重要的是可以实现具有可忽略的应变梯度的低残余应力（<25MPa）[35]。然而，多晶硅通常通过 LPCVD 在>600℃的温度下沉积。此外，通常需要高温（>900℃）的退火来实现所需的低应力膜[33,35]。这对接触电极材料（通常是金属）的选择带来了严格的限制，并且不符合 CMOS 兼容性要求。金属膜由于其高导电性和较低的热处理预算而具有潜在的吸引力。然而，对 Al、Ni、Ti 和 TiN 的研究表明，溅射金属具有非常高的残余应力，范围从几百 MPa 到 1GPa[39]。Al 在可接受的范围（约 10MPa）内显示出较低的拉伸残余应力，但是受到非常大的应变梯度（约 3×10^{-3} μm^{-1}）的阻碍。因此，如果可以实现低应力膜，金属将是仅有的具有吸引力的结构材料。最近有人研究了多晶硅锗（poly-Si$_{1-x}$Ge$_x$，$x\leqslant0.6$）作为 MEMS 的低热预算结构材料[40]。多晶硅锗（poly-SiGe）保留了多晶硅有利的力学性能，并且可以通过 LPCVD 在比多晶硅（<450℃）低得多的温度下沉积。虽然多晶硅锗（poly-SiGe）具有比多晶硅更大的应变梯度，但是在 $1\mu m$ 厚的薄膜情况下对其进行仔细优化（约 1×10^{-4} μm^{-1}）时，其仍处于可接受的范围内。

11.3.1.5　接触表面涂层

表面涂层可以大大提高接触的可靠性和稳定性。重要的是，该层不会显著降低接触电阻并具有有利的低表面黏附性能。沉积超薄层的能力（<1nm）是非常关键的。TiO$_2$ 是用来涂覆钨触点的一个有吸引力的候选者[41]，它可以在 275℃下通过 ALD 原子级控制和精确地沉积。由于 ALD 非常保形，可以在最后一步执行沉积（释放后），使工艺集成变得简单。TiO$_2$ 可能有助于减轻继电器释放和工作期间的黏滞。首先，TiO$_2$ 使接触面亲水性更差（$\theta_{CTiO2}>80°$[42]），从而减小毛细作用力。纯钨接触在其空气表面（$\theta_{CWO3}<10°$[43,44]）上容易形成天然氧化物（WO$_3$）。另外，通过作为减缓钨天然氧化物形成的氧化屏障，TiO$_2$ 可提高接触稳定性。不像 WO$_x$，TiO$_2$ 对电子从 W 流动到 TiO$_2$ 形成相对较低的势垒（约 0.8eV），从而保持接触电阻在可接受的范围内更稳定（<100kΩ）。事实上，TiO$_2$ 引起的接触电阻略增有助于限制电流流量，相比之下，纯钨触点则有利于减轻微焊接。

11.3.2 继电器工艺流程

图 11.9 展示了 2009 年加州大学伯克利分校开发的强大的四端继电器工艺流程[12]，采用图 11.5 所示讨论的四端继电器设计。该设计获得了优异的重复性和良率（＞95％）。在起始硅晶片衬底上，通过原子层沉积（ALD）在 300℃ 下沉积 Al_2O_3 层以形成绝缘衬底表面。使用直流磁控溅射沉积的钨作为源极、漏极、体和沟道电极材料。溅射很容易满足热预算限制（＜425℃），因为晶片保持在室温下。使用低压化学气相沉积（LPCVD）在低温（400℃）下沉积的二氧化硅（SiO_2）作为牺牲材料。请注意，使用了两牺牲层。第一牺牲层决定了接触微坑的厚度。第二牺牲层决定了源极/漏极处的接触间隙。两个牺牲层的组合给出了驱动间隙。该方案使 g_d/g_0 比率被控制到确定的工作模式（吸合与非吸合）。在这种特殊情况下，接触间隙是最节能工作模式的驱动间隙的一半[4]。410℃ 下用 LPCVD 沉积的原位硼掺杂多晶硅锗（poly-$Si_{0.4}Ge_{0.6}$）作为高质量、低热预算的结构材料[8]用于后 CMOS 集成能力。最后，在栅叠层结构被释放后，超薄（约 3 Å（1 Å＝10^{-10} m）厚）涂层二氧化钛（TiO_2）通过 ALD 在 275℃ 下沉积，提高了接触可靠性。该方法在随后的出版物中会有进一步优化，以降低工作电压，缩小继电器尺寸，提高接触可靠性[45-46]。

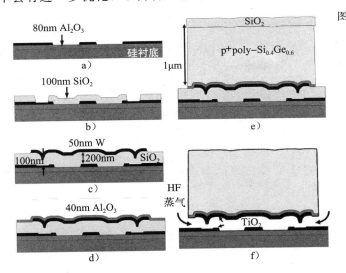

图 11.9 用于制造第一个原型四端继电器的四掩模工艺的图示，沿着图 11.5 所示的横截面 A—A′ 所示。a) 沉积 80nm Al_2O_3 层，并且沉积和图形化 50nm W 层以形成源极、漏极和体电极。b) 沉积的第一牺牲层是 SiO_2 层（100nm），并且定义源/漏接触区域。c) 沉积的第二牺牲层也是 SiO_2 层（100nm），沉积并图形化［］50nm W 层以形成沟道。d) 淀积 40nm 的 Al_2O_3 栅介电层。e) 使用 LTO 硬掩模来沉积和图案化形成 $1\mu m$ p+ 多晶 $Si_{0.4}Ge_{0.6}$，从而形成栅电极。f) 在 HF 蒸汽中释放栅极堆叠层，并涂有 3Å TiO_2

11.4 数字逻辑用继电器设计优化

11.4.1 改进的静电设计

在理想的晶体管中，沟道（即沟道形成）处的势垒调制完全由栅极控制。在现实中，漏极和体对沟道也有影响，导致亚阈值摆幅下降和短沟道效应等。需要优化 CMOS 设计以减轻这些不良影响。类似地，继电器的结构驱动受到所有端的影响，因为静电力存在于不同电位的任何两个电极之间。为了获得最佳的静电控制，需要对继电器进行设计，使栅极的影响完全占主导地位。两个板之间的静电力（F_{elec}）与电容成正比，因此与板的重叠面积（$F_{\text{elec}} \propto C \propto A$）成正比。在设计四端继电器时，应注意以下一般原则：

（1）最小化栅极对源极/漏极重叠面积。

（2）最大化栅极对体重叠面积。

（3）最小化沟道对体重叠面积。

非优化设计存在寄生静电效应。考虑图 11.10 所示的两个四端继电器设计。沿着沟道的横截面视图中展示了与这些继电器相关的电容分量。继电器 A 是[12]中报道的第一个原型继电器设计的继电器。继电器 B 是减轻寄生效应的改进设计的继电器[47]。

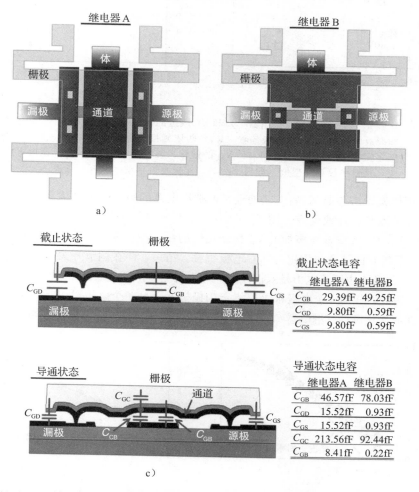

图 11.10 四端继电器设计及其电容构成。a）第一个继电器原型[12]（继电器 A）和 b）优化继电器设计[47]（继电器 B）的版图，展示电极区域。c）展示关联电容在导通和截止时沿沟道的横截面视图。它们的值在表中给出

回想一下，四端继电器设计的一个重要动机是固定相对于体端的栅极开关电压（也就是

只有栅极对体电压（$|V_{GB}|$）会影响 V_{PI}）。在继电器 A 中，栅极对源极/漏极重叠面积与栅极对体重叠面积（约 67%）相当。在继电器 B 中，与栅极对体重叠面积相比，栅极对源极/漏极重叠面积（约 2.4%）现在是微不足道的。图 11.11 显示了漏极和源极偏置电压（V_D 和 V_S）如何影响继电器 A 和 B 的 V_{PI} 和 V_{RL}。理想情况下，源极和漏极对开关电压（即斜率=0）的影响最小。在继电器 A 中观察到来自源极/漏极的显著影响，但在继电器 B 中被有效抑制。

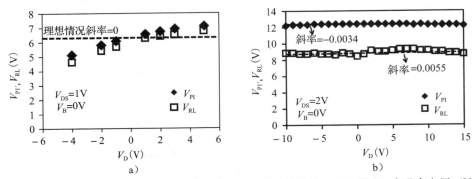

图 11.11　比较 a）第一个原型（继电器 A）和 b）改进的设计（继电器 B）中吸合电压（V_{PI}）和释放电压（V_{RL}）对漏极偏置（V_D）的依赖性。在继电器 A 中，栅极和源极/漏极之间的寄生静电力导致 V_{PI} 和 V_{RL} 的偏移。继电器 B 消除了源极/漏极寄生驱动效应，其斜率接近理想值（即斜率=0）。栅极是可移动（SiGe）电极

能够使用体偏置来调谐 V_{PI} 后工艺处理是四端继电器的另一个关键优点。重要的是，体偏置的效果可以预测和良好地受控。图 11.12 显示了开关电压如何随施加的体偏置而偏移。在理想情况下，V_{PI} 和 V_{RL} 应该与施加的 V_B 移动相同的量（即斜率=1）。在继电器 A 中，只有约一半的致动（栅极）区域会与固定（体）电极重叠。结果，体在调节开关电压时只有一半有效（斜率约 0.5）。注意，由于静电力是双极性的，理想情况下，可动电极和固定电极对于驱动继电器同样有效。因此，任何一个电极都可以指定为栅极，而另一个电极可以指定为体，而不改变 V_{PI} 和 V_{RL}。在非优化设计（继电器 A）中，当固定电极用作栅极时，V_{PI} 可能会明显更高。

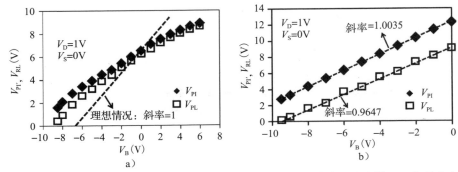

图 11.12　比较 a）第一个原型（继电器 A）和（b）改进的设计（继电器 B）中吸合电压（V_{PI}）和释放电压（V_{RL}）对体偏置（V_B）的依赖性。对于给定的 V_G，更负的 V_B 导致更大的 V_{GB}（更大的静电力），因此降低 V_{PI} 和 V_{RL}，反之亦然。对于继电器 B，斜率接近理想情况（即斜率=1）。栅极是可移动（SiGe）电极

最后，当与体重叠的沟道区域较大（如在继电器 A 中）时，导通状态下在沟道和体端之间可能存在明显的静电力。这种附加的静电力使得关闭继电器更难（减小 V_{RL}），并且增加了迟滞电压，这是我们不希望的。当沟道处于足够高的电位时，即使在去除栅极偏置（V_{RL} 降至 0V 以下）之后，该沟道的静电力也可能足够大，从而克服弹性恢复力。在精心设计的继电器中，沟道与体之间的重叠应尽可能减小，如果不能完全消除，则通过在沟道下移除体电极来实现继电器 B（最小尺寸的条结构保持下来，从而对固定电极的顶半边和底半边实现电连接）。

11.4.2　高度集约型电路的设计

对于基于继电器的数字 IC，期望在单级（即一个机械延时）中实现功能，并且最小化器件计数以减小面积。这种设计利用独特的机械结构性质，与 CMOS 实现方案相比，可以用明显更少的器件实现相同的功能。还提出了多源/漏极和多栅极继电器作为实现高度紧凑电路的前进之路。

图 11.13 显示了双源/漏极或六端（6T）继电器。两对源极/漏极都可以用来增加电路功能而不用引入额外的面积。或者，标准四端继电器工作，只有一对可以使用，另一对则浮空。注意到，源和漏电极在驱动板的同一侧，与在相对侧的情况（继电器 A 和 B）相反，这同样对静电完整性有利。这样，沟道对体重叠完全消除，而不需要移除固定电极区域（见图 11.10 中的继电器 B），这反过来使栅极对体重叠区域最大化。在驱动板的相对侧的另一对源极/漏极是必需的，因为要保持静电力的对称性，使得继电器在工作过程中不会向一侧倾斜。继电器还可以设计成具有两对以上的源/漏电极，尽管以静电控制为代价，因为源极/漏极区域将占整个驱动区域的较大百分比。

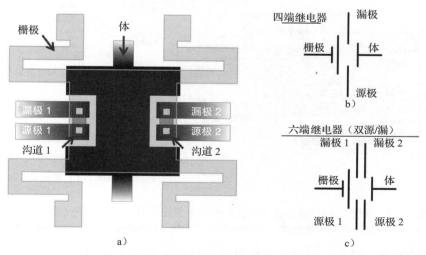

图 11.13　a）双源/漏极继电器结构的版图，标明了端口。b）仅使用一个源极/漏极对时的电路符号（四端继电器工作）以及 c）使用两个源极/漏极对（六端继电器工作）时的电路符号

由于 V_{PI} 取决于静电力强度，逻辑门可以通过调制总的继电器驱动电极面积来实现。可以

通过改变电极尺寸和驱动输入电极的数量来改变驱动区域。这个概念允许逻辑门设计对于继电器是独一无二的。例如，通过仔细设计梁的尺寸，可以调节驱动继电器所需的驱动输入电极的数量，以实现双输入 AND（"与"）门，OR（"或"）门[48]和 NAND（"与非"）[49]门。

多栅极继电器设计架构利用这一概念在单个器件中实现逻辑门，大大减少了器件数量。该固定电极（指定为栅极）可以细分成多个可独立偏置的独立电极。这样，静电力的强度（因此驱动的强度）可以通过被驱动的输入电极（栅极）的数量来控制。对于给定的工艺技术，有几种设计继电器来实现不同逻辑功能的方法。

（1）固定电极细分。由于静电力取决于总驱动电极面积，固定电极可以用相等面积的较小电极代替，以容纳多个输入，或不同的面积以容纳不同重要性（即影响）的多个输入来实现不同的逻辑功能。

（2）继电器尺寸。弯曲和平板尺寸决定了接通继电器所需的总静电力。例如，调整挠曲长度（即刚度），可以使继电器通过一个或两个被驱动的输入而开启。

（3）体偏置。给定一定的输入电压范围，当特定数量的输入电极通过体偏置大小的适当设定而被驱动时，继电器可以设置为开启导通。以这种方式，可以用相同的继电器结构来实现不同的逻辑功能。

双栅（双输入），双源/漏（双输出）继电器结构如图 11.14 所示。注意，栅电极具有相等的面积，并相互交叉以确保它们具有相同的影响。图 11.15 显示了当 $V_B = 0V$ 时，双栅继电器的 V_{PI} 和 V_{RL}。第一种情况 [0，1] 是仅有栅极 2 被驱动时，第二种情况 [1，0] 是仅有栅极 1 被驱动时。无驱动栅极保持在 0V。

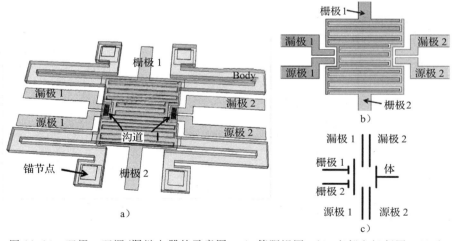

图 11.14　双栅，双源/漏继电器的示意图。a）等距视图。b）底部电极版图，显示相互交叉的栅电极，以确保它们对体具有相同的影响。c）电路符号

在两种情况下，开关电压相等，从而保证栅极 1 和 2 具有相同的影响。第三种情况 [1，1]，是同时驱动两个栅极来驱动继电器的。正如预期的那样，由于对相同的电压有更强的静电力，开关电压在这种情况下更低，而更强的静电力则是由于有效驱动面积加倍。利用这种特性，可以施加不同程度的体偏置，从而让继电器开关对相同的电压使用一个或

两个栅电极。例如，12V 的工作电压需要两个栅极被驱动，从而使 $V_B = 0V$（AND 门功能）时继电器接通。当施加 $V_B = -5V$ 时，开关电压降低，从而仅驱动一个栅极就足以使继电器接通（OR 门功能）。在图 11.15 中，对于 $V_G = 8V$，实现 AND 门和 OR 门功能的体偏置要求已经标明。

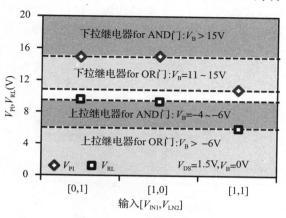

图 11.15　对于各种输入组合，双栅继电器的测量吸合（V_{PI}）和释放（V_{RL}）电压。"1" $\equiv$ V_G。同时标明了假设 $V_G = 8V$ 时实现 AND 门和 OR 门功能的体偏置要求

11.4.3　低压设计

对于当前技术，继电器的工作电压趋于相对较高（约 10V）。在设计数字逻辑继电器时，为了电路可靠运行和超低功耗运行的终极目标，V_{PI} 需要降低。这可以通过缩放和设计优化做到。

从 11.1 节回顾，V_{PI} 在吸合模式下依赖于

$$V_{PI} \propto \sqrt{\frac{k_{eff} g_0^3}{A_{eff}}} \quad (11.19)$$

式中：g_0 和 g_d 分别是驱动和微坑间隙；A_{eff} 可以近似为可移动和固定电极之间的重叠面积。对于这种特定的继电器设计，有效弹性数（k_{eff}）由挠曲和扭转分量组成，可以近似为[5]：

$$\frac{1}{k_{eff}} \approx \left(\gamma_f \frac{EWh^3}{L^3} \right)^{-1} + \left(\gamma_t \frac{GWh^3}{L} \right)^{-1} \quad (11.20)$$

式中：γ_f 是挠曲常数；γ_t 是扭转常数；E 是杨氏模量；G 是剪切模量；L，W 和 h 分别是挠曲部分的长度、宽度和高度。虽然 W 和 L 由版图布局来定义，h 却是由工艺定义的结构 SiGe 厚度（T_{SiGe}）。

从继电器设计的角度来看，可以通过优化挠曲（W，L）以降低 k_{eff}，从而实现 V_{PI} 的降低，并且对于给定的工艺技术（见图 11.16）增加驱动面积（A_{eff}）。图 11.17a 显示了挠曲长度对 V_{PI} 的影响（L）和不同挠曲宽度（W）的迟滞电压。首先，发现 V_{PI} 对挠曲长度相对不敏感，而 V_{RL} 随着 L 的增加而下降，并且会加宽迟滞。由于开启是由静电力引起的，关闭是由弹性恢复力引起的，L 对 V_{RL} 有更大的影响。当挠曲长度长（$L > 30\mu m$）时，由来自于应变梯度的翘曲增加，V_{PI} 开始增加。随着 W 越来越小，观察到 V_{PI} 和滞后的降低。应该注意的是，通过减小 k_{eff} 得到的 V_{PI} 减小也会带来可靠性的折中。由于具有较弱的弹性恢复力，继电器更容易发生黏滞（在释放和运行期间），所以 W 不能无限制地减少。

增加驱动板尺寸是最大化 A_{eff} 的有效方式，但是器件脚印覆盖区的增加是我们非常不希望得到的。

在此设计中，通过锚位置（垂直）和挠曲长度（水平）设置器件脚印面积。可以将扩展部分融入到可移动板中以增加有效的驱动面积，而不增加总的器件脚印面积（见图 11.16c）。对扩展驱动板效应的研究如图 11.17b 所示。一般来说，V_{PI} 和迟滞减小会随着较大的扩展而被观察到。然而，当扩展部分过大时，可靠性会显著下降，这很可能是

由应变梯度引起的。干涉仪测量确认负应变梯度导致扩展部分向下弯曲。有了较长的扩展，该弯曲可以大于接触间隙，使得沟道在被驱动之前就接触源极/漏极。没有卡住的器件在几个周期后容易发生黏滞。研究发现，具有约 60％ 额外板面积的器件是可靠的，V_{PI} 降低＞15％并且迟滞电压＜1V，似乎是最大 V_{PI} 降低与可靠性折中的最佳点。随着板的尺寸缩小，可以允许较大百分比的扩展，因为由应变梯度导致的弯曲随着尺寸缩放而减小。

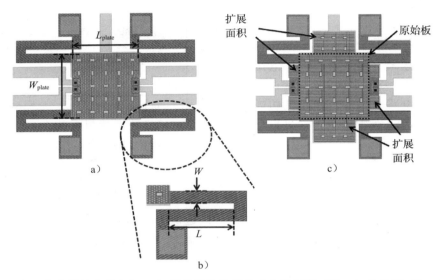

图 11.16　板和挠曲设计参数定义。a）原始设计的板尺寸由板宽度（W_{plate}）和长度（L_{plate}）定义。b）挠曲宽度（W）和长度（L）的定义。W 是在所有设计中都统一的梁的宽度。L 仅限于一个梁截面，而不是总梁长度。c）扩展的驱动板设计提供更大的驱动面积，而不会增加总的器件面积，因为它们利用锚定件和挠曲件之间的空白空间。每个设计都通过原始板尺寸（$L_{plate} \times W_{plate}$）＋扩展的总面积占原始板面积的百分比来定义

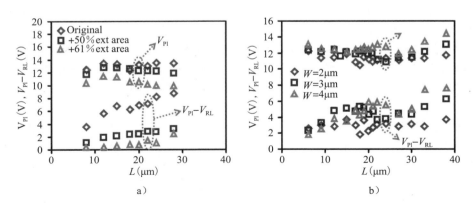

图 11.17　a）挠曲宽度（W）对继电器工作电压的影响。比较各种 W 下的继电器 V_{PI} 和迟滞电压与挠曲长度（L）关系。b）扩展驱动板面积对继电器工作电压的影响。对于没有和具有扩展驱动板的继电器，继电器 V_{PI} 和迟滞电压与挠曲长度（L）的关系比较。研究的继电器是单栅极，双源/漏极设计。板尺寸＝$30\mu m \times 30\mu m$。$V_D = 1.5V$，$V_S = V_B = 0V$。钨固定电极偏置作为栅极

请注意，迟滞电压设置了电源电压缩放的下限，甚至是存在体偏置时（为了确保继电器能够关闭，V_{RL}可以减小到接近0V，这意味着可实现的最低V_{PI}等于滞后电压）。因此，为了超低功耗的运行，降低迟滞电压至关重要。对于具有<1V迟滞电压的继电器，可以通过体偏置实现低于1V的运行。最终，设计优化驱动器是调谐V_{PI}和迟滞电压的廉价方式，但不能作为超低压运行实现。对于给定的工艺，优化的设计可能使V_{PI}降低大约20%～30%。然而，低于1V的V_{PI}只能通过工艺缩放来实现。间隙尺寸（g_0和g_d）和结构层厚度（TSiGe）的缩放并不是不重要的，如11.5节所述。

11.5 继电器组合逻辑电路

11.5.1 互补的继电器反相器

继电器可以用作晶体管的直接替代品，因为CMOS电路设计技术与继电器兼容。可以给四端继电器加偏压来模拟n沟道MOSFET（在足够的正V_{GS}下导通）或p沟道MOSFET（在足够的负V_{GS}下导通）。因此，具有零静态功耗的反相器电路可以通过在电源和地之间连接两个串联的互补四端继电器来形成，类似于CMOS反相器中的晶体管（见图11.18）。反相器被认为是所有逻辑电路的基础，因为其工作原理一般适用于逻辑电路。

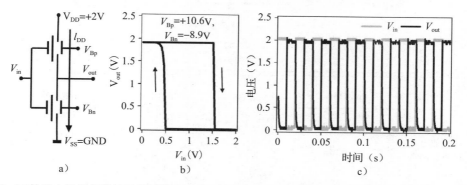

图11.18 互补继电器反相器的示意图[12]。a) 电路原理图。两个继电器单独探测并且外部连接。V_{dd}设置为2V。调节p继电器（V_{BP}）和n继电器（V_{BN}）的体偏置，以实现低电压对称开关。分别b) 在$V_{BP}=+10.6V$和$V_{BN}=-8.9V$下进行的静态反相器测量。c) 以50Hz频率运行的b) 中所示的相同继电器电路的动态反相器测试。V_{in}是一个平方函数，在0V和2V之间振荡

请注意，在CMOS反相器中，晶体管具有渐进的开关行为（由于事实上，亚阈值摆幅在室温下基本上被限制为不陡于60mV/10倍频程），使得CMOS反相器的电压传输特性（VTC）在状态之间呈现逐渐的过渡，在过渡区域具有非零"瞬态开路电流"（I_{dd}，直接从电源流向地的电流）。相比之下，如果继电器开关电压适当调谐，继电器反相器VTC可以在状态之间显现出突然的转变，且瞬态开路电流为零（理想地，$V_{PI,N} \geqslant V_{RL,P}$和$V_{PI,P} \leqslant V_{RL,N}$[50]）。对于这两个继电器，通过仔细调谐$V_{PI}$值来实现几乎对称的电压转移特性（见图11.18b），并通过体偏置实现$V_{dd}=2V$时互补的开关特性。另外，为了达到最大静态噪声容限，从高到低和从低到高的切换都应关于$V_{dd}/2$对称，迟滞电压应该最小化[50]。对一

个方波输入信号，50Hz 动态反相器工作如图 11.18c 所示。

11.5.2　类 CMOS 电路设计

静态互补 CMOS 栅极本质上是互补反相电路的一种拓展。它由"上拉网络"和"下拉网络"组成（见图 11.19）[51]。当逻辑功能的输出为"1"时，"上拉"网络提供输出和 V_{dd} 之间的连接。类似地，当逻辑功能输出"0"时，"下拉"网络提供输出和 GND 之间的连接。在稳定的状态下，只有其中一个网络将在任何给定的时间下导通（导电）。因此，输出将始终连接到 V_{dd} 或 GND，并且理想情况下应该不存在从 V_{dd} 直接流向 GND 的静态电流。

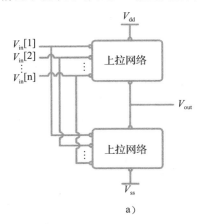

a）

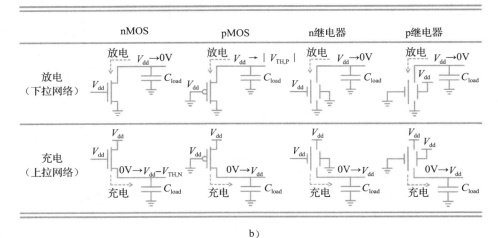

b）

图 11.19　a）由"上拉"网络和"下拉"网络组成的通用静态互补 CMOS 逻辑电路。互补继电器逻辑可以用相同的方式实现。b）当用作"下拉"和"上拉"器件时，nMOS，pMOS，n 继电器和 p 继电器的比较

互补继电器逻辑门可以用类似的方式实现，但有一个重要区别。在 CMOS 中，"上拉"网络由 pMOS 晶体管组成，而"下拉"网络由 nMOS 晶体管组成。考虑如图 11.20 所示电路。

当 $V_{GS} = V_{th,N}$ 时，nMOS 导通，当 $|V_{GS}| = |V_{th,P}|$ 时，pMOS 导通。因此，nMOS 能够将节点放电（"下拉"）至 0V，而只能将节点充电（"上拉"）至 $V_{dd} - V_{th,N}$。pMOS 可以将节点充电至 V_{dd}，但只能将节点放电到 $|V_{th,P}|$。因此，互补 CMOS 电路总是反相的。NAND 门、NOR 门和 XNOR（"异或非"）门等功能可以在电路的一级中实现，但是 AND 门、OR 门和 XOR（"异或"）门等功能的形成必须通过连接一个额外的反相器实现反相功能（从而产生额外的区域和延时）。另一方面，当 $|V_{GB}| = V_{PI}$ 时，由于静电力是双极性，继电器导通。因此，无论 n 继电器还是 p 继电器工作模式，继电器都可以一路充电至 V_{dd} 并一路放电至 0V。互补继电器电路可以在单一电路级中实现反相和非反相逻辑。实际上，最佳的继电器电路应该由一个复杂的门构成，该门可以在单电路级中执行所有的计算（也就是只有一个机械延时），原因是机械（开关）延时与电气（电容充电）延时之间的比例较大[19]。

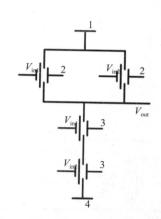

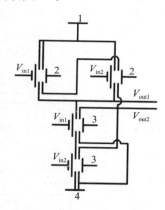

节点编号	AND	OR	NAND	NOR
1	GND	V_{dd}	V_{dd}	GND
2	V_{Bp}	V_{Bn}	V_{Bp}	V_{Bn}
3	V_{Bn}	V_{Bp}	V_{Bn}	V_{Bp}
4	V_{dd}	GND	GND	V_{dd}

a)

节点编号	AND[V_{out1}]/ OR[V_{out2}]	OR[V_{out1}]/ AND[V_{out2}]	NAND[V_{out1}]/ NOR[V_{out2}]	NOR[V_{out1}]/ NAND[V_{out2}]
1	GND	V_{dd}	V_{dd}	GND
2	V_{Bp}	V_{Bn}	V_{Bp}	V_{Bn}
3	V_{Bn}	V_{Bp}	V_{Bn}	V_{Bp}
4	V_{dd}	GND	GND	V_{dd}

b)

图 11.20　a）具有四端继电器及其偏置结构的动态可配置互补继电器 AND/OR/NAND/NOR 门。b）采用双源/漏极继电器实现的动态可配置互补继电器 AND/OR/NAND/NOR 门，以实现与四端实现方案有相同器件数量的多种功能

或者，可以使用传输门逻辑类型来设计 CMOS 电路，从而减少器件数量。例如，AND 传输门逻辑可以仅用两个晶体管实现（加上另外两个晶体管来反转信号以获得其互补，共四个）。然而，只有 nMOS 方案不能完整传递 V_{dd}，而仅 pMOS 方案不能完整传递 0V，因为同样的原因，pMOS 得到更好的"上拉"器件，而 nMOS 得到早先解释过的更好的"下拉"器件。因为不能轨至轨传递电压（强烈地打开和关闭被驱动的器件），可以预计驱动门的切换（即速度）较慢，并且当器件未完全关闭时，静态的功耗可能会增加。这个问题可以通过使用传输门（具有并联的 nMOS 和 pMOS）来解决，但这增加了器件数量。另一方面，继电器没有这样的问题。仅有 n 继电器或仅有 p 继电器的实现都能有效地

轨至轨传递电压。因此，可以使用具有传输门架构的继电器来实现器件数量的大幅度减少。

因为 n 继电器或 p 继电器采用相同的继电器结构实现，所以通过简单地改变偏置条件，可以配置继电器逻辑门来实现不同的功能。图 11.20a 所示的例子显示了动态可配置的 AND/OR/NAND/NOR 门，利用四端继电器并通过施加不同的偏置条件来实现。因此，反相和非反相逻辑都在单级中实现。通过使用第二对源/漏作为第二输出，双源/漏极继电器设计可以用来为逻辑门添加功能。第二输出可以实现互补信号（获得差分输出），具有不同的电压等级的相同信号，或者完全不同的功能。图 11.20b 所示的例子展示了实现两种不同功能的继电器逻辑门（AND/OR 门，OR/AND 门，NAND/NOR 门，NOR/NAND 门），其输出取决于偏置的配置。

利用双源/漏极继电器设计的第二种方法是减少实现某些功能所需的器件数量。例如，采用四端继电器的 XOR/XNOR 门的类 CMOS 实现方案（见图 11.21a）。虽然功能正确，但八继电器实现方案会消耗很大的芯片面积。采用双源/漏极继电器，可以使用四个继电器实现相同的电路（见图 11.21b）。在这种情况下，具有相同栅极和体偏置的两个四端继电器被替换为单个双源/漏极继电器，从而将器件数量减少一半。

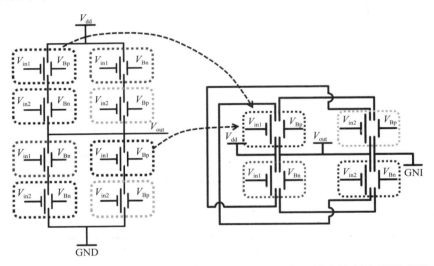

图 11.21   a）使用四端继电器实现的互补继电器 XOR/XNOR 门。图中给出了 XOR 门偏置条件。可以通过简单地切换 V_{dd} 和 GND 来实现 XNOR 门功能。b）为了更紧凑的逻辑而减少器件数量，采用双源/漏极继电器实现的互补继电器 XOR/XNOR 门。a）中具有相同栅极和体偏置的两个继电器被替换为一个双源/漏极继电器，将器件数量减少一半

11.5.3   多输入/多输出设计

多栅极继电器设计允许继电器器件容纳多个输入。在原理上，调整体偏置并且仔细地设计栅极电极面积以调节每个栅极贡献给驱动的静电力的量，这几乎任何逻辑功能都可以实现。最终最紧凑的数字逻辑门仅包括两个开关：一个"上拉"开关，导通时将输出连接到电源，一个"下拉"开关，导通时将输出连接到地（见图 11.22）。每个输入信号连接到上拉开关的一个输入电极，也连接到下拉开关的一个输入电极，并且这些开关中只有一个

在任何给定时间，即互补工作时导通。注意，每个继电器也可以包括多对源/漏电极，以提供更强大的功能，例如在各种电压等级下的输出信号（见图 11.22）或差分输出信号。

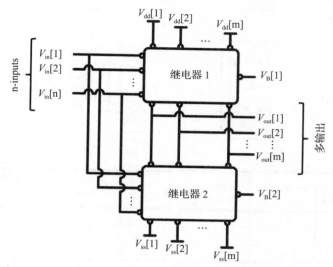

图 11.22 一种通用的多输入多输出继电器组合逻辑电路

下面介绍两个输入的逻辑门，以说明这种方法的可行性。

图 11.23a 展示了两个连接在一起的单栅极双源/漏极继电器形成一个动态可配置的单输入双输出互补继电器电路，其可以用作反相器/缓冲器或 XOR/XNOR 门，这取决于电极偏置结构。首先考虑反相器/缓冲器偏置结构。当输入电压（V_{in}）高时，顶部继电器关闭，底部继电器打开，反之亦然。通过将源极连接到 V_{dd} 或 GND，左/右侧源极偏置分别为顶部和底部继电器的 V_{dd}/GND 和 GND/V_{dd}，从而在两侧实现互补信号。该电路中使用的继电器具有小于 1V 的迟滞电压，所以通过体偏置可实现低电压（1V）反相器/缓冲器工作。接下来，考虑 XOR/XNOR 门偏置配置，它利用静电力的双极性（驱动仅取决于 V_{GB} 的大小，而不是其极性）。当栅极和体电压互补时，顶部继电器将导通。当它们相同时，底部继电器将打开。由于在这种情况下使用体作为输入电极，因此通过体偏置不能减小输入电压范围。

第二个例子（见图 11.23b）显示了双栅极，双源/漏极的两个继电器连接在一起实现动态配置的双输入双输出互补继电器电路，其可以作为 AND/NAND 门或 OR/NOR 门，这取决于电极偏置配置。

在 AND/NAND 门结构中，只有当两个栅极都为高电平时，顶部继电器才会导通。当至少一个栅极为低时，底部继电器接通。再一次，开关是互补的，源极偏置（V_{dd} 或 GND）决定该源极是作为"上拉"还是"下拉"连接。通过简单调整体偏置电压，相同的电路可以实现 OR/NOR 门功能。在这种结构中，当至少一个栅极为高时，顶部继电器接通。类似地，只有当两个栅极都为高时，底部继电器才会导通。

因此，多输入/多输出设计方法论证并演示了仅使用两个继电器的所有双输入逻辑门。包括大于两个输入电极[52]或大于两组源/漏电极的继电器设计可能存在进一步的扩展，以实现更复杂的逻辑功能。因此，多输入/多输入继电器有望实现多功能，动态可配置和高度紧凑的基于继电器的集成电路。

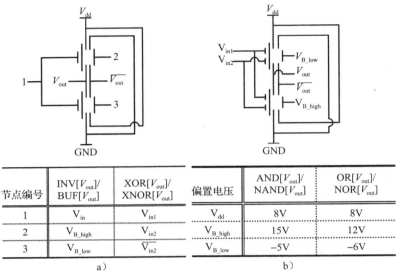

节点编号	INV[V_{out}]/BUF[V_{out}]	XOR[V_{out}]/XNOR[V_{out}]	偏置电压	AND[V_{out}]/NAND[V_{out}]	OR[V_{out}]/NOR[V_{out}]
1	V_{in}	V_{in1}	V_{dd}	8V	8V
2	V_{B_high}	V_{in2}	V_{B_high}	15V	12V
3	V_{B_low}	$\overline{V_{in2}}$	V_{B_low}	−5V	−6V
	a)			b)	

图 11.23　a）使用单栅极，双源/漏极的两个继电器的动态结构互补继电器逻辑电路。相同的电路可以根据偏置结构实现 INV/BUF 门或 XOR/XNOR 门功能。b）利用双栅极，双源/漏极的两个继电器的动态结构互补继电器逻辑电路。相同的电路可以根据体偏置电压实现 AND/NAND 门或 OR/NOR 门功能。器件工作电压如图 11.15 所示

11.6　继电器等比例缩放展望

继电器的小型化导致工作电压降低，性能增强，并且具有更高的集成度，这降低了成本，提升了功能。类似于经典的 MOSFET 缩放理论[1]，现已经报道了用于继电器的恒场缩放理论。使用这种方法，电场在驱动间隙上保持恒定，而所有的器件尺寸都减小 $1/\kappa$ 因子。这些影响总结在表 11.2[53]中，显示了尺寸缩放的性能和功能优势。接下来，从处理、应用和功能的角度讨论继电器缩放的挑战和限制。低于 1V 的继电器工作需要将驱动和接触间隙尺寸缩小到小于 10nm 的范围。首先，形成纳米级间隙需要高度受控和均匀的牺牲层沉积，以及无黏滞释放间隙的能力。前者可以通过高度优化的 CVD 工艺或 ALD，达到纳米级精度。

表 11.2　继电器的恒场缩放理论 [53]

变量	恒场缩放	变量	恒场缩放
刚度系数	$1/\kappa$	延时	$1/\kappa$
实际面积	$1/\kappa^2$	切换能量	$1/\kappa^3$
制备时间隙厚度，g，g_d	$1/\kappa$	密度	κ^2
质量，m	$1/\kappa^3$	功率	$1/\kappa^2$
电源电压和拉电压	$1/\kappa$	功率密度	1

后者是更大的挑战。小到 15nm 的间隙已经用临界点干燥技术论证[3]。即使是用于 SiO_2 牺牲层结构的诸如 HF 蒸气的干燥释放方法，由于水是蚀刻副产物，因此在高度缩放的尺寸下将容易发生静电。通过无水 HF 蒸气系统在减压下成功地形成了 13nm 间隙[54]。小于 10nm 的间隙需要更多新颖的间隙形成技术，如间隔物[55]和硅化[56]。

还有必要减小有效的弹性常数弯曲，从而使其能在这样的低电压下工作。减小牺牲层结构可以实现这一点，但是主要受到变差的应变梯度的阻碍。应变梯度导致平面外变形，这不利于继电器性能、功能和可靠性。在高度缩放的尺寸中，仅几纳米的变形就会导致间隙厚度的大百分比变化。根据弯曲方向，继电器可能会从起始点黏住或具有明显更高的 V_{PI}。V_{PI} 变得非常难以预测。因此，需要 $<1 \times 10^{-4} \mu m^{-1}$ 的应变梯度来应对这一挑战。已经报道了具有多晶硅结构层的继电器[12,45]，利用了为在微米范围内的厚度开发的多晶硅锗工艺[40]，并且在厚度 $<1\mu m$ 的情况下会遭受到显著增加的应变梯度的影响。或者，可以利用多层结构材料来通过应力补偿来降低结构的总应变梯度[46]。最终，需要能够在足够低的温度下沉积的具有低弹簧常数和低应变梯度的材料，但这是难以实现的。

继电器缩放的另一个处理挑战是如何形成非常小的接触凹坑。接触区域通常是结构的最小特征尺寸，并且形成纳米尺度的孔是一种光刻的挑战。虽然电子束光刻可以做到这一点，但是生产量较低，不适合大规模集成继电器电路。缩小凹坑大小是至关重要的，因为它决定了源/漏区域的最小尺寸。当源/漏区域不能与结构的其余部分成比例地缩放时，栅极静电控制就会降低（回顾 11.3.1 小节）。

可扩展性对于 11.3.2 小节描述的多栅极继电器方法来说也更有限，原因是静电控制。细分固定电极，存在一个电极之间的最小间隔距离，它受到表面泄漏的限制。该最小间隔距离在数百纳米范围内随着工作电压的缩放而减小。随着继电器的尺寸按比例缩小，由于电极与电极分离导致的固定电极面积的损失量将会占总面积的较大部分。结果，驱动变得不那么有效。尽管只有有限的可扩展性，但是多电极设计仍然具有吸引力，因为它可能仅使用两个继电器实现任何逻辑功能，从而从系统的角度可以实现整体面积的节省。

从应用的角度来看，缩放会受到接触电阻的限制。注意在先前讨论的继电器触点的多粗糙峰中（见图 11.8），接触电阻的有效接触面积不是表观接触面积的函数，而是施加的负载和材料特性的函数（见式（11.18））。该模型假设接触表面很大，使得实际接触面积由有限数量的粗糙峰构成。

由于接触被缩放到与粗糙峰（<100nm）相当的尺寸，接触区域最终将仅由单个粗糙峰组成。在这种状态下，表观接触区域将开始对接触电阻产生重大影响。因此，继电器数字电路的 $10k\Omega$ 接触电阻极限要求[19]对接触微坑的缩放施加了下限，这又如前所述仍具有良好静电栅极控制的继电器侧向尺寸的下限。

最后，由于继电器依靠弹性恢复力，一旦静电力被去除就会断开接触，继电器功能的最终限制将由关闭继电器的能力决定[53]。虽然降低弹性常数和间隙尺寸缩放对于超低功率工作是必需的，但继电器仍然必须能够克服接触处的表面黏合力，以避免永久黏住：

$$F_{spring} = k_{eff} g_d \geq F_{adhesion} \tag{11.21}$$

随着微坑尺寸的缩小，$F_{adhesion}$ 也有望缩小[5]，因为接触面的表面积减小了。同时，用来减少表面黏力的工艺改进，如表面处理或接触涂层，可以帮助减小这个限制。还应该注意的是，一般来说，降低弹性恢复力将牺牲可靠性。尽管工作电压较高，较硬的挠曲倾向于获得更高的良率和耐久性。鉴于继电器数字逻辑的 10^{14} 个开/关周期要求[57]，可靠性和良率可能才是等比例缩放的实际限制。

参考文献

[1] R. H. Dennard, F. H. Gaensslen, V. L. Rideout, E. Bassous, & A. R. LeBlanc, "Design of ion-implanted MOSFETs with very small physical dimensions." *Journal of Solid-State Circuits*, **9**, 256–268 (1974).

[2] S. D. Senturia, *Microsystem Design* (Boston, MA: Kluwer Academic, 2001).

[3] W. W. Jang, J. O. Lee, J.-B. Yoon *et al.*, "Fabrication and characterization of a nanoelectromechanical switch with 15-nm-thick suspension air gap." *Applied Physics Letters*, **92**, 103110 (2008).

[4] J.-O. Lee, M.-W. Kim, S.-D. Ko *et al.*, "3-terminal nanoelectromechanical switching device in insulating liquid media for low voltage operation and reliability improvement." In *Electron Devices Meeting (IEDM), 2009 IEEE International*, pp. 227–230 (2009).

[5] H. Kam, V. Pott, R. Nathanael, J. Jeon, E. Alon, & T.-J. King Liu, "Design and reliability of a micro-relay technology for zero-standby-power digital logic applications." In *Electron Devices Meeting (IEDM), 2009 IEEE International, Technical Digest*, pp. 809–812 (2009).

[6] S. Chong, K. Akarvardar, R. Parsa *et al.*, "Nanoelectromechanical (NEM) relays integrated with CMOS SRAM for improved stability and low leakage." In *Computer-Aided Design, International Conference on*, pp. 478–484 (2009).

[7] D. A. Czaplewski, G. A. Patrizi, G. M. Kraus *et al.*, "A nanomechanical switch for integration with CMOS logic." *Journal of Micromechanics and Microengineering*, **19**, 085003 (2009).

[8] S. Chong, B. Lee, K. B. Parizi *et al.*, "Integration of nanoelectromechanical (NEM) relays with silicon CMOS with functional CMOS-NEM circuit." In *Electron Devices Meeting (IEDM), 2011 IEEE International, Technical Digest*, pp. 701–704 (2011).

[9] R. Parsa, M. Shavezipur, W. S. Lee *et al.*, "Nanoelectromechanical relays with decoupled electrode and suspension." In *Proceedings of the Microelectromechical Systems Conference*, pp. 1361–1364 (2011).

[10] W. S. Lee, S. Chong, R. Parsa *et al.*, "Dual sidewall lateral nanoelectromechanical relays with beam isolation." In *Solid-State Sensors, Actuators and Microsystems Conference (TRANSDUCERS), 2011 16th International*, pp. 2606–2609 (2011).

[11] S. Chong, B. Lee, S. Mitra, R. T. Howe, & H.-S. P. Wong, "Integration of nanoelectromechanical relays with silicon nMOS." *IEEE Transactions on Electron Devices*, **59**(1), 255–258 (2012).

[12] R. Nathanael, V. Pott, H. Kam, J. Jeon & T.-J. K. Liu, "4-terminal relay technology for complementary logic." *IEEE International Electron Devices Meeting Technical Digest*, pp. 223–226 (2009).

[13] G. K. Fedder, R. T. Howe, T.-J. King Liu, & E. Quevy, "Technologies for cofabricating MEMS and electronics." *Proceedings of the IEEE*, **96**, 306–322 (2008).

[14] H. Takeuchi, A. Wun, X. Sun, R. T. Howe, & T.-J. King Liu, "Thermal budget limits of quarter-micrometer foundry CMOS for post-processing MEMS devices." *IEEE Transactions on Electron Devices*, **52**, 2081–2086 (2005).

[15] V. K. Khanna, "Adhesion–delamination phenomena at the surfaces and interfaces in micro-

electronics and MEMS structures and packaged devices." *Journal of Physics D: Applied Physics*, **44**(3) (2011).

[16] W.M. van Spengen, R. Puers, & I. De Wolf. "A physical model to predict stiction in MEMS." *Journal of Micromechanics and Microengineering*, **12**(5), 702–713 (2002).

[17] F.M. Serry, D. Walliser, & G.J. Maclay, "The role of the Casimir effect in the static deflection and stiction of membrane strips in MEMS." *Journal of Applied Physics*, **84**(50), 2501–2506 (1998).

[18] P.J. Resnick & P.J. Clews, "Whole wafer critical point drying of MEMS devices." In *Reliability, Testing, and Characterization of MEMS/MOEMS, SPIE Proceedings*, vol. **4558**, pp. 189–196 (2001).

[19] F. Chen, H. Kam, D. Markovic, T. King-Liu, V. Stojanovic, & E. Alon, "Integrated circuit design with NEM relays." *IEEE/ACM International Conference on Computer-Aided Design*, pp 750–757 (2008).

[20] R. Holm, *Electric Contacts: Theory and Applications* (Berlin: Springer-Verlag, 1967).

[21] M.P. de Boer, J.A. Knapp, T.M. Mayer, & T.A. Michalske, "The role of interfacial properties on MEMS performance and reliability." In *Microsystems Metrology and Inspection, SPIE Proceedings*, vol. **3825**, pp. 2–15 (1999).

[22] L. Kogut & K. Komvopoulos, "Electrical contact resistance theory for conductive rough surfaces." *Journal of Applied Physics*, **94**, 3153–3162, 2003.

[23] G.M. Rebeiz, *RF MEMS: Theory, Design, and Technology* (New York: Wiley, 2003).

[24] H. Kam, E. Alon, & T.-J.K. Liu, "A predictive contact reliability model for MEM logic switches." In *Electron Devices Meeting, 2010 IEEE International, Technical Digest*, pp. 399–402 (2010).

[25] R. Candler, W. Park, H. Li, G. Yama, A. Partridge, M. Lutz, & T. Kenny, "Single wafer encapsulation of MEMS devices." *IEEE Transactions on Advanced Packaging*, **26**(3), 227–232 (2003).

[26] Y. Chen, R. Nathanael, J. Jeon, J. Yaung, L. Hutin, & T.-J.K. Liu, "Characterization of contact resistance stability in MEM relays with tungsten electrodes." *IEEE/ASME Journal of Microelectromechanical Systems*, **21**(3), 511–513 (2012).

[27] I.-R. Chen, Y.P. Chen, L. Hutin, V. Pott, R. Nathanael, & T.-J. King Liu, "Stable ruthenium-contact relay technology for low-power logic." Accepted to *The 17th International Conference on Solid-State Sensors, Actuators and Microsystems (TRANS-DUCERS)*, Barcelona, Spain (2013).

[28] V.K. Khanna, "Adhesion–delamination phenomena at the surfaces and interfaces in micro-electronics and MEMS structures and packaged devices." *Journal of Physics D: Applied Physics*, **44**(3) (2011).

[29] R.H. Dauskardt, M. Lane, Q. Ma, & N. Krishna. "Adhesion and debonding of multi-layer thin film structures." *Engineering Fracture Mechanics*, **61**(1), 141–162 (1998).

[30] R.L. Puurunen, J. Saarilahti, & H. Kattelus, "Implementing ALD Layers in MEMS processing." *Electrochemical Society Transactions*, **11**(7), 3–14 (2007).

[31] K. Williams, K. Gupta, & M. Wasilik, "Etch rates for micromachining processing – part II." *Journal of Microelectromechanical Systems*, **12**(6), 761–778 (2003).

[32] T. Bakke, J. Schmidt, M. Friedrichs, & B. Völker, "Etch stop materials for release by vapor HF etching." In *Proceedings of the 16th Workshop on Workshop on Micromachining, Micromechanics, and Microsystems*, pp. 103–106 (2005).

[33] R.T. Howe, B.E. Boser, & A.P. Pisano, "Polysilicon integrated microsystems: technologies and applications." *Sensors and Actuators A: Physical*, **56**(1), 167–177 (1996).

[34] R. T. Howe & R. S. Muller, "Polycrystalline and amorphous silicon micromechanical beams: annealing and mechanical properties." *Sensors and Actuators*, **4**, 447–454 (1983).

[35] M. Biebl, G. T. Mulhem & R. T. Howe, "Low in situ phosphorus doped polysilicon for integrated MEMS." In *Solid State Sensors and Actuators (Transducers 95), Technical Digest, 8th International Conference*, vol. **I**, pp. 198–201 (1995).

[36] J. Bagdahn, W. N. Sharpe Jr, & O. Jadaan, "Fracture strength of polysilicon at stress concentrations." *Journal of Microelectromechanical Systems*, **12**(3), 302–312 (2003).

[37] H. Kapels, R. Aigner, & J. Binder, "Fracture strength and fatigue of polysilicon determined by a novel thermal actuator [MEMS]." *IEEE Transactions on Electron Devices*, **47**(7), 1522–1528 (2000).

[38] R. Modlinski, A. Witvrouw, A. Verbist, R. Puers, & I. De Wolf, "Mechanical characterization of poly-SiGe layers for CMOS–MEMS integrated application." *Journal of Micromechanics and Microengineering*, **20**(1) (2009).

[39] J. Lai, "Novel processes and structures for low temperature fabrication of integrated circuit devices." Ph.D. Dissertation, University of California, Berkeley, CA (2008).

[40] C. W. Low, T.-J. King Liu, & R. T. Howe, "Characterization of polycrystalline silicon-germanium film deposition for modularly integrated MEMS applications." *Journal of Microelectromechanical Systems*, **16**(1), 68–77 (2007).

[41] V. Pott, H. Kam, J. Jeon, & T.-J. King Liu, "Improvement in mechanical contact reliability with ALD TiO_2 coating." In *AVS Conference, Proceedings*, pp. 208–209 (2009).

[42] G. Triani, J. A. Campbell, P. J. Evans, J. Davis, B. A. Latella, & R. P. Burford, "Low temperature atomic layer deposition of titania thin films." *Thin Solid Films*, **518**(12), 3182–3189 (2010).

[43] R. Azimirad, N. Naseri, O. Akhavan, & A. Z. Moshfegh, "Hydrophilicity variation of WO_3 thin films with annealing temperature." *Journal of Physics D: Applied Physics*, **40**(4), 1134–1137 (2007).

[44] M. Miyauchi, A. Nakajima, T. Watanabe, & K. Hashimoto, "Photocatalysis and photoinduced hydrophilicity of various metal oxide thin films." *Chemistry of Materials*, **14**(6), 2812–2816 (2002).

[45] R. Nathanael, J. Jeon, I.-R. Chen et al., "Multi-input/multi-output relay design for more compact and versatile implementation of digital logic with zero leakage." Presented at the 19th International Symposium on VLSI Technology, Systems and Applications (2012).

[46] I.-R. Chen, L. Hutin, C. Park et al., "Scaled micro-relay structure with low strain gradient for reduced operating voltage." Presented at the 221st ECS Meeting (2012).

[47] M. Spencer, F. Chen, C. Wang et al., "Demonstration of integrated micro-electromechanical relay circuits for VLSI applications." *IEEE Journal of Solid-State Circuits*, **46**(1), 308–320 (2011).

[48] A. Hirata, K. Machida, H. Kyuragi, & M. Maeda, "A electrostatic micromechanical switch for logic operation in multichip modules on Si." *Sensors and Actuators A*, **80**, 119–125 (2000).

[49] K. Akarvardar, D. Elata, R. Parsa et al., "Design considerations for complementary nanoelectromechanical logic gates." In *Electron Devices Meeting, 2007 (IEDM 2007), IEEE International*, pp. 299–302 (2007).

[50] R. Nathanael, V. Pott, H. Kam, J. Jeon, E. Alon, & T.-J. K. Liu, "Four-terminal-relay body-biasing schemes for complementary logic circuits." *IEEE Electron Device Letters*, **31**(8), 890–892 (2010).

[51] J. M. Rabaey, A. P. Chandrakasan, & B. Nikolic, *Digital Integrated Circuits* (Englewood Cliffs, NJ: Prentice-Hall, 2003).

[52] J. Jeon, L. Hutin, R. Jevtic *et al.*, "Multi-input relay design for more compact implementation of digital logic circuits." *IEEE Electron Device Letters*, **33**(2), 281–283 (2012).

[53] V. Pott, H. Kam, R. Nathanael, J. Jeon, E. Alon, & T.-J. K. Liu, "Mechanical computing redux: relays for integrated circuit applications." *Proceedings of the IEEE*, **98**(12), 2076–2094 (2010).

[54] W. Kwon, J. Jeon, L. Hutin, & T.-J. K. Liu, "Electromechanical diode cell for cross-point nonvolatile memory arrays." *IEEE Electron Device Letters*, **33**(2), 131–133 (2012).

[55] J. O. Lee, Y.-H. Song, M.-W. Kim *et al.*, "A sub-1-volt nanoelectromechanical switching device." *Nature Nanotechnology*, **8**, 36–40 (2013).

[56] L.-W. Hung & C. T.-C. Nguyen, "Silicide-based release of high aspect-ratio microstructures." In *Micro Electro Mechanical Systems (MEMS), 2010 IEEE 23rd International Conference on*, pp. 120–123 (2010).

[57] T.-J. K. Liu, J. Jeon, R. Nathanael, H. Kam, V. Pott, & E. Alon, "Prospects for MEM logic switch technology." In *Electron Devices Meeting (IEDM), 2011 IEEE International, Technical Digest*, pp. 424–427 (2010).

Part 4 | 第四部分

自 旋 器 件

纳米磁逻辑：从磁有序到磁计算

György Csaba，Gary H. Bernstein，Alexei Orlov，Michael T. Niemier，X. Sharon Hu，Wolfgang Porod

12.1 引言与动机

12.1.1 磁计算的定义

广义上，磁计算是使用磁信号（纳米磁体，域壁）来表示和处理信息的方法。如今，当"信息处理"和"电子"是同义词时，这个概念听起来很奇怪。然而，在 CMOS 逻辑器件问世之前，基于非电荷的计算机是信息处理的最佳备选——例如，巧妙的磁计算电路是由 R. J. Spain 发明的[1-3]。Cowburn[4]首先意识到，与大型多域磁体非常不同的纳米尺度单域磁体性能非常适合数字计算。

本章讨论磁计算的一种方法，即纳米磁逻辑（NML）[5,6]。在 NML 器件中，二元信息由单域纳米磁体的状态（磁化方向）表示，并且磁性表示的信息通过磁偶极-磁偶极相互作用来传播和处理。从电路架构的角度来看，NML 建立在"量子点细胞自动机"[7]的概念上，它们都共享了通过双稳态纳米系统代表二进制信号的观点，并通过场相互作用进行处理。因此，NML 以前被称为"磁性量子点细胞自动机"（QCA）或者场耦合的计算。

磁电子学（或自旋电子学）近年来引起了极大的关注，并且使用旋转自由度（除了电压，电流和电荷）作为信息载体能增强电子器件的功能性是很有趣的。然而，大多数提出的自旋电子器件仅使用自旋作为补充电子功能的附加变量。从使用磁化（自旋结构）作为信息的主要载体的意义上来说，NML 和密切相关的畴壁逻辑[8]是独一无二的。

12.1.2 定性描述

在这里我们给出一个简单的定性描述 NML 的基础。对于这个讨论，我们假设（1）纳米级磁体表现为理想的罗盘式器件⊖，并且，它们的磁化方向（矢量从北极指向南极）总是沿着它们较长的几何轴指向上或指向下；（2）磁化方向根据使磁体之间的相互作用能量

⊖ 我们使用"罗盘"一词作为旋转磁矩的简单说明。当磁体切换时，它们的旋转转到不同的方向，没有任何实际的机械旋转。

最小化的方式来确定。这意味着在北极附近主要是有南极，反之亦然。

独立纳米磁体的磁化方向直接代表单个单位的二进制信息，如图 12.1a 所示。一对耦合的纳米磁体可以具有反铁磁耦合状态或铁磁耦合状态（见图 12.1a），这取决于它们的相对位置。可以把反铁磁耦合对看作初级的反相器，左磁体是输入，右磁体是门的输出。

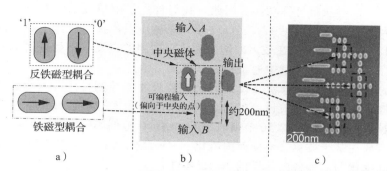

图 12.1　a）在 NML 中，信息通过铁磁和反铁磁相互作用传播。竞争性相互作用的结果可能导致多数逻辑门功能-b）的多数逻辑门包含铁磁和反铁磁耦合对[9]。多数逻辑门可以建立复杂的逻辑电路，如 c）全加器[10]。虚线表示构成加法器的三个多数逻辑门

逻辑门由初级的铁磁/反铁磁耦合单位构成。相对于其所有近邻体，与三个近邻体相互作用的纳米磁体（例如在图 12.1b 中表示为中心磁体的那个）不能总是处于最低能量状态。但是，相对于其输入的大多数，它可以通过变成基态来最大限度地减小能量。这种磁体的排列实现了多数逻辑门功能[7]，这是一个通用逻辑门，原则上可以用于实现任何复杂的逻辑映射。图 12.1c 给出了这种更复杂的磁路的一个例子，展示了完全依赖磁序的 1 位全加器。这些数字显示了如何设计基本的相互作用来执行复杂的功能。我们将在 12.4 节详细描述这些结构。

12.1.3　使用 NML 的优势与挑战

功耗过大是微电子等比例缩放面临最重要的障碍[11]。大部分损耗来自流经深度缩放的 MOS 晶体管的漏电流。NML 通过磁性排序进行计算，一旦排序过程发生，则不需要流过电流。这种没有任何静态功耗是其主要优点。动态功耗也可能非常低；已经表明，纳米磁体的开关功耗接近计算的理论最低限度[12]。

磁体本身很适合信息存储。如果正确设计，NML 电路可以无限期地保持其计算状态。这种非易失性逻辑具有特殊的优点，允许存储器和逻辑功能紧密集成，以及从无动力状态的瞬间启动。纳米磁体以稳定的方式存储信息：它们对辐射损伤完全不敏感[13]，可以几乎无限次地开关而不衰减[14]。

在缺点上，磁开关的速度本质上受到铁磁共振频率的限制，而且磁开关通常发生在纳秒时间尺度。这将 NML 电路的工作频率限制在千兆赫兹以下。

我们稍后将详细指出，NML 器件需要片上磁场来工作。NML 器件的实用性最终取决于这些磁场能否有效产生。

12.1.4　本章提纲

回顾的目的是表明，从诸如单域粒子的切换，及其通过偶极场的相互作用的基本的磁性行为开始，人们可以实现复杂的工程结构，其中可能数百万相互作用的纳米磁体以完全受控的方式排序，同时执行计算功能。因此，我们首先了解单域纳米磁体的切换和域属性（见 12.2 节）及其相互作用（见 12.3 节）。有了这些知识，我们设计了简单的逻辑门（见 12.4 节）。在 12.5 节中指出，在较大的纳米磁体阵列中的自发（不受控的）排序将总是导致错误的排序，在物理学文献中通常称为"阻挫"。

更大规模的电路必须有一个精心设计的时钟装置才能控制排序并避免这样的错误——12.6 节描述的时钟方法。12.7 节讨论了建立完整系统的输入、输出和组件。我们在 12.9 节介绍更复杂的器件的案例，而 12.10 节则演示了电路设计范例如何应用于 NML。

本章将重点放在基于坡莫合金的面内磁化 NML 器件。唯一的例外将是 12.8 节，其中将讨论具有空间变化的面外各向异性的 NML 器件。

本回顾是为不熟悉磁术语的读者撰写的。我们试图用更易懂的语言来描述更高级的话题。如果更有兴趣，读者可参考广泛的参考文献。NML 磁性系统的制造不是本次评论的主题，但感兴趣的读者将在引用的实验论文中找到有关该主题的大量信息。有一些关于 NML 的评论文章（参见文献[15]、[16]）。在本书中我们提出一些最新的结果，并更多地关注与器件相关的挑战，系统集成则讲得更少，因为在其他综述（如文献[17]）中已经有这些内容。

12.2　作为二进制开关单元的单域纳米磁体

为了利用纳米级磁体作为二进制开关元件，我们需要为磁体的两个不同的磁化方向分配逻辑"1"或"0"。后面将会详细陈述，可以实现细长且足够小的纳米磁体。

磁性材料的域尺寸通常位于 $100\text{nm} < l_{domain} < 1\mu\text{m}$ 范围。因此，如果将磁体的物理尺寸减小到（甚至更小）这个范围内，则在磁体内部将只有一个域合适，而一个磁化粒子可以用单个矢量来表征，$m(|m|=1)$。○ 这个矢量指向最小化纳米磁体的自由能的方向。对于独立的各向同性磁性粒子（如由坡莫合金制成的一个粒子），自由能仅依赖于粒子形状。○ 图 12.2 显示了矩形纳米磁体的静磁能（退磁能）如何依赖于其磁化方向。○ 这里有两个沿着较长轴的等效基态，即磁体倾向于在该方向上指向"向上"或"向下"。该方向也称为纳米磁体的"易轴"。如果 m 沿着最短的轴指向，则退磁能量最高，称为"难轴"。可以看出，在两个基态之间（假设几单位的 $kT_{@T=300K} \leqslant 0.0259\text{eV}$）有一个能量势垒 $E_{barrier} \approx 7.8\text{eV} \approx 300kT_{@T=300K}$。处理信息所需的基本最低能量是 $E_{min} = \ln 2kT$，涉及几十/几百 kT 的能量势垒的工艺对热噪声具有长期稳定性。对于本章的其余部分，能量将以 kT 为单位，其中假设 $T=$

○　如果需要微磁学和域理论的优秀、彻底的处理方法，读者可参考文献[18]和[19]。
○　坡莫合金是一种镍-铁合金，具有可忽略的磁各向异性。坡莫合金纳米磁体的磁能不依赖于其磁化和结晶轴之间的角度。
○　对于各向同性的单域粒子，静磁只取决于磁化方向。

300K。为了比较，涉及亚微米 CMOS 门开关的能量尺度是 $E_{\text{diss}} \approx (10^4 \sim 10^6) \, kT$。

　　计算得出的图 12.2 假设颗粒保持均匀磁化、单域状态、磁能由基本磁静力学决定。这仅适用于足够小或具有较高长宽比的颗粒，其中分裂成多个域的能量成本将非常高。图 12.3 所示的量化了"足够小"意味着多小。纳米磁体最简单的域结构是漩涡状态，其中不均匀磁化（磁通闭合状态）以创造畴壁（即增加交换能）为代价降低静磁能。

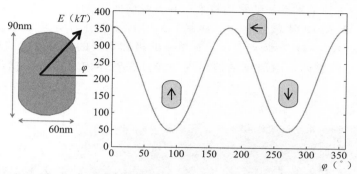

图 12.2　单域纳米磁体的能量形貌图。磁体倾向于指向上（$\varphi = 90°$）或向下（$\varphi = 270°$）——这导致了可表示 1 位信息的双稳态系统。两个（退化）基态由 $\Delta E = 300kT$ 能量势垒隔开，提供长期的稳定性。有关计算的详细信息，请参见文献[20]。y 轴上能量的单位为 $kT_{@T=300\text{K}} \approx 0.0259\text{eV}$

　　图 12.3 展示了 20nm 厚的坡莫合金颗粒的相图，即单域和漩涡状态之间的能量差异。像本综述中的大多数模拟结果一样，它是由广泛使用的 OOMMF 代码计算得来的[21]。㊀

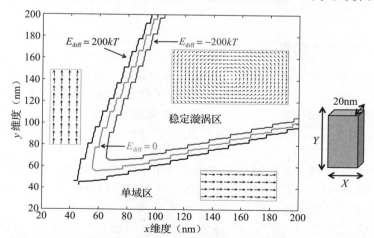

图 12.3　单域纳米磁体的单域/多域转换的相位图[20]，展示纳米磁体可以被视为理想开关的尺寸度。我们计算对应于单个域和漩涡状态的能量，并画出分离两相的轮廓线。单域结构是仅适用于极小（<50nm）或高长宽比纳米磁体的最低能量状态。

㊀　面向对象的微磁体框架（OOMMF）是一种广泛使用的公共域的微磁软件微磁程序，参见 http://math.nist.gov/oommf/。另见文献[21]。我们还使用由 R. Wiesendanger 小组开发的非零模拟器扩展：www.nanoscience.de/group_r/stm-spstm/projects/temperature/download.shtml。

　　根据图 12.3 所示的相图，不管形状如何，短于和窄于 50nm 的磁体都保持单域状态。较大的磁体只有在其长宽比足够高时才能保持单域。使用具有"极端"宽高比的磁体在 NML 中是不切实际的——尽管这些磁体具有简单的基态，它们表现出复杂的开关行为。我们在实验中使用的典型磁体尺寸为 60nm×90nm 和 100nm×200nm。

　　图 12.3 所示的理论计算相图适用于实验数据，如图 12.4 所示的磁力显微镜（MFM）数据。MFM 是用于评估磁系统的常用技术，并且我们使用 MFM 获得了 NML 电路上的大多数实验结果。MFM 映射样品上方的磁场：MFM 图像中的明点或暗点表示磁极。在图 12.4 所示图像中，一对亮/暗点表示具有单一北极和南极的均匀磁化的单域状态。对于较大或较小长宽比的磁体，内部域结构出现，并且在磁体内它沿着畴壁边界通过对比来表示。

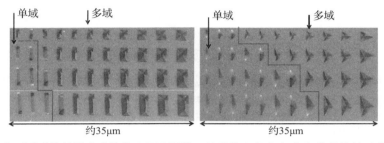

图 12.4　具有不同形状的纳米磁体的 MFM 图像。显示单个亮点和暗点的磁体处于单域状态，畴壁（磁体内的线）表示更复杂的多域结构。随着磁体尺寸的增长，从单域到多域状态的过渡是明显的[22]。图形左侧的短的和高纵横比的磁体保持单域状态，不管形状如何

12.3　耦合纳米磁体特性

　　为了量化两个单域纳米磁体的耦合强度，我们绘制（见图 12.5）存在反铁磁近邻耦合的情况下纳米磁体的能量形貌。从图 12.5 可以看出，纳米磁体现在具有独特的基态；也就是耦合系统优先以反平行方式对准。值得注意的是，耦合能量 ΔE 与来自形状各向异性的能量势垒高度 $E_{barrier}$ 相当，并且处于几百 kT 的状态。这表明人们应该看到强大的有序现象。

　　为了实验性量化磁耦合，我们在下面描述一个在非常规结构下测量磁滞曲线的实验。耦合纳米磁体的磁滞 $M_y(B_x)$ 为单域纳米磁体开关和耦合特性提供了深度洞察。

　　图 12.6a 给出了实验设置的草图，以及定义 x 和 y 方向。将水平磁体称为"驱动器"磁体，垂直取向的磁体称为"被驱动"磁体。沿着 x 轴施加外部磁场，x 轴是水平磁体的易轴，而垂直（被驱动）的轴则为难轴。驱动器和被驱动磁体之间有偶极耦合，用 B_{cpl} 表示。该耦合场在图 12.6a 所示的方案中向上作用。

　　如果外部场沿＋x 轴（或与之成一个小角度）施加，那么随着该场减小到零，B_{cpl} 场将向上转动被驱动磁体。双磁铁系统以 $B_x=0$ 的基态结束。图 12.6b 所示的黑色曲线显示了这种情况。然而，如果沿着一个角度施加外部场，那么被驱动的磁体就会有沿着它的易轴的两个场叠加。

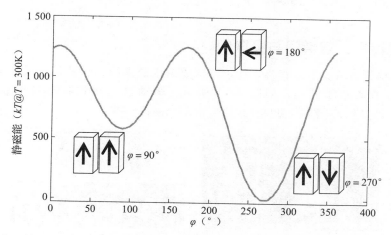

图 12.5 存在反铁磁近邻耦合的情况下，单能纳米磁体的能量形貌。x 轴是磁化角，y 轴是能量——左侧磁体被假定为固定在指向上的状态。耦合更倾向于反平行对准——两个（以前的简并）易轴状态之间存在 $600kT$ 的能量差。磁铁的尺寸为 $60\mathrm{nm} \times 90\mathrm{nm} \times 20\mathrm{nm}$，它们之间的间隙为 $20\mathrm{nm}$ 宽（基于文献[15]）。y 轴上的能量单位为 $kT_{@T=300K} \approx 0.0259\mathrm{eV}$

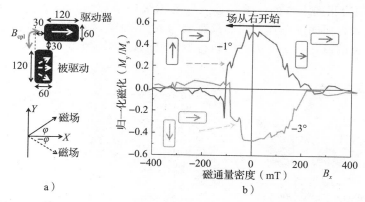

图 12.6 耦合纳米磁体对的实验表征，如文献[23]所述。a) 磁铁的几何形状。沿 x 轴或与其成一小角度施加磁场。垂直磁体对耦合场和外部场的小 B_y^{ext} 垂直分量的叠加做出响应。这些场相互之间竞争 b)；对于 $\varphi = -1°$，耦合获胜，对于 $\varphi = -3°$，外部场获胜。这些数据是通过使用振动样品磁强计（VSM）和包含数百万标称相同的纳米磁体对的样品来获得

对于 $\varphi < 0$（见图 12.6a 的底部），耦合场 B_{cpl} 将反向作用于外场的 y 分量，即 $B_y^{\mathrm{ext}} = |B|\sin\varphi$。是 B_{cpl} 还是 $B_y^{\mathrm{ext}} = |B|\sin\varphi$ 获胜，决定被驱动点最终指向上还是向下。

图 12.6b 显示在 $\varphi = -3°$ 时磁体向下转动——事实证明这个角度其实是临界点。那么在 $\varphi \approx -3°$ 和 $|B_{\mathrm{ext}}| \approx 150\mathrm{mT}$ 外部场的垂直分量和耦合场大致相等：$B_{\mathrm{cpl}} = B_{\mathrm{ext}}$。这产生体积平均耦合场 $B_{\mathrm{cpl}} \approx 7\mathrm{mT}$。耦合能量可以从耦合场直接计算出来，得到 $\Delta E = 600kT$。这个势垒高于图 12.5 所示的那个，因为本实验中的磁体尺寸更大。

12.4　工程耦合：逻辑门与级联门

上述双磁体耦合方案可以直接扩展，以构成纳米磁体线，也就是通过静磁耦合传输信息的耦合单域纳米磁体的链，如图 12.7 所示。驱动器的磁化状态可以通过铁磁耦合（见图 12.7a）或反铁磁耦合（见图 12.7b）沿多个磁体传播。

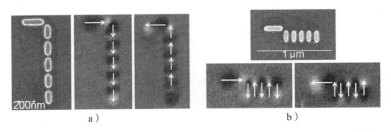

图 12.7　纳米磁体线的实验特性。a) 铁磁耦合和 b) 反铁磁耦合用于传播信息[24]。SEM 图像和
　　　　MFM 图像都做了展示。图片由 E. Varga 提供，另见文献[24]

NML 电路最重要的组成部分是磁性多数逻辑门，如图 12.8a 所示[9]。通过考虑图 12.8a 所示的被固定指向上方的"编程输入"可以最好地理解其功能。在这种情况下，中心点由于反铁磁耦合而向下偏置，因此只有当输入 A 和输入 B 都向上时，中心点才向上。输出反转了中心点的磁化状态，因此门执行 NAND(A，B) 操作。

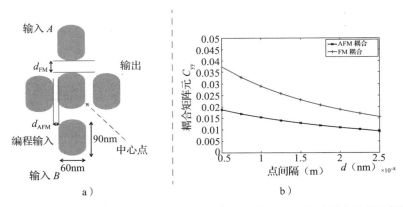

图 12.8　a) 具有输入和输出点的多数逻辑门。b) 逻辑门中铁磁和反铁磁耦合的强度[20]，其中的耦
　　　　合磁场归一化为坡莫合金的饱和磁化（$M_S = 8.6 \times 10^5$ A/m）。该图用于设计平衡多数逻辑
　　　　门，其中 $d_{AFM} > d_{FM}$，并且所有输入在确定中心点的状态时具有相等的权重

多数逻辑门的设计有很多细节要考虑。例如，中心点必须对其输入加权，即来自输入 A，B 和编程输入的耦合场应相同。由于反铁磁耦合比铁磁耦合弱，输入 A 和 B 必须放置得比编程控制输入更远。图 12.8b 显示了耦合场如何随距离变化而变化，可用于找到最佳距离。更复杂的设计也必须考虑磁体之间的寄生（非最近邻）作用[25]。

多数逻辑门首先由我们研究组在文献[9]中实验证明——验证其工作的 SEM 图像和

MFM 图像如图 12.9 所示。在这项论证中输入为"硬连接"：放置在不同位置的驱动器磁体给逻辑门提供不同的输入组合。

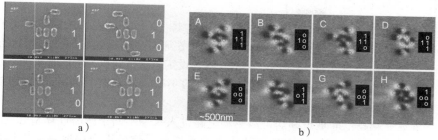

图 12.9 多数逻辑门运行的实验演示[9]。四个多数逻辑门设计的 a）SEM 图像和 b）MFM 图像，每个磁化方向相反

级联 NAND 门/多数逻辑门可以使能任何布尔（Boolean）映射。还需要辅助结构（如扇出[26]），这也已经证明。正确设计的结构显示出非常稳健的排序。作为示例，图 12.10 展示了 1 位全加器的实验实现。

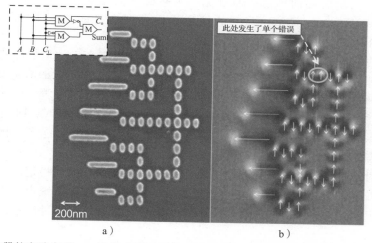

图 12.10 全加器的实验实现——迄今为止最复杂的耦合点阵列[10]。加法器的 a）SEM 图像和 b）施加磁场以驱动其进入基态后的 MFM 图像。基于文献[27]，插图中显示了逻辑图。有序水平是值得期待但不完美的：在多数逻辑门输出端出现一个错误（见环绕区域）

图 12.10 所示的驱动器磁体比构成逻辑门的其余部分的磁体更细长。长宽比较高的磁体具有较高的翻转磁场，在电路的其余部分松弛到基态之前，驱动器的磁化就可以固定——这样对任意输入组合都可以测试 NML 电路的运行，而不需要制造电气输入。

在图 12.10 所示的逻辑门中，有序的程度非常高，但注意观察就可以看到，这个加法器不能正常工作。一个有序错误会发生在一个多数逻辑门的输出，如 MFM 图像中的一个圆圈所示。

实验证据（和基础物理学观点）表明，更大阵列的纳米磁体极不可能在其基态下完美有序。有序错误（通常称为阻挫）必然会发生。我们需要控制有序动力学，以消除这些错误。

12.5 磁有序中的错误

MFM 图像的分析表明，靠近强输入的点（例如，图 12.10 所示左侧的那些）几乎总是切换到它们的近邻贡献的基态。但距离输入更远的纳米磁铁通常会切换到看似随机的状态。这些磁体感觉不到很强的输入，它们的磁化由"随机"磁场设定。这些随机磁场的来源如下。⊖

（1）制造变化：由于形状的变化和易轴方向的不对准，磁体可能会经历内建的上/下偏置场，这可能会压制耦合。

（2）非最近邻耦合：非最近邻居可以驱动电路进入一个不同于所需计算基态的状态[25]。

（3）端部磁畴状态：可能发生与单域状态的小偏差，使磁耦合场取决于磁体的磁化史。

（4）温度波动：非零温度的影响表现为随机性（类似于白噪声）磁场，它会导致翻转磁场变化和切换到随机方向[29]。

注意，通过优化技术可以减小（1）的影响，而（2）的影响可通过恰当的设计减小。随着磁体尺寸收缩，（3）变得不那么重要。（4）是最根本的，因为它规定了耦合场应始终大于由热波动引起的场，从而避免不可接受的高错误率。图 12.11b 所示的是不同温度下 $100\text{nm}\times200\text{nm}\times20\text{nm}$ 尺寸的纳米磁体大型（数百万磁体）阵列的实验测量（VSM）磁滞曲线[30]。

这种形状的纳米磁体应该具有定义明确的翻转磁场和完全正方形的磁滞回线。磁滞曲线的斜率表示翻转磁场分布。比较测量和模拟结果，图 12.11a 所示的清楚地表明，形状变化和热效应对翻转磁场扩展的贡献是相等的。

图 12.11c 所示的是具有偏振分析的扫描电子显微镜（SEMPA）耦合纳米磁体的图像——这种技术的高分辨率和非侵入性质揭示了取决于磁切换史可能产生耦合和翻转磁场的端部磁畴状态——这些为上述机制给出了实例。

我们之前讨论过，较大的耦合能量（通常超过 100kT）应保证稳定的有序。然而，耦合的 n 磁体系统的温度稳定性标准是一个更复杂的问题。n 磁体系统由至少 n 维能量形貌来表征；这个形貌有许多可能的过渡路径。温度波动可能通过这些过渡状态的路径将磁体系统切换到错误状态。

为了充分表征一对耦合的单域纳米磁体的能量学，可以构建二维能量表面（如图 12.12 所示的那样）。独立变量是磁体的 φ_1、φ_2 磁化角。如果纳米磁体具有高长宽比，并且不是非常接近（见图 12.12a），则在各种稳定状态之间存在足够高的势垒；然而，对于其他几何形状（见图 12.12b），如果两个磁体通过 $\varphi_1=\varphi_2$ 的铁磁耦合状态同时切换，则在基态和亚稳态之间会打开一条通路。这由图上的←←符号表示。如果在 $E_{\text{barrier}}=40kT$ 高度以下的能量形貌中存在一条路径，则长期稳定性将存在问题；如果 E_{barrier} 落在了约 10kT 范围内，则根本观察不到磁序。

⊖ 从物理学的角度来看，图 12.7 的纳米磁体线类似于 Ising 链——一种物理学中良好建模的模型系统，已知在非零温度下的有序具有错误。很早就有人认识到，这种有序错误是 NML 器件运行的主要障碍[28]。

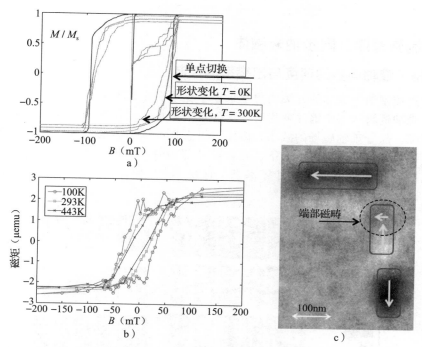

图 12.11 纳米磁体可变性的实验特性。a）模拟显示温度波动和制造变化如何服从于翻转磁场分布[30]。"理想"纳米磁体的磁滞回线是方形的。b）文献[30]的实验数据证实了这一点。c）切换后纳米磁体的 SEMPA 图像[30]。缺少清晰的磁极表明了中间磁体的端部磁畴结构

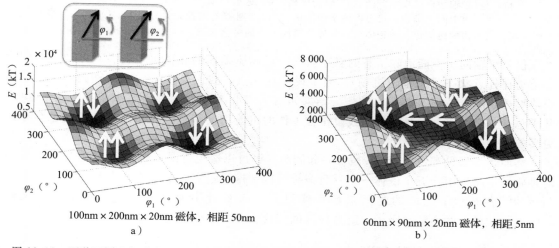

图 12.12 两种不同几何形状的双磁体系统的能量形貌。根据长宽比和耦合强度，在基态和亚稳态之间可能存在不同的转换途径。a）中，在能量形貌的中心有一个势垒，而在 b）过渡状态（表示为 ←）变得可用。y 轴上的能量单位为 $kT_{@T=300K} \approx 0.0259\mathrm{eV}$

12.6　控制磁有序：同步纳米磁体

12.6.1　基于难轴同步的速度与出错率的控制

可以通过控制纳米磁体的开关动力学来最小化或完全消除错误。首先将纳米磁体切换到"中性"难轴逻辑状态来消除亚稳态，这种难轴磁场可以用来实现这种控制。随后难轴磁场逐渐消除。随着难轴磁场的减小，磁体可以选择上或下方向的易轴状态。沿着易轴的小耦合场可以使磁化倾斜向上或向下。在去除外部场时，靠近驱动器的点会启动排序，随后所有较远的磁体都将松弛到其计算基态。这是 NML 广泛研究的"难轴同步"方案[31]（见图 12.13）。

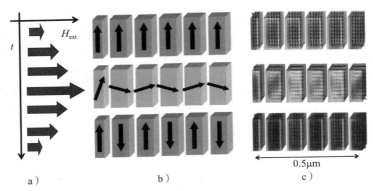

图 12.13　难轴切换过程示意图。a）磁场序列。b）这里用动画表示，先增后减的难轴磁场经由中间（难轴）状态将纳米磁体从"全上"亚稳态转换为计算（上/下）状态。最左边的磁体比其他磁体窄，并保持其向上指的磁化状态。c）OOMMF 仿真结果[31]

仅靠难轴同步不能消除所有的有序错误。远离驱动器的磁体可能会在有序"波"到达之前选择任意状态（由于随机场）。为了说明这一点，我们模拟了一个难轴同步场景，假设热噪声是随机磁场的唯一来源[32]。结果如图 12.14a 所示：短线段（少于五个纳米磁体）几乎总是正常工作，但是更长的线段正常工作的可能性会降低。更快的切换时间也会导致更多的错误。

然而，如果只有短的 NML 段被一起同步，则可以避免错误。如图 12.14b 所示，其中时钟磁场一次应用于五个磁体——一旦该导线段被排序，下一个块的同步开始。图 12.14b 所示的图表显示了磁体的时间依赖切换过程，m_y 磁化分量上的"噪声"是根据文献 [20]、[32]模拟的实际热噪声。五磁体区的切换在 $T=10ns$ 内进行。

12.6.2　NML 同步的热力学

为了了解 NML 系统的功率流，研究难轴同步过程对能量形貌的影响是有启发性的，如图 12.15 所示。难轴磁场平坦化两个易轴状态之间的势垒——在该状态下，来自相邻磁体的非常小的磁场（也就是在磁信号中传播的小"弯结"能量）足以将磁体转换到向上或向下状态。当磁场释放（两个状态之间的势垒回升）时，磁体的逻辑状态稳定。

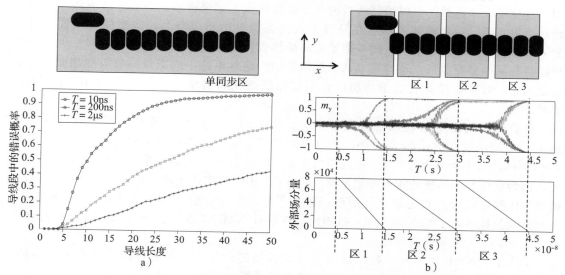

图 12.14 a) 错误概率是导线长度的函数。如果长链的磁体被放置在单个时钟区域（如 a) 所示)），则热诱导错误率变为高得不可接受。如果时钟速度较慢（对于较大的 T），错误率会降低一些。b) 通过将纳米磁体导线分成更短的同步区，消除了误差[20]

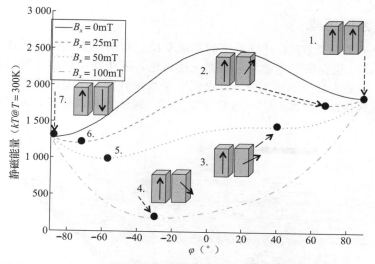

图 12.15 能量形貌上的纳米磁体的难轴同步。最初，磁体处于亚稳态（阶段 1，$\varphi = 90°$）。沿着 x 轴方向（B_x）的磁场平坦化了那个分离两易轴状态（阶段 2 和阶段 3）的势垒。一旦势垒完全消失，磁化向下翻转（阶段 4）。当磁场被去除并且势垒重新出现时，磁化稳定到其基态（阶段 5~7：$\varphi = -90°$）。$B_x = 0$ 曲线与图 12.12 所示的曲线的对应部分相同，除了任意的恒定能量项

在这个过程中，与外部磁场有很大的能量交换——这是操纵能量势垒所必需的。然而，这种场并未消散，可以通过适当的驱动电路回收。如果磁场由载流导线或线圈（即电感）产生，则与纳米磁体的耦合在导线上表现为额外的感应负载。当磁体被偏置于高能量，难轴偏置状态时，能量从同步装置流向磁体。当磁体排序到它们的基态时，大部分这种能量将从电感器流回。这与在（基于晶体管的）绝热电路中的能量回收有些相似。还很清楚的是，时钟信号具有双重功能：它不仅控制磁化动力学，而且还为 NML 计算提供电源。

计算磁体电路中的功耗将有两个来源。如果同步过程快速进行（即允许磁体在状态 1~7 之间快速滑动），大部分静磁能（在难轴状态下）将被转化为热量。实际上，如果 $T \approx 100\mathrm{ns}$，这个能量会在几个 kT 范围内下降[12,33]。此外，磁信号中的一些能量必须要损失，因为在信号中传播的能量必须足够高于 kT，从而脱离热噪声。然而，这些考虑表明，纳米磁体将耗散接近热力学允许的最低限度[34-36]。即使它们被同步得非常快（$T \approx 1\mathrm{ns}$），每次转换的耗散在 $100kT(2.5\mathrm{eV})$ 范围内。在估计 NML 系统中的净耗散量时，我们将参考 $E_{\mathrm{base}} = 100kT$ 能量作为基准。

实际上，NML 中绝大多数的耗散来自时钟场的产生。如果通过裸导线产生同步场，则由于焦耳加热引起的净功耗将比 E_{base} 大几个数量级。

12.7 NML 计算系统

12.7.1 NML 系统组成

图 12.16 给出了一个 NML 计算系统的高级草图。难轴同步磁场由磁体下运行的导线产生。它们为 NML 块提供了本地场。根据上述讨论，同步线可以驱动特定信号路径中的几个纳米磁体，但是大量的非连续块可以由同一条线来计同步。草图中未给出产生时钟信号的电路——认为这是"标准"CMOS 脉冲发生器。同步线可以很长，并且驱动几个平行的磁通路。

图 12.16 NML 系统的高级草图表明其主要组成部分。输入和输出施加在边缘，并且信息在阵列内以完全磁性的方式处理[37]

输入和输出位于结构的边缘，为有序提供"边界条件"。我们假设输入和输出之间有几个 NML 门，系统性能由 NML 系统的内部来决定，而不是 I/O 结构。图 12.16 所示的

NML 块的实际尺寸取决于要执行的计算任务。由于 NML 信号的交叉是有问题的，版图布局应该考虑几个约束。此外，磁信号在纳米磁体线上的传播比电子信号的传播慢几个数量级。具有许多长距离互连的不规则电路布局应分为多个电互连块。

12.7.2　同步装置的同步结构与功耗

在实践中，磁场必须通过片上导线产生，这浪费了大量的电力。导线中焦耳热消耗的热量比磁体多一个数量级[38]。被铁磁包覆层包围的导线使得磁场产生更有效[39]。

减少电阻损耗的一个明显策略是减小所需的 B_{clock} 同步场的大小——将 B_{clock} 减小 h，则所需的电流减小 h，耗散减小 h^2。可以通过降低纳米磁体的长宽比或者增加其尺寸来减小 B_{clock}。优化的空间很小：根据图 12.3，增加的纳米磁体尺寸将导致不希望得到的多畴状态，并且小的长宽比或强耦合将导致热稳定性问题（根据图 12.12）。考虑到对设计空间的这些约束，难轴同步场的下限在 $5\mathrm{mT}<B_{clock}<10\mathrm{mT}$ 范围内。

使用裸导线产生磁场的同步装置中的电阻损耗比 E_{base} 基线损耗大五个数量级。在导线周围有包层（磁轭），这将使得每次切换磁场的开销降低到 $E_{baseline}$。图 12.17 给出了这种 NML 系统的示意图。

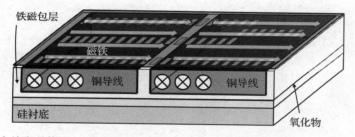

图 12.17　由纳米磁体下方的共轭导线同步的 NML 系统示意图[39]

使用增强的导电介质（EPD）可以进一步降低功耗。EPD 是嵌入非磁性矩阵中的顺磁性粒子的聚集体。它们将磁场线集中在片上纳米磁体周围，并被展示用来提高 MRAM 器件的功率效率[40]。在 NML 中，它们已证明允许同步场降低 $3/4$，并每次切换提高 $10^3 E_{baseline}$ 附近的净功率效率。这在性能上已经比先进的低功耗 CMOS 更好。

12.7.3　NML 同步的新方法

同步是 NML 电路的薄弱环节，因为同步装置占据了 NML 布局的大部分复杂性，并且占据了绝大多数功耗。本节讨论了学术界中旨在减少同步开销的几项建议。

畴壁同步背后的思想是使用传播畴壁的漏磁场来提供同步场。畴壁可以由弱的外部场传播，但它们会产生强大的本地场——恰好是 NML 时钟所需场的类型[42,43]。图 12.18a 所示的模拟表明了从畴壁发出的磁场分布——该场非常强（在壁旁边为 $B \approx 300\mathrm{mT}$）并且非常局域化。实验结果（见图 12.18b）表明传播壁确实可以翻转相邻的纳米磁体。

磁场的电场控制是一个新的深入研究的领域，有望在不需要电流的情况下切换纳米磁体。可能性包括多铁性材料[44]、压电叠层[45,46]或磁各向异性的电场控制[47]。

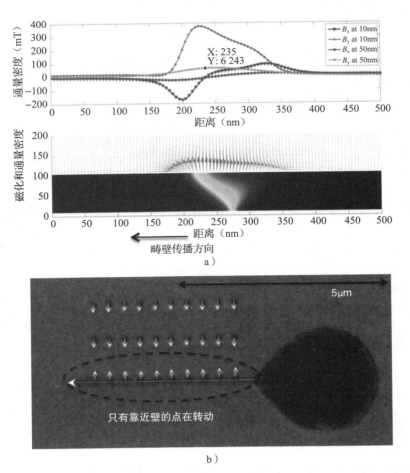

图 12.18   畴壁辅助的纳米磁体切换的模拟场分布与实验演示[43]。a) 传播的横向畴壁的磁场分布，它（在小体积中）明显超过纳米磁体的切换场。b) 与畴壁导体相邻的纳米磁体的 MFM 图像。靠近畴壁的磁铁（也只有那些）可以被切换[43]

还有相关研究论证过，如果没有任何外部场，热激活的切换可以驱动小的 NML 电路进入基态[48]，引起了对 NML 中的 Brownian 计算机的猜测。

12.7.4   输入与输出

实际上，NML 电路将嵌入在 CMOS 系统中，并且需要磁电接口（MEI），从而可与周围电路进行通信。到目前为止，大多数 NML 论证仅关注磁性部分的研究。

输入由具有与其他 NML 电路不同的切换场的磁体来模拟。在一些著作中，使用电流环或导线来设置 NML 电路的输入点[49,50]。输出主要通过 MFM 或光学方法测试。电气输出基于反常霍尔（Hall）效应（EHE）[51,52] 或霍尔效应[53]——这些输出结构非常适合在实验室中表征，但在电路环境中不切实际。

磁性随机存取存储器（MRAM）和自旋磁电矩 RAM(STTRAM)[54] 都使用磁性多层结构来感测纳米磁体的磁化。它们正在成为主流技术，将这些技术应用于 NML 的 MEI 则非常简单。STT 器件的一个吸引人的特征是输入和输出可使用基本相同的物理结构：基于 STT 的多层膜可以切换输入磁体，并通过磁性隧道结（MTJ）中基于自旋的遂穿进行感测。

已经提出了一些设计[55,56]，并且有实验耦合纳米磁体与读出结构集成的论证[57,58]。然而，目前还没有对具有基于 STT 的输入和输出的 NML 门的功能实验论证。有一些设计权衡必须考虑[59]。例如，STT 输入对于薄的 $d \approx 3nm$ 厚的自由层工作良好，而 NML 电路中的典型纳米磁体位于 $d \approx 10 \sim 20nm$ 厚的范围，这使耦合最大化。应该非常精确地补偿多层结构，以避免任何残留的漏磁场。源于固定层的漏磁场，或者由橙皮耦合效应和交换偏置效应等带来的影响很容易覆盖相邻 NML 输出的耦合场。

无论为 MEI 选择哪种技术，都将增加能耗，并将使制造复杂化。磁性多层膜、隧道氧化物和交换偏置层通常需要比制造单个（或少数）磁性层更复杂的技术，并且电信号必须布置在磁体的顶部/下方。

12.8　垂直磁介质中的纳米磁体逻辑

12.8.1　具有垂直各向异性的磁性多层膜的特性

在迄今为止所有的 NML 器件中，纳米磁体的双稳态行为源于形状各向异性。这导致了面内易轴，这限制了电路布局。用面外磁化方向来代表信息将减小这些约束，并允许 NML 门在芯片表面上更自由地排列。采用面外（垂直）各向异性的 NML 的变体，称为 pNML，由德国慕尼黑工业大学的一个小组率先开创[59]。

可以通过磁性多层膜（例如在交替的钴/铂或钴/镍层的堆叠中）实现面外的磁化易轴。具有垂直各向异性的典型层构成是 $Pt_{5nm} 5 \times [Co_{0.3nm} + Pt_{0.8nm}] Pt_{4.5nm}$。钴层必须有几个原子层厚，或者形状各向异性会主导界面的面外各向异性。这个薄膜可以整体很厚，由多达 40 个双层组成[59]。取决于层的组成/厚度，纳米磁体可能停留最大尺寸达到微米的单畴[60]，畴结构对单畴点的形状相当不敏感。

垂直磁化多层膜的切换性质不同于坡莫合金纳米磁体，并且能够构建具有更高功能性的逻辑门。磁性多层膜通常通过畴壁成核和传播来切换：磁化在膜的某个点（成核中心）开始转动，反转穿过磁体传播。多层膜（或由其制成的点）的切换性质由磁各向异性的空间分布来支配：低各向异性区域将是成核位置（其中切换很容易开始），高各向异性区域作为钉扎位置，这可能阻止壁传播。

可以有意地改变磁各向异性：聚焦离子束（FIB）照射可以局部改变多层结构并产生人造成核中心（ANC）。换句话说，可以定义切换到什么时候开始。通过工程设计 ANC 的位置可以控制基于多层膜的纳米磁体的切换和耦合行为[61,62]。

为了研究 ANC 可以如何用来设计切换，我们制造了三磁体结构，如图 12.19a 的 AFM 图像所示。在中间磁体（T）的左侧创建了一个 ANC。左右磁体（分别表示为 D1 和

D2）没有 ANC。用磁光克尔（Kerr）效应显微镜（MOKE）对磁体进行光学探测，以获得各个点的磁滞回线。这些磁滞回线的一个例子如图 12.19b 所示。D1 和 D2 的切换场由它们的层次构成决定——由于生长膜的不均匀性，而且由于蚀刻工艺引入的粗糙边缘，它们显著不同。磁体"T"的切换场可以通过 ANC FIB 剂量进行精确调谐，并且是三个磁体中最低的[63]。

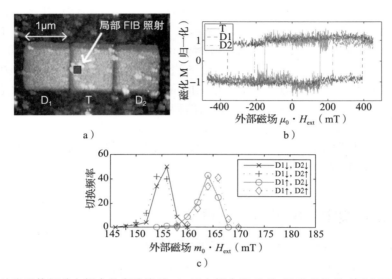

图 12.19　纳米磁体间单向耦合的实验演示 a）三个耦合的 CoPt 纳米磁体的 AFM 图像，中间一个（T）在左侧被照射。b）每个磁体上的磁滞回线的 MOKE 测量-只有 T 将在小磁场切换。c）相邻磁体的各种状态下，磁体 T 的切换磁场分布。T 的切换磁场只取决于其左近邻磁体（D1）的状态，而不是右侧（D2）。详见文献[63]

最重要的是，不仅是切换，耦合性能纳米磁体也可以通过 FIB 照射来控制。图 12.19c 所示的测量表示了对于 D1 和 D2 磁体所有可能磁化方向的 T 磁体的切换场。切换场的分布由温度波动[64] 和测量设置的不准确性引起。然而，可以清楚地看到，中心磁体仅对其左近邻（D1）的耦合场敏感，并且对其右近邻（D2）的场完全不敏感。这是因为 ANC 故意放置在 T 的左侧，正好在 D1 的漏磁场中，D2 的漏磁场可以忽略不计。可以利用成核位置的适当布局来（1）增强纳米磁体之间的有效耦合和（2）选择性地将磁体耦合到某些近邻磁体，并将它们从其他磁体中去耦合。在 NML 器件中，这可以用于定义信号传播的方向和点的输入和输出侧。

图 12.20b 展示了 pNML 反向多数逻辑门的实验。中心磁体有一个 ANC。这消除了坡莫合金 NML 门的输入/输出对称性。只有输入可以切换输出，从而防止信号从输出向输入反向传播。

12.8.2　同步

基于每个纳米磁体对其（左）紧邻敏感的事实，允许使用全局外部场的完全确定性的去磁（计时）方案。图 12.21a 描绘了 pNML 线从任意初始状态开始，在亚稳态由振荡场脉冲完全消除之后，最终达到其计算基态。我们把这个方案称为"易轴同步"。亚稳态总是向右走的事实消除了"徘徊"的错误状态（存在于基于坡莫合金的 NML[66]），并导致完全确定性的磁化动力学，甚至使用全局同步磁场。图 12.21b 显示了移动穿过同步的 pNML 导线的数据的磁光图像。实验结果验证了上述简单模型。

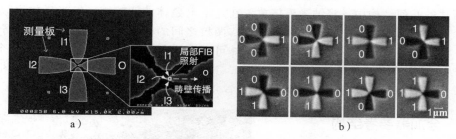

图 12.20　pNML 中的反向多数逻辑门。中心点中的 ANC 定义信号传播方向。a) 门的 SEM 显微照片。b) 显示所有输入组合正确运行的 MFM 图像。详见文献[65]

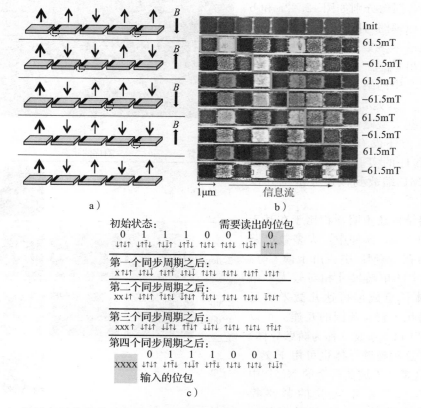

图 12.21　a) 利用空间均匀的磁场脉冲的同步 pNML。圆圈表示在下一个同步阶段消除的亚稳态[62]。b) 实验数据：白/黑色对应于上/下磁化[67]。c) 4 位序列可以使用 pNML 导线作为棘轮结构，存储和转移信息[62]

图 12.21a 和 b 所示为一个移位寄存器（棘轮）。通过从该移位寄存器形成一个环路，可以构建一个环形振荡器类器件[68]。这些移位寄存器也可用于非易失性存储。例如，位值可以由四磁体序列表示，该序列中亚稳态的存在或不存在表示存储的位值。这种 4 位序列的步进在图 12.21c 中有举例说明。

也许易轴同步最重要的优点是，它有利于用于产生磁场的高效几何形状。例如，在文献[69]所述的几何结构中，将纳米磁体放置在片上电磁体的间隙中。纳米磁体层以上和以下的两个高磁导率磁性层作为电磁体的极点。两极之间的间隙只有几十纳米宽，导线间隔几微米。初步的有限元计算表明，这种电磁体可以在几次 10MHz 的频率下产生几个 10mT 的磁场[69]。同步的能量开销约为 $10 \times E_{baseline}$，意味着 pNML 系统与预测的路线图极限相比，也就是与低功耗 CMOS 等效性相比，节省几个数量级的功耗。

12.8.3　全加器参考结构

正如面内 NML 的情况，使用全加器来对更复杂的电路进行基准测试[70]。结构和 MFM 图像分别如图 12.22a 和 b 所示。电路原理图与图 12.10 所示的相同，并且由三个多数逻辑门产生和、S 以及进位输出 C_{out} 信号。

图 12.22 中的纳米磁体尺寸是微米数量级的——这是出于实验的方便考虑，因为这些大型磁体可以直接进行光学探测。目前还没有具有小于 100nm 的 pNML 器件的实验数据，但是模拟表明将 pNML 缩放到该尺寸范围并没有什么障碍[62]。

全加器结构还说明，相比于在基于坡莫合金的 NML 器件中，大多数电路更容易布局在 pNML 中。由于薄 CoPt 或 CoNi 膜中的单畴尺寸相对较大，所以通常磁体任意成形可达几微米的尺寸，从而简化了较长范围的互连。可以使用细长的 CoPt 条纹（称为畴壁导体）作为互连。这种畴壁导体也可用于交叉信号[71]，这是基于坡莫合金的 NML 中的挑战。有一些基于实验的紧凑模型[72]，它们有助于 pNML 设计和估计结果电路的鲁棒性。

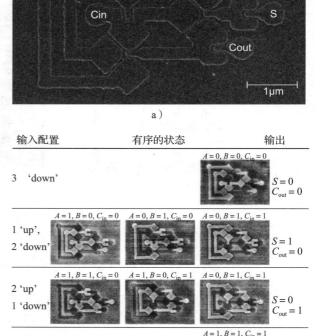

图 12.22　由 Co/Pt 多层膜[70]实现的 1 位全加器。各种输入组合的 a)SEM 图像。b)MFM 图像

12.9 两个关于电路的案例研究

为了说明与更复杂的 NML 电路相关的一些挑战，下面给出两个例子。

第一个设计考虑基于坡莫合金的全加器电路。图 12.10 所示的设计由长的反铁磁耦合的纳米磁体导线组成，易于出现错误，所以需要分成多个同步区，以便正常工作。

我们简化了图 12.10 所示的电路设计，这样它可在单个同步区工作。

倾斜状磁体[73]的作用就像翘曲的纳米磁体[74]，即使沿它们的几何短轴施加同步场，它们也会转换成明确的向上或向下的状态。

多数逻辑门的偏置点可以被倾斜状磁体代替[75]，大大减少了某些功能所需的磁体数量。进位与总和位的生成可以分为两个单独的电路部分，从而消除较长的互连。已经验证，图 12.23 所示的设计对所有输入组合都能正确运行。更复杂的基于坡莫合金的 NML 电路几乎肯定需要 12.6 节所述的集成同步装置。

第二个例子是基于 pNML 的例子，只存在于模拟中。我们早期指出，NML 器件最适合于需要深度流水线的电路，并且不需要远程互连。脉动电路是这种电路

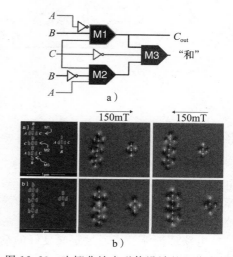

图 12.23 由翘曲纳米磁体设计的 1 位全加器。通过使用倾斜状磁体，并假设可以在多个位置施加输入，电路布局大大简化。a) 电路原理图。b) 两个不同硬接线输入组合的门的测试（输入 B 已更改）。有关详细信息，请参见文献[75]。

的完美例子，我们选择脉动模式匹配电路作为使用 pNML 技术构建的大规模电路的一个例子。

n 位脉动模式匹配器的目的是识别连续的二进制信息流中的 n 位长数据序列。它可以由 n 个相同的最邻近的互连电路块构建，如图 12.24 所示。电路板设计很具挑战性；它需要将输入和输出放置在电路的正确位置（从而使得电路是扩展的），并且需要满足要求的时序约束（详见文献[76]）。然而，一旦该电路块被设计和验证，则可以通过简单地重复该电路块将任意大的（也就是对于任何 n）模式匹配电路进行组合。此设计中并没有出现输入/输出和远距离信号布线约束，而是最大限度地利用 NML 电路的优点，如非易失性、无开销流水线、无时钟信号布线问题、低功耗和大规模并行性等。

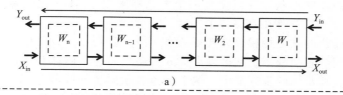

图 12.24 pNML 脉动模式匹配电路的设计[76]。a) 电路模块框图——每个模块负责匹配输入流中模式的一位。b) 电路块的电路级原理图和 c) 其 pNML 实现

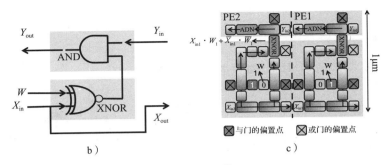

图 12.24   （续）

12.10   NML 电路建模

在电子学中，有一个相对完善的"新的电子器件应满足的要求清单"，以便成为电子电路的有用标准模块。例如，器件应表现出功率增益，足够的非线性，并且抗噪性能可以预测。在本章节中，我们指出 NML 器件如何被视为电路，从而评估其作为复杂电路和系统的标准模块的使用价值。

电路理论涉及了通过定义良好的端口与其环境相互作用的"黑盒子"模型。这种用于纳米磁体的黑盒子模型已经被绘制在图 12.25a 中，其中展示了由导线（电流回路）产生的磁场控制的纳米磁体。在物理上，流过电线的电流会引起磁化动力学特性，从而产生了取决于时间的通量，这在导线上产生反电动势。导线和磁体之间的能量按照类似于电感器与其电路环境交换能量的方式进行交换。

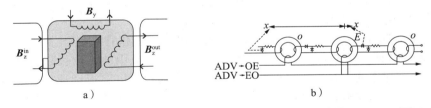

图 12.25   a) 通过磁场与其环境相互作用的纳米磁体的电路模型[74]。b) 早期[77]铁氧体
磁环时钟移位寄存器。从电路理论的角度来看，这种铁氧体环器件是基于一种
非常类似于 NML 的原理

纳米磁体的等效电路可以使用如文献[74]所详述的三个耦合、非线性电感器来构建。非线性取决于纳米磁体的形状，并且需要三个电感器来表示 M 磁化矢量的分量。对应于 B_x、B_y、B_z 磁场的三个端口作用在磁体上。

等效电路基于简化的微磁场模型（单畴近似[74]）。但是，与微磁模型不同，它有助于对信号路径中能量流的直接分析。它可以直接分析功率时钟、磁体和耗散环境之间的能量交换。还可以看出，在难轴同步方案中，纳米磁体表示同步导线的感应负载，并且泵浦到磁体中的大部分能量（至少在原理上）可以从时钟信号重新循环，就像发生在绝热电路中的那样。

我们发现与耦合纳米磁体的系统性质（如功率增益、耗散、噪声、非线性等）有关的许多问题可以归结为是否可能用非线性电感器构建有用电路的问题。有趣的是，在文献中有一个明确的答案。使用非线性电感的计算机存在[78-80]，独立的磁放大器也存在[81,82]，并且是基于电感器技术的有源电路元件组成的。图 12.25b 给出了这些基于电感的电路中的一个[77]。NML 器件使用基于磁场的互连来代替有线互连，但是使用了来自非线性、参数控制的电感器的经过验证的电路设计原理。该观察表明，未来的纳米电子器件（例如由纳米磁体实现的非线性电感）可能不会取代晶体管作为开关，而是作为电路元件同样发挥作用。

12.11　展望：NML 电路的未来

本章提供了一个纳米磁逻辑的概述，一种利用磁有序进行计算的计算架构。描述了如何使用基本磁现象（磁开关和磁偶极子相互作用）来设计功能上等同于微电子电路的复杂计算系统。

自 2000 年建立以来，作为极少数非常规电路技术之一，NML 已经达到了很先进的程度，其功能电路（远远超过基本的开关）已被证明。潜在的超低功耗和非易失性是 NML 成为未来电子电路的重要竞争者的最大原因。在大规模存储需要与一些逻辑功能（如集成数据存储/处理器件）结合的应用中，NML 脱颖而出，并行/流水线设计可以弥补单个器件的有限速度。对 NML 器件的研究也使我们非常看好基于非电荷的计算器件的广阔前景。

大多数当前的 NML 研究集中在有效的同步场生成，目的是论证完全 NML 计算系统的净超低功耗工作。在不需要多相时钟的 pNML 中，片上电磁体[69]和可能的纳米磁体三维布局可以将磁场产生的开销最小化。在基于坡莫合金（面内）的 NML 中，电压同步的各种方法都是有希望的途径。新材料系统，例如使用交换耦合以及偶极相互作用的多层膜[83]，可能会在 NML 研究中开辟新的途径。

在可预见的未来，NML 电路及其衍生物将争夺 CMOS 替代技术的称号，我们认为，对于某些特定应用空间，它们最终可能会赢得这个称号。

致谢

本章介绍的大部分实际工作是由 ND 纳米磁项目组的学生完成的：Alexandra Imre，Lili Ji，Edit Varga，Faisal Shah，M. Jafar Siddiq，M. Tanvir Alam，Steve Kurz，Shilialng(Shawn)Liu，Aaron Dingler，Peng Li，Himadri Dey 和 Katherine Butler。我们非常感谢 Arpad Csurgay 和 Joe Nahas 帮助我们解决与电路相关的问题。

我们与来自德国慕尼黑工业大学的团队紧密合作，他们将 pNML 开发出实验上成功的技术。12.8 节是基于他们的工作编写的。Markus Becherer 领导了实验组，我们感谢 Stephan Breitkreutz，Xueming Ju，Josef Kiermaier 和 Irina Eichwald 的成功工作，Doris Schmitt-Landsiedel 和 Paolo Lugli 也不断支持这项工作。

我们非常感谢与 Jeff Bokor 和 Sayeef Salahuddin(UCB)，Stuart Parkin(IBM Almaden) 和 Eugene Chen(三星) 的合作。

我们的赞助商的支持使这项工作从小型试点项目成长为更广泛的实验工作。我们非常感谢赞助支持"非易失性逻辑"国防高级研究计划署（DARPA），SRCNRI 中心纳米电子发现研究所（MIND），国家科学基金会（NSF），海军研究办公室（ONR）以及 WM Keck 基金会。

参考文献

[1] R. J. Spain, "Controlled domain tip propagation – part I." *Journal of Applied Physics*, **37**, 2572 (1966)

[2] R. J. Spain, "Controlled domain tip propagation – part II." *Journal of Applied Physics*, **37**, 2584 (1966)

[3] R. J. Spain, H. I. Jauvtis, & F. T. Duben, "DOT memory systems." In *Proceedings of the National Computer Conference and Exposition, May 6–10, 1974*, pp. 841–846 (1974).

[4] R. P. Cowburn & M. E. Welland, "Room temperature magnetic quantum cellular automata." *Science*, **287** (2000).

[5] G. Csaba, A. Imre, G. H. Bernstein, W. Porod, & V. Metlushko, "Nanocomputing by field-coupled nanomagnets." *IEEE Transactions on Nanotechnology*, **1**(4), 209–213 (2002).

[6] G. Csaba, W. Porod, & A. I. Csurgay, "A computing architecture composed of field-coupled single domain nanomagnets clocked by magnetic field." *International Journal of Circuit Theory and Applications*, **31**, 67–82 (2003).

[7] C. Lent, P. D. Tougaw, W. Porod, & G. H. Bernstein, "Quantum cellular automata." *Nanotechnology*, **4**(1), 49 (1993).

[8] D. A. Allwood, G. Xiong, C. C. Faulkner, D. Atkinson, D. Petit, & R. P. Cowburn, "Magnetic domain-wall logic." *Science*, **309**(5741), 1688–1692 (2005).

[9] A. Imre, G. Csaba, L. Ji, A. Orlov, G. H. Bernstein, & W. Porod, "Majority logic gate for magnetic quantum-dot cellular automata." *Science*, **311**(5758), 205–208 (2006).

[10] E. Varga, G. Csaba, G. H. Bernstein, & W. Porod. "Implementation of a nanomagnetic full adder circuit." In *Nanotechnology (IEEE-NANO), 2011 IEEE Conference on*, pp. 1244–1247 (2011).

[11] See the "Emerging Research Devices" section of the International Technology Roadmap for Semiconductors, www.itrs.net/.

[12] G. Csaba, P. Lugli, A. Csurgay, & W. Porod, "Simulation of power gain and dissipation in field-coupled nanomagnets." *Journal of Computational Electronics*, **4**(1–2), 105 (2005).

[13] M. Key, "Material and quantum cellular magnetic automata radiation effects characterization report/test plan." Internal report, 2010, Naval Surface Warfare Center, Crane, IN.

[14] J. Akerman, P. Brown, M. DeHerrera *et al.*, "Demonstrated reliability of 4-mb MRAM." *IEEE Transactions on Device and Materials Reliability*, **4**(3), 428–435 (2004).

[15] A. Orlov, A. Imre, G. Csaba, L. Ji, W. Porod, & G. H. Bernstein, "Magnetic quantum-dot cellular automata: recent developments and prospects." *Journal of Nanoelectronics and Optoelectronics*, **3**(1), 55–68 (2008).

[16] G. H. Bernstein, A. Imre, V. Metlushko *et al.*, "Magnetic QCA systems." *Microelectronics Journal*, **36**(7), 619–624 (2005).

[17] M. T. Niemier, G. H. Bernstein, G. Csaba *et al.*, "Nanomagnet logic: progress toward system-level integration." *Journal of Physics: Condensed Matter*, **23**(49), 493202 (2011).

[18] A. Hubert & R. Schaefer, *Magnetic Domains: The Analysis of Magnetic Microstructures*, corrected edition (New York: Springer, 2008).

[19] A. Aharoni, *Introduction to the Theory of Ferromagnetism*, 2nd edn (New York: Oxford University Press, 2001).

[20] G. Csaba, M. Becherer, & W. Porod. "Development of CAD tools for nanomagnetic logic devices." *International Journal of Circuit Theory and Applications* (2012).

[21] M. J. Donahue and D. G. Porter, OOMMF User's Guide, Version 1.0, Interagency Report NISTIR 6376, National Institute of Standards and Technology, Gaithersburg, MD (1999).

[22] A. Imre, *Experimental study of nanomagnets for magnetic quantum- dot cellular automata (MQCA) logic applications*, PhD thesis, University of Notre Dame (2005).

[23] P. Li, G. Csaba, V. K. Sankar, X. Ju *et al.*, "Direct measurement of magnetic coupling between nanomagnets for nanomagnetic logic applications." *IEEE Transactions on Magnetics*, **48**(11), 4402–4405 (2012).

[24] E. Varga, G. Csaba, G. H. Bernstein, & W. Porod, "Implementation of a nanomagnetic full adder circuit." In *Nanoelectronic Device Applications Handbook*, eds. J. E. Morris & K. Iniewski (Boca Raton, FL: CRC Press), pp. 765–779.

[25] S. Liu, G. Csaba, X. S. Hu *et al.*, "Minimum-energy state guided physical design for nanomagnet logic." In *Proceedings of the 50th Annual Design Automation Conference*, p. 106 (2013).

[26] E. Varga, A. Orlov, M. T. Niemier, X. S. Hu, G. H. Bernstein, & W. Porod, "Experimental demonstration of fanout for nanomagnetic logic.", *IEEE Transactions on Nanotechnology*, **9**(6), 668–670 (2010).

[27] Wei, Wang, K. Walus, & G. A. Jullien, "Quantum-dot cellular automata adders." In *Nanotechnology, 2003. IEEE-NANO 2003. 2003 Third IEEE Conference on*, vol. **1**, pp. 461–464 (2003).

[28] R. P. Cowburn, "Probing antiferromagnetic coupling between nanomagnets." *Physical Review B*, **65**(9), 9 (2002).

[29] D. Carlton, B, Lambson, A. Scholl *et al.*, "Investigation of defects and errors in nanomagnetic logic circuits." *IEEE Transactions on Nanotechnology*, **11**(4), 760–762 (2012).

[30] P. Li, G. Csaba, V. K. Sankar *et al.*, "Switching behavior of lithographically fabricated nanomagnets for logic applications." *Journal of Applied Physics*, **111**(7), 07B911–07B911 (2012).

[31] G. Csaba & W. Porod, "Simulation of field coupled computing architectures based on magnetic dot arrays." *Journal of Computational Electronics*, **1**(1–2), 87–89 (2002).

[32] G. Csaba & W. Porod, "Behavior of nanomagnet logic in the presence of thermal noise. In *Proceedings of the 14th International Workshop on Computational Electronics (IEEE-IWCE)*, pp. 26–29 (2010).

[33] G. Csaba, P. Lugli, & W. Porod, "Power dissipation in nanomagnetic logic devices." In *Nanotechnology, 2004. 4th IEEE Conference on*, pp. 346–348 (2004).

[34] W. Porod, R. O. Grondin, D. K. Ferry, & G. Porod. "Dissipation in computation." *Physical Review Letters*, **52**(3), 232–235 (1984).

[35] T. Toffoli, "Comment on 'Dissipation in computation'," *Physical Review Letters* **53**(12) 1204–1204 (1984).

[36] B. Lambson, D. Carlton, & J. Bokor, "Exploring the thermodynamic limits of computation in integrated systems: magnetic memory, nanomagnetic logic, and the Landauer limit." *Physical Review Letters*, **107**(1), 010604 (2011).

[37] G. Csaba, A. Imre, G. H. Bernstein, W. Porod, & V. Metlushko, "Signal processing with coupled ferromagnetic dots." In *Nanotechnology, 2002. IEEE-NANO 2002. Proceedings of the 2002 2nd IEEE Conference on*, pp. 59–62 (2002).

[38] A. Dingler, M. T. Niemier, X. S. Hu, & E. Lent, "Performance and energy impact of locally controlled NML circuits." *Journal of Emergent Technology in Computer Systems*, **7**(1), 1–24 (2011).

[39] M. T. Alam, M. J. Siddiq, G. H. Bernstein, M. Niemier, W. Porod, & X. S. Hu, "On-chip clocking for nanomagnet logic devices." *IEEE Transactions on Nanotechnology*, **9**(3), 348–351 (2011).

[40] S. V. Pietambaram, N. D. Rizzo, R. W. Dave *et al.*, "Low-power switching in magneto-resistive random access memory bits using enhanced permeability dielectric films." *Applied Physics Letters*, **90**(14) 143510–143510 (2007).

[41] L. Peng, V. K. Sankar, G. Csaba *et al.*, "Magnetic properties of enhanced permeability dielectrics for nanomagnetic logic circuits." *IEEE Transactions on Magnetics*, **48**(11), 3292–3295 (2012).

[42] G. Csaba, J. Kiermaier, M. Becherer *et al.*, "Clocking magnetic field-coupled devices by domain walls." *Journal of Applied Physics*, **111**(7), 07E337–07E337–3 (2012).

[43] E. Varga, G. Csaba, G. H. Bernstein, & W. Porod. "Domain-wall assisted switching of single-domain nanomagnets." *IEEE Transactions on Magnetics*, **48**(11) 3563–3566 (2012).

[44] S. W. Cheong & M. Mostovoy, "Multiferroics: a magnetic twist for ferroelectricity." *Nature Materials*, **6**, 20 (2007).

[45] F. M. Saleh, K. Roy, J. Atulasimha, & S. Bandyopata, "Magnetization dynamics, Bennett clocking and associated energy dissipation in multiferroic logic." *Nanotechnology*, **22**, 155201 (2011).

[46] A. Khitun, B. Mingqiang, & K. L. Wang, "Spinwave magnetic nanofabric: a new approach to spin-based logic." *IEEE Transactions on Magnetics*, **44**(9), 2141–2152 (2008).

[47] U. Bauer, M. Przybylski, J. Kirschner, & G. S. D. Beach, "Magnetoelectric charge trap memory." *Nano letters*, **12**(3), 1437–1442 (2012).

[48] D. B. Carlton, B. Lambson, A. Scholl *et al.*, "Computing in thermal equilibrium with dipole-coupled nanomagnets." *IEEE Transactions on Nanotechnology*, **10**(6), 1401–1404 (2011).

[49] J. Kiermaier, S. Breitkreutz, G. Csaba, D. Schmitt-Landsiedel, & M. Becherer, "Electrical input structures for nanomagnetic logic devices." *Journal of Applied Physics*, **111**(7), 07E341–07E341 (2012).

[50] M. A. Siddiq, M. T. Niemier, G. Csaba, X. S. Hu, W. Porod, & G. H. Bernstein, "Demonstration of field-coupled input scheme on line of nanomagnets." *IEEE Transactions on Magnetics*, **49**(7), 4460–4463 (2013).

[51] J. Kiermaier, S. Breitkreutz, X. Ju, G. Csaba, D. Schmitt-Landsiedel, & M. Becherer, "Field-coupled computing: investigating the properties of ferromagnetic nanodots." *Solid-State Electronics*, **65**, 240–245 (2011).

[52] M. Becherer, J. Kiermaier, S. Breitkreutz *et al.*, "On-chip extraordinary Hall-effect sensors for characterization of nanomagnetic logic devices." *Solid-State Electronics*, **54**(9), 1027–1032 (2010).

[53] D. Kanungo, A. I. Pratyush, W. Bin *et al.*, "Gated hybrid Hall effect device on silicon." *Microelectronics Journal*, **36**(3), 294–297 (2005).

[54] E. Chen, D. Apalkov, Z. Diao *et al.*, "Advances and future prospects of spin-transfer torque random access memory." *IEEE Transactions on Magnetics*, **46**(6), 1873–1878 (2010).

[55] X. Shiliang Liu, S. Hu, J. J. Nahas, M. Niemier, W. Porod, & G. H. Bernstein, "Magnetic-electrical interface for nanomagnet logic." *IEEE Transactions on Nanotechnology*, **10**(4), 757–763 (2011).

[56] S. Liu, X. Hu, M. T. Niemier *et al.*, "Exploring the design of the magnetic-electrical interface for nanomagnet logic." *IEEE Transactions on Nanotechnology*, **12**(2), 203–214 (2013).

[57] A. Lyle, A. Klemm, J. Harms *et al.*, "Probing dipole coupled nanomagnets using magnetoresistance read." *Applied Physics Letters*, **98**, 092502 (2011).

[58] Stuart Parkin, private communication.

[59] M. Becherer, G. Csaba, W. Porod, R. Emling, P. Lugli, & D. Schmitt-Landsiedel, "Magnetic ordering of focused-ion-beam structured cobalt-platinum dots for field-coupled computing." *IEEE Transactions on Nanotechnology*, **7**(3), 316–320 (2008).

[60] O. Hellwig, A. Berger, J. B. Kortright, & E. E. Fullerton, "Domain structure and magnetization reversal of antiferromagnetically coupled perpendicular anisotropy films." *Journal of Magnetism and Magnetic Materials*, **319**(1), 13–55 (2007).

[61] M. Becherer, G. Csaba, R. Emling, W. Porod, P. Lugli, & D. Schmitt-Landsiedel, "Field-coupled nanomagnets for interconnect-free, nonvolatile computing" *IEEE International Solid-State Circuits Conference (ISSCC), Digest, Technical Papers*, pp. 474–475 (2009).

[62] X. Ju, S. Wartenburg, J. Rezgani *et al.*, "Nanomagnet logic from partially irradiated Co/Pt nanomagnets." *IEEE Transactions on Nanotechnology*, **11**(1), 97–104 (2012).

[63] S. Breitkreutz, J. Kiermaier, X. Ju, G. Csaba, D. Schmitt-Landsiedel, & Markus Becherer. "Nanomagnetic logic: demonstration of directed signal flow for field-coupled computing devices." In *Solid-State Device Research Conference (ESSDERC), 2011 Proceedings of the European*, pp. 323–326 (2011).

[64] M. P. Sharrock, "Time-dependent magnetic phenomena and particle-size effects in recording media." *IEEE Transactions on Magnetics*, **26**, 1 (1990).

[65] S. Breitkreutz, J. Kiermaier, I. Eichwald *et al.*, "Majority gate for nanomagnetic logic with perpendicular magnetic anisotropy." *IEEE Transactions on Magnetics*, **48**(11), 4336–4339 (2012).

[66] B. Lambson, G. Zheng, D. Carlton *et al.*, "Cascade-like signal propagation in chains of concave nanomagnets." *Applied Physics Letters*, **100**(15), 152406–152406 (2012).

[67] I. Eichwald, A. Bartel, J. Kiermaier *et al.*, "Nanomagnetic logic: error-free, directed signal transmission by an inverter chain." *IEEE Transactions on Magnetics*, **48**(11), 4332–4335 (2012).

[68] J. Kiermaier, S. Breitkreutz, I. Eichwald *et al.*, "Information transport in field-coupled nanomagnetic logic devices." *Journal of Applied Physics* **113**(17) 17B902–17B902 (2013).

[69] M. Becherer, J. Kiermaier, S. Breitkreutz, I. Eichwald, G. Csaba, & D. Schmitt-Landsiedel, "Nanomagnetic logic clocked in the MHz regime." In *ESSDERC* (2013).

[70] S. Breitkreutz, J. Kiermaier, I. Eichwald *et al.*, "Experimental demonstration of a 1-bit full adder in perpendicular nanomagnetic logic." *IEEE Transactions on Magnetics*, **49**(7), 4464–4467 (2013).

[71] I. Eichwald, J. Kiermaier, S. Breitkreutz *et al.*, "Towards a signal crossing in double-layer nanomagnetic logic." *IEEE Transactions on Magnetics*, **49**(7), 4468–4471 (2013).

[72] S. Breitkreutz, J. Kiermaier, C. Yilmaz *et al.*, "Nanomagnetic logic: compact modeling of field-coupled computing devices for system investigations." *Journal of Computational Electronics*, **10**(4), 352–359 (2011).

[73] M. Niemier, E. Varga, G. Bernstein *et al.*, "Shape engineering for controlled switching with nanomagnet logic." *IEEE Transactions on Nanotechnology*, **35**(3), 281–293 (2007).

[74] G. Csaba, W. Porod, P. Lugli, & A. Csurgay, "Activity in field-coupled nanomagnet arrays." *International Journal of Circuit Theory and Applications*, **35**, 281–293 (2007).

[75] E. Varga, M. T. Niemier, G. Csaba, G. H. Bernstein, & W. Porod, "Experimental realization

of a nanomagnet full adder using slanted-edge magnets." *IEEE Transactions on Magnetics*, **49**(7), 4452–4455 (2013).

[76] X. Ju, M. T. Niemier, M. Becherer, W. Porod, P. Lugli, & G. Csaba, "Systolic pattern matching hardware with out-of-plane nanomagnet logic devices." *IEEE Transactions on Nanotechnology*, **12**(3), 399–407 (2013).

[77] H. D. Crane, "A high-speed logic system using magnetic elements and connecting wire only." *Proceedings of the IRE*, **47**(1), 63–73 (1959).

[78] H. W. Gschwind, *Design of Digital Computers* (New York: Springer, 1965).

[79] E. L. Braun, *Digital Computer Design* (New York/London: Academic Press, 1963).

[80] H. J. Gray, *Digital Computer Engineering* (Englewood Cliffs, NJ: Prentice-Hall, 1963).

[81] W. A. Geyger, *Magnetic-amplifier Circuits*, 2nd edn. (New York: McGraw-Hill, 1957).

[82] G. M. Ettinger, *Magnetic Amplifiers* (New York: Wiley, 1957).

[83] R. Lavrijsen, J.-H. Lee, F.-P. Amalio, D. Petit, R. Mansell, & R. P. Cowburn, "Magnetic ratchet for three-dimensional spintronic memory and logic." *Nature*, **493**(7434), 647–650 (2013).

自旋转矩多数逻辑门逻辑

Dmitri E. Nikonov，George I. Bourianoff

13.1 引言

纳米磁性或自旋电子电路有望实现低开关能量的非易失性和可重构逻辑。一个这样的电路是通过将几个磁性隧道结级联在一起形成的磁性多数逻辑门，使得这些隧道结通过公共铁磁自由层彼此相互作用，以实现期望的功能。该结构的一个关键优点是多个多数逻辑门可以完全在磁畴中级联在一起而不转换为电信号。磁性多数逻辑门又可以级联在一起形成更复杂的电路，例如这里所描述的和用微磁解算器模拟的全磁加法器电路。磁极化的动态特性通过磁畴壁的运动穿过加法器电路传播，并且与采用逐位进位加法器电路进行信息传播相一致。磁加法器中的基本磁开关工作的切换速度和能量与单个磁性门或纳米磁性存储器中相同的基本开关一致。它为估算更复杂磁路的运行速度和能量提供了依据。非线性传输特性可确保每次至关重要的布尔逻辑运算后的噪声容限和信号恢复。

现在生产的自旋电子器件最常见的应用是非易失性存储器，即使用磁极化的场感应开关的磁随机存取存储器（MRAM）。然而，最近已经引入了基于电流感应开关的更有效的磁性开关机制，并用于制造自旋磁电矩随机存取存储器（STTRAM）[1]。很自然会考虑将STTRAM的物理学扩展到其他磁逻辑函数[2]，包括这里描述的自旋转矩多数逻辑门（ST-MG）。磁逻辑电路的一个明显的优点是，器件是非易失性的，因此不会受到待机功耗的影响。相关的优点是，它们可以瞬间开启，因为在没有输入信号的情况下电路是非易失性的。尽管有这些明显的优点，并且研究人员已经提出了许多自旋电子逻辑器件，但是其中只有很少已经制造出来，并且没有证明其在集成电路中正常工作。

本章讨论STMG[3,4]，并描述了该器件的磁化动力学，一位全加器的工作原理，并对其进行了性能预测。

这些结果证明STMG实验实现的可行性，并且证明了在不需要自旋到电子转换的情况下搭建扩展的自旋电子电路（例如，加法器）的可能性。我们还将提出一个观点，即这样的电路可以具有与现有CMOS技术相当的性能。

自旋电子逻辑器件在过去几年已广泛研究[5]，因为它们具有非易失性的潜力和较低的开关能量（尽管速度较慢）。然而，实际实现存在很多难点，所有提出的自旋电子器件[6-11]都面临着一个或多个难点。它们包括从磁性金属进入半导体的自旋注入，通过外部磁场同步，自旋波生成和检测的低效率，隧穿势垒材料的可靠性，高磁开关电流，开关参数的统计变化，以及许多其他问题。尽管存在这些问题，但是 STMG 似乎在某些应用领域提供了显著的性能优势。

13.2　面内磁化的 SMG

具有面内磁化的 STMG 器件的结构如图 13.1 和图 13.2 所示。层的堆叠类似于在磁存储器（例如，STTRAM）中使用的磁性隧道结（MTJ）。典型的 MTJ 包括由非磁性隧道势垒隔开的两个铁磁（FM）层。FM 层中的一个是空闲的，即可以切换。例如它具有两个稳定的磁化方向，向左和向右分别对应于逻辑"0"和"1"。另一个 FM 层是固定的，即具有永久的磁化方向。可以通过使该层比自由层更厚来实现，但是更可靠的方式是让反铁磁层与其直接接触（反铁磁层在其晶体层中有交替方向的旋转）。反铁磁体表面的自旋通过交换偏压相互作用沿着相同的方向保持铁磁体中的自旋。

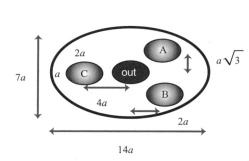

图 13.1　STMG 的布局。较大的椭圆是自由铁磁（FM）层。较小的椭圆是含有固定 FM 层的纳米柱。输入纳米柱标记为"A""B"和"C"，输出纳米柱在中间标记为"out"。最小光刻宽度为 a。所有椭圆的长宽比为 2。椭圆的形状沿其长轴强制了稳定的磁化状态

图 13.2　STMG 层的示意图。在这种情况下，FM 层中 CoFe 的磁化方向用箭头表示。每个纳米柱都有自己固定的 FM 层和顶部的金属接触。接触点标有施加电压（$+V$ 或 $-V$）或检测电流（I_{out}）。在下方厚度为 t 的共用自由 FM 层被 MgO 的隧道势垒隔开。在这种情况下，用于生长 CoFe 的模板层 Ta，位于底部并连接到"地"

通过隧穿磁阻（TMR）检测自由层中的磁化方向[12]。在自由和固定层的反平行磁化的情况下，堆叠的电阻比平行磁化的情况下更高，通常高 $100\%\sim200\%$。这种电阻的差异是利用感测放大器将其与标准电阻进行比较来测量的，如图 13.3 所示。

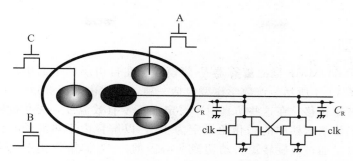

图 13.3　具有 STMG 的可重构 AND/NOR 门的电路原理图。晶体管驱动电流通过每个输入纳米柱 A、B 和 C。输出电流从中心的输出纳米柱流出，并由感测放大器检测

STMG 的几何结构与 STTRAM 不同，因为它们使用单独的纳米柱，这些纳米柱是为输入和输出而构造的，具有自身的固定 FM 层。其结构的侧视图如图 13.2 所示。所有的柱都是自由的 FM 层。通过向每个输入纳米柱施加正（＋）或负（—）极性的电压来工作，图 13.1 所示柱上标有 "A" "B" 和 "C"。由三个输入柱中的电流产生的自旋转矩[13]的组合作用转移足够的转矩来切换磁化，首先在纳米柱之下，然后在整个共用的自由 FM 层（其面积远大于三个输入的纳米柱）上。具有指定为加（p）或减（m）电压极性的数字输入决定了电流流动的方向和由此产生的转矩。三个纳米柱（例如，在以下组合中：(ppp)＝A＋，B＋，C＋，(ppm)＝A＋，B＋，C—，(pmp) ＝A＋，B—，C＋，等等所产生的三个转矩互相竞争来控制自由层中的磁化方向，最终还是由它们中多数来设定。需要设计逻辑门，使得如果组合（ppp）、（mpp）、（pmp）和（ppm）中存在大量正电压，则磁化将从右到左切换。如果已经指向左边，它将保持不变。换句话说，逻辑门的特征是，其最终状态应仅由其输入来确定，而不是先前状态，例如 STTRAM 单元。相反，如果存在大部分负电压，如组合（mmm）、（pmm）、（mpm）和（mmp），则磁化将从左向右切换或保持向右的指向。

除了三个输入柱之外，STMG 还包含第四个柱，它是器件输出端子。输出柱是另一个 MTJ，根据固定磁性层是与自由层对准还是反对准，显示为高电阻或低电阻状态。输出 MTJ 的电阻状态是用敏感检测放大器来读取的，因此读电流会扰乱自由层的磁性方向（非破坏性读取）。由于多数逻辑门真值表的以下特征，因此单个 STMG 具有作为可重构的 AND/NOR 门的有用功能。如果任何一个输入设置为 "1"，其余两个的逻辑功能为 "OR"。如果任何一个输入设置为 "0"，其余两个的逻辑功能为 "AND"。

从正常金属到铁磁材料的高效自旋注入需要在领域中满足电阻×面积的乘积为 10 $\Omega \cdot \mu m^2$ 的条件。这就允许电流大于在低电压下切换到流过界面所需的临界电流，而在界面处没有过多的损耗。临界电流和工作电压的定量值将在本章稍后推导出来。然而，关于 MTJ 切换所需的临界电流，由 STMG 临界电流的定性性质本身就容易理解。简单地说，流过每个 MTJ 的自旋极化电流各自在公用自由层的磁性材料上施加转矩。如果这些转矩的矢量和足够大，则自由层的磁极化将克服由形状各向异性产生的能量势垒，将发生磁转变，并且磁取向将转变成其他双稳态。

13.3　仿真模型

磁化动力学用 OOMMF 微磁解算器[14] 建模。它在自由层的平面中产生磁化动力学的时间相关解，如图 13.4 所示。该数学模型包括一项，描述由电流穿过 MTJ 输入柱中的固定层产生的自旋转矩转移。在这些仿真中，设定在于零有效温度，磁化的随机热波动没有建模。并且，我们将纳米柱中的磁化角设定为 10°，以解释由于热波动导致的该角度的偏转（这种非零角度是通过自旋转矩启动切换所必需的）。当初始磁化强度沿着椭圆的易轴均匀地指向右侧（平均相对值 1，以饱和磁化强度 M_s 为单位）时，我们对这种情况建模。门运行的预期结果是所施加的自旋转矩将磁化方向切换到或多或少指向左（平均相对值 −1）。从右到左切换看起来像上述切换的精确镜像。

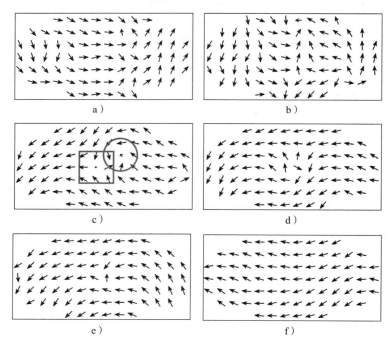

图 13.4　STMG 的椭圆形自由 FM 层中的磁化模式。纳米柱中电压的极性为（ppp），每个纳米柱中的电流为 $I=4\text{mA}$，最小尺寸 $a=24\text{nm}$，自由 FM 层厚度 $t=2\text{nm}$。0.1ns 拍下的快照（图 a～f），然后以 0.2ns 的时间间隔从左到右排列。c）中圆圈突出显示一个漩涡，方框表示反漩涡。瞬态漩涡和反漩涡出现并消失。在最终状态下，磁化大多是均匀的

磁化的动力学由 Landau-Lifshitz-Gilbert（LLG）方程描述，该方程解释了磁化矢量 $\boldsymbol{M}$ 的振幅和方向的关系。磁化的无量纲矢量通过除以饱和磁化强度值 $\boldsymbol{m}=\boldsymbol{M}/M_s$ 来获得。有了这个替换，LLG 方程是：

$$\frac{\mathrm{d}\boldsymbol{m}}{\mathrm{d}t}=-\gamma\mu_0\big[\boldsymbol{m}\times\boldsymbol{H}_{\text{eff}}\big]+\alpha\Big[\boldsymbol{m}\times\frac{\mathrm{d}\boldsymbol{m}}{\mathrm{d}t}\Big]+\varGamma \tag{13.1}$$

式中：回转磁因子 $\gamma = g\mu_B/\hbar$ 是由电子 g 因子以及玻尔磁子 μ_B 给出的。有效磁场包括外部磁场 H 和纳米级电路的单位体积 E 相对于所有其他磁体能量磁化的梯度，即

$$H_{\text{eff}} = H - \frac{1}{\mu_0}\frac{\delta E}{\delta M} \tag{13.2}$$

式 (13.1) 的第二项是一个大小在 $\alpha \sim 0.1$ 内的常数，称为吉尔伯特阻尼。第三项描述了与电流密度 J 成比例的自旋转矩。它反过来含有自旋转移（Slonczewski）项和类似于场的项，即

$$\Gamma = \frac{\gamma\hbar J}{M_s et}(\varepsilon[m \times [p \times m]] + \varepsilon'[p \times m]) \tag{13.3}$$

式 (13.3) 中的系数与自旋极化 P 成正比，并包含随角度变化的因子：

$$\varepsilon \frac{P}{2g(\theta)} \tag{13.4}$$

我们还考虑了由附着在纳米磁体上的导线中的电流产生的磁场（"奥斯特磁场"）。它与距离导线中心的距离 r 及其半径 a 的相互关系是：

$$H(r) = \begin{cases} \dfrac{Ir}{2\pi a^2}, & r < a \\[2mm] \dfrac{I}{2\pi r}, & r > a \end{cases} \tag{13.5}$$

式 (13.1) 给出的矢量场 m 的偏微分方程由两个不同类的项 Γ 和 H 组成，Γ 和 H 分别由式 (13.3) 和式 (13.5) 给出。为了对所观察到的竞争性结构进行定性的理解，用畴尺寸和厚度评价这两项的缩放是有效的。纳米磁体的特征尺寸取为 a，纳米磁体的厚度由 t 表示。

容易看出，对于电流分布横跨整个横截面且半径为 a 的磁柱，H 由下式给出：

$$\mu_0 H \propto \frac{\mu_0 I}{2\pi a} \tag{13.6}$$

对于类似的结构，自旋转矩的分布为：

$$\Gamma/\gamma \propto \frac{P\hbar I}{2M_s e\pi a^2 t} \tag{13.7}$$

通过提取上述各项的比例，我们发现对于更大和更厚的器件：

$$at > \frac{P\hbar}{\mu_0 M_s e} = \frac{0.5 \times 10^{-34}}{1 \times 1.6 \times 10^{-19}} \approx 300(\text{nm}^2) \tag{13.8}$$

at 乘积参数化后，由电流产生的奥斯特磁场 I 将会主导自旋转矩项，如式 (13.7) 所示。在这个范围内，纳米磁体更有可能产生磁漩涡，而不能正确切换，如下一节所述。奥斯特磁场的这种机制用于 MRAM 中磁化的切换。对于较小和较薄的器件的反向极限，自旋转矩占主导地位。STTRAM 中使用的是这种切换机制。

还有其他三个能量项可用于评价缩放特性，因为它们的相对大小决定了层的稳定性，特别是切换的可能性。第一项与形状各向异性相关，称为形状各向异性，或者等效地称为去磁能：

$$E_{\text{dem}} = \frac{\mu_0 M_s^2}{2}(N_{xx}m_x^2 + N_{yy}m_y^2 + N_{zz}m_z^2) \tag{13.9}$$

式中：$N_{xx}+N_{yy}+N_{zz}=1$ 是取决于纳米磁体几何形状的去磁张量的分量；m_x、m_y、m_z 是无量纲磁化矢量的各轴投影。

第二项是磁晶各向异性，是由晶格的方向或者由张力或铁磁膜的沉积条件引起的。我们只考虑平面外的单轴各向异性：

$$E_{mc} = K_u(1 - m_z^2) \tag{13.10}$$

式中：K_u 是单位体积的各向异性能量。

第三项是交换能量，它仅仅是与单个磁偶极子的特定结构相关联的能量。如果相邻的两级彼此反极性对齐，交换能将很低。如果形状各向异性大到能与交换能量相比，则该场将抵抗切换并保持稳定：

$$E_{exc} = A(|\nabla m_x|^2 + |\nabla m_y|^2 + |\nabla m_z|^2) \tag{13.11}$$

式中：A 是交换常数。

通常，交换能量会促进更均匀的磁化，去磁能量促进磁化平行于纳米磁体的表面，并且磁晶能量旨在让磁化与首选的轴（在本例中为 z 轴）对准。

13.4   面内磁化开关的模式

磁化的动力学可以并且确实表现出复杂的几何图案。磁化的面内投影在图 13.5～图 13.8 中以箭头的集合表示。在大多数情况下，平面外投影可以忽略不计（除了漩涡核心之外，后面将会看到），因此在这些图中未显示。每个图都表示椭圆自由层某个特定区

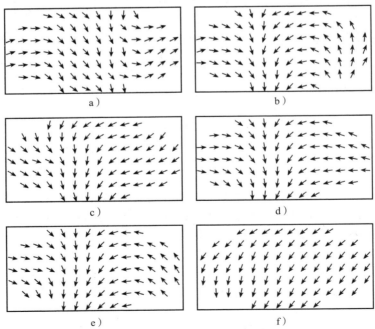

图 13.5   与图 13.4 所示相同，但极性（ppm）不同。磁化通过不均匀的弯曲来切换。没有漩涡出现

域中的平均磁化强度的方向。请注意，这些区域中的每一个都包含模拟网格的几个点。在初始状态下，所有箭头指向右侧。我们的目标是将所有箭头指向左侧。然而，转换不会作为磁化的均匀旋转而发生。铁磁自由层可以达到所需的最终状态，而不会形成漩涡（见图 13.5），或者在其他条件下，它将形成瞬态漩涡和反漩涡，如图 13.4 所示。在其他情况下，最终状态可能包含漩涡（见图 13.6 和图 13.7）或稳定的反漩涡（见图 13.8）。先形成反漩涡，然后形成远离自由层边缘的对流（见图 13.7）。最终磁化状态下形成稳定的漩涡或反漩涡将导致多数逻辑门失效。在这种情况下，输出柱下的磁化不沿着最佳轴线对准，并且不能为感测放大器提供稳定的磁阻值。通过正确选择适当的几何形状、电流大小和持续时间，我们必须且可以避免这种情况，这可以从前面所示的表达式得出。最后，在图 13.9 所示的速度曲线图中，切换失效表示为零切换速度。幸运的是，这只发生在相当有限的参数范围内，因此可以找到一个广泛的工作范围，在该范围内对所有输入的极性都能进行正常切换。

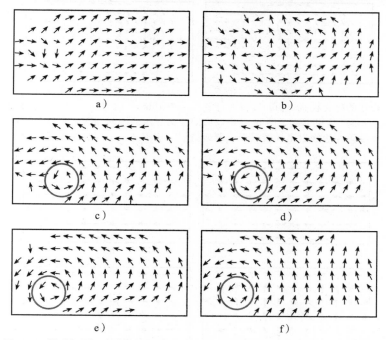

图 13.6　与图 13.4 所示相同，但极性（pmp）不同。经过一段时间，图 c～f 中用圆圈突出显示的漩涡将无限期地形成和持续下去。这不是一个理想的最终状态

为了分析形成稳定漩涡的条件，必须估计半径为 a 和厚度为 t 的二维圆柱体积的能量。单位体积的去磁能量和每单位体积的交换能量为：

$$E_{mag}/V \approx \frac{\mu_0 M_s^2 t}{2a} \tag{13.12}$$

单位体积的交换能量为：

$$E_{ex}/V = A\left(\frac{\pi}{a}\right)^2 \tag{13.13}$$

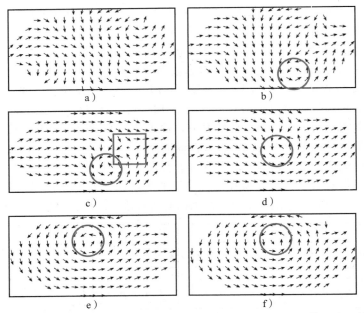

图 13.7　具有极性的磁化模式（ppm），$I = 16\mathrm{mA}$，$a = 48\mathrm{nm}$，$t = 3\mathrm{nm}$，从 0.2ns 处开始，时间间隔是 0.6ns。这里形成了图 b~f 中以圆圈突出显示的漩涡和图 c 中的方框突出显示的反漩涡。反漩涡在边缘退出；漩涡无限期地持续。这不是一个理想的最终状态

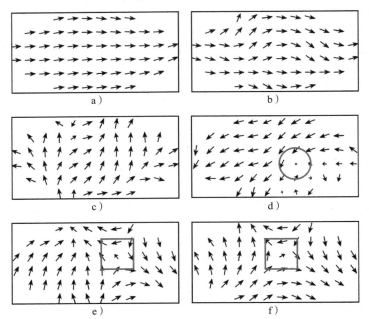

图 13.8　具有极性（pmp）的磁化模式，$I = 1\mathrm{mA}$，$a = 10\mathrm{nm}$，$t = 2\mathrm{nm}$，从 0.1ns 处开始，时间间隔是 0.2ns。形成由图 d 中的一个圆圈突出显示的漩涡，和由图 e 和图 f 中的圆圈突出显示的反漩涡；反漩涡在边缘退出。这不是一个理想的最终状态

磁交换长度是重要参数，因为它控制铁磁材料中磁畴之间过渡的宽度。它是交换和去磁能相对强度的函数，并且表征给定磁性材料的磁性，例如坡莫合金。坡莫合金的交换长度由文献[15]给出：

$$\lambda_e^2 = \frac{2A}{\mu_0 M_s^2} \rightarrow 5\text{nm} \tag{13.14}$$

去磁能超过交换能量的条件，形成涡流的能量条件为：

$$at > \pi^2 \lambda_e^2 \approx 250\text{nm}^2 \tag{13.15}$$

注意，这个条件非常类似于式（13.7）中的磁场主导条件。

在各种电流值和尺寸下的仿真做出了开关速度的值曲线，如图 13.9 所示。在稳定状态轴上的磁化的标准化投影在 1 和 −1 之间变化。我们将开关时间定义为电流脉冲（0ns）开始与最后一次磁化投影与 −0.6 交叉（即 80% 开关幅度）之间的时间。开关速度是开关时间的倒数。

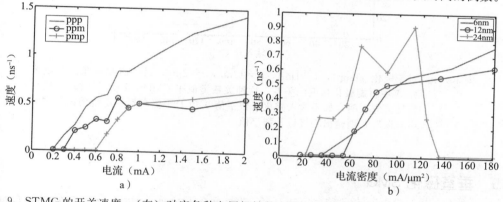

图 13.9　STMG 的开关速度：（左）对应各种电压极性的电流，$a = 12\text{nm}$，$t = 2\text{nm}$；（右）对应不同 a 的（pmp）极性自由层的单位面积的电流密度。在这里和更多的图中，左上角是首选的，对应于具有较小电流的较高开关速度。开关不会发生在某些临界电流以下。开关速度一般随电流而增加。由于漩涡形成，较大的门的开关将失效

与 STTRAM 的开关类似，当磁化几乎不变时，有一个初始的时间间隔。在 STMG 中，它由畴壁到达输出臂所需的时间来设定。这个时间大致与输入电流大小成反比。在较低的电流值下，自旋转矩不足以克服阻尼。所以 STMG 具有类似于 STTRAM 的阈值电流。在 $a = 24\text{nm}$ 的更大值和漩涡形成产生更大电流值的情况下，开关也会失效（设定为零速度）。即使在这种情况下，对于较宽范围的电流中间值也会发生正常切换。然而，在所示的大多数情况下，开关速度随着电流密度的增加而增加，就如直观地预期的那样。

评价的另一个关键参数是该逻辑的抗噪性。逻辑的一个重要要求是输入中的噪声应该被抑制，不应影响输出。磁路中的热噪声表现为磁化方向的波动。我们以假定的（pmm）极化结构进行 STMG 的仿真（见图 13.2）。三个输入层中有两个的磁化方向保持恒定，而第三输入层中的磁化方向改变，使得共用自由层的极化结构将从（m）变为（p），假设其他切换条件已经满足。传输特性，即输出端相对 x 轴的磁化角与第三输入的固定层中磁化强度的相关性如图 13.10 所示。这表明转移函数具有与 CMOS 反相器相似的极其非线性的传输特性。如果第三输入的方向在 0° 和 84° 之间，输出方向近似为平的，接近 90°（我们将

其解释为 84°的噪声容限）。中点（90°）的斜率对应于～15 增益。可靠的噪声容限与良好增益的结合能够让 STMG 适用于逻辑电路。

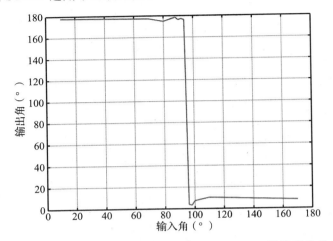

图 13.10　对于极化（pmp），$I=1mA$，$a=12nm$，$t=2nm$，最终磁化的角度与纳米柱 A 中自旋极化角度的关系。这种关系类似于 CMOS 反相器的输入-输出特性。它表明，如果输入磁化从数字值 0°和 180°偏离到一定范围内（"噪声容限"），则输出仍接近于数字值

13.5　垂直磁化 SMG

图 13.1 和图 13.2 所示的器件对应于具有平面磁各向异性的情况，需要椭圆畴以提供各向异性。然而，STMG 也可以由具有平面外磁化的材料（例如 FePt，TbCoFe，CoPt 多层膜或 CoNi 多层膜）制成，以实现更紧凑的布局并简化蚀刻工艺。更重要的是，我们不局限于椭圆形状，例如具有交叉边缘处输入的十字形状。我们希望得到具有垂直磁化的较低开关电流，如参见文献[16]，但层的结构（见图 13.11）更复杂。自由层和固定层都由"合成反铁磁体"（SAF）[17]形成，它由两个或多个被薄金属层（如 0.8nm 的 Ru）分离的非常薄的铁磁层（例如 CoFe）组成。这确保了因为通过薄钌（Ru）层的交换相互作用，两个共同层中的磁化方向相反。

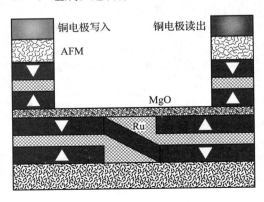

图 13.11　基于垂直磁化的磁反相器器件的横截面示意图。白色三角形表示 FM 层中的磁化方向。它们之间具有钌层的两个较低的 FM 层形成一个合成反铁磁体（SAF）自由层。隧道氧化物（MgO）将它们与类似的 SAF 固定层分离。其磁化被相邻的反铁磁性（AFM）层固定。图中展示了两个纳米柱（用于写入和读取），并且在顶部具有铜电极。反相器结构展示在中间

　　磁路中本身没有类似于由 nMOS 和 pMOS 晶体管构成的经典 CMOS 反相器的反相器门。构建反相器工作的一种方法是在自由层中使用 SAF 结构效应（见图 13.11）。反相器是 SAF 中的结构，其中铁磁层沉积在倾斜平面上以连接顶部和底部共同层。因此，反相器之前和之后的顶层的磁化相反。这是为了允许简单的无源元件执行反相器功能：如果一侧的 SAF 的顶部连接到另一侧的 SAF 的底部，则在 TMR 中感测到的顶层中的磁化相反。因此，反相器的功能可以在没有有源器件的导线中实现（详见文献[3]）。

　　平面外磁化 STMG[3,4] 结构是带三个输入和一个输出的 FM 导线的十字形的结构（见图 13.12）。STMG 自身有一个有用的功能：通过切换其中一个输出，可将其重新配置为其余两个输出的 AND 或 OR 逻辑功能。经过每个门后，磁计算状态不需要转换为电信号。相反，可以级联它们：一个门的输出可以将输入驱动到另一个门。除了 STMG 之外，连接多数逻辑门可以获得其他更有趣的电路。仅包含三个多数逻辑门的全磁集成电路的第一个例子如图 13.13 所示。该电路的目标是全加器的 1 位。三个独立的电信号驱动分别有两个或三个输入：A 和 B 是待求和的两个数字的位，C 是来自前 1 位的进位。两个输出信号为：C_{out} 是

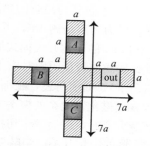

图 13.12　具有平面外磁化的 STMG 的版图。标有"A""B"和"C"的方格是输入的纳米柱。标有"out"的方格是输出纳米柱。臂的最小宽度、纳米柱的尺寸以及它们之间的间隙是 a。其工作不依赖于形状各向异性。因此，输入和输出可以转移到周边

要传递给加法器下一位的进位输出信号，S_{um} 是两个位 A 和 B 的和。在本研究中，我们将每个 FM 导线的宽度设置为 $a=20\text{nm}$，每个电极的大小设置为 $20\text{nm} \times 20\text{nm}$，因此 STMG 的总大小为 $140\text{nm} \times 140\text{nm}$，加法器的尺寸为 $340\text{nm} \times 140\text{nm}$。自由层的厚度为 $t=2\text{nm}$。

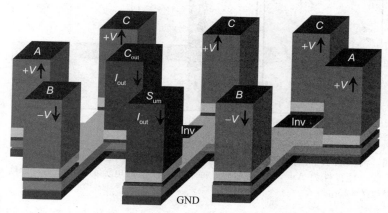

图 13.13　STMG 加法器的示意图。根据输入 A 和 B（两个相加位）和 C（进位）的极性，将电压（$+V$ 或 $-V$）施加于纳米柱。在"S_{um}"和"C_{out}"（对进位输出而言）纳米柱中检测到输出电流（I_{out}）。反相器结构"Inv"如图 13.11 所示放置在一些铁磁线中

13.6　垂直磁化开关模式

对于垂直磁化材料，我们采用以下材料参数（除非另有说明）：饱和磁化强度，$M_s=$ 400kA/m；交换刚度，$A=20$pJ/m；垂直磁各向异性，$K_u=100$kJ/m³；注入电子的极化，$P=0.9$；和吉尔伯特阻尼，$\alpha=0.015$。我们仿真电流脉冲接通不超过 10ns（除非磁化更快地达到稳态）。我们不包括与磁化的热波动相关的随机扭矩，设置为零的有效温度。然而，通过将初始角度设置为垂直偏离 10°，可以对磁化与平衡方向（平面外）的随机偏差建模。

首先，STMG 的磁化开关模式如图 13.14 所示。在自由层小区域中的磁化的面内投影仍由箭头表示。较浅的灰色阴影对应于 z 轴上的正投影（向上）。较深的灰色阴影对应于 z 轴上的负投影（向下）。如前所述，施加到 STMG 的电压极性用（p）标为正，用（m）标为负。

可以观察到磁化以复杂的振荡方式切换，如图 13.14 所示。当畴壁的运动将具有向上向下磁化的区域分离时，就会发生切换。开关的动力学由 STMG 结构中畴的运动表示。它开始于 A＋和 B＋臂的磁化开关。当畴壁到达十字形的中间时，磁化过冲到 B＋和 C－臂中相反的方向。畴壁最终到达输出臂，根据多数逻辑门功能的需要，它变得固定并带有负磁化。

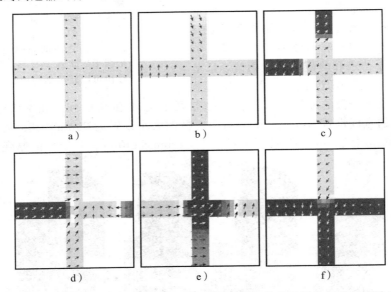

图 13.14　图 13.2 中的 STMG 磁化的快照，从 2ns 处开始，然后每行从左到右每隔 0.5ns 一张快照。箭头表示平面内投影。浅灰色/白色＝正平面外投影，深灰色/黑色＝负平面外投影。电压极性为 A＋，B＋，C＋。每个纳米柱中的电流为 0.05mA，导线宽 $a=20$nm，厚度 $t=2$nm

在相同的电压极性且较高的电流（见图 13.15）下，磁化在十字形中间的畴壁达到平衡之前进行更多的振荡。磁化变得平行于畴壁的平面，并停止（类似于 Walker 击穿的影响[18]）。此外，为了移动到输出臂，畴壁需要显著增加其长度，但是系统缺少长度延伸的能量。结果，畴壁被卡在十字形的中间，并且门不能开关从而响应大多数输入。需要设计

STMG 以避免这种状态。

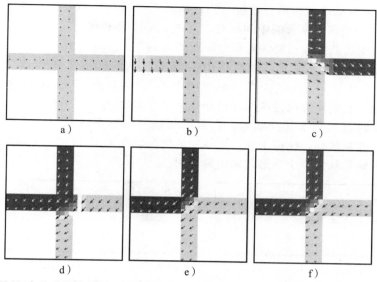

图 13.15 STMG 中的磁化快照，与图 13.14 相同，但是从 0ns 开始每隔 0.5ns 一张。每个纳米柱中的电流为 0.1mA

不同电压极性的良好开关的反例如图 13.16 所示。如前所述，臂 A＋和 C＋通过畴壁运动到十字形中间来开关。具有臂 A＋和 B－中磁化过冲的中间开关的磁化。畴壁移动到开关输出臂。B－臂返回到由其电极指定的磁化方向，并且该输入通过畴壁与输出保持隔离。

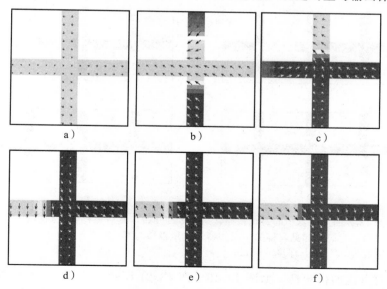

图 13.16 STMG 中磁化的快照，与图 13.14 所示相同，从 1ns 开始，每隔 0.5ns 一张。电压极性为 A＋，B－，C＋。每个纳米柱中的电流为 0.1mA

　　整个加法器装置中磁化演变的例子（见图 13.13，但不考虑反相器）如图 13.17 和图 13.18所示，极性如图名所示。通过它们，读者可以看到，一般的切换方式类似于单个十字形 STMG：畴壁向十字形的中间移动，其中大多数影响在中间占优，然后输出假定了中间的方向。在加法器中，相同的电信号需要打开两个或三个晶体管（未示出）来驱动电流通过相应的输入电极。注意，加法器中的电压极性的标示要稍作改变：ppp＝C＋，A＋，B＋，ppm＝C＋，A＋，B－，pmp＝C＋，A－，B＋。畴壁的行为比单个 STMG 中的行为更复杂。它们从磁线的端部反射并在十字形处碰撞。在去磁和输入电流的磁场的影响下，它们有时退回到非切换状态，但最终加法器的整个区域（除了具有相反输入的臂）会被切换。有利的是，畴壁卡在加法器中的情况比在单个 STMG 中出现的更少了。这可能是由于没有畴壁从每个十字形的输出臂反射。

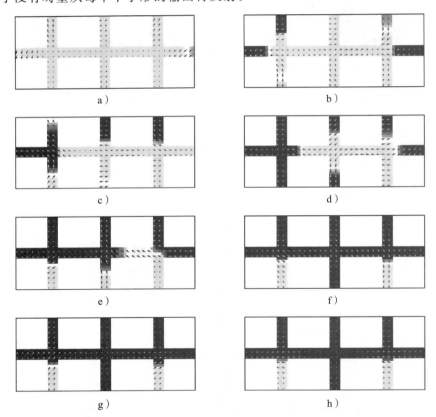

图 13.17　图 13.3 的加法器中的磁化快照，从 1.8ns 开始，然后每行从左到右每隔 0.6ns 一张快照。为简单起见，排除了反相器。电压极性为 C＋，A＋，B－。每个纳米柱中的电流为 0.1mA，厚度 t＝3nm

　　开关速度对电流的依赖性，如图 13.19～图 13.21 所示，由图 13.19～图 13.21 证明，在更高的电流值下加法器是非单调且饱和的。第一个趋势是由于反射的时序有助于或延迟开关，第二个趋势是由于畴壁从输入到输出传播所需的时间。图 13.19 总结了各种电压极性和输入电流的仿真结果。对于 20nm 的线宽度，可以通过 80μA 的相对较小的电流实现约 3ns 的开关时间。

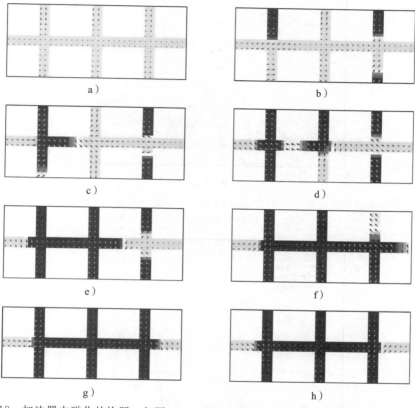

图 13.18 加法器中磁化的快照，与图 13.17 所示的相同，但具有电压极性 C＋，A－，B＋

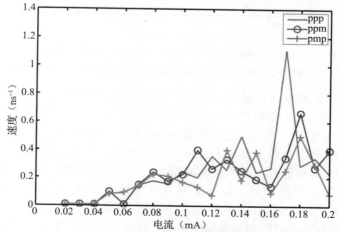

图 13.19 在 a＝20nm，t＝2nm 时，加法器的开关速度与各种电压极性的电流的关系

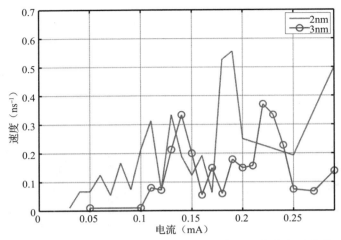

图 13.20　加法器的开关速度与多种厚度自由 FM 层的纳米柱中的电流的关系。电压极性为
　　　　　C＋，A－，B＋，宽度 $a＝20nm$，各向异性 $K_u＝110kJ/m^3$

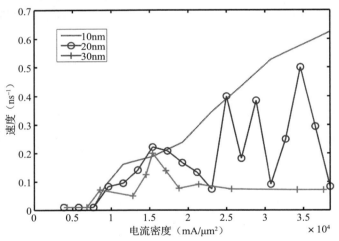

图 13.21　加法器的开关速度与多种宽度 FM 线的纳米柱中的电流密度的关系。电压极性为 C＋，
　　　　　A－，B＋，厚度 $t＝3nm$（除了 10nm 的宽度，厚度为 2nm），各向异性 $K_u＝100kJ/m^3$

　　这些门满足逻辑电路的使用要求，也就是因为存在较宽范围的电流，对于所有电压极性它们都以大致相同的速度切换。所有极性的阈值电流大致相同，为 $40\mu A$，对应于 $10MA/cm^2$ 的电流密度。一个例外是极性为 ppm＝C＋，A＋，B－时在 $60\mu A$ 下开关失效。请注意，在中等和更高电流的范围内不会发生开关切换。当从十字形的臂端部反射的磁化波汇聚到十字形的中部附近并形成固定的畴壁时，会发生这种情况。为了使畴壁移动，它需要变得更长，这需要消耗能量。临界电流对应于输入为 $J_c＝0.4MA/cm^2$ 的电流密度，这与自由层的总面积有关。

　　通过比较不同厚度的器件的相同布局的开关，可以看出开关速度是可比的（见图 13.20）。我们还观察到，临界电流密度随着纳米磁体厚度的增加而增加。

　　较厚的门具有较高的阈值电流，这是由两个因素引起的：（i）较大体积的磁性材料；（ii）对稳定状态之间的能量势垒的更大的去磁贡献。

　　由于器件的可缩放性对于逻辑是必需的，因此我们检验开关速度对器件尺寸的依赖性（见图 13.21），由导线宽度设定。电流密度用于比较。我们发现更大的器件（40nm 宽的导线）将受到畴壁的钉扎，并且在更高的电流值下不开关，而问题随着尺寸缩小而消失。注意，对于所考虑的宽度，阈值电流密度大致相同。由于最小的磁化振荡，10nm 宽导线加法器的开关速度最快。40nm 宽导线加法器的速度最慢，主要由脉冲的持续时间决定。在关闭之后，磁化稳定到平衡状态。20nm 宽导线的情况在于：在一些电流值下，畴壁运动被定时（timed）从而有效地传递到输出臂，但是在另一些电流值下，多次反射会延迟开关。此外，较小器件的临界电流密度增加，因为它们具有不同的长宽比（臂宽与厚度比值），因此形状各向异性的面外分量更小。

13.7　总结

　　最后，我们使用获得的器件特性来比较 STMG 加法器电路与 CMOS 加法器电路的计算性能。CMOS 的数据源自 ITRS[19]。对于 STMG，我们选择电流为 $75\mu A$ 的工作点。有一些对 STMG 电路有益的因素。它们具有比 CMOS 更高的密度，因为 28 个晶体管被三个多数逻辑门代替。磁路被放置在金属化层之间，因此所需的驱动器和检测电路可以共享该区域。因为 STMG 电路不是基于升高和降低势垒，它们可以在更小的驱动电压下工作。它们开关也较慢，但相应地具有较低的有源功率。此外，它们不会在没有电源的情况下失去其逻辑状态，并且可以在不活动期间关闭，从而实现有效的零待机功率。

　　通过从这些图中选择一个工作点，我们可以估计电路的性能。在表 13.1 中，我们比较了 STMG 加法器，基于标准 CMOS[20] 的加法器和由 MTJ 和 CMOS 组成的加法器。最后一个加法器是基于文献[21]的设计和参数，从 180nm 工艺代次到 22nm 工艺代次的缩放。假设延时的缩放与尺寸成比例，并且开关能量与尺寸的平方成正比。所有三个电路都被调整到每单位面积大致相同的功率。

表 13.1　利用不同技术创建的加法器的比较

	CMOS	STMG	MTJ+CMOS
工艺特性，F，nm	22	22	22
面积因子，$F*F$	10 143	2 727	10 124
每门面积，μm^2	5.0	1.3	4.9
电压，V	0.81	0.1	0.81
开关时间，ps	16	2 826	1.25
同步时间，ps	250	5 651	2 000
本征开关能量，aJ	1382	147 703	???
伴随电路的开关能量，aJ	17 640	257 680	326 000
每门功率，有源，μW	70.6	45.6	163.0
每门功率，待机，μW	0.81	0	0
活动因子	0.01	0.01	0.01
每门功率，平均，μW	1.52	0.46	1.63
每单位面积功率，W/cm^2	30.1	34.5	33.3
数据吞吐量，Mops/（ns·cm²）	79.4	13.4	10.2

总之，我们基于相对成熟的可以轻松实现的 STTRAM 技术，提出了纳米磁逻辑电路。宽参数范围内切换可以通过微磁场建模来阐明。

开关速度和电流与现有 STTRAM 的相当。磁化角传输特性对应于电路增益。虽然对于相同的工艺代次和相同的活动因子，这些电路的开关速度和能量都不如 CMOS 的，但是耗散功率和计算吞吐量与 CMOS 在同一个数量级。对于这里假设的活动因子远小于 0.01 的应用，STMG 逻辑的相对性能将成比例地增强。极端的情况是，即便没有电源和恢复时间，基于磁体的逻辑电路也能够无限制地保持它们的状态。

参考文献

[1] N. M. Hosomi, H. Yamagishi, T. Yamamoto *et al.*, "A novel nonvolatile memory with spin torque transfer magnetization switching: spin-RAM." In *Electron Devices Meeting, 2005. IEDM Technical Digest. IEEE International*, pp. 459–462. (2005).

[2] D. E. Nikonov & G. I. Bourianoff, "Operation and modeling of semiconductor spintronics computing devices." *Journal of Superconductivity and Novel Magnetism*, **21**(8), 479–493 (2008).

[3] D. E. Nikonov & G. I. Bourianoff, "Recent progress, opportunities and challenges for beyond CMOS information processing technologies." *ECS Transactions*, **35**(2), 43–53 (2011).

[4] D. E. Nikonov, G. I. Bourianoff, & T. Ghani, "Proposal of a spin torque majority gate logic." *IEEE Electron Device Letters*, **32**(8), 1128–1130 (2011).

[5] K. Bernstein, R. K. Cavin, III, W. Porod, A. Seabaugh, & J. Welser, "Device and architecture outlook for beyond CMOS switches." *Proceedings of the IEEE*, **92**(12), 2169–2184 (2010).

[6] S. Sugahara and M. Tanaka, "A spin metal–oxide–semiconductor field-effect transistor using half-metallic-ferromagnet contacts for the source and drain." *Applied Physics Letters*, **84**, 2307–2309 (2004).

[7] D. E. Nikonov & G. I. Bourianoff, "Spin gain transistor in ferromagnetic semiconductors: the semiconductor Bloch equations approach." *IEEE Transactions on Nanotechnology*, **4**, 206 (2005).

[8] R. P. Cowburn & M. E. Welland, "Room temperature magnetic quantum cellular automata." *Science*, **287**, 1466 (2000).

[9] D. A. Allwood, G. Xiong, C. C. Faulkner, D. Atkinson, D. Petit, & R. P. Cowburn, "Magnetic domain-wall logic." *Science*, **309**, 1688 (2005).

[10] B. Behin-Aein, D. Datta, S. Salahuddin, & S. Datta, "Proposal for an all-spin logic device with built-in memory." *Nature Nanomaterials*, **5**, 266 (2010).

[11] A. Khitun & K. L. Wang, "Nano scale computational architectures with spin wave bus." *Superlattices and Microstructures*, **38**, 184 (2005).

[12] I. Zutic, J. Fabian, & S. D. Sarma, "Spintronics: fundamentals and applications." *Reviews in Modern Physics*, **76**(2), 323–410 (2004).

[13] J. A. Katine, F. J. Albert, R. A. Buhrman, E. B. Myers, & D. C. Ralph, "Current-driven magnetization reversal and spin-wave excitations in Co/Cu/Co pillars." *Physics Review Letters*, **84**, 3149–3152 (2000).

[14] M. J. Donahue & D. G. Porter, "OOMMF User's Guide, Version 1.0." National Institute of Standards and Technology Report No. NISTIR 6376 (1999).

[15] G. S. Abo, Y.-K. Hong, J. Park, J. Lee, W. Lee, and B.-C. Choi, "Definition of magnetic exchange length." *IEEE Transactions on Magnetics*, **49**, 4937–4939 (2013).

[16] S. Mangin, D. Ravelsona, J. A. Katine, M. J. Carey, B. D. Terris, & E. E. Fullerton, "Current-induced magnetization reversal in nanopillars with perpendicular anisotropy." *Nat. Mater.*, **5**, 210–215 (2006).

[17] J. Hayakawa *et al.*, "Current-induced magnetization switching in MgO barrier magnetic tunnel junctions with CoFeB-based synthetic ferrimagnetic free layers." *IEEE Technology Magazine*, **44**, 1962–1967 (2008).

[18] N. L. Schryer & L. R. Walker, *J. Applied Physics*, **45**, 5406 (1974).

[19] "Emerging research devices." In *International Technology Roadmap for Semiconductors (ITRS)* (2011). Available at: www.itrs.net.

[20] "Process integration and device structure." In *International Technology Roadmap for Semiconductors (ITRS)* (2011). Available at: www.itrs.net.

[21] S. Matsunaga, J. Hayakawa, S. Ikeda *et al.*, "Fabrication of a nonvolatile full adder based on logic-in-memory architecture using magnetic tunnel junctions." *Applied Physics Express*, **1**, 091301 (2008).

第 14 章 Chapter 14

自旋波相位逻辑

Alexander Khitun

14.1 引言

　　自旋波是围绕着磁化方向的自旋晶格中自旋振荡的集。类似于固体系统中的晶格波（声子），自旋波出现在磁性有序结构中，自旋波的量子称为"磁子"。磁性晶格中的磁矩通过交换和偶极-偶极相互作用耦合。磁化的任何局部变化（磁序的扰动）都会产生作为磁化波通过晶格传播的自旋集——自旋波。磁子的能量和脉冲由自旋波的频率和波矢量定义。类似于声子，磁体是遵循玻色-爱因斯坦（Bose-Einstein）统计学的玻色子。很长时间以来，自旋波（磁子）作为一种物理现象已经吸引了科学界的兴趣[1,2]，包括非弹性中子散射、布里渊散射、X 射线散射和铁磁共振在内的各种实验技术已经应用于自旋波的研究[3,4]。在过去 20 年中，人造磁性材料（例如，被称作"磁性晶体"的复合结构[5,6]）和磁性纳米结构[7-9]中的自旋波传输引起了学界的极大兴趣。已经开发了包括时域光学和电感技术在内的新的实验技术[7]来研究自旋波传播的动力学特性。为了理解自旋波的典型传播特性，我们将参考文献[8]中提出的 100nm 厚的 NiFe 膜中自旋波的传播时间解析测量结果。本实验中，在坡莫合金（$Ni_{81}Fe_{19}$）薄膜的顶部制造了一组非对称共面带（ACPS）传输线。带和磁性层被绝缘层隔开。使用一条传输线来激发铁磁性膜中的自旋波包，并且将距离激发线 $10\mu m$、$20\mu m$、$30\mu m$、$40\mu m$ 和 $50\mu m$ 的其余线用来检测感应电压。当被 100ps 大小的脉冲激发时，自旋波产生振荡感应电压，它展现了由自旋波传播引起的线下磁化的局部变化。检测到的感应电压信号揭示了空间局部自旋波，它被阻尼并且在时间上扩散。例如，坡莫合金中检测到的静磁自旋波的传播速度约为 $10\mu m/ns$，室温下的衰减时间约为 0.8ns。感应电压在激发点约为 30mV，当自旋波传播距离达到 $50\mu m$ 时，感应电压下降到 2mV。在坡莫合金中获得的静磁自旋波的相关实验数据可以作为实际可行的自旋波器件的基准，尽管对于不同的材料和波导尺寸，群速度和衰减时间可能会显著变化。

　　自旋波具有群速度慢以及高衰减两种典型特性，这是研究人员对其作为信息传输媒介缺乏兴趣的原因。然而，由于芯片上的器件之间的特征距离已进入深亚微米范围，情况发生了巨大变化。实现快速信号转换/调制变得更加重要，而较短行程距离补偿了慢速传播和高衰减的缺陷。从这个角度来看，自旋波具有一定的技术优势：（i）自旋波可以由类似于光纤的磁波导引导；（ii）自旋波信号可以通过电感耦合转换为电压；（iii）磁场可用作自旋波信号调制的外部参数。交换自旋波的波长可以短到几纳米，并且在室温下相干长度可以超过几十微米。后者提出了利用自旋波构建可缩放逻辑器件的可能性。

14.2　自旋波的计算

自旋波逻辑器件有三种基本构建方法，利用自旋波信号的振幅[10-12]、相位[13]或频率[14]为信息编码。这些方法中的每一种都有一定的技术优势和限制。第一个自旋逻辑器件的工作过程由 Kostylev 等人在 2005 年论证[10]。他们建立了一个马赫-曾德尔（Mach-Zehnder）型电流控制自旋波干涉仪，从而论证由自旋波干扰导致的输出电压调制。这样第一个工作原型对于磁逻辑器件的发展非常重要。该器件在 GHz 频率范围和室温下工作。后来，在类似的马赫-曾德尔型结构，实验中证明了独有的 NOT/OR（"非/或"）门和 NOT/AND（"非/与"）门。同时，已经基于马赫-曾德尔型自旋波干涉仪提出了一套完整的逻辑器件，包括 NOT 门、NOR 门和 AND 门。在文献[10-12]中，自旋波振幅定义了输出的逻辑状态。在一定程度，这些基于振幅的器件类似于经典的场效应晶体管，其中由电流产生的磁场自旋波的传播进行调制——一种对电流的模拟。

在基于相位的方法中，逻辑 0 和 1 被分配给传播自旋波的相位（0 或 π）[13]。基于相位的电路接收相同频率和振幅的自旋波，而输入波的相位只有两个可能的值：0 或 π。该电路由铁磁结和移相器组成，使得输出波的相位是输入相位组合（例如，π，π，$\pi \rightarrow \pi$ 或 π，0，$\pi \rightarrow 0$）以及波导结构的函数。相位计算功能在制作特殊类型的逻辑门（例如 MAJ，MOD）[15]时具有一定的优势，其中一些已经通过实验证明[16,17]。14.4 节对相位逻辑电路工作做了更详细的描述。

最近有人提出了基于频率的磁回路[14]。所提出的电路由自旋转矩振荡器组成，该振荡器利用自旋波在共用自由层中传播来通信。这种方法是基于纳米级自旋转矩器件的特性[18,19]而建立的，该器件产生自旋波来响应直流电流。穿过自旋转矩纳米振荡器（STNO）的电流可以产生自旋转移矩，并引起自旋阀自由层的磁矩的自振荡。由于 STNO 的强非线性，旋进磁化的频率可以通过施加的直流电压来调节。在两个或更多个 STNO 共享一个自由层的情况下，振荡可以通过自旋波交换进行频率和相位锁定[20,21]。自旋转矩振荡器的独特性质对于磁性逻辑电路有巨大的应用前景，尽管主要挑战与运行所需的相对高的电流有关。

14.3　实验验证的自旋波元件及器件

在过去 10 年中已经有许多著作，它们着重于利用多波干扰的磁子电路的进行可行性研究，以及寻找更有效的用于自旋波激发和检测的元件。图 14.1 展示了用作原型 MAJ 门的四端自旋波器件的原理图[17]。从底部开始的材料结构包括硅衬底，300nm 厚的氧化硅层，坡莫合金（$Ni_{81}Fe_{19}$）制成的 20nm 厚的铁磁层，300nm 厚的氧化硅层，以及顶部的五条导线组成。导线之间的距离为 $2\mu m$。为了演示三输入/单输出多数逻辑门，五条导线中的三条用作输入端口，其余两条导线与一个环路连接，以检测由自旋波干扰产生的感应电压。通过"输入"导线的电流产生磁场，磁场反过来又激发铁磁层中的自旋波。电流的方向

（施加电压的极性）定义初始自旋波相位。图 14.1b 所示的不同曲线，描绘了对于自旋波相位的不同组合（例如，000，0π0，0ππ 和 πππ），感应电压是时间的函数。这些结果表明，输出感应电压的相位对应于干扰自旋波的大部分相位。自旋波产生几毫伏的感应电压输出，信噪比约为 10∶1。数据采用 3GHz 激励频率，偏置磁场为 95Oe（垂直于自旋波传播方向，$H_3 = 1$0e 时，$H = 79.5775A/m$）。所有测量均在室温下完成。该器件有几个重要特点：（i）所有输入/输出端口位于一个铁磁条上；（ii）只有两个工作相 0 和 π，由激励电流的方向控制；（iii）整个电路构建在硅衬底上。

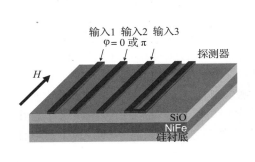

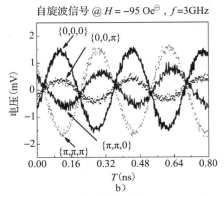

自旋波信号 @ $H = -95$ Oe$^{\ominus}$，$f = 3$GHz

a)　　　　　　　　　　　　　　　b)

图 14.1　a）4 端磁子器件的示意图。该器件结构包括硅衬底，20nm 厚的坡莫合金层，二氧化硅层和一组顶部五根导线（三条导线用于激励三条自旋波，连接在一个环路中的另外两条导线用于检测感应电压）。激励自旋波（0 或 π）的初始相位由激励电流的方向控制。b）表明感应电压作为时间的函数的实验数据。不同的曲线对应于干扰自旋波的相位的不同组合（经 A. Khitun 等人的许可，转载自"自旋波多子逻辑门的论证"，西方纳米电子学会年报，摘要 2.1(2009)）

　　之后，还研究了磁交叉结中的自旋波干扰[22]，该交叉结中两个自旋波在垂直磁波导中被激发。图 14.2a 展示了一个四端磁子器件，它包括由坡莫合金制成的磁交叉结和在波导顶部制造的四个微天线。微天线连接到网络分析仪上，以测量对应于微天线之间的信号传输的 S 参数。自旋波传输明显取决于本地结的磁化。图 14.2b 所示的实验数据给出了作为面内结磁化角度的函数的 S_{13} 和 S_{14} 参数。通过改变结的局部磁纹理，由图 14.2a 所示标记为 1 的微天线产生的相同信号可以在端口 3 和端口 4 之间重新定向。图 14.2c 中的数据显示了自旋波干扰的结果，其中两个波在端口 3 和端口 4 中被激励。因此，磁交叉结可以用作多功能元件，这对于在本章后面讨论的特殊类型的逻辑架构是非常有意义的。$^{\ominus}$

　　文献[17,22]中的自旋波的激发和检测是由微天线完成的。微天线对于实验室的概念验证实验是很方便的，尽管它们在缩放器件中的应用具有几个明显的缺点，包括通过漏磁场在输入和输出天线之间的强直接耦合以及低效率的能量转换。只有输入电源的一小部分（＞1%）通过微型天线到达自旋波。近来出现了一种更高效的由多铁元件（即磁电或 ME 单元）激发自旋波的机制[23]。图 14.3 展示了两个磁电单元的测试结构，其中左侧的单元用于自旋波生成，右侧的单元是自旋波检测器。该结构包括 40nm 厚的 Ni/NiFe 双层（20nm×20nm），它在具有（001）晶体取向的 PMN-PT 衬底顶部上的 $4\mu m$ 宽和 $200\mu m$ 长的条（自旋波总线）中图案化。条的材料选择是为了提供用于自旋波传播的低损耗介质（NiFe）和用于应变诱导各向异性变化（Ni）的磁致伸缩性质。将射频电压施加到铁磁条（磁电单元）下面的 PMN-PT 衬底的微米级约束区域，从而通过由局部电压诱导应变引起的快速各向异性变化来激发自旋波。使用二端口矢量网络分析仪同时检测反射和传输的信号分量来进行测量。图 14.3b 展示了磁电单元的自旋波激发和检测的实验数据。曲线显示了在固定偏置磁场下传输振幅是频率的函数。在距离激发单元远达 $40\mu m$ 的距离处也能检测到传播的自旋波。为了验证检测信号的来源，所有的实验都是在沿自旋波总线的难轴施加的 −500Oe 到 500Oe 的不同偏置磁场下进行的。获得的数据映证了坡莫合金中表面静磁自旋波的 Kittel 模式行为。该实验证实了利用磁电单元进行自旋波产生和检测的可行性。多铁元件的利用提高了激发效率（例如对于微米级磁电单元，单位波提高约 1fJ）。多铁元件的开发与多波干扰器件的论证共同推动了磁子逻辑电路的实际实现。

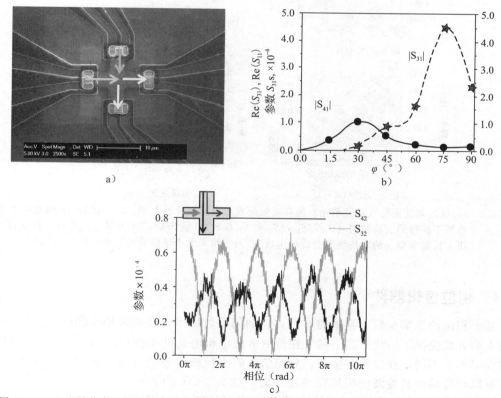

图 14.2　a）由坡莫合金制成端口的磁交叉图，其中四个微天线连接到网络分析仪。b）作为外部磁场方向的函数的端口 1，端口 3 和端口 4 之间的信号传输的实验数据。c）自旋波干扰的实验数据。在端口 1 和端口 2 处激发 8GHz 的两个自旋波。黑色和灰色曲线分别表示在端口 3 和端口 4 处检测到的干扰（经 Kozhanov 等人许可，转载自"自旋波形拓扑和成像"。西方纳米电子学研究所年报，摘要 2.2(2011)）

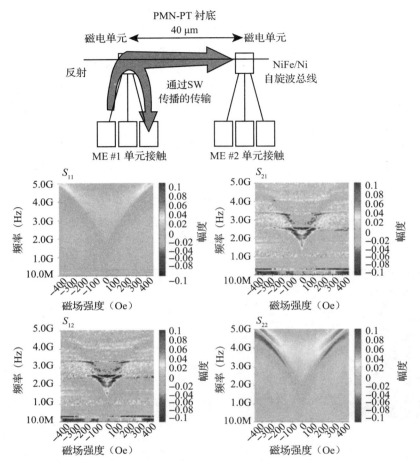

图 14.3　a）通过多铁元件（磁电单元）的自旋波激发和检测实验示意图。b）收集在不同频率和偏置磁场下获得的实验数据（S_{11}，S_{12}，S_{21} 和 S_{22} 参数）（经 S. Cherepov 等人的许可，转载自"利用多铁磁电单元的电场诱导自旋波生成"。西方纳米电子学研究所年报，摘要 2.2（2011））

14.4　相位逻辑器件

　　基于相位的方案是最有希望的[13,15]，它利用了数据编码和处理相位的优点，并为逻辑门建立的方式提供了替代方案。基于相位的电磁逻辑电路的工作原理与传统的场调制振幅方法在根本上不同，在这种方法中，分配信息的 1 位给传播的自旋波的相位。通过简单的计算可以与传播的自旋波的相位联系在一起，这为 NOT 门和多数逻辑门的建立提供了一种替代路线。基于相位的磁子逻辑电路的原理图如图 14.4 所示。该电路包括以下部分：（i）磁电单元；（ii）磁波导-自旋波总线；（iii）移相器。磁电单元（ME cell）将所施加的电压转换为自旋波，并读出自旋波产生的电压。该磁电单元的工作基于磁-电耦合的影响（即多铁性），它通过施加电场实现磁化控制，反之亦然。波导仅仅是用于传输自旋波信号的铁磁材料（例如，NiFe）。移相器是一个无源元件（例如，不同宽度的相同波导，畴壁），给传播的自旋波提供 π 相移。

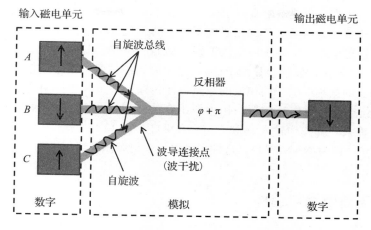

电压	相位
+10mV	0
−10mV	π

A B C	波导连接点	反相器
0 0 0	0	π
0 0 π	0	π
0 π 0	0	π
0 π π	π	0
π 0 0	0	π
π 0 π	π	0
π π 0	π	0
π π π	π	0

相位	电压
0	+10mV
π	−10mV

图 14.4　自旋波逻辑电路示意图。有三个输入（A，B 和 C）和一个输出。输入和输出是通过铁磁波导-自旋波总线连接的磁电单元。输入单元产生相同振幅的自旋波，初始相位为 0 或 π，分别对应于逻辑 0 和 1。波通过波导传播并在连接点处发生干扰。连接点后的波的相位对应于大部分干扰波。被传输的波的相位发生反转（例如通过畴壁）。该表说明了相空间中的数据处理。传输的波的相位定义输出磁电单元的最终磁化强度。根据第三个输入 C（如果 C=1，则为 NOR 门，如果 C=0，则为 NAND 门），该电路可以作为输入 A 和 B 的 NAND 或 NOR 门。经 A. Khitun 许可，转载自 "并行数据处理的多频磁子逻辑电路"，应用物理学报，111，2012。版权所有 2013，美国物理研究所

工作原理如下：初始信息以电压脉冲形式被接收。根据施加到输入磁电单元上的电压的极性对输入 0 和 1 编码（例如，10mV 对应于逻辑 0，−10mV 对应于逻辑 1）。施加电压的极性定义了自旋波的初始相位信号（例如，正电压导致顺时针磁化旋转，负电压导致逆时针磁化旋转）。因此，输入信息被转换为激励波的相位（例如，初始相位 0 对应于逻辑 0，初始相位 π 对应于逻辑 1）。然后，波通过磁波导传播并在波导连接点处相互干扰。对于任何具有奇数个干扰波的连接点，都有一个非零振幅的传输波。穿过连接点的波的相位总是对应于大部分干扰波的相位（例如，如果存在具有初始相位为 0 的两个或三个波，则发射波将具有相位

0；否则波将具有 π 相位）。传输的波通过移相器并累积额外的 π 相位移（即相位 0→π，相位 π→0）。最后，自旋波信号到达具有两个稳定磁化状态的输出磁电单元。在自旋波到达的时刻，输出单元处于亚稳态（磁化沿着垂直于两个稳定状态的难轴）。到来的自旋波的相位定义了输出单元中的磁化弛豫方向[15,24]。输出磁电单元中的磁化变化与多铁性材料中的电极化变化相关，并且可以被磁电单元上的感应电压识别（例如，10mV 对应于逻辑 0，而 −10mV 对应于逻辑 1）。图 14.4 所示的真值表显示了输入/输出的相位关联。波导连接点作为多数逻辑门来工作。传输的波的振幅取决于同相波的数量，而传输的波的相位则对应于主要的相位输入。π 相移器在相位空间中用作反相器。作为该组合的结果，图 14.4 所示的三输入/单输出门可以根据第三个输入 C 而作为输入 A 和 B 的 NAND 门或 NOR 门来工作（如果 C＝1，则为 NOR 门，如果 C＝0，则为 NAND 门）。这种门可以是任何布尔逻辑门结构的通用标准模块。

14.5   自旋波逻辑电路与结构

14.5.1   逻辑电路

自从自旋波逻辑[13]提出以来，在逻辑电路中利用自旋波的想法就以不同的方式发展[15,24-26]。基于自旋波的器件可分为以下几类：易失性的和非易失性的，布尔的和非布尔的，单频电路和多频电路。在这一部分，我们简要介绍这些方法的显著特征，并展示一些磁子结构的例子。

14.5.1.1   易失性磁子电路

只要外部电源施加到自旋波产生单元[13]，或者自旋波总线与保持自旋波脉冲所产生的输出电压的电路结合[25]，例如，如图 14.5 所示，易失性磁子电路就能提供功能输出（即

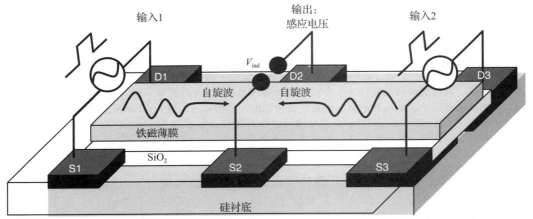

图 14.5   通过自旋波总线连接的三个自旋 FET 组成的自旋波器件。三个自旋 FET 共享由铁磁材料制成的相同门。由输入 1 和输入 2 激励的两个自旋波分别激励具有初始相位 0 或 π 的两个自旋波，相位 0 或 π 分别对应于逻辑 0 和 1。干扰的结果由图中央所示的第三自旋 FET 检测。经 A. Khitun 和 K. Wang 的许可，转载自"具有自旋波总线的纳米尺度计算架构"，*Superlattices & Microstructures*，38，184(2005)

感应电压）。再比如，文献[24]中描述的磁子电路将自旋波总线与微天线组合。只要输入天线产生连续的自旋波，该电路就工作。也可以建立一个将自旋波总线与双稳态电路结合的电路，其中电路的开关由感应电压脉冲来实现[25]。在这种情况下，不需要永久的自旋波产生元件，尽管还需要外部电源来维持电子电路的状态。

14.5.1.2 非易失性磁子逻辑

非易失性电磁逻辑电路能够在没有施加外部电源的情况下保留计算结果（如图 14.6 所示的电路）。信息存储在输出磁电单元的磁状态中，其中逻辑 0 和 1 是对应成磁致伸缩材料的两种磁化状态[15]。一般来说，由自旋波产生的磁场相当弱，所以无法反转可靠数据存储所需的大体积铁磁体的磁化能量（热稳定性＞40）。开关由磁电耦合实现，其中施加到磁电单元的电场在亚稳态中旋转它的磁化，并且到来的自旋波定义了弛豫的方向[15]。非易失性磁性逻辑器件已经被认为是很有希望实现后 CMOS电路的方案，因为它从根本上解决了功耗最小化的问题[27]。

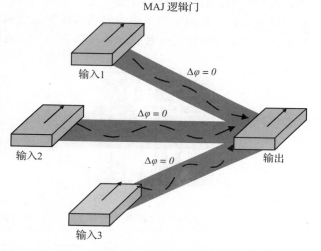

MAJ 逻辑门

图 14.6　非易失性多数（MAJ）逻辑门包括多铁元件和自旋波总线。三个输入和一个输出多铁单元通过自旋波总线连接。输出元件的磁化状态由输入单元发射的自旋波来控制。外部电源仅在切换时才需要（经 A. Keunun 和 K. Wang 的许可，转载自"非易失性磁逻辑电路工程"，应用物理学报，110，034306(2011)。版权所有 2013，美国物理学会）

14.5.1.3 布尔磁子电路

布尔磁子电路旨在为通用的计算提供一组基本逻辑门（AND 门，OR 门，NOT 门），要求它们与传统晶体管电路提供的相同功能。波（即自旋波）的优点是，能够利用波导作为无源逻辑元件，从而控制传播波的相位。相同长度但不同宽度或不同组成成分的波导为传播的自旋波引入不同的相位变化，为逻辑电路结构提供了附加的自由度。此外，自旋波干扰的利用对于构建高扇入器件是有效的，这是相对于晶体管电路的明显优点[17]。总体而言，磁子布尔逻辑电路可以用比 CMOS 对应电路所需更少的元件来构建[28]。这个优点对于复杂的逻辑电路来说更为重要。例如，一个磁子全加器电路仅用五个磁电单元就能构建，而常规设计需要至少 25 个晶体管[15]。

14.5.1.4 非布尔磁子电路

非布尔磁子电路构成了电子电路发展的新方向，旨在弥补特殊任务数据处理中按比例缩小的 CMOS 电路。与用于常规数据处理的布尔逻辑门相比，非布尔电路用于一个或多个特定的逻辑运算。数据搜索和图像处理是需要耗费传统处理器的大量资源的任务的例子。可以利用多波干扰来实现大量数据位的并行数据处理，其中每个波（即波的相位）表示数据的 1 位。文献［29］描述了设计用于模式识别，找到给定函数的周期，以及磁子全息存储器的非布尔磁子逻辑电路的示例。这些电路的运行是基于磁性模板内的自旋波干扰。这种方法类似于"全光学计算"开发的方法[30]，尽管磁子电路的实际实现对于在硅平台上的集成来说更加可行。

14.5.1.5　多频磁子逻辑电路

　　多频磁子逻辑电路使用多个工作频率进行数据传输和处理。波叠加允许我们发送、处理和检测在同一结构内同时传播的多个波。由波导、连接点和移相器组成的相同电路如图 14.7 所示，它可以在频率范围 $\{f_1, f_2, \cdots, f_n\}$ 上工作。该范围是由波导的带宽以及连接点和移相器的尺寸和组成定义的。频率 $\{f_1, f_2, \cdots, f_n\}$ 中的每一个都被认为是独立的信道，其中逻辑 0 和 1 被编码到传播的自旋波的相位中。文献［26］描述了多频电路的示例。多频率方法是一种扩展，可以应用于上述所有类型的电子电路。

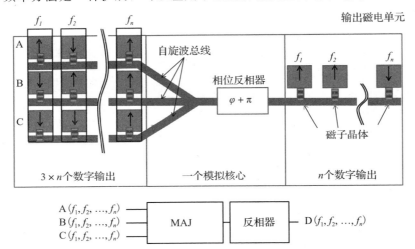

图 14.7　多频磁子电路示意图。每个输入和输出节点都有多个磁电单元，旨在激发和检测特定频率（例如，f_1，f_2，$\cdots$，f_n）上的自旋波。多个单元通过用作频率滤波器的磁子晶体连接到自旋波总线。在自旋波总线内，不同频率的自旋波彼此独立地叠加、传播和接收 π 相移。逻辑 0 和 1 被编码到每个频率上传播的自旋波的相位。输出磁电单元在其中一个工作频率上识别计算结果（所传输波的相位）。经 A. Keunun 的许可，转载自"用于并行数据处理的多频磁子逻辑电路"。应用物理学报，111(2012)。版权所有 2013，美国物理学会

14.5.2　自旋波总线结构

　　自旋波总线和多功能多铁元件的组合提供了一种新颖有趣的路径来实现复杂的计算架构，如蜂窝非线性网络（CNN）[31]和全息计算[32]。

14.5.2.1　具有自旋波总线的蜂窝非线性网络

　　磁子 CNN 的示意图如图 14.8 所示[33]。网络包含了集成到共同的铁磁膜/自旋波总线上的磁电单元。磁电单元是人造两相多铁性结构，包括类似于图 14.7 所示磁电单元的压电和铁磁材料。信息的 1 位被分配给由施加电压控制的单元磁极化。单元之间的信息交换通过自旋波在自旋波总线中传播。每个单元因为一种组合效应而改变其状态：磁耦合和与自旋

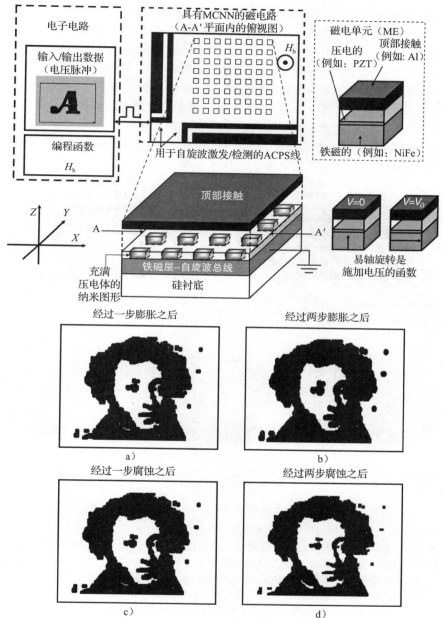

图 14.8 a）磁性蜂窝非线性网络（MCNN）示意图。在共用铁磁膜/自旋波总线上存在一组磁电单元。每个单元都是双稳态磁性元件。单元之间的相互作用是通过穿过自旋波总线传播的自旋波。读入和读出操作由边缘微天线完成。b）解释了如何利用 MCNN 进行图像处理的数值模拟结果。黑色和白色像素对应于磁电单元的两个磁状态（经A. Keunun，M. Bao 和 K. Wang 的许可，转载自"用于图像处理的具有自旋波总线的磁性蜂窝非线性网络"，Superlattices & Microstructures，47(3)，（2010））

波的相互作用。具有自旋波总线的网络的一个显著特点是，使用外部全局参数（磁场）来控制单元间通信的能力。这样就可以在相同的模板上实现不同的图像处理功能，而无需重新布线或重建。图 14.8b 给出了实例，是在两个不同的磁偏置场下完成的图像处理功能的膨胀与腐蚀。正确选择外部磁场的强度和方向，也可以在一个模板上实现垂直和水平线检测、反转和边缘检测等更复杂的图像处理功能。重要的是要注意到，网络中没有一个磁电单元具有单独的接触或偏置线。如图 14.9 所示，单个独立单元的寻址是通过两个自旋波的干扰来完成的，这两个自旋波由位于结构边缘的微条带产生，这为大多数目前提出的纳米 CNN 固有的互连问题提供了原始解决方案。可以通过仅由两个微天线产生的波干扰来解决纳米单元，而不是用大量导线或交叉开关结构来实现。

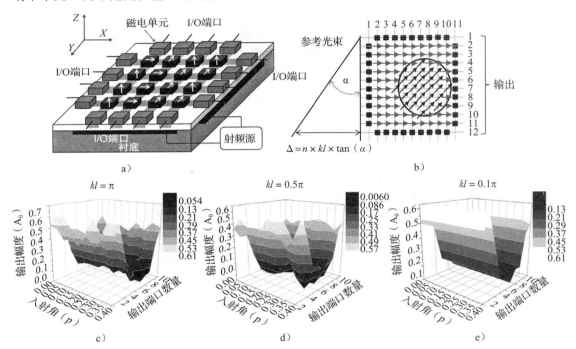

图 14.9　a）磁子全息存储的原理图。器件边缘的 I/O 端口是磁电单元，旨在将输入电信号转换为自旋波，反之亦然。结构的核心是通过磁交叉结连接的铁磁波导的二维网格，其作用是在输入和输出端口之间传输自旋波。b）输入光束由结构左侧的磁电单元产生，输出由右侧的磁电单元检测。入射角度由自旋波发射单元的相移控制。c）几个映射显示来自相同模板的输出是入射角的函数。对三个波数 k 进行模拟：$kl = \pi$，$kl = 0.5\pi$，$kl = 0.01\pi$（经 A. Khitun 许可，转载自"用于特殊类型数据处理的磁子全息器件"。应用物理学报，113，16（2013）。版权所有 2013，美国物理学会）

14.5.2.2　磁子全息器件

全息存储是另一个受益于自旋波的有前景的领域。全息技术已经在光学领域得到广泛开发，很多著作已经对用于数据存储和处理的全息方法的独特功能做了很好的描述[34,35]。全息术的概念是基于波干涉和衍射的使用而提出的，也可以在自旋波器件中实现[29]。磁子全息器件的原理图如图 14.9a 所示。它具有位于结构边缘的多个输入/输出端口和由铁磁波导的矩形网格组成的核心。为简单起见，每侧只显示四个端口，尽管节点的最大数量可能会超过数百个。I/O 端口是磁电（ME）单元，旨在将输入电信号转换为自旋波或将自旋波转换为电信号。结构的核心由铁磁波导（即 NiFe 条带）的二维网格组成，该设计是为了在输入和输出端口之间传输自旋波。网格的基本网眼是类似于图 14.2a 所示的铁磁交叉结。自旋波穿过连接点的传播取决于前面讨论的连接点磁化强度。每个连接点都可以具有如图 14.9b 所示的几种磁化状态，因此整个结构可以认为是类似于光学全息图的磁子散射矩阵。输入光束由结构左侧的磁电单元产生，输出由右侧的磁电单元检测。通过在自旋波发射单元之间引入相移来控制入射光束 α 的角度 $\Delta\varphi = jkl\tan(\alpha)$。图 14.9c 显示了右侧磁电单元检测到的输出作为入射角的函数关系。对三个波数 k 进行了仿真：$kl = \pi$，$kl = 0.5\pi$，$kl = 0.01\pi$。从图 14.9c 可以看出，输出作为入射角的函数随入射角的变化而变化。在长波长极限 $kl = 0.01\pi$ 时，输出的角度相关性消失，其中照射光束的波长比结的尺寸大得多。这些结果证明了磁子全息术在同一结构中记录多个图像的能力。据估计[29]，磁子全息器件可以提供 1Tb/cm^2 的数据存储密度，并提供超过 $10^{18}\text{b/}(\text{s·cm}^2)$ 的数据处理速度。

14.6　与 CMOS 的比较

磁子电路的工作原理与传统 CMOS 的不同，CMOS 中采用的技术和设计规则不适用于基于波的电路。为了比较磁子器件与 CMOS，我们提出了对基于相位的非易失性电路的评估[15]，包括面积、时间延迟，每次工作的能量和功能性数据吞吐量。

磁子逻辑电路的面积由几个参数定义：磁电单元的尺寸（$F \times F$）；每个电路的磁电单元数量 N_{ME}；自旋波总线的长度 L_{swb} 和宽度 W_{swb}。这些参数通过相同的物理量——自旋波的波长彼此相互关联。理论上，磁电单元的特征尺寸 F 可以远小于携带信息的自旋波的波长 λ。另一方面，为了通过磁电耦合进行有效的自旋波激励，磁电单元的长度应该大约等于波长，$F \approx \lambda$。自旋波总线的宽度 W_{swb} 通过色散定律与波长 λ 相关联。然而，自旋波总线的宽度可以远小于波长。

在我们的估计中，我们假设磁电单元的特征尺寸 F 等于波长 $\lambda (F \approx \lambda)$，$W_{swb} \ll L_{swb}$，并且 L_{swb} 为一个或半个波长，取决于特定的逻辑电路（例如，对于缓冲器门，$L_{swb} = \lambda$，对于反相器，$L_{swb} = \lambda/2$）。每个电路的磁电单元数量取决于电路功能。目前还没有经验规则来估计基于磁电单元的数量的磁子逻辑电路的尺寸。下面我们来介绍一些逻辑电路的面积 A 的估算。

- 缓冲器：$A = F \times (2F + \lambda) \approx 2\lambda^2$
- 反相器：$A = F \times (2F + \lambda/2) \approx 2.5\lambda^2$
- AND 门：$A = F \times (3F + \lambda + \lambda) \approx 3\lambda^2$
- MAT 门/MOD2 门：$A = (3F + 2\lambda) \times (2F + \lambda) \approx 15\lambda^2$
- 全加器电路：$A = (3F + 2\lambda) \times (3F + 2\lambda) \approx 25\lambda^2$

每个电路的时间延迟是以下各项之和：通过输入磁电单元激发自旋波所需的时间 t_{ext}，自旋波从输入到输出单元的传播时间 t_{prop} 和输出磁电单元中的磁化弛豫时间 t_{relax}。即

$$t_{delay} = t_{ext} + t_{prop} + t_{relax}$$

自旋波激发的最小时间延迟受到电气部分 RC 延时的限制，其中，R 是金属互连的电阻，C 是磁电单元的电容。通常，RC 延时比自旋波在激励和检测端口之间传播所需的时间短得多[17]。可以通过连接最远输入和输出单元的自旋波总线的长度除以自旋波群速度 v_g 来估计传播时间，即 $t_{prop} = L_{swb}/v_g$。群速度取决于总线的材料和几何形状，以及特定自旋波模式。静磁自旋波在导电铁磁材料（例如，NiFe）中传播的典型群速度约为 $10^6 \mathrm{cm/s}$[7,8]。

我们要强调易失性和非易失性磁子电路的在运行速度方面的差异。易失性磁子电路的运行速度仅受自旋波激发时间、电路长度和自旋波群速度的限制，而非易失性电路需要一个用于输出双稳态磁电单元开关的额外时间。输出磁电单元的弛豫时间取决于磁致伸缩材料的材料性质（例如阻尼参数 α）。实际上，双稳态纳米磁体（热稳定性 > 40）的磁化反转所需的最小延迟时间 t_{relax} 约为 100ps，这可能比传播时间（例如，$100\mathrm{nm}/10^6\mathrm{cm/s} = 10\mathrm{ps}$）长得多。

磁子逻辑电路中每次运行的能量取决于每个电路的磁电单元数量和每个单元中磁化旋转所需的能量。磁电单元是唯一的有源（即消耗功率的）元件，而其他组件（例如，自旋波总线，连接点，移相器）是无源元件。输入磁电单元用于生成自旋波，而输出磁电单元恢复自旋波信号。在这两种情况下，自旋波产生/恢复的能量都来自电畴，通过多铁元件中的磁电耦合。例如，在包含压电（例如 PZT）和磁致伸缩材料（例如 Ni））的合成多铁性体中，施加在压电体两端的电场产生应力，这进而影响磁致伸缩材料的各向异性性。根据实验数据[36]，Ni/PZT 合成多铁性体中磁化旋转 90° 所需的电场强度约为 1.2MV/m。这可以用来在纳米级磁电单元中实现很低（在阿焦（aJ）$^{\ominus}$ 的数量级）的开关能量（例如，具有 $0.8\mu m$ PZT 的 $100\mathrm{nm} \times 100\mathrm{nm}$ 磁电单元中开关能量为 24aJ）[15]。这样每 $1\mathrm{m}^2$ 面积电路工作在 1GHz 频率时的最大功耗密度可估计为 $7.2\mathrm{W/cm}^2$。在多频电路中，额外工作频率的增加将线性增加电路中的功耗[26]。

基于 CMOS 和磁子的逻辑器件之间的比较应该是比较整个电路参数，例如单位面积单位时间的功能数量，每次运行的时间延迟，以及逻辑功能所需的能量。在表 14.1 中，我们总结了电子全加器电路的估算，并将其与基于 CMOS 的电路的参数进行比较。45nm 和 32nm CMOS 技术的全加器电路数据基于 ITRS 预测[37]和现有技术的可用数据[38]。磁子电路的数据基于文献[15]描述的设计和上述估计。由于每个电路所需要的元件数量更少（例如，5 个磁电单元对比 25~30 个 CMOS），磁电路具有电路面积最小化的显著优势（约 100 倍）。但同时，磁子逻辑电路将比 CMOS 速度更慢。在表 14.1 中，我们给出了对应于易失性和非易失性电路的两个延迟时间数字。易失性电路的延迟时间主要由自旋波群速度定义，而非易失性电路的延迟时间受限于输出磁电单元的弛豫时间。相对于 CMOS 电路最突出的优势（约 1000 倍）在于功耗的最小化。除了有源功率的大幅降低外，基于非易失性磁单元的磁子逻辑电路还没有其他静态功耗。由于电路面积更小，磁子逻辑电路的总体功能性数据吞吐量将高出约 100 倍。

$\ominus$ $1\mathrm{aJ} = 10^{-18}\mathrm{J}$。——编辑注

表 14.1　磁子和传统全加器电路的比较

	45nm CMOS	32nm CMOS	$\lambda = 45$nm	$\lambda = 32$nm
面积	$6.4\mu m^2$	$3.2\mu m^2$	$0.05\mu m^2$	$0.026\mu m^2$
延迟时间	12ps	10ps	13.5ps/0.1ns	9.6ps/0.1ns
功能性数据吞吐量	1.3×10^9Ops/ $(ns\cdot cm^2)$	3.1×10^9Ops/ $(ns\cdot cm^2)$	1.48×10^{11}Ops/ $(ns\cdot cm^2)$	4.0×10^{11}Ops/ $(ns\cdot cm^2)$
每次运行能量	12fJ	10fJ	24aJ	15aJ
静态功率	>70nW	>70nW	—	—

我们还估计了由于使用多频造成的额外功能性数据吞吐量的增加。图 14.10 显示了由 CMOS 和磁子多频电路构成的全加器电路的功能性数据吞吐量的估计，以 Ops/（ns·cm²）为单位。CMOS 全加器电路的估计是基于 32nm CMOS 技术的数据（面积＝$3.2\mu m^2$，延迟时间＝10ps[38]），后几代的估计值通过使用以下经验规则进行推导：每个电路的面积每代尺寸×0.5，并且延迟时间每代尺寸×0.7。磁子电路的估计是基于文献[26]提出的多频模型。图 14.10 展示了相对功能性数据吞吐量增加作为频率数 N（独立信道）的函数。应当注意，附加频率通道的引入与每个新输入/输出端口引入的额外面积和延迟时间有关。存在提供最大功能性数据吞吐量的最佳工作通道数量，它在不同逻辑电路之间会有变化。

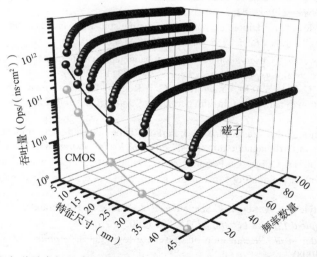

图 14.10　由 CMOS 和磁子多频电路构成的全加器电路，估计其处理功能及数据吞吐量。CMOS 电路的估计是基于 32nm CMOS 技术。进而外推较小特征尺寸的估计值：每个电路的面积每代缩放 1/2，并且延迟时间每代缩放 0.7（经 A. Keunun 的许可，转载自"用于并行数据处理的多频磁子逻辑电路"。应用物理学报，111(2012)。版权所有 2013，美国物理学会）

14.7　总结

磁子逻辑器件是后 CMOS 逻辑电路的替代方法之一，有望提供显著的功能性数据吞吐量。这种方法的本质是使用基于波的现象来实现逻辑功能。将信息编码成传播的自旋波的相位，就有可能将波导用作无源逻辑元件并且减少每个电路的元件数量。使用多个频率作为独立信道的能力打开了功能性数据吞吐量增强的新维度，并可能为其长期发展提供途径。然而，在磁子逻辑电路找到任何实际应用之前，还有许多问题需要解决。大多数这些问题与电路稳定性和对结构缺陷的免疫性有关。目前，所有论证的原型都采用微米级波长的自旋波，这使得它们免受波导结构变化的影响。而且不清楚到深亚微米范围是否会显著影响信噪比和传播速度。

　　尽管还有众多技术问题，磁子逻辑器件为实现功能性数据吞吐量提升提供了新的途径，具有显著的性能回报。最有可能的是，在特殊任务数据处理中，磁子逻辑器件将用于补充现有的逻辑电路。

参考文献

[1] C. Herring & C. Kittel, "On the theory of spin waves in ferromagnetic media." *Physical Review*, **81**, 869–880 (1951).

[2] R. W. Damon & J. R. Eshbach, "Magnetostatic modes of a ferromagnet slab." *Journal of Physics and Chemistry of Solids*, **19**, 308–320 (1961).

[3] P. Kabos, W. D. Wilber, C. E. Patton, & P. Grunberg, "Brillouin light scattering study of magnon branch crossover in thin iron films." *Physical Review B*, **29**, 6396–6398 (1984).

[4] C. Mathieu *et al.*, "Lateral quantization of spin waves in micron size magnetic wires." *Physical Review Letters*, **81**, 3968–3971 (1998).

[5] M. P. Kostylev *et al.*, "Dipole-exchange propagating spin-wave modes in metallic ferromagnetic stripes." *Physics Reviews B*, **76**, 054422 (2007).

[6] Z. K. Wang *et al.*, "Observation of frequency band gaps in a one-dimensional nanostructured magnonic crystal." *Applied Physics Letters*, **94**, 083112 (2009).

[7] T. J. Silva, C. S. Lee, T. M. Crawford, & C. T. Rogers, "Inductive measurement of ultrafast magnetization dynamics in thin-film permalloy." *Journal of Applied Physics*, **85**, 7849–7862 (1999).

[8] M. Covington, T. M. Crawford, & G. J. Parker, "Time-resolved measurement of propagating spin waves in ferromagnetic thin films." *Physical Review Letters* **89**, 237202 (2002).

[9] M. Bailleul, D. Olligs, C. Fermon, & S. Demokritov, "Spin waves propagation and confinement in conducting films at the micrometer scale." *Europhysics Letters*, **56**, 741 (2001).

[10] M. P. Kostylev, A. A. Serga, T. Schneider, B. Leven, & B. Hillebrands, "Spin-wave logical gates." *Applied Physics Letters*, **87**, 153501 (2005).

[11] T. Schneider *et al.*, "Realization of spin-wave logic gates." *Applied Physics Letters*, **92**, 022505 (2008).

[12] K.-S. Lee & S.-K. Kim, "Conceptual design of spin wave logic gates based on a Mach–Zehnder-type spin wave interferometer for universal logic functions." *Journal of Applied Physics*, **104**, 053909 (2008).

[13] A. Khitun & K. Wang, "Nano scale computational architectures with spin wave bus." *Superlattices & Microstructures*, **38**, 184–200 (2005).

[14] I. Krivorotov, *Western Institute of Nanoelectronics, Annual Review Abstract* **3**(1) (2012). Available at www.win-nano.org/.

[15] A. Khitun & K. L. Wang, "Non-volatile magnonic logic circuits engineering." *J. Applied Physics*, **110**, 034306 (2011).

[16] Y. Wu *et al.*, "A three-terminal spin-wave device for logic applications." *Journal of*

Nanoelectronics and Optoelectronics, **4**, 394–397 (2009).

[17] P. Shabadi *et al.*, "Towards logic functions as the device." In *Proceedings of the Nanoscale Architectures (NANOARCH), 2010 IEEE/ACM International Symposium*, pp. 11–16 (2010).

[18] L. Berger, "Emission of spin waves by a magnetic multilayer traversed by a current." *Physical Review B*, **54** , 9353–9358 (1996).

[19] J. A. Katine, F. J. Albert, R. A. Buhrman, E. B. Myers, & D. C. Ralph, "Current-driven magnetization reversal and spin-wave excitations in Co /Cu /Co pillars." *Physical Review Letters*, **84**, 3149–3152 (2000).

[20] S. Kaka *et al.*, "Mutual phase-locking of microwave spin torque nano-oscillators." In *IEEE International Magnetics Conference, 2006*, **2**(01), pp. 1–2 (2006).

[21] F. B. Mancoff, N. D. Rizzo, B. N. Engel, & S. Tehrani, "Phase-locking in double-point-contact spin-transfer devices." *Nature*, **437**, 393–395 (2005).

[22] A. Kozhanov, "Spin wave topology and imaging." *Annual Report to the Western Institute of Nanoelectronics* (2011). Available at www.win-nano.org/.

[23] S. Cherepov *et al.*, "Electric-field-induced spin wave generation using multiferroic magneto-electric cells." In *Proceedings of the 56th Conference on Magnetism and Magnetic Materials (MMM 2011), DB-03* (2011).

[24] A. Khitun, M. Bao, & K. L. Wang, "Spin wave magnetic nanofabric: a new approach to spin-based logic circuitry." *IEEE Transactions on Magnetics*, **44**, 2141–2152 (2008).

[25] A. Khitun *et al.*, "Inductively coupled circuits with spin wave bus for information processing." *Journal of Nanoelectronics and Optoelectronics*, **3**, 24–34 (2008).

[26] A. Khitun, "Multi-frequency magnonic logic circuits for parallel data processing." *Journal of Applied Physics*, **111**, 054307 (2012).

[27] "Process integration and device structure." *International Technology Roadmap for Semiconductors (ITRS)* (2011). Available at: www.itrs.net.

[28] P. Shabadi *et al.*, "Spin wave functions nanofabric update." In *Proceedings of the IEEE/ACM International Symposium on Nanoscale Architectures (NANOARCH-11)*, pp. 107–113 (2011).

[29] A. Khitun, "Magnonic holographic devices for special type data processing." *J. Applied Physics*, **113**, 164503 (2013).

[30] S. H. Lee, Ed., *Optical Information Processing Fundamentals* (Berlin: Springer, 1981).

[31] L. O. Chua & L. Yang, "Cellular neural networks: theory." *IEEE Transactions on Circuits & Systems*, **35**, 1257–1272 (1988).

[32] P. Ambs, "Optical computing: a 60-year adventure." *Advances in Optical Technologies*, vol. 2010, Article ID 372652, 15 pages (2010). doi: 10.1155/2010/372652.

[33] A. Khitun, B. Mingqiang, & K. L. Wang, "Magnetic cellular nonlinear network with spin wave bus." In *2010 12th International Workshop on Cellular Nanoscale Networks and their Applications (CNNA 2010)*, pp. 1–5 (2010).

[34] D. Gabor, "A new microscopic principle." *Nature*, **161**, 777–778 (1948).

[35] P. Hariharan, ed., *Optical Holography: Principles, Techniques and Applications* , 2nd edn. (Cambridge: Cambridge University Press, 1996).

[36] T. K. Chung, S. Keller, & G. P. Carman, "Electric-field-induced reversible magnetic single-domain evolution in a magnetoelectric thin film." *Applied Physics Letters*, **94**, 132501 (2009).

[37] Yearly report. *International Technology Roadmap for Semiconductors (ITRS)* (2007). Available at: www.itrs.net..

[38] A. Chen, private communication (2010).

关于互连的思考

第 15 章　互连

第 15 章 | Chapter 15

互　　连

Shaloo Rakheja，Ahmet Ceyhan，Azad Naeemi

15.1　引言

随着使用硅基 CMOS 技术制造的微芯片的特征尺寸不断减小，电子产业的发展呈指数增长。特征尺寸的减小（通常称为尺寸缩放）已经使得晶体管性能和功耗明显改善——更高的晶体管密度，用于提高微芯片的功能、复杂性和性能；并降低成本。这些优势使得半导体行业能够在每一次技术革新时都提供应用广泛的新产品。

半导体行业的研究涉及越来越彻底的潜在解决方案，解决 10 年内由于尺寸缩放产生的技术瓶颈。正在进行的研究需要许多材料创新，包括使用异构技术以及开发替代状态变量和非二进制计算方案的逻辑器件，以便将摩尔定律延伸到 2020 年以后。这些逻辑器件在结构和工作原理上有所不同，并且包括可用于编码信息的各种物理量，例如电荷、电偶极子，磁偶极子（自旋）、轨道状态、机械位置、光强度等。

除了更小和更快的晶体管，半导体工业需要快速和密集的互连来制造高性能微芯片。集成电路从只有几个组件的嵌入式系统演变到具有数十亿个器件的大型系统，这将互连问题转变为每个新技术节点继续改进微芯片性能的主要威胁之一[1]。互连是集成电路的性能提升的主要限制，因为它们增加了关键路径的延时、耗散了能量，并引起噪声和抖动，最终由于易受电迁移（EM）和时间相关的介电击穿（TDDB）影响而导致金属和介电可靠性降低。所有这些限制都会随着尺寸缩放而恶化。

本章重点介绍新兴充电和非充电器件的互连面临的挑战和机遇。15.2 节描述电荷系统中的互连器件相关的问题。15.3 节主要研究不同电压控制下基于碳的器件互连技术与传统的 Cu/低 k 技术相比的潜在优势。15.4 节描述替代状态变量的物理传输机制，并介绍如何使用电子自旋状态传递信息。

15.5 节针对大范围的掺杂浓度和工作温度，介绍硅和砷化镓中自旋弛豫长度（SRL）的紧凑模型。在 15.6 节中，紧凑模型用于量化具有半导体通道的常规和非局部自旋阀（NLSV）器件中的自旋注入和传输效率（SITE）。15.6 还描述在传统自旋阀中电场改变自旋传输特性的作用。在 15.7 节中，在硅技术路线图（7.5nm 的最小特征尺寸）的终点，将半导体自旋电子互连的性能和能量与 CMOS 互连对应进行比较。15.8 节总结本章，介绍纳米电子学的未来展望。

15.2　互连问题

15.2.1　布线问题

忽略由互连引起的所有其他问题，而仅仅是在相同的占用空间中将微芯片上的大量导线布线就是一个引起越来越多关注的复杂问题。国际半导体技术路线图（ITRS）2012 年计划了 12 个布线层次；在 2020 年计划的布线层次为 14；2026 年的布线层次为 16[2]。在特定功能块内，相对靠近的晶体管之间采用短互连传送信号的，它们以具有高密度的精细间距的局部互连层来布线，因为它们的总电阻是可以容忍的。随着互连越来越长，它们变得越来越宽，以减小寄生电阻；也因此减小延时。因此，这种多层互连架构是布线问题和互连延时问题的部分解决方案，这将在接下来讨论[3]。这种方法需要大量致力于设计和工艺优化的努力，以确保可制造性，同时满足性能约束[4]。因此，制造电子器件的成本主要取决于与布线互连相关的成本，并且随着每个附加金属层的增加而增加[5]。在衡量额外成本与性能优势时，增加新的金属层已成为一个必须考虑的问题。此外，如果尺寸效应没有减轻并且缩放势垒厚度仍然是一个挑战，则金属层的数量也许要进一步增加[6]。

15.2.2　从电阻-电容角度来看的互连问题

目前的 CMOS 技术本质上是一种基于电荷的技术。在晶体管的反型层中移动电子电荷的存在或不存在是作为区分“0”和“1”的数字逻辑状态的依据。通常通过在铜中实施的电互连，CMOS 技术中的晶体管之间的信息通过电压扩散来传送。

从历史上看，较短局部和中间互连的延时比开关的延时小得多，而且它们的长度随着尺寸的发展而增长[7]。短互连的延时由晶体管的输出电阻和互连电容决定。然而，较长全局互连的长度并没有随着尺寸的缩放而缩放，因为它们跨越了芯片。重复的全局互连的延时保持不变，导致其与门延时相比有增加的趋势。因此，全局互连被认为是更严重的互连问题[8-10]。

信号通过分布式 RC 电气互连传播的本征延时与 $L^2/(r_w c_w)$ 成正比，其中，L 是互连长度，r_w 和 c_w 是每单位长度互连的电阻和电容。将该表达式重写为 $\rho \varepsilon L^2/(HT)$，不难看出，可以通过以下方式减小互连延时：（1）使用新材料降低金属电阻率 ρ；（2）减小绝缘体介电常数 ε；（3）使用新颖的架构减小互连长度 L；（4）反向缩放互连高度 H 和绝缘体厚度 T[11]。在过去 10 年中，已经提出了各种解决方案来解决全局互连问题。其中一些包括：采用 Cu/低 k 技术以引入较低的 $\rho \varepsilon$ 乘积[12,13]，采用多核架构[14]和三维积分以减小最大全局互连长度[15]和反向缩放互连高度。全局互连缩放问题的另一个潜在解决方案是通过引入片上光学互连来改变物理互连的方式[16,17]。尽管其中一些解决方案又引入了其他问题，例如多核架构中的路由器功耗[18]，但不可否认的是，由于这些研究进展，全局互连问题的性质已经改变。

此外，在 20nm 技术节点的局部互连特性发生了根本性的变化。除了由尺寸进一步的缩放带来的横截面互连尺寸减小，Cu 互连的有效横截面尺寸也进一步减小，因为沟槽被阻挡层/衬垫层/Cu 晶三层厚度所占据的部分增加。此外，在这样小的尺寸下，由于在侧壁和晶界处的电子散射，以及线边缘粗糙度（LER），Cu 互连的电阻率的尺寸效应显著增加。互连尺寸效应参数，即决定在线表面上发生镜面散射的电子所占比例的镜面反射参数 p，以及决定在晶界处向后散射的电子所占比例的反射率参数 R，这两个参数决定了电阻率增加的严重程度[19-27]。因此，与 Cu 互连相关联的单位长度的电阻迅速增加，使得局部互连的电阻都改变得十分显著。局部互连的延时不再仅仅由晶体管的输出电阻和互连电容决定。现在已知局部/中间和全局互连对总体电路延时产生了重大影响[28]。包括使用原子层沉积代替溅射沉积以获得更好的控制力和使用自形阻挡层的潜在解决方案可能会降低衬垫层厚度并提高可靠性[29]。但是 Cu 的电阻率不断增大，这一特性最终需要从材料上入手来缓解。

事实上，局部互连延时问题的唯一可行解决方案是过去 10 年在不同代工艺中逐渐采用低 k 材料。引入介电常数值低于 2 的新型超低 k 介质材料相关的困难将为优化版图和设计带来更多负担，而这些版图的优化和设计能缩短未来的局部互连长度。表 15.1 列出了 ITRS 的一些预测，以强调互连问题的严重性。图 15.1 所示的对 10 个门间距长度，最小尺寸互连和反相器比较了它们的 RC 延时和能量延时积。在这个比较中考虑了两组尺度效应参数，包括悲观和更乐观的情况；它们的参数值取自上述文献中的实验。同时也给出了反相器特性的预测性技术模型结果[30]。

表 15.1 从 ITRS 2012 更新版中提取的互连参数预测。计算度量标准用 * 号表示

	2015	2020	2025
M1 半间距（nm）	21	12	7
长宽比	1.9	2	2.2
Cu 电阻率（$\mu\Omega \cdot cm$）	6.61	9.74	15.02
Cu M1 布线的阻挡/包层厚度（nm）	1.9	1.1	0.6
* M1 导线的单位长度电阻，$r(\Omega/\mu m)$	101	434	1 750
M1 导线的单位长度电容，$c(pF/cm)$	1.8~2	1.6~1.8	1.5~1.8
NMOS 本征延迟，$\tau = CV/I$（多栅极，MG）（φs）	0.32	0.19	0.12
单位器件宽度的 NMOS 动态功率指标，$E = CV^2$（fJ/μm）	0.42	0.25	0.15
* 1mm M1 导线的分布式 RC 延时，$\tau_{int} = 0.4rcL^2$（ps）	7 676	29 512	115 500
* $\tau_{int} = \tau$ 时的长度（μm）	6.5	2.5	1
* 单位长度 M1 导线动态功耗指标，$E_{int} = C_{int}V^2$（fJ/μm）	0.121 6	0.079	0.057
* 假设为最小宽度 CMOS，$E_{int} = E$ 时的长度（以最小器件宽度为单位）	3.45	3.16	2.63

此外，随着互连尺寸的缩放和互连密度的增加，集成互连长度以及因此导致的微芯片上的总互连电容也增加。因此，互连动态功耗在每一代工艺都成为微芯片上总功耗的大部分来源。2004 年，有一项在为功率效率设计的微处理器（包括用 130nm 技术制造的 7700

万个晶体管）上进行的互连功率分析研究，研究表明互连占总动态功耗的 50%。这项研究还表明，局部和全局互连在功耗方面同样重要，各占芯片动态功耗的 25%[31]。

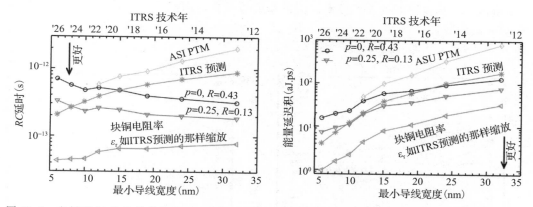

图 15.1　在低于 20 纳米技术节点下，10 个门间距长度 Cu/低 k 互连和最小尺寸反相器之间的 RC 延时（左）和 EDP（右）比较。对于互连，考虑了悲观（$p=0$，$R=0.43$）和更乐观（$p=0.25$，$R=0.13$）的尺寸效应参数。对于反相器，考虑了针对 FinFET 的预测技术模型（ASU PTM）和 ITRS 预测。本征互连与反相器的 RC 延时和 EDP 之间的巨大差距在未来几代工艺中缩小并消失

15.3　新兴的电荷器件技术的互连选项

　　我们在上一节中叙述了 Cu/低 k 互连技术面临的各种重大挑战，迫切需要创新的解决方案。随着尺寸缩小，基于碳的新兴互连技术面临着越来越多的机遇。任何在性能，功耗或尺寸缩小方面提供优势的器件技术都必须通过互连技术进行补充，互连技术提供类似的交换，以避免互连造成的主要瓶颈。在本节中，我们研究互连与各种电压控制的基于电荷器件的相互作用，类似于传统的 Si/CMOS 晶体管，包括高性能和超低功耗选项。为此，我们将 FinFET，类似于 MOSFET 的碳纳米管 FET（CNFET），同质结Ⅲ～Ⅴ族隧道 FET（TFET），亚阈值 CMOS 器件，与传统 Cu/低 k 和新兴互连选项进行配对，并比较电路性能。我们考虑的新兴互连方案是单壁碳纳米管（SWNT）束，一个或几个平行的单壁碳纳米管，以及单层和多层石墨烯纳米纤维（GNR）互连。由于各种器件技术在输出电流、输入电容、亚阈值摆幅等方面提供了不同的特性，所以它们对互连的限制以及每个器件的最佳互连也是不同的。这种差异源于以下事实：各种互连技术的技术参数对电路的速度和能量优势的影响可能取决于所使用的晶体管。新兴的 CNT 和 GNR 互连通常比 Cu/低 k 具有更大的电阻，但它们可提供较低的电容。将这些选项的固有特性与图 15.2 所示的 Cu/低 k 互连的固有特性进行比较。在 2020 年之后，许多基于碳的设计在 RC 延时和 EDP 方面都比 Cu/低 k 提供了可比的或更好的性能。尽管这种互连技术取得了重大的技术进步，但如果要应用在商业上，仍有许多重大挑战必须克服。

　　FinFET 器件的预测技术模型（PTM）由亚利桑那州立大学 PTM 课题组和 ARM 公司[30]基于伯克利短沟道 IGFET 公共栅极模型（BSIM-CMG）共同开发。他们使用多栅极

器件，物理模型和 ITRS 预测的缩放理论进行 BSIM-CMG 模型的模型参数开发。与平面体 CMOS 器件相比，FinFET 器件由于更好的静电性能而具有小的短沟道效应（SCE），可承载更多电流，并提供更好的面积效率。沟道宽度被量化；因此，必须针对驱动电流选择优化鳍（Fin）的数量。

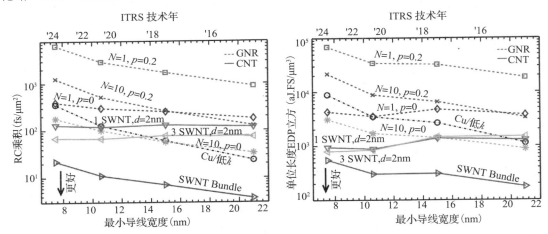

图 15.2   考虑到在单层以及在具有完美和粗糙（20% 边缘散射概率，$p = 0.2$[32]）边缘的单层和多层 GNR 互连中，纳米管有不同数量和直径，对与 Cu 互连、SWNT 束、SWNT 互连相关的单位长度 RC 乘积平方和单位长度 EDP 立方进行比较。新兴的基于碳的互连可以在 RC 乘积和 EDP 方面可能胜过 Cu/低 k

　　CNFET 器件是 2020 年之后"原子尺寸极限"中晶体管性能增强的替代解决方案。由 Deng 和 Hong[33] 开发的紧凑型模型被验证，以满足合理的电流要求，同时控制阈值电压从而将漏电流保持在一个合理的值；这种模型也被用于模拟 16nm 工艺节点上的类似于 MOSFET 的 CNFET 门，以预测 CNFET 器件的电路和系统级特性。该模型包括各种非理想因素，例如在圆周和轴向方向上的量子约束效应、沟道区域中的弹性散射、电阻源/漏极、肖特基势垒电阻、沟道区域中的声学和声子散射，通过 CNFET（在同一栅极下含有多个并联的 CNT）中并联 CNT 的屏蔽效应以及寄生栅极电容。

　　TFET 中的导通是依靠源极和沟道势垒之间的带-带隧穿。栅极电压用于能量中移动能带，并改变载流子隧穿概率。文献[34]中提出了各种材料和结构，包括同质结 III-V 族 TFET，异质结 III-V 族 TFET 和 GNR TFET。

　　同时还研究了具有单栅极、双栅极或环栅极（GAA）架构的 TFET。所有这些器件的工作原理是一样的，但在电源电压和驱动电流等参数方面有所不同。我们专注于基于 InAs 纳米线的 GAA TFET 器件，并使用基于物理学的紧凑型模型来计算相当精确的电流-电压特性和栅极/寄生电容。使用 InAs 纳米线是由于它们的直接带隙使得在隧穿中不需要声子协助。InAs 是有希望用于实现 TFET 的材料，这是因为它们具有小的带隙，轻空穴和电子有效质量[35]，这二者都增加了 TFET 器件的导通电流。p 型和 n 型 TFET 分别通过假设 $n^{++}ip^+$ 和 $p^{++}in^+$ 结构来实现。

　　考虑到一个为 3 的典型扇出，假定通过不同长度的互连来连接到接收端的驱动器，来计算器件互连对的延时和 EDP 性能。为了进行公平的比较，我们假定 CNFET 反相器尺寸为驱动器最小尺寸的 5 倍；并且计算 FinFET 中的鳍的数量和 TFET 中的纳米线的数量，使得器件的总宽度与 CNFET 的相同。假设鳍间距和纳米线间距相等，如文献[30]中给出的每个技术节点。

在 FinFET 电路中，每个互连电阻的单位长度电容对电路延迟有重要影响。因此，为了实现优于 FinFET 电路中的 Cu/低 k 互连，这些参数中必须大大降低，同时避免其他参数出现显著相反的变化。与铜互连相比，具有 2nm 直径的单个 SWNT 互连具有比单位长度小得多的电容，但是它们的电阻太大，以至不能在 16nm 技术节点处的高性能电路中使用。另一方面，与处于类似电容值的 Cu 互连相比，SWNT 互连束的单位长度电阻显著降低。因此，如图 15.3 所示，FinFET 电路在电路延时方面的最佳互连选项是以水平束制造的 SWNT。如果边缘完全平滑，则多层 GNR 互连可能优于 Cu 互连，其边缘电子反向散射的概率等于 0。

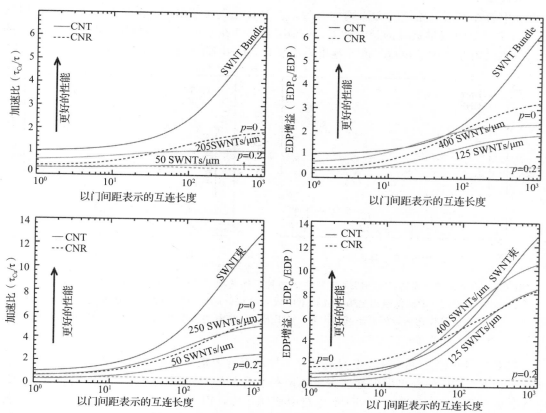

图 15.3　16nm（顶部）和 7nm（底部）技术节点的 FinFET 电路中的各种互连设计带来的加速比和 EDP 增益优势。使用新兴基于 C 互连的多个互连选项在 EDP 方面的表现可能会优于 16nm 技术节点 FinFET 电路的 Cu/低 k。由于基于 C 的互连的 Cu 电阻率和低电容的快速增加，在 7nm 技术节点会有更多机会出现

通过几个在 16nm 技术节点的并联 SWNT 互连，由于其每单位长度具有更高电阻，即使不可能在电路延时方面优于 Cu 互连，也可以从它们与 Cu 互连相比每单位长度的较小电容中获益，而这将转化为更低的功耗。图 15.3 表明，在 100 门间距下，密度为 250 SWNT/μm 的 SWNT 单层可以提供比 Cu 好 2 倍的 EDP 性能。值得注意的是，随着技术规模的扩大，尺寸对 Cu 互连的影响变得更加显著。只要其直径相同，单个 SWNT 的单位长度电阻就不会变化，并且与 Cu 互连相比，具有完美边缘的 GNR 的每单位长度电阻以较慢的速率增加，所以有更多的机会在高度缩放的工艺节点使用这些碳基互连技术。这一事实如图 15.3 所示，可以看出，在 7nm 技术节点，SWNT 可以在电路延时和 EDP 中提供更大的增益。然而，SWNT 的密度必须显著增加。因为必须增添纳米管的最小互连尺寸在未来的技术节点上要小得多。假设连接完全可靠，则需要至少 125 SWNT/μm 的密度，从而在 7nm 技术节点处的驱动器和接收端之间建立连接。

从使用 CNFET 的模拟中得出的结论与图 15.4 所示的 FinFET 电路的非常相似。互连电阻和电容在确定电路延时方面同样有效，并且由于与 Cu 相比，单位长度的互连电阻较小，SWNT 束可提供最佳的延时性能。CNFET 器件在本书考虑的器件类型中提供最高的输出电流。因此，由于单位长度互连电阻的变化，CNFET 受到更严重的影响。

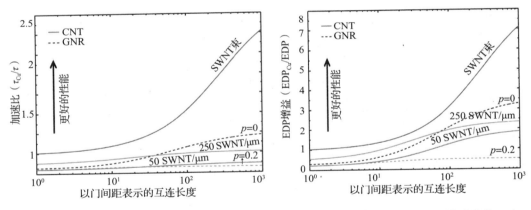

图 15.4   16nm 技术节点的 CNFET 电路中的各种互连选项带来的加速比和 EDP 增益优势。由于 CNFET 的低输出电阻，互连电阻成为电路延时的决定因素。互连束是针对电路延时的最佳选项，但由于其低电容，CNFET 电路中的多个替代选项在 EDP 方面可能优于 Cu/低 k

TFET、FinFET 和 CNFET 具有非常不同的互连要求。由于 TFET 提供的较低的导通电流，TFET 器件的输出电阻远远大于这两种器件的输出电阻。因此，互连电阻在 TFET 电路中并不像在 FinFET 和 CNFET 电路中那样重要，但不能忽略。对于减少 TFET 电路中的电路延时而言，减小单位长度的互连电容比减小单位长度的互连电阻更有效。显然，减小的互连电容也意味着更低的互连功耗。图 15.5 表明，使用 SWNT 的低密度单层可以获得最佳的电路延时，因为它们提供单位长度最小的互连电容。然而，如图 15.5 所示，由于单位长度不同的电阻值，单层中的纳米管的直径的大小对加速具有不可忽略的影响。如果使用直径为 2nm 的纳米管，与 1nm 直径的纳米管相比，单位长度的电阻更小，并且可以实现更好的加速。简言之，必须考虑中等电阻的低电容互连技术，以便在 TFET 电路中获得最佳的延时性能。

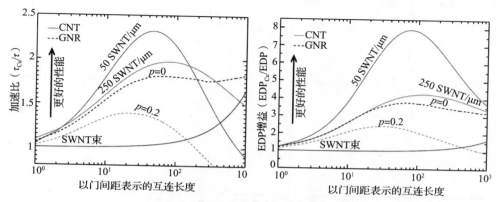

图 15.5　16nm 技术节点的 TFET 电路中，各种互连设计带来的加速和 EDP 增益优势。TFET 电路中最好的互连选项是长度的函数

考虑到在 16nm 技术节点处的平面体 MOSFET 器件，并使其工作在额定电源电压值的 20%，可以显著降低电路的功耗。对于工作在亚阈值的这些电路，可以假设器件具有高电阻性。因此，与互连相关联的电阻是相对于电容的次要考虑因素。由于导线电阻对电路性能没有显著的影响，所以在绘制图 15.6 所示曲线时仅考虑直径为 1nm 的 SWNT。注意，随着纳米管的密度增加，单位长度的相关电容增加，并且最大的加速会减小。

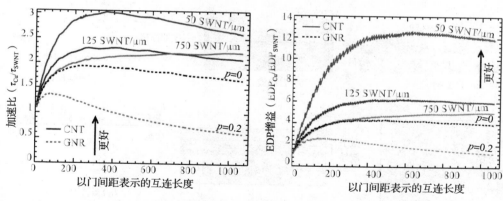

图 15.6　在 16nm 技术节点的亚阈值工作中，各种互连设计带来的加速和 EDP 增益优势。由于亚阈值工作中的低输出电流，互连电容成为决定电路延时的主要因素

表 15.2 所示的是量化了在长和短互连长度下，单位互连电阻和电容对不同类型器件的电路性能的影响。此外，每个器件在短和长互连长度下最大化 EDP 性能的前三种最佳互连选项也制成了表格。

表 15.2 模拟结果的比较总表。对勾的数量表示每个互连参数的重要性。
根据其能为 Cu/低 k 导线带来的性能改善对互连选项进行排序

器件类型	器件电阻	器件电容	互连电阻的影响 短	互连电阻的影响 长	互连电容的影响 短	互连电容的影响 长	有希望的互连选项(目标是EDP) 短	有希望的互连选项(目标是EDP) 长
FinFET	参考	参考	√	√√	√√√	√√√	束	束 GNR① SWNT①
CNFET	低	低	√ √	√√	√√√	√√	束	束 GNR① SWNT①
TFET	高	低	√√	√√√	√√√	√√	SWNT GNR	SWNT SWNT① GNR
Sub-Vt	非常高	参考	√√	√√√	√√√	√√√	SWNT SWNT* GNR*	SWNT SWNT① GNR①

① 在 GNR 互连情况下表示平滑边缘,在单层 SWNT 互连的情况下表示高密度。

15.4 自旋电路中的互连思考

我们可以想象使用状态变量而非电子电荷来存储和操纵信息的替代性状态可变器件(以下称为"超越 CMOS 器件")[36,37]。迄今为止,几个潜在的候选者已经成为未来的状态变量。其中包括电子自旋、石墨烯中的伪自旋、激子、声子、畴壁和光子[38](见图 15.7)。

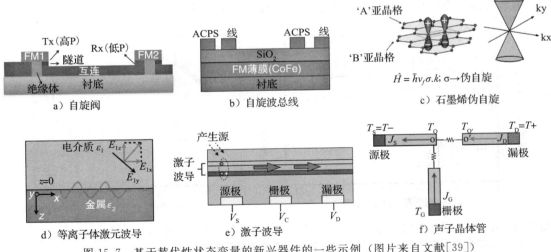

图 15.7 基于替代性状态变量的新兴器件的一些示例(图片来自文献[39])

非电流信息标识可以与各种涉及粒子输运或基于波的方式的传输机制进行通信[38]。在基于粒子的传输机制中,存在扩散、漂移和弹道传播模式,而在基于波的机制中,存在自旋波和电磁波,如表 15.3 所示。这些输运机制可能涉及或不涉及净电荷转移。扩散是一种被动过程,即使是对于没有净电荷与其载流子相关的状态变量也可以使用。

表 15.3 物理传输机制和相应的状态变量的对照表，传输机制可能用于
其建立片上驱动器和接收端之间的通信

传输模式	信息标识	穿过互连的载流子的输运时间
扩散	自旋，石墨烯中的伪自旋，温度（声子）	L^2/D，D 是信息标识的扩散系数
漂移	间接激子，自旋，伪自旋	L/v_{d}，v_{d} 是信息标识的漂移速率，并且是施加在互连上的电场的函数
弹道	自旋，石墨烯中的伪自旋，温度（声子）	L/v_{ball}，v_{ball} 是弹道速率，并且将会等于信息标识的单向热速率
自旋波	自旋	L/v_{SWB}，v_{SWB} 是自旋波通过互连介质的传播速率
电磁波	声子，等离子体激元	L/v_{p}，v_{p} 是电磁波通过互连介质的传播速率

对于扩散，只需要信息承载粒子的浓度梯度来传输片上驱动器和接收端之间的信号。通常在具有散射能力的有限相位空间的低维材料中观察到弹道输运。像扩散一样，弹道输运也可用于不带电的状态变量，如声子。另一方面，粒子漂移仅在状态变量可以借助外部电场来控制时才起作用。因此，漂移仅适用于自旋，石墨烯中的伪自旋和间接激子。在基于波的互连中，基于波的方式可以支持信息的通信，而不需要实际的颗粒移动。基于波的互连延时是信息标识的传播速度的强函数，这取决于互连的几何形状和设计，以及工作频率。

目前正在研究的各种状态变量中，电子自旋是研究最多的，它在鲁棒性、增强的功能性和低功耗方面具有潜在的优势[40,41]。电子自旋是电子的量子力学性质，可以在存在磁场的情况下以两种稳定状态之一进行量化；这些状态通常标记为 +1/2 自旋和 −1/2 自旋。由于自旋不可避免地与电子电荷相关，因此更容易想象，电子自旋器件可以搭建"非常规扩展 CMOS"混合电路[42]。

最近对自旋电子学的兴趣是由 Gruenberg 等人在 1985 年发现的巨磁阻（GMR）效应引发的[43]。GMR 效应的发现导致隧道磁阻（TMR）[44]被重新研究，TMR 最初是 1975 年由 Julliere 在低温下发现的[45]。自旋阀效应是 GMR 和 TMR 效应的基本原理。自旋阀是由夹在两个铁磁层之间的非磁性层组成的二端子磁电子器件。在典型的 GMR 器件中，非磁性金属间隔物以电流在平面内（CIP）或电流垂直于平面（CPP）的几何形状插入到两个铁磁电极之间。

另一方面，对于表现出 TMR 效应的典型磁隧道结（MTJ），在铁磁电极之间插入绝缘体。使用磁阻（MR）比作为优值系数来表征 GMR 和 MTJ 器件。MR 比值以 $(G^{\mathrm{P}}\text{-}G^{\mathrm{AP}})/G^{\mathrm{AP}}$ 给出，其中，G^{P} 和 G^{AP} 是并联和反并联结构的电导率。虽然最初的 MTJ 是用 AlO_x 隧道势垒制成的，但 MgO 隧道势垒的发展才真正给 MTJ 带来巨大的进步[9,46]。各种文章[47-49]中讨论了 GMR 效应在磁随机存取存储器（MRAM）中的应用。然而，直接用二端子自旋阀来实现数字逻辑可能不可行，因为这些器件是无源器件。因此，它们的应用仅限于非易失性存储器，并且在电子器件中提供可重新配置的能力以增强其功能。

逻辑门的基本要求是：恢复衰减信号的增益，满足扇出的高驱动能力，以及从输入到输出的信息传播的定向能力，反之亦然。自从达达（Datta）和达斯（Das）[50]与约翰逊（Johnson）[51,52]的第一个自旋晶体管提出以来，已经有一些关于自旋逻辑门的有趣建议。其中值得注意的是，自旋逻辑（ASL）[53]，自旋波总线（SWB）逻辑[54-56]和自旋霍尔效应（SHE）逻辑[57,58]。

在 ASL 器件中，信息存储在磁体的磁化中，而这些磁体利用纯自旋电流在多磁铁网络中相互通信。可以通过自旋转矩效应在接收端磁体上检测到这些纯自旋电流。自旋转矩是指当自旋极化电流通过小磁导体时自旋极化电流沉积其自旋角动量的现象[59]。结果，磁导体的磁化将经历旋进或者甚至可以切换其方向。ASL 器件适于缩放，因为在减小磁体尺寸时磁体的磁化转换所需的自旋电流量也会减小。

最近，已经证明了由旋转霍尔效应（SHE）产生的自旋电流在重金属（如钽（Ta）和钨（W））中可用于对相邻磁体施加自旋转矩以驱动能量效率的反转[60]。SHE 相对于自旋转矩效应的优点是产生电荷-自旋放大。也就是说，在接收磁体上施加转矩产生的自旋电流（以 $\hbar/2$ 为单位）可以比施加的充电电流（以 e 为单位）大一个数量级或更多。

自旋波是围绕磁化方向的电子自旋的振荡集。在自旋波中，信息被编码为自旋波的振幅或相位。自旋波的基本思想是利用磁通来建立感应耦合器件之间的通信，而不是通过导线中的电流来建立通信。诸如 NiFe 或 CoFe 之类的铁磁互连可用作自旋波的导管。

为了将任何新颖的逻辑技术与 CMOS 逻辑进行比较，必须量化在后 CMOS 逻辑中传达信息所需的新型互连的物理极限。重要的是，新型逻辑中的互连在与替代性状态变量相同的畴中传输信息。否则，在电气和新型状态变量域之间来回的信号转换所需的能量和电路面积开销对于新技术而言将是禁止出现的。本章介绍的工作基于自旋阀器件，被认为是自旋域中的开关元件的原型。自旋阀通常用于实验，以证明在各种非磁性材料中成功的自旋注入，并检查界面材料对自旋注入和输运的作用。传统和非局部自旋阀（NLSV）器件都显示在图 15.8a 和 b 中。传统的自旋阀利用粒子漂移以电子自旋形式来传输编码的信息，而 NLSV 利用纯自旋扩散电流在注入驱动器和接收端纳米磁体之间进行通信。

自旋阀器件中的连接可以使用各种材料来实现——金属如 Cu 和 Al，半导体如 Si 和 GaAs，甚至新型的基于 C 的材料，石墨烯。半导体对于自旋电子学特别有吸引力，

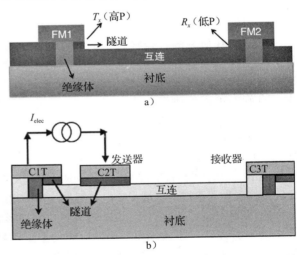

图 15.8　a）传统自旋阀。电子电流和自旋电流沿相同的路径流动。b）非局部自旋阀（NLSV）器件。纯自旋扩散电流流经互连以建立发送端和接收端之间的通信

因为成熟的半导体工艺技术，而且半导体具有通过杂质掺杂来调节其电性质和自旋电子性质的灵活性。与电荷不同，自旋不是一个守恒的量。也就是说，由于互连中存在自发的自旋翻转机制，自旋信息可能因为通过物理介质传播而衰减。半导体中的自旋弛豫长度（SRL ⊖）受到穿过半导体的电场，晶格温度和掺杂浓度的严重影响。这反过来又影响了自旋电子互连的单

⊖　对于非磁性材料，自旋弛豫长度 $Ls= (D\tau_s)^{0.5}$，其中 D 是电子扩散系数，τ_s 是自旋弛豫时间。

位能量。如果 SRL 比自旋互连长度长得多，自旋信息可以长距离保存，而不需要自旋中继器[⊖]。这可以大大节省与自旋中继器相关的能量和面积开销。

15.5 自旋弛豫机制

自旋弛豫是指电子自旋的非平衡群体在材料中达到其平衡值的过程。如果单个电子突然改变其自旋取向，那么它称为"自旋翻转"。然而，如果自旋群体随时间变化逐渐变化，那么它称为"自旋弛豫"。自旋弛豫的主要原因是材料中的各种内在和外在影响而产生的自旋轨道耦合（SOC）。正是 SOC 连同电子的动量弛豫引起了电子自旋的弛豫。

15.5.1 Si 中的自旋弛豫

由 Elliott-Yafet 机制决定的硅中的自旋弛豫时间（SRT）[61] 可以由马塞森（Mattheissen）的规则给出：

$$\frac{1}{\tau_s} = \frac{1}{\tau_s^{ph}} + \frac{1}{\tau_s^{imp}} \tag{15.1}$$

式中：τ_s^{ph} 和 τ_s^{imp} 分别表示 Si 中以声子和杂质为主的自旋弛豫时间。硅中以声子为主的 SRT 由下式给出[39]：

$$\frac{1}{\tau_s^{ph}} = \frac{1}{\tau_0 \left(\frac{T}{300K}\right)^{-\theta}} \tag{15.2}$$

式中：T 是工作温度；τ_0 是室温下 Si 中以声子为主的 SRT；θ 表示 Si 中 SRT 随温度升高而降低的衰减。根据实验数据得到 τ_0 和 θ 的值。发现 $\theta = 3$ 能提供与实验数据的最佳匹配[62]。$\theta = 3$ 的值也符合文献[63，64]的理论预测。τ_0 为 7.7ns，这也与文献[64]中的理论预测值非常一致。

由 Si 中的杂质引起的自旋轨道相互作用在高掺杂浓度下变得特别重要。因此，Si 中 SRT 的完整模型必须能解释以杂质为主的自旋弛豫。文献[65～68]表明非简并掺杂 Si 的 τ_s^{imp} 由下式给出：

$$\frac{1}{\tau_s^{imp}} = \frac{\alpha_0 \left(\frac{T}{300K}\right)}{\mu^{imp}(T, N_d)} \tag{15.3}$$

式中：μ^{imp} 是 Si 中杂质主导的迁移率；N_d 是掺杂浓度；α_0 是拟合参数，其值通过实验从校准中确定。

我们发现 $\alpha_0 = 5 \times 10^{10} cm^2 / (V \cdot s^2)$ 与实验数据非常匹配[39]。

在各种温度下，SRL 与 Si 中掺杂浓度的关系如图 15.9 所示。在 $N_d = 10^{14} cm^{-3}$ 时，Si 中的室温 SRL 在 $N_d = 10^{19} cm^{-3}$ 处从 $5\mu m$ 降低到 $1\mu m$。在 200K 时，随着掺杂从 $10^{14} cm^{-3}$ 增加到 $10^{19} cm^{-3}$，SRL 从 $12\mu m$ 降低到 $1.2\mu m$，而在 400K 时，对于相同的掺杂密度变化，

⊖ 自旋中继器本质上是纳米磁体。

SRL 从 $2.72\mu m$ 降低到 $9.82\mu m$。因此，随着低温下掺杂浓度的增加，SRL 会更快地降低。图 15.9 所示的插图显示了 SRL 对各种掺杂浓度的温度相关性。可以清楚地看到，SRL 随不同温度的衰减是硅中掺杂浓度的强函数。

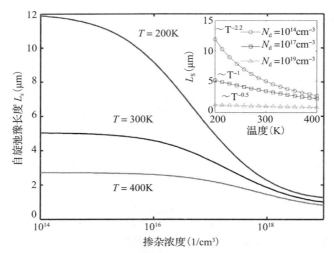

图 15.9　在各种温度下的自旋弛豫长度。自旋电子互连需要较长的自旋弛豫长度。插图显示了各种掺杂浓度下温度对自旋弛豫长度的影响（图片来自文献[39]）

15.5.2　砷化镓中的自旋弛豫

由于缺乏体反转对称性，GaAs 中主导的自旋轨道相互作用是 Dresselhaus 自旋轨道相互作用。由于 Dresselhaus 自旋轨道耦合（DSOC）的存在，在电子自旋以 Larmor 频率 $\Omega(k)=e/(m_c B_i(k))$ 旋进的晶体中存在着与内在的动量相关的磁场 $B_i(k)$。这里，e 是电子电荷，m_c 是晶体中电子有效质量。结合了动量弛豫（特征时间 τ_p）的电子动量相关旋进将导致自旋退相位。由于 DSOC，存在两个自旋退相位的极限情况：(a) $|\Omega|\tau_p\ll1$（"强散射极限"）和 (b) $|\Omega|\tau_p\gg1$（"弱散射极限"）。强散射极限也被认为是 D'yakonov-Perel（DyP）自旋弛豫机制的"运动变窄状态"[69]。对于 DyP 机制的运动变窄状态，自旋弛豫时间与动量弛豫时间成反比。1988 年，Pikus 和他的同事[70]获得了体 GaAs 的自旋弛豫率为：

$$\frac{1}{\tau_s(E_k)}=\frac{32}{105}\frac{\gamma_3^{-1}\tau_p(E_k)\alpha^2 E_k^3}{\hbar^2 E_g} \tag{15.4}$$

式中：α 表示 GaAs 中 SOC 的强度，其值通常在 $0.063\sim0.07$ 之间；γ_3 取决于主要的散射机制，对于大多数散射机制来说，γ_3 的值 1 和 6 之间[69]；E_k 是电子的动量相关能量；τ_p 是电子的动量弛豫时间。图 15.10a 表明，体 GaAs 中的 SRT 是 300K 下掺杂浓度的函数。该图还显示了 Bungay 及其同事[71]和 Kimel 及其同事[72]的实验数据点。实验数据点非常符合SRT 的分析曲线。

SRL 在简并和非简并（NDG）掺杂 GaAs 中都与掺杂无关。然而，这取决于非简并掺杂 GaAs 中的工作温度。NDG GaAs 中的 SRL 可以表示为：

$$L_s=L_0\left(\frac{T}{300K}\right)^{-1} \tag{15.5}$$

式中：L_0 是在 300K 下体 GaAs 中的 SRL，约为 $0.5\mu m$。如图 15.10b 所示的曲线，对于 $10^{16} cm^{-3}$ 的掺杂浓度，GaAs 中的 SRL 为温度的函数。图 15.10b 所示的插图表明，对于 GaAs 中的 NDG 水平，SRL 与掺杂浓度无关，大约等于 $0.5\mu m$。

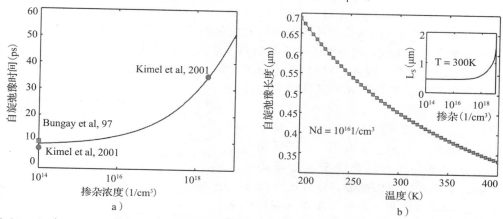

图 15.10　a）在 300K 下的体 GaAs 中的 SRT 与掺杂浓度关系。同时还显示了来自 Bungay 及其同事[71] 和 Kimel 及其同事[72] 的实验数据点。b）非简并掺杂水平的体 GaAs 中自旋弛豫长度与温度的相关性。插图显示了在 300K 下体 GaAs 中 SRL 与掺杂浓度的关系（部分 a）和 b）来自文献[39]）

15.5.3　金属与石墨烯中的自旋弛豫

表 15.4 给出了对 Cu，Al 和石墨烯中实验测量的 SRL 进行的一项调查。从表 15.4 可以看出，NDG Si 和 GaAs 中的 SRL 比金属中的 SRL 更长，但是比 R.T. 石墨烯中的 SRL 更短。由于声子诱导的自旋弛豫，金属中的 SRL 随着工作温度的升高而降低。此外，金属中的 SRL 比宽石墨烯的短。由于其原子序数低（$Z=6$），石墨烯中的固有 SOC 相当低，这是可以预计的。即使理论上预测的石墨烯中的 SRL 是 $20\mu m$[81]，实验证明 SRL 只有几微米。我们相信，石墨烯中 SRL 较低是石墨烯与吸附原子相互作用的结果，吸附原子与石墨烯的 C 原子杂化并引发了产生快速自旋弛豫的局部 SOC[82]。文献[83]提出了用于测量自旋弛豫的各种实验技术和金属通道中 SRT 的详尽调查总结。

表 15.4　各种材料中的自旋弛豫长度和时间。W/T 表示互连的宽度与厚度之比。对于石墨烯，n_0 表示载流子浓度

材料	自旋弛豫长度 （L.T.）	自旋弛豫长度 （R.T.）	参考
Cu [$W/T=100nm/54nm$]	546nm	147.9nm	[73]
Cu [$W/T=220nm/320nm$]	1 000nm	400nm	[74]
Cu [$W/T=150\sim200nm/100nm$]	1 000nm	400nm	[75]
Al [$W/T=100nm/15nm$]	660nm	350nm	[76]
Al [$W/T=150nm/50nm$]	1 200nm	600nm	[77]
石墨烯（SiO_2，$n_0=10^{12}cm^{-2}$）	—	$0.8\mu m$	[78]
石墨烯（SiO_2，$n_0\approx0$）	—	$1.4\mu m$	[79]
石墨烯（SiO_2，$n_0=5\times10^{12}cm^{-2}$）		$7\mu m$	[80]

15.6　自旋注入与输运效率

为了量化自旋阀的性能，我们定义了"自旋注入和输运效率"（SITE）的度量标准。SITE 被定义为到达接收端纳米磁体的自旋极化电流的量，同时标准化成输入电流。SITE 在自旋信号中会引入损耗，这通常发生在从铁磁体注入到半导体期间以及通过半导体通道传输自旋信号的过程中。因此，SITE 是自旋注入效率（SIE）和输运效率（TE）的乘积。为了确保用自旋阀作为基本开关元件构建的自旋电子逻辑的功能正确，我们希望将 SITE 最大化。

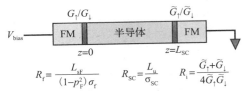

$$R_f = \frac{L_{sF}}{(1-p_F^2)\,\sigma_f} \qquad R_{SC} = \frac{L_u}{\sigma_{SC}} \qquad R_i = \frac{\tilde{G}_\uparrow + \tilde{G}_\downarrow}{4\tilde{G}_\uparrow \tilde{G}_\downarrow}$$

传统自旋阀的横截面图如图 15.11 所示。同时还给出了各种材料的自旋电阻。对于传统的自旋阀，半导体的自旋电阻取决于上游输送长度 L_u，它是跨半导体电场的函数，并且通常比 SRL 短[84]。该界面的特征在于具有与电压和温度无关的向上自旋电导 $G\uparrow$ 和向下自旋电导 $G\downarrow$，在低偏置状态（其中 $eV \ll k_B T$）下，这种近似并无影响[84]。

图 15.11　传统自旋阀的横截面图。R_f、R_{SC} 和 R_i 分别表示铁磁体、半导体互连和界面势垒的自旋电阻。L_{sF} 表示铁磁体中的自旋弛豫长度，p_F 是自旋极化，s_F 是铁磁体的电导率。对于半导体，L_u 表示上游传输长度

SIE 取决于自旋阀中各种材料与相对自旋相关的电阻。当 $R_i \gg R_{SC} \gg R_f$ 时，界面势垒有助于增加 SIE。另一方面，当 R_{SC} 大于其他电阻时，电场可能在改善 SIE 和 TE 方面起作用。此外，当在半导体通道中掺杂增加时，σ_{SC} 增加，这有助于改善注入铁磁体和半导体通道之间的"电导率失配"问题。另一方面，输运效率取决于 L_{SC}/L_d 的比率，其中，L_{SC} 是夹在铁磁体之间的半导体的长度；L_d 是下游传输长度。类似于上游传输长度，L_d 也是跨半导体互连的电场的函数。然而，在低掺杂密度下，Si 中的 L_d 可以是几百微米，表明自旋波一旦注入 Si 就可以在 $100\mu m$ 厚的 Si 板上传输。对于 $L_{SC}/L_d \ll 1$，TE 是 1。L_u 和 L_d 都会因为 Si 中的掺杂密度提高而降低，但与 GaAs 中的掺杂无关。

图 15.12a 显示了具有 Si 和 GaAs 通道的传统自旋阀中 SITE 是通道中掺杂的函数。夹在注入和接收铁磁体之间的半导体的长度假定为 $1\mu m$。所有其他仿真参数在图中标注。处于低掺杂水平的掺杂增加时，SITE 的明显改善。然而，对于高掺杂水平，SITE 随掺杂增加的改进效果逐渐减小。具有 GaAs 通道的自旋阀的 SITE 大于 Si 通道的。这主要是因为 GaAs 较高的导电性，这提高了注入效率。由于修改的自旋传输长度 L_d 远大于通道长度 L_{SC}，所以对于 Si 和 GaAs 通道，$1\mu m$ 通道的输运效率几乎相同。此外，电场可以用于增强 SITE，特别是在半导体通道中的低掺杂浓度下且 R_{SC} 较大时。

图 15.12b 表明，具有 Si 通道的 NLSV 结构中的 SITE 是掺杂浓度的函数。对于特定的掺杂浓度，SITE 展现出最大值。这是因为随着掺杂增加，材料的电阻率降低，这有助于降低通道和注入铁磁体之间的"电导率失配"。

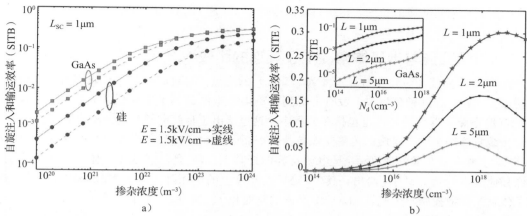

图 15.12　a) 传统自旋阀中 SITE 作为掺杂浓度的函数。注入铁磁体的电导率极化为 0.5，而接收铁磁体的电导率极化为 −0.5。对于注入和接收铁磁体，$L_{sF}=10nm$，$\sigma_F=1.3\times10^8(\Omega\cdot m)^{-1}$，$G\uparrow=6\times10^9(\Omega\cdot m^2)^{-1}$，$G\downarrow=3\times10^9(\Omega\cdot m^2)^{-1}$。在自旋电子器件中需要一个数值很大的 SITE 来降低能量（图中取自文献 [39]）b) 在 300K 下，对于具有 Si 通道的非本地自旋阀，SITE 与掺杂浓度的关系。L 表示半导体通道的长度，插图显示了 GaAs 的类似曲线。$G\uparrow=7.5\times10^8(\Omega\cdot m^2)\leqslant1$，$G\downarrow=2.25\times10^9(\Omega\cdot m^2)\leqslant1$。图 15.12b 所示的 NLSV 几何形状的 C1T，C2T 和 C3R 的接触面积都假定为 $130nm^2$。对于 Si 互连，出现了最大化 SITE 的最佳掺杂浓度。对于 GaAs，SITE 随着掺杂浓度增加不断改善

　　然而，随着掺杂增加，SRL 的减小导致通道本身内更大的信号损失。使 SITE 最大化的掺杂浓度是互连长度的函数。对于长度大于 $1\mu m$ 的互连长度，使 SITE 最大化的掺杂浓度小于 $3\times10^{18}cm^{-3}$。图 15.12b 所示显示了具有 GaAs 通道的 NLSV 结构中的 SITE 随着掺杂浓度的增加而改善。这是因为 GaAs 中的 SRL 与 N_d 无关，主导的自旋弛豫机制是 DyP 机制。因此，在 GaAs 互连中产生的自旋信号的损耗与 N_d 无关。N_d 的增加导致互连和铁磁体之间的电导率失配的减小，N_d 的增加有助于 SITE 的改善。

　　在传统结构和 NLSV 结构中，300K 下 SITE 与通道长度的函数关系的比较如图 15.13 所示。对于传统自旋阀中的高场传输，L_d 对于 Si 和 GaAs 都足够大，使得即便对于高达 $10\mu m$ 的 L_{SC}，SITE 都相对不受 L_{SC} 的影响。然而，当电场减小时，L_d 减小，随着 L_{SC} 的增加，输运效率开始降低，导致 SITE 减小。尽管在低电场下，GaAs 通道中 SITE 随 L_{SC} 的波动较大，但在具有 GaAs 通道的传统自旋阀中，SITE 的绝对值优于具有 Si 通道的自旋阀。此外，对于

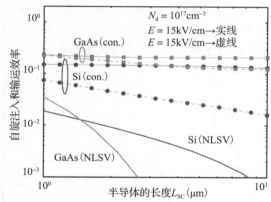

图 15.13　300K 时传统和 NLSV 结构的 Si 和 GaAs 通道的 SITE 与互连长度关系。材料和器件参数与图 15.12a 所示的相同。SITE 随着自旋器件中纳米磁体之间半导体长度的增加而降低。对于 NLSV 器件，SITE 的降低更为显著。然而，对于传统自旋阀，电场的存在有助于提高 SITE 使其超过 NLSV 器件的 SITE

相同的掺杂和相同的通道长度，传统自旋阀中的 SITE 比 NLSV 结构更好。

15.7   电气互连与半导体自旋电子互连的比较

在 Si 技术路线图（最小特征尺寸为 7.5nm）的终点，对自旋电子和 CMOS 互连的性能和能耗做了比较。在这种分析中，没有考虑到自旋电子电路的纳米磁体延时和能耗。然而，对于 CMOS 电路，器件的开销也包括在分析中。这里给出了自旋电子互连性能的上限。

传统自旋阀中电子自旋的传输受颗粒漂移控制。因此，传统自旋阀中互连的延时为 $t_{con}=L_{SC}/v_d$，其中，v_d 是漂移速度；μ 是电子自旋的迁移率；L_{SC} 是互连长度。体半导体互连的低场漂移速度由 $v_d=\mu\Delta V/L_{SC}$ 给出，其中，ΔV 是互连上的电压降。对于 NLSV 器件中的互连，粒子传输受扩散控制。因此，NLSV 中互连的延时由 $t_{NLSV}=L_{SC}2/(2D)$ 给出，其中，D 是互连中电子自旋的扩散系数。

图 15.14a 显示了在 2024 年 ITRS 技术路线图下，NLSV 自旋电子和 CMOS 互连的延时作为以门间距表示的互连长度的函数关系。CMOS 互连的延时由两个驱动器尺寸决定：通道宽度长度（W/L）比等于 1 和 5（称为 5×驱动器）。用于 CMOS 互连延时的参数如表 15.5 所列。对于图 15.14a 所示的 Si 和 GaAs 互连，掺杂浓度固定为 $10^{17}\ cm^{-3}$。随着掺杂浓度的增加，半导体中的电气传输参数——电子扩散系数和迁移率，由于以载流子的杂质为主的散射增强而降低。因此，如果掺杂浓度增加，则 NLSV 自旋电子互连的延时将降低[85]。即使对于短的互连长度，Si 和 GaAs NLSV 互连都比其传统的 CMOS 对应互连明显更慢。必须指出的是，NLSV 自旋电子互连的延时随着互连长度的增加而增加，而 CMOS 互连的延时随着互连长度增加而呈线性增长，这里考虑的短的局部互连。因此，NLSV 和 CMOS 电路的延时差异随互连长度增加而变大。

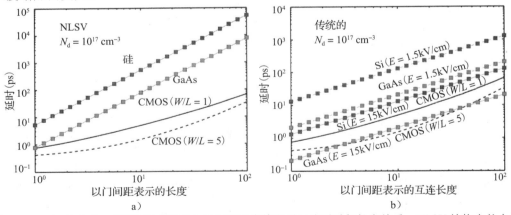

图 15.14   a）在 7.5nm ITRS 技术节点上的 NLSV 自旋电子互连延时与长度关系。NLSV 结构中的自旋电子互连的性能远低于其 CMOS 等效互连的性能。NLSV 自旋电子互连和 CMOS 互连的性能差异随着互连长度的增加而变大。b）在 7.5nm ITRS 技术节点上的传统自旋阀自旋电子互连的延时与长度关系。传统自旋电子互连的延时随互连长度增加呈线性增长，因此 CMOS 互连和传统自旋电子互连的性能差异不会因较短局部互连的互连长度增加而降低。传统自旋阀中的 GaAs 自旋电子互连的性能与 CMOS 互连（由 5×驱动器驱动的）的性能相当

表 15.5　评估 2024 技术节点 CMOS 电路延时的器件和互连的电阻和电容值[2]。CMOS 电路延时为 $t_{CMOS}=0.69R_s(C_s+C_L)+0.69(R_sc_w+r_wC_L)L+0.38r_wc_wL^2$，其中 L 为互连长度

符号	含义	数值
W	与 1/2-M1 间距相等的宽度	7.5nm
V_{dd}	电源电压	0.75V
I_{DSAT}	最小尺寸 NFET 的饱和电流	2 170μA/μm
R_s	最小尺寸 NFET 的导通电阻	37kΩ
C_s	最小尺寸反相器的寄生电容	6.3aF
C_L	最小尺寸反相器的负载电容	6.3aF
c_w	本地层 M1 的单位长度电容	1.2pF/cm
AR	长宽比＝宽度/长度	2.1
H	互连的高度	15nm
r_w	本地层 M1 的单位长度电阻	$2.7\times10^7\Omega$/cm

　　传统自旋电子互连的延时如图 15.14b 所示，表示为以门间距表示的互连长度的函数。与 NLSV 自旋电子互连不同，传统自旋电子互连的延时随互连长度增加而线性增加。可以通过增加载流子经由电场的漂移速度来增加传统自旋电子互连的延时。⊖ 在 15kV/cm 的高电场下，GaAs 传统互连的延时可以与由 5×驱动器驱动的 CMOS 互连的延时相当。然而，Si 自旋电子互连比 CMOS 互连慢，主要是由于 Si 中载流子与相同掺杂浓度 GaAs 相比较低的迁移率。

　　从图 15.14a 和 b 可以看出，即使与纳米磁体相关的开销被忽略，自旋电子互连（特别是 NLSV 配置的）与 CMOS 的相应互连相比也是相当迟缓的。虽然原生自旋电子互连的延时不受自旋弛豫的影响，但由互连中的自旋弛豫引起的自旋浓度降低使得器件中必须插入自旋中继器，这可能增加信号路径的整体延时。

　　自旋电子互连的每位能量取决于沿着电流路径产生的焦耳热，并且由下式给出

$$E_{spin}=I_{elec}^2R\Delta t \tag{15.6}$$

式中：I_{elec} 是用于在互连中泵浦电子自旋的电流；R 是电流流动的互连电阻；Δt 是电子穿过互连的通过时间。对于在自旋阀的接收端处的信号检测，有

$$I_{spin,thres}>\eta I_{elec}$$

式中：η 是自旋阀的 SITE，$I_{spin,thres}$ 是通过自旋转矩效应引起接收端纳米磁体磁化反转所需的最小自旋电流。自旋电子互连中的最小能耗可以用接收端阈值表示为：

$$E_{spin,min}=\left(\frac{I_{spin,thres}}{\eta}\right)^2R\Delta t \tag{15.7}$$

　　对于传统的自旋电子互连，R 是半导体电阻和界面电阻的总和；对于 NLSV 自旋电子互连，R 只是界面电阻的总和。有趣的是，可以通过改变界面性能来优化自旋阀的能耗。界面电阻的增加可能导致 SITE(η) 的改善，这将有助于降低电路的电流需求，但同时自旋

　　⊖　只有在跨传统自旋阀器件的高电场下载流子迁移率不降低时，此注释才成立。为了准确地估计传统自旋阀中增加电场的性能优势，必须使用迁移率与电场相关性表达式。通常，在非常高的电场下，载流子的漂移速度在长通道半导体互连中的接收端处将饱和。

阀的总体电阻将增加。此外，减小 I_{spin} 可以大大减小自旋电子互连的能耗。$I_{spin,thres}$ 是纳米磁体材料性质，体积和用于转换纳米磁体的转换方案的函数。纳米磁体的能量分布如图 15.15 所示。在全自旋转矩辅助切换（STS）中，假定接收端纳米磁体沿其易轴分布，并且输入的自旋电流负责切换接收端纳米磁体的磁状态。尽管这种方案不太容易出现热误差，但是自旋电流量和磁化反转的时间都是巨大的[86,87]。或者，可以利用外部时钟将纳米磁体沿着其难轴对齐，而这仅仅是纳米磁体的边缘稳定状态。这能够支持将 Bennett 计时方案用于基于纳米磁体的逻辑。通过在传播信息信号之前，迫使铁磁沿着其硬轴定向，可以实现 Bennett 时钟[88,89]。在混合模式切换（MMS）方案中，磁化反转在三个不同的阶段完成。在阶段 1 中，使用 Bennett 时钟，纳米磁体沿其硬轴对齐。在阶段 2 中，穿过纳米磁体的自旋电流被接通，纳米磁体的磁化从（180°−v）旋转到 v，其中 v 略小于 90°。在最后阶段，自旋转矩电流被切

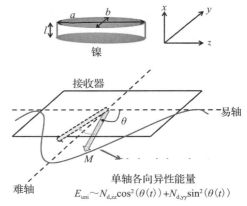

单轴各向异性能量
$$E_{uni} \sim N_{d,zz}\cos^2(\theta(t)) + N_{d,yy}\sin^2(\theta(t))$$

图 15.15　位于上方的图显示了具有坐标轴的椭圆形纳米磁体。纳米磁体的长轴尺寸表示为 a，短轴尺寸表示为 b，而纳米磁体的厚度表示为 l。位于下方的图是纳米磁体的形状各向异性能量分布（图片来自文献［86］。）

断，并且纳米磁体的固有阻尼将磁化带到其稳定的方向。有一些创新的方法将磁体从易轴旋转到难轴，并提供亚稳态静态工作点。这些可能的方案是[53,87]：

（1）在由磁致伸缩层（镍）组成的多铁磁体中利用电压（V_{GS}）产生应力，压电层用于将纳米磁体从（$\pi-v$）旋转到（$\pi-\varphi$），其中，$\varphi<\pi/2$。

（2）向通过间隔区域与输出层接触的固定磁性层施加电压；间隔区域沿着固定层的方向积累自旋，有助于在输出纳米磁体上施加自旋转矩。

在这项工作中，纳米磁体被假设为由切换阈值为 $3.75\mu A$ 的 Ni 制成（除非另有说明）。这对应于 $15k_BT$ 的单轴各向异性，体积为 $1.62\times10^4 nm^3$⊖。

NLSV 自旋电子和 CMOS 互连的每位能量绘制在图 15.16 中，并且作为 2024 ITRS 技术路线图上互连长度（以门间距表示）的函数。由于 NLSV 器件中的自旋输运长度有限，Si 和 GaAs 自旋电子互连的能耗远远高于 CMOS 互连的能耗。NLSV 自旋阀中的能量耗散随着互连长度增加以超线性方式增加。仅仅对于 2～3 个门间距的短互连，具有 $I_{spin,thres}=0.75\mu A$ 的 GaAs 互连的能耗才能与 CMOS 互连（$W/L=5$）的相当。

图 15.17 显示了 2024 ITRS 技术路线图上，传统自旋电子和 CMOS 互连的每位能量与互连长度（以门间距表示）的函数关系。选择了两个界面电导值：$G_c=9\times10^9(\Omega\cdot m^2)^{-1}$（隧穿势垒）和 $9\times10^{11}(\Omega\cdot m^2)^{-1}$（相对透明）。磁体的面积取为 $3230 nm^2$，切换自旋阈值电流为 $3.75\mu A$。具有隧穿势垒的 GaAs 传统自旋互连的能耗低于 CMOS 互连的能耗。然

⊖　对于长轴为 82.5nm，短轴为 50nm 的椭圆形镍纳米磁体，对应于 $1.15\times10^4 J/m^2$ 的开关电流密度。

而，对于相对透明的势垒，能耗随着互连长度增加而增加得更快，并且对于大于 2～3 个门间距的互连长度而言，能耗将迅速超过 CMOS 互连的能耗。传统自旋阀中 Si 互连的能耗明显高于 CMOS 互连。这主要是由于在更长的互连长度下，Si 互连的 SITE 急剧降低。

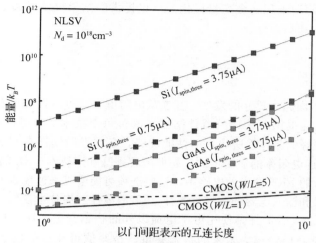

图 15.16 在 7.5nm ITRS 技术节点的 NLSV 自旋电子和 CMOS 互连的能耗。NLSV 自旋电子互连的能耗随着互连长度的增加而增加得更快。因此，即使是很短的局部互连也比其 CMOS 等效互连消耗更多的能量。用于接收端的较低的自旋阈值电流有助于降低自旋电子互连的能耗

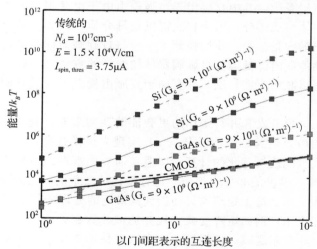

图 15.17 在 7.5nm ITRS 技术节点的传统自旋阀和 CMOS 互连中自旋电子互连的能量耗散。在 7.5nm 技术节点处，即使对于短到一个门间距的互连，传统自旋阀中 Si 自旋电子互连的能量耗散也比 CMOS 互连的能量耗散更多。对于短于几个门间距的互连，传统自旋阀中的 GaAs 自旋电子互连可以提供比其 CMOS 对应物更低的能耗

传统和 NLSV 结构的自旋器件的性能和能耗的比较表明，具有 GaAs 的传统自旋阀从以下三点中受益很大：(i) 优异的电子传输特性（高电子扩散率，迁移率和较低的电阻率）；(ii) 与掺杂无关的自旋弛豫长度；(iii) 由于存在外部电场而导致的 SITE 增强。因

此，基于 GaAs 的传统自旋阀在能量和性能方面可能与 CMOS 电路的相当。然而，这里给出的结果仅提供性能指标的上限，因为与自旋器件相关的开销被忽略。原则上，设计完全优化的自旋电路需要考虑到纳米磁体材料和尺寸、互连材料和尺寸，半导体互连的掺杂浓度，以及界面电阻-面积乘积的多变量优化。这里提供的结果仅仅强调了基于半导体的自旋阀电路的优点、挑战和局限性。

15.8   总结与展望

随着 CMOS 技术向超大尺寸的发展，互连从电阻电容、可靠性和可布线性的角度来看越来越成问题。目前正在提出各种新的器件结构来改善每个技术节点处晶体管的性能。然而，为了充分利用制造更好的晶体管所提供的性能优势，必须发明同样有利的互连技术。由于超大规模尺寸的 Cu 互连电阻率的显著增加，超低电容碳基互连技术将出现新的机遇。在具有传统和新兴的基于电荷的 FET 技术的电路中，这些选项可能会带来速度以及能量的增益。由于这些器件的输出电阻和输入电容的差异，各种 FET 的最佳互连技术参数可能会不同。

可以想象，后 CMOS 器件是使用电子电荷以外的状态变量来存储和操纵信息。到目前为止，各种潜在候选者已经成为未来的状态变量。一些值得注意的例子包括电子电荷、石墨烯中的伪自旋、激子、声子、畴壁和光子。在这些状态变量中，电子自旋在其鲁棒性和非易失性方面具有潜在的优势，这也是大家研究最多的。由于电子本征具有电荷和自旋，因此可以设想一种逻辑系统，其中自旋用于增强仅由电子电荷提供的功能。互连形成了任何逻辑系统的一个整体组成部分，因为它们提供物理介质，从而在系统中的器件之间携带信息。通过本文提出的定量分析，我们强调了一些与自旋阀器件中的自旋电子互连相关的挑战和限制。提高性能同时降低当前自旋阀器件的能耗的方法之一就是设计具有更低复杂性的新颖电路。这可以减小互连长度，并有助于克服由慢粒子穿过自旋电子互连传输所带来的吞吐量限制。

可能需要具有大规模并发和并行工作的更智能的架构来充分利用这些逻辑潜力。有前途的自旋电子系统架构必须满足以下要求：（i）实现大规模并发，以掩盖较低的计算速度和通信速度；（ii）实现高度局部化的计算，以避免需要中继器或自旋到电信号转换器的长互连；（iii）利用自旋式器件的非易失性质。这种架构的一个例子是阵列处理器，其中阵列以并行或流水线方式工作。每个处理器只连接到其最近的处理器[90]。具有自旋逻辑的阵列处理器可以用于特定应用，例如矩阵变换、视频滤波、数据处理等。最近有一项关于利用电子自旋计算来实现非布尔逻辑、模拟模式，多数评估的提议，就是利用横向自旋阀的神经形态结构[91]。该架构可用于模拟数据传感，数据转换，认知计算，关联存储，以及模拟和数字信号处理。

参考文献

[1] M. T. Bohr, "Interconnect scaling – the real limiter to high performance ULSI." *Electron*

Devices Meeting (IEDM), 1995 IEEE International, pp. 241–244 (1995).

[2] *International Technology Roadmap for Semiconductors (ITRS)* (2012). Available at: www.itrs.net.

[3] H. B. Bakoglu & J. D. Meindl, "Optimal interconnection networks for ULSI." *IEEE Transactions Electron Devices*, **32**(5), 903–909 (1985).

[4] I. Young & K. Raol, "A comprehensive metric for evaluating interconnect performance." *Interconnect Technology Conference, 2001 IEEE International*, pp. 119–121 (2001).

[5] J. Baliga, "Chips go vertical [3D IC interconnection]." *IEEE Spectrum*, **41**(3), 43–47 (2004).

[6] A. Ceyha & A. Naeemi, "Multilevel interconnect networks for the end of the roadmap: conventional Cu/low-*k* and emerging carbon based interconnects." In *Interconnect Technology Conference, IEEE International*, pp. 1–3 (2011).

[7] H. B. Bakoglu, *Circuits, Interconnections and Packaging for VLSI* (Reading, MA, Addison-Wesley, 1990).

[8] J. A. Davis, R. Venkatesan *et al.*, "Interconnect limits on gigascale integration (GSI) in the 21st century." *Proceedings of the IEEE*, **89**(3), 305–324 (2001).

[9] J. Mathon & A. Umerski, "Theory of tunneling magnetoresistance of an epitaxial Fe/MgO/Fe(001) junction." *Physical Review B*, **63**(22) (2001).

[10] J. D. Meindl, R. Venkatesan *et al.*, "Interconnecting device opportunities for gigascale integration (GSI)." In *Electron Devices Meeting, IEEE International*, pp. 23.21.21–23.21.24 (2001).

[11] J. D. Meindl, J. A. Davis *et al.*, "Interconnect opportunities for gigascale integration." *IBM Journal of Research and Development*, **46**(2–3), 245–263 (2002).

[12] D. Edelstein, J. Heidenreich *et al.* "Full copper wiring in a sub-0.25mum CMOS ULSI technology." In *Electron Devices Meeting, 1997 IEEE International*, pp. 773–776 (1997).

[13] M. Bohr, "The new era of scaling in an SoC world." In *Solid-State Conference, 2009 IEEE International, Digest of Technical Papers*, pp. 23–28 (2009).

[14] S. Borkar, "A thousand core chips." In *Proceedings of the 44th Annual Design Automation Conference (DAC)* (2007).

[15] W. R. Davis, J. Wilson *et al.*, "Demystifying 3D ICs: the pros and cons of going vertical." *IEEE Design and Test of Computers*, **22**(6), 498–510 (2005).

[16] R. G. Beausoleil, P. J. Kuekes *et al.*, "Nanoelectronic and nanophotonic interconnect." *Proceedings of the IEEE*, **96**(2), 230–247 (2008).

[17] A. V. Krishnamoorthy, R. Ho *et al.* "Computer systems based on silicon photonic interconnects." *Proceedings of the IEEE*, **97**(7), 1337–1361 (2009).

[18] A. Balakrishnan, "*Analysis and Optimization of Global Interconnects for Many-core Architectures*." Department of Electrical and Computer Engineering. Atlanta, GA, Georgia Institute of Technology. MS (2010).

[19] J. F. Guillaumond, L. Arnaud *et al.*, "Analysis of resistivity in nano-interconnect: full range (4.2–300 K) temperature characterization." In *Interconnect Technology Conference, 2003 International*, pp. 132–134 (2003).

[20] W. F. A. Besling, M. Broekaart *et al.*, "Line resistance behavior in narrow lines patterned by a TiN hard mask spacer for 45 nm node interconnects." *Microelectronic Engineering*, **76**(1–4), 167–174 (2004).

[21] W. Steinhoegl, G. Schindler *et al.*, "Impact of line edge roughness on the resistivity of nanometer-scale interconnects." *Microelectronic Engineering*, **76**(1–4), 126–130 (2004).

[22] W. Steinhoegl, G. Schindler *et al.*, "Unraveling the mysteries behind size effects in metallization systems." *Semiconductor International*, **28**, 34–38 (2005).

[23] W. Steinhoegl, G. Schindler *et al.*, "Comprehensive study of the resistivity of copper wires with lateral dimensions of 100 nm and smaller." *Journal of Applied Physics*, **97**(2), 023701–023707 (2005).

[24] H.-C. Chen, H.-W. Chen *et al.*, "Resistance increase in metal-nanowires." In *VLSI Technology, Systems, and Applications, International Symposium on*, pp. 1–2 (2006).

[25] J. J. Plombon, E. Andideh *et al.*, "Influence of phonon, geometry, impurity, and grain size on copper line resistivity." *Applied Physics Letters*, **89**(11), 113123–113124 (2006).

[26] M. Shimada, M. Moriyama *et al.*, "Electrical resistivity of polycrystalline Cu interconnects with nano-scale linewidth." *Journal of Vacuum Science & Technology B: Microelectronics and Nanometer Structures*, **24**(1), 190–194 (2006).

[27] H. Kitada, T. Suzuki *et al.*, "The influence of the size effect of copper interconnects on RC delay variability beyond 45nm technology." In *Interconnect Technology Conference, International*, pp. 10–12 (2007).

[28] N. S. Nagaraj, W. R. Hunter *et al.*, "Impact of interconnect technology scaling on SoC design methodologies." In *International Interconnect Technology Conference*, pp. 71–73 (2005).

[29] A. Kaloyeros, E. T. Eisenbraun *et al.*, "Zero thickness diffusion barriers and metallization liners for nanoscale device applications." *Chemical Engineering Communications*, **198**(11), 1453–1481 (2011).

[30] S. Sinha, G. Yeric *et al.*, "Exploring sub-20-nm finFET design with predictive technology models." In *Design Automation Conference (DAC)*, pp. 283–288 (2012).

[31] N. Magen, A. Kolodny *et al.*, "Interconnect-power dissipation in a microprocessor." In *International Workshop on System Level Interconnect Prediction (SLIP)* (2004).

[32] X. Wang, Y. Ouyang *et al.*, "Room-temperature all-semiconducting sub-10-nm graphene nanoribbon field-effect transistors." *Physics Review Letters*, **100**(20), 206803 (2008).

[33] J. Deng & H.-S. P. Wong, "A compact SPICE model for carbon nanotube field-effect transistors including non-idealities and its application part 1: model of the intrinsic channel region." *IEEE Transactions Electron Devices*, **54**(12), 3186–3194 (2007).

[34] A. C. Seabaugh & Q. Zhang, "Low-voltage tunnel transistors for beyond CMOS logic." *Proceedings of the IEEE* **98**(12), 2095–2110 (2008).

[35] M. Luisier, & G. Klimeck, "Atomistic full-band design study of InAs band-to-band tunneling field-effect transistors." *IEEE Electron Devices Letters*, **30**(6), 602–604 (2009).

[36] V. V. Zhirnov, R. K. Cavin, III *et al.*, "Limits to binary logic switch scaling – a gedanken model." *Proceedings of the IEEE* **91**(11), 1934–1939 (2003).

[37] K. Galatsis, A. Khitun *et al.*, "Alternate state variables for emerging nanoelectronic devices." *IEEE Transactions on Nanotechnology*, **8**(1), 66–75 (2009).

[38] S. Rakheja & A. Naeemi, "Interconnects for novel state variables: physical limits and device and circuit implications." *IEEE Transactions on Electron Devices*, **57**(10) (2010).

[39] S. Rakheja & A. Naeemi, "Communicating novel computational state variables: post-CMOS logic." *IEEE Nanotechnology*, **7**, 15–23 (2013).

[40] D. Nikonov, & G. Bourianoff, "Operation and modeling of semiconductor spintronics computing devices." *Journal of Superconductivity and Novel Magnetism*, **21**(8), 479–493 (2008).

[41] M. Cahay & S. Bandyopadhyay, "An electron's spin – part I." *Potentials, IEEE*, **28**(3), 31–35 (2009).

[42] S. Sughara, "Spin-transistor electronics: an overview and outlook." *Proceedings of the IEEE*, **98**(12), 2124–2154 (2010).

[43] P. Gruenberg, R. Schreiber *et al.*, "Layered magnetic structures: evidence for antiferromagnetic coupling of Fe layers across Cr interlayers." *Physical Review Letters*, **57** (1986).

[44] J. Moodera, L. Kinder *et al.*, "Large magnetoresistance at room temperature in ferromagnetic thin film tunnel junctions." *Physical Review Letters*, **74**, 3273–3276 (1995).

[45] M. Julliere, "Tunneling between ferromagnetic films." *Physics Letters A*, **54**, 225–226 (1975).

[46] S. Yuasa, T. Nagahama *et al.*, "Giant room-temperature magnetoresistance in single crystal Fe/Mgo/Fe magnetic tunnel junctions." *Nature Materials* **3**(12), 868–871 (2004).

[47] J. M. Daughton, "Magnetic tunneling applied to memory." *Journal of Applied Physics*, **81**(8), 3758–3763 (1997).

[48] S. Tehrani, J. M. Slaughter *et al.*, "Magnetoresistive random access memory using magnetic tunnel junctions." *Proceedings of the IEEE*, **91**(5), 703–714 (2003).

[49] Z. Jian-Gang, "Magnetoresistive random access memory: the path to competitiveness and scalability." *Proceedings of the IEEE*, **96**(11), 1786–1798 (2008).

[50] S. Datta, & B. Das, "Electronic analog of the electro-optic modulator." *Applied Physics Letters*, **56**(7), 665–667 (1990).

[51] M. Johnson, "Bipolar spin switch." *Science*, **260**(5106), 320–323 (1993).

[52] M. Johnson, "The bipolar spin transistor." *Nanotechnology*, **7**(4), 390–396 (1996).

[53] B. Behin-Aein, D. Datta *et al.*, "Proposal for an all-spin logic device with built in memory." *Nature Nanotechnology*, **5**, 266–270 (2010).

[54] A. Khitun, M. Bao *et al.*, "Spin wave logic circuit on silicon platform." In *Information Technology: New Generations, ITNG 2008, Fifth International Conference on* (2008).

[55] A. Khitun, & K. L. Wang, "Nano scale computational architectures with spin wave bus." *Superlattices and Microstructures*, **38**(3), 184–200 (2005).

[56] A. Khitun, D. E. Nikonov *et al.*, "Feasibility study of logic circuits with a spin wave bus." *Nanotechnology*, **18**(46) (2007).

[57] L. Liu, O. J. Lee *et al.*, "Magnetic switching by spin torque from the spin Hall effect." arXiv:1110.6846 (2012).

[58] L. Liu, C.-F. Pai *et al.*, "Spin torque switching with the giant spin Hall effect of tantalum." *Science*, **336** (2012).

[59] J. Z. Sun, M. C. Gaidis *et al.*, "A three-terminal spin-torque-driven magnetic switch." *Applied Physics Letters*, **95**, 083506 (2009).

[60] C.-F. Pai, L. Liu, *et al.*, "Spin transfer torque devices utilizing the giant spin Hall effect of tungsten." *Applied Physics Letters*, **101** (2012).

[61] R. J. Elliott, "Theory of the effect of spin-orbit coupling on magnetic resonance in some semiconductors." *Physical Review*, **96**(2), 14 (1954).

[62] D. J. Lepine, "Spin resonance of localized and delocalized electrons in phosphorus-doped silicon between 20K and 300K." *Physical Review B*, **2** (1970).

[63] J. Cheng, M. Wu *et al.*, "Theory of the spin relaxation of conduction electrons in silicon." *Physical Review Letters*, **104**(1) (2010).

[64] O. D. Restrepo & W. Windl, "Full first-principles theory of spin relaxation in group-IV materials." *Physics Review Letters*, **109**, 166604 (2012).

[65] H. Kodera, "Effect of doping on the electron spin resonance in phosphorus doped silicon." *Journal of the Physical Society of Japan*, **19**(6) (1964).

[66] H. Kodera, "Effect of doping on the electron spin resonance in phosphorus doped silicon. II." *Journal of the Physical Soceity of Japan*, **21**(6) (1966).

[67] H. Kodera, "Effect of doping on the electron spin resonance in phosphorus doped silicon. III. Absorption intensity." *Journal of the Physical Society of Japan*, **26**, 377–380 (1969).

[68] H. Kodera, "Dyson effect in the electron spin resonance of phosphorus-doped silicon." *Journal of the Physical Society of Japan*, **28**, 89–98 (1970).

[69] J. Fabian, A. Matos-Abiague *et al.*, "Semiconductor spintronics." *Acta Physica Slovaca*, **57**(4 & 5) (2007).

[70] G. E. Pikus & A. N. Titkov, Chapter 3, in *Optical Orientation*, ed. F. Meier and B. P. Zakharchenya (Amsterdam: North-Holland, 1984).

[71] A. Bungay, S. Popov *et al.*, "Direct measurement of carrier spin relaxation times in opaque solids using the specular inverse Faraday effect." *Physics Letters A*, **234** (1997).

[72] A. Kimel, F. Bentivegna *et al.*, "Room-temperature ultrafast carrier and spin dynamics in GaAs probed by the photoinduced magneto-optical Kerr effect." *Physical Review B*, **63**(23) (2001).

[73] S. Garzon, I. Zutic *et al.*, "Temperature-dependent asymmetry of the nonlocal spin-injection resistance: evidence for spin nonconserving interface scattering." *Physical Review Letters*, **94**(17) (2005).

[74] T. Yang, T. Kimura *et al.*, "Giant spin-accumulation signal and pure spin-current-induced reversible magnetization switching." *Nature Physics*, **4**(11), 851–854 (2008).

[75] H. Zou, X. J. Wang *et al.*, "Reduction of spin-flip scattering in metallic nonlocal spin valves." *Journal of Vacuum Science & Technology B* **28**(6) (2010).

[76] N. Poli, M. Urech *et al.*, "Spin-flip scattering at Al surfaces." *Journal of Applied Physics*, **99**(8) (2006).

[77] F. J. Jedema, M. S. Nijboer *et al.*, "Spin injection and spin accumulation in all-metal mesoscopic spin valves." *Physical Review B*, **2003**(67) (2003).

[78] N. Tombros, S. Tanabe *et al.*, "Anisotropic spin relaxation in graphene." *Physical Review Letters*, **101**(4), 4 (2008).

[79] M. Popinciuc, C. J. Zsa *et al.*, "Electronic spin transport in graphene field effect transistors." *Physics Reviews B*, **80**, 214427 (2009).

[80] M. Wojtaszek, I. J. Vera-Marun *et al.*, "Enhancement of spin relaxation time in hydrogenated graphene spin-valve devices." *Physical Review B* **87**(8), 5 (2013).

[81] D. Huertas-Hernando, "Spin relaxation times in disordered graphene." *The European Physical Journal*, **148**(1), 177–181 (2007).

[82] P. Zhang & M. W. Wu, "Electron spin relaxation in graphene with random rashba field: comparison of d'Yakonov–Perel and Elliott–Yafet-like mechanisms." *New Journal of Physics* **14**(March) (2012).

[83] J. Bass, & W. P. Pratt Jr, "Spin-diffusion lengths in metals and alloys, and spin-flipping at metal/metal interfaces: an experimentalist's critical review." *Journal of Physics: Condensed Matter*, **19** (2007).

[84] Z. Yu & M. Flatte, "Spin diffusion and injection in semiconductor." *Physical Review B* **66**, 14 (2002).

[85] S. Rakheja & A. Naeemi, "Roles of doping, temperature, and electric field on spin transport through semiconducting channels in spin valves." *IEEE Transactions on Nanotechnology*, **12**(5), 796–805 (2013).

[86] S. Rakheja & A. Naeemi, "Interconnect analysis in spin-torque devices: Performance modeling, optimal repeater insertion, and circuit-size limits." In *Quality Electronic Design, 2012 13th International Symposium on*, pp. 283–290 (2012).